(未署名图片均为张小丁摄影)

全国建设行业中等职业教育规划推荐教材【园林专业】

园林植物

王世动 ◎ 主编

中国建筑工业出版社

图书在版编目(CIP)数据

园林植物/王世动主编.—北京:中国建筑工业出版社,
2008(2021.9重印)

全国建设行业中等职业教育规划推荐教材(园林专业)

ISBN 978-7-112-09851-4

Ⅰ.园… Ⅱ.王… Ⅲ.园林植物—专业学校—教材
Ⅳ.S688

中国版本图书馆CIP数据核字(2008)第041134号

责任编辑：陈　桦
责任设计：赵明霞
责任校对：王　爽　梁珊珊

全国建设行业中等职业教育规划推荐教材(园林专业)
园林植物
王世动　主编
*
中国建筑工业出版社出版、发行(北京西郊百万庄)
各地新华书店、建筑书店经销
北京鸿文瀚海文化传媒有限公司制版
北京建筑工业印刷厂印刷
*

开本：787×1092毫米　1/16　印张：23¾　插页：2　字数：585千字
2008年8月第一版　2021年9月第五次印刷
定价：39.00元(附网络下载)
ISBN 978-7-112-09851-4
　　　(16555)

版权所有　翻印必究
如有印装质量问题，可寄本社退换
(邮政编码　100037)

本系列教材编写委员会

编委会主任：陈 付　沈元勤
编委会委员：（按姓氏笔画排序）

马 垣　王世动　刘义平　孙余杰　何向玲　张 舟
张培冀　沈元勤　邵淑河　陈 付　赵岩峰　赵春林
唐来春　徐 荣　康 亮　梁 明　董 南　甄茂清

前　言

《园林植物》一书根据教育部"面向21世纪职业教育课程改革和教材建设规划"和中等职业学校园林植物教学基本要求，以及建设部行业职业技能岗位标准、鉴定规范，由植物及植物生理学、园林树木学、园林花卉学等课程整合而成。

本书从园林行业的实际出发，充分吸收了有关学校近几年来课程改革的成功经验，在内容与形式上进行了较大修改，力求贴近教学实际，加强学生创新精神和职业能力的培养。编写时，充分考虑到我国不同地区植物分布的差异，内容上具有较大选择性，适用于不同办学条件的教学需要。本书图文并茂，便于理解，具有较强的实践指导性，适于不同求学者自学。

本书由北京市园林学校王世动担任主编，段向红任副主编，郭瑞刚、王春林、林玉宝、王燕霞、齐静、崔妍和北京金都恒达园林绿化处陈薇参编。编写分工如下：王世动编写绪论、第2章、第4~7章、第9章被子植物木本部分；段向红编写第10章一、二年生花卉、宿根花卉、球根花卉、室内观叶植物、草坪植物部分；郭瑞纲编写第1章；王春林编写第3章；陈薇编写第8章；林玉宝编写第9章裸子植物部分；王燕霞编写第10章地被植物部分；齐静编写第10章水生植物部分；崔妍编写第10章多浆植物部分。北京天坛公园李然编辑植物插图，负责全书校对。插页彩图主要由北京园林科研所张小丁提供。李冬侠、王汝成为本书的编写提供了宝贵意见，在此表示感谢。

本书附录1实验与观察、附录2常见种子植物分科检索表为教学选用内容，可以从www.cabplink.com/index搜索本书资源下载，文件解压密码为16555。

本书编写得益于各学校多年的基础工作及各位同行的大力帮助和支持，在此一并致谢。

由于水平有限、编写时间仓促，书中存在谬误在所难免，恳请读者批评指正。

目　录

上篇　总　论

绪论 /3

第1章　植物的细胞和组织 /9
　1.1　植物的细胞 /10
　1.2　植物的组织 /18

第2章　细胞代谢 /27
　2.1　植物的呼吸作用 /28
　2.2　光合作用 /34

第3章　植物的营养器官 /45
　3.1　根 /46
　3.2　茎 /52
　3.3　叶 /59

第4章　植物的生殖器官 /67
　4.1　花的发生与组成 /68
　4.2　开花、传粉与受精 /76
　4.3　果实 /79
　4.4　种子 /82

第5章　植物的水分代谢 /87
　5.1　水在植物生活中的意义 /88
　5.2　植物对水分的吸收及水分运输 /89
　5.3　蒸腾作用 /93
　5.4　合理灌溉的生理基础 /95

第6章　植物的矿质营养 /99
　6.1　植物必需矿质元素及生理作用 /100
　6.2　植物对矿质元素的吸收 /104
　6.3　合理施肥的生理基础 /108

第7章　植物的生长发育 /111
　7.1　植物的休眠与萌发 /112
　7.2　植物生长的基本特性 /116
　7.3　生殖生长 /120

7.4　果实和种子的成熟/125

第8章　园林植物分类/129
　8.1　植物分类的基础知识/130
　8.2　植物界的基本类群/132
　8.3　园林植物应用中的分类法/138

　　　　　　下篇　个　　论

第9章　木本园林植物/145
　9.1　常绿乔木/146
　　9.1.1　常绿针叶乔木/146
　　　1)苏铁　2)南洋杉　3)日本冷杉　4)辽东冷杉　5)白杆　6)青杆　7)雪松　8)油松　9)樟子松　10)华山松　11)白皮松　12)马尾松　13)黑松　14)湿地松　15)日本五针松　16)北美乔松　17)红松　18)柳杉　19)侧柏　20)香柏　21)日本花柏　22)日本扁柏　23)柏木　24)圆柏　25)北美圆柏　26)刺柏　27)杜松　28)罗汉松　29)竹柏　30)粗榧　31)东北红豆杉　32)香榧
　　9.1.2　常绿阔叶乔木/161
　　　1)木麻黄　2)杨梅　3)青冈　4)榕树　5)印度橡皮树　6)广玉兰　7)白兰花　8)八角　9)樟树　10)紫楠　11)月桂　12)蚊母树　13)枇杷　14)石楠　15)台湾相思　16)红花羊蹄甲　17)柑橘　18)杧果　19)冬青　20)大叶冬青　21)马拉巴栗　22)厚壳香　23)大叶桉　24)鹅掌柴　25)女贞　26)油橄榄　27)巨丝兰　28)香龙血树　29)蒲葵　30)棕榈　31)鱼尾葵　32)椰子
　9.2　落叶乔木/175
　　　1)池杉　2)水杉　3)银杏　4)金钱松　5)华北落叶松　6)毛白杨　7)银白杨　8)新疆杨　9)加杨　10)小叶杨　11)青杨　12)旱柳　13)垂柳　14)胡桃　15)枫杨　16)白桦　17)桤木　18)鹅耳枥　19)板栗　20)栓皮栎　21)麻栎　22)槲栎　23)榆树　24)裂叶榆　25)大果榆　26)榔榆　27)榉树　28)朴树　29)糙叶树　30)青檀　31)桑树　32)构树　33)柘树　34)无花果　35)黄葛树　36)玉兰　37)鹅掌楸　38)北美鹅掌楸　39)枫香　40)杜仲　41)二球悬铃木　42)山楂　43)木瓜　44)苹果　45)海棠花　46)西府海棠　47)垂丝海棠　48)白梨　49)杜梨　50)红叶李　51)杏　52)梅　53)桃　54)山桃　55)樱桃　56)樱花　57)东京樱花　58)稠李　59)合欢　60)槐树　61)紫荆　62)凤凰木　63)皂荚　64)黄檀　65)龙牙花　66)刺槐　67)国槐　68)花椒　69)臭椿　70)楝树　71)香椿　72)重阳木　73)油桐　74)乌桕　75)黄连木　76)火炬树　77)丝棉木　78)元宝枫　79)五角枫　80)三角枫　81)鸡爪槭　82)复叶槭　83)七叶树　84)栾树　85)无患子　86)枳椇　87)枣树　88)糠椴　89)木棉　90)梧桐　91)柽柳　92)沙枣　93)珙桐　94)喜树　95)刺楸　96)灯台树　97)柿树

98)君迁子 99)油柿 100)白蜡树 101)绒毛白蜡 102)水曲柳 103)流苏树 104)毛泡桐 105)泡桐 106)梓树 107)楸树 108)黄金树

9.3 常绿灌木 /225

1)沙地柏 2)铺地柏 3)阔叶十大功劳 4)南天竹 5)含笑 6)海桐 7)檵木 8)火棘 9)月季 10)红背桂 11)变叶木 12)锦熟黄杨 13)黄杨 14)雀舌黄杨 15)枸骨 16)大叶黄杨 17)扶桑 18)山茶花 19)金花茶 20)金丝桃 21)金丝梅 22)瑞香 23)胡颓子 24)八角金盘 25)白花杜鹃 26)云锦杜鹃 27)桂花 28)刺桂 29)云南黄馨 30)探春 31)夹竹桃 32)栀子 33)六月雪 34)珊瑚树 35)木绣球 36)凤尾兰 37)富贵竹 38)朱蕉 39)棕竹 40)袖珍椰子 41)散尾葵

9.4 落叶灌木 /243

1)银芽柳 2)牡丹 3)日本小檗 4)紫玉兰 5)蜡梅 6)太平花 7)西洋山梅花 8)溲疏 9)大花溲疏 10)八仙花 11)香茶藨子 12)李叶绣线菊 13)麻叶绣线菊 14)三桠绣线菊 15)粉花绣线菊 16)珍珠梅 17)平枝栒子 18)水栒子 19)贴梗海棠 20)蔷薇 21)玫瑰 22)黄刺玫 23)棣棠 24)鸡麻 25)榆叶梅 26)郁李 27)紫穗槐 28)毛刺槐 29)锦鸡儿 30)胡枝子 31)枸橘 32)山麻杆 33)一品红 34)铁海棠 35)佛肚树 36)黄栌 37)卫矛 38)文冠果 39)扁担杆 40)木槿 41)木芙蓉 42)结香 43)沙棘 44)紫薇 45)石榴 46)红瑞木 47)四照花 48)山茱萸 49)杜鹃 50)雪柳 51)连翘 52)紫丁香 53)暴马丁香 54)北京丁香 55)小叶女贞 56)迎春 57)醉鱼草 58)海州常山 59)紫珠 60)枸杞 61)锦带花 62)海仙花 63)猬实 64)糯米条 65)金银木 66)接骨木 67)雪球荚蒾 68)天目琼花

9.5 藤木 /272

1)薜荔 2)叶子花 3)木香 4)云实 5)紫藤 6)扶芳藤 7)南蛇藤 8)葡萄 9)爬山虎 10)五叶地锦 11)猕猴桃 12)常春藤 13)络石 14)凌霄 15)美国凌霄 16)金银花

9.6 竹类 /279

1)毛竹 2)刚竹 3)早园竹 4)罗汉竹 5)紫竹 6)孝顺竹 7)佛肚竹 8)阔叶箬竹

第10章 草本园林植物 /285

10.1 一、二年生花卉 /286

1)紫茉莉 2)石竹 3)虞美人 4)花菱草 5)大花三色堇 6)醉蝶花 7)紫罗兰 8)桂竹香 9)羽衣甘蓝 10)大花亚麻 11)凤仙花 12)蜀葵 13)黄蜀葵 14)四季秋海棠 15)四季报春 16)地肤 17)千日红 18)鸡冠花 19)五色苋 20)香豌豆 21)茑萝 22)牵牛 23)福禄考 24)旱金莲 25)风铃草 26)美女樱 27)一串红 28)彩叶草 29)飞燕草 30)矮牵牛 31)冬珊瑚 32)五色椒 33)蒲包花 34)金鱼草 35)毛地黄 36)夏堇 37)龙面花 38)瓜叶菊 39)翠菊 40)万寿菊 41)百日草

42)雏菊 43)金盏菊 44)矢车菊 45)波斯菊 46)蛇目菊 47)藿香蓟 48)麦秆菊 49)向日葵 50)观赏蓖麻 51)月见草 52)草原龙胆

10.2 宿根花卉 /306

1)香石竹 2)石碱花 3)大花剪秋罗 4)芍药 5)楼斗菜 6)白头翁 7)翠雀 8)荷包牡丹 9)落新妇 10)羽扇豆 11)天竺葵 12)何氏凤仙 13)芙蓉葵 14)补血草 15)长春花 16)宿根福禄考 17)勿忘草 18)假龙头花 19)美国薄荷 20)白婆婆纳 21)非洲紫罗兰 22)毛萼口红花 23)大花蓝盆花 24)桔梗 25)菊花 26)荷兰菊 27)大滨菊 28)千叶蓍 29)黑心菊 30)松果菊 31)非洲菊 32)勋章花 33)一枝黄花 34)宿根天人菊 35)金光菊 36)堆心菊 37)火鹤花 38)玉簪 39)萱草 40)火炬花 41)君子兰 42)射干 43)鸢尾 44)鹤望兰 45)地涌金莲 46)龙胆 47)兰属 48)卡特兰 49)兜兰 50)石斛 51)万带兰 52)蝴蝶兰

10.3 球根花卉 /325

1)郁金香 2)风信子 3)麝香百合 4)大花葱 5)葡萄风信子 6)虎眼万年青 7)贝母 8)中国水仙 9)晚香玉 10)石蒜 11)六出花 12)朱顶红 13)文殊兰 14)百子莲 15)网球花 16)雪滴花 17)唐菖蒲 18)番红花 19)小苍兰 20)马蹄莲 21)姜花 22)大花美人蕉 23)花毛茛 24)球根海棠 25)仙客来 26)大岩桐 27)大丽花 28)蛇鞭菊

10.4 室内观叶植物 /335

1)肾蕨 2)铁线蕨 3)鹿角蕨 4)鸟巢蕨 5)广东万年青 6)白鹤芋 7)花叶万年青 8)龟背竹 9)春芋 10)海芋 11)花叶芋 12)合果芋 13)绿萝 14)红宝石喜林芋 15)美叶光萼荷 16)艳凤梨 17)红杯果子蔓 18)铁兰 19)小雀舌兰 20)吊竹梅 21)紫叶鸭跖草 22)紫背万年青 23)吊兰 24)一叶兰 25)文竹 26)天门冬 27)冷水花 28)花叶竹芋 29)肖竹芋 30)豆瓣绿 31)西瓜皮椒草 32)网纹草 33)猪笼草 34)蟆叶秋海棠 35)球兰 36)吊金钱

10.5 水生植物 /347

1)荇菜 2)大藻 3)旱伞草 4)水葱 5)千屈菜 6)雨久花 7)荷花 8)睡莲 9)王莲 10)萍蓬莲 11)慈姑 12)花菖蒲

10.6 草坪植物 /351

10.6.1 冷季型草 /352

1)草地早熟禾 2)细叶早熟禾 3)早熟禾 4)多年生黑麦草 5)匍茎剪股颖 6)小糠草 7)羊茅草 8)异穗苔草 9)白颖苔草

10.6.2 暖季型草 /355

1)结缕草 2)细叶结缕草 3)狗牙根 4)假俭草 5)野牛草 6)地毯草

10.7 地被植物 /357

1)诸葛菜 2)香雪球 3)菊花脑 4)葱兰 5)红花酢浆草 6)半枝莲 7)铃兰 8)大金鸡菊 9)白芨 10)常夏石竹 11)连钱草 12)虎耳草 13)万年青 14)多变小冠花 15)蛇莓 16)针线包

10.8 多浆植物/363

1)仙人掌 2)金琥 3)昙花 4)量天尺 5)令箭荷花 6)蟹爪莲 7)生石花 8)松叶菊 9)仙人笔 10)芦荟 11)条纹十二卷 12)水晶掌 13)佛甲草 14)石莲花 15)虎尾兰 16)龙舌兰

* **附录1 实验与观察**/371

实验1 显微镜的使用及植物细胞的基本构造观察/372

实验2 植物细胞分裂及分生组织的观察/377

实验3 植物的组织观察/378

实验4 呼吸强度测定/380

实验5 光合强度测定/382

实验6 茎的观察/383

实验7 叶的形态观察/385

实验8 花的形态、结构与花序类型观察/387

实验9 果实类型观察/389

实验10 植物组织水势测定/390

实验11 常见木本园林植物冬态观察与识别/392

实验12 园林植物的观察识别与鉴定/394

实验13 溶液培养及缺素培养/397

实验14 植物标本的采集、制作与保存/399

* **附录2 常见种子植物分科检索表**/403

* 为教学选用内容,可从网站 https://www.cabplink.com/index 搜索本书资源下载,文件解压密码16555。

上篇

总 论

绪 论

0.1　园林植物的课程内容与任务

园林植物是指一切适于园林绿化的植物材料，包括从室内装饰到环境绿化的各类花草树木。"园林植物"一词是随着园林绿化功能的拓展而生的。随着环境意识的增强，人们已不单纯满足于园林的游乐功能，而更重于包括改善生态功能在内的综合功能。所以，园林植物不仅包括观赏植物，还包括部分防护功能与生态动能在内的其他植物材料。

"园林植物"是园林专业一门重要的专业课程。根据园林职业岗位知识与技能要求，"园林植物"由"植物学"、"植物生理学"、"园林树木学"、"花卉学"四门课程整合而来。其课程内容包括：植物的细胞、组织、器官的形态、结构与功能；植物生命活动、生长发育基本规律；园林植物分类、识别特征、分布、习性、观赏特性与园林应用。"园林植物"还要为今后学习"园林规划设计"、"园林工程施工"、"园林植物栽培与养护"等课程奠定基础，为全面培养职业能力创造条件。

"园林植物"课程特点具有较强的综合性和实践性。不仅要了解有关的基本知识，还要培养实验观察能力、植物形态描述能力、标本采集制作能力，掌握常见园林植物的识别方法。因此，要注重实践性教学活动，上好实验、实习课。要细观察、多实践、会分析、善归纳，力求达到事半功倍的学习效果。

0.2　园林植物的地位与作用

园林植物是园林中重要的组成要素。它不仅能美化环境，而且在维护城市生态平衡、改善环境质量等方面，具有无可替代的功能。

0.2.1　调节大气成分，改善空气质量

1）吸收二氧化碳，释放氧气

生物的呼吸需要吸入氧气，放出二氧化碳，没有氧气人类一刻也不能生存。燃烧过程也要大量消耗氧气，排出二氧化碳。据测算，全世界平均每秒钟因生物呼吸作用及燃烧过程所消耗的氧气可达 10000t。如此计算，3000 年左右大气中的氧气就要全部用完。然而地球上广泛分布着绿色植物，它们所进行的光合作用不断地吸收二氧化碳，释放出氧气，以此保持着大气中的碳、氧平衡。

城市中，由于人口密集与石化燃料消耗增加，常常会造成二氧化碳含量过高、氧气严重不足的情况，严重危及城市居民的健康。园林植物所进行的光合作用，主要发生在近地面层，在氧气严重不足时，为城市居民提供了新鲜的空气。资料表明：每公顷园林绿地每天能吸收 900kg 的二氧化碳，产生 600kg 的氧。一个成人每小时呼出二氧化碳约 38g，只要 $10m^2$ 的树林就能把一个人呼出的二氧化碳全部吸收。因此，园林绿地有"城市肺脏"之称。

2）滞尘作用

城市空气中含有大量粉尘，其中的 80% 左右来自城市内部。粉尘污染环境，对人体健康造成危害。特别是粒径较小的可吸入颗粒物，能避开鼻腔的保护组织，直接进入肺部，从而诱发多种疾病。

园林植物具有显著的阻滞、吸附粉尘作用。这种作用，一方面由于植物可以固定土壤，防止尘土飞扬，也可以降低风速，阻滞空气中携带的灰尘；另一方面，由于植物叶片表面凹凸不平，其表皮毛或分泌的黏性汁液具有吸附作用，对于吸附可吸入颗粒物效果显著。蒙尘的植物经雨水冲洗，

又能恢复其吸尘能力。

植物的滞尘作用与冠径大小、疏密程度、叶片的形态结构、着生角度等因素有关。

3) 吸收有害气体

由于工业污染和汽车尾气的排放，城市中有害气体的种类很多，危害较大的有二氧化硫、臭氧、氮氧化物、一氧化碳等等。这些有毒气体，对植物的生长发育也是不利的，但在一定浓度范围内，许多园林植物种类对大气中的有害气体具有吸收能力，从而达到净化空气的效果。

根据北京市园林科研所提供的资料：1公顷绿地，每年可以吸收171kg的二氧化硫、34kg的氯气。龙柏、蜀桧、杜仲、大叶黄杨、铺地柏、女贞、泡桐、臭椿、蜡梅等植物都有较强的吸收二氧化硫或氯气的能力。根据上海市园林局测定：臭椿吸收二氧化硫的能力特别强，超过一般树种20倍。构树、合欢、紫荆、木槿等植物都具有较强的抗氯和吸氯能力。女贞、泡桐、刺槐、大叶黄杨等具有很强的吸氟能力，女贞的吸氟能力比一般树种高出100倍。喜树、梓树、接骨木等树种具有吸收苯的能力，樟树、悬铃木、连翘等树种具有较强的吸收臭氧的能力。

在人们对植物吸收有害气体的研究中，发现二氧化硫是通过叶片上的气孔进入植物的。硫是植物体内必需的元素之一，发育正常的植物体内都含有一定量的硫。当大气中含有二氧化硫时，植物吸入，最高可以使叶片含硫量达到正常值的5~10倍。当植物体内的含硫量较低时，二氧化硫进入植物体内会被同化分解，转化为无毒物质。如果植物体内含硫量已经较高，叶片中的二氧化硫积累到一定程度时，叶片就会脱落。而新叶片长出后，植物又恢复吸收二氧化硫的能力。

4) 减少空气中含菌量

城市空气中存在的各种细菌近百种，其中有多种是对人体有害的病菌。据有关资料报道，多种园林植物具有杀灭这些病原微生物或明显抑制空气中细菌数量的作用。据北京市园林研究所测定：城市绿地中空气里的细菌要比无绿地的地方少得多。如王府井大街每立方米空气中含有36612个细菌时，附近的中山公园每立方米空气中细菌的含量只有5064个。

园林植物抑制细菌的作用主要因为一些植物能分泌芳香类的挥发性物质，如松脂、丁香酚等，这些物质能杀死多种病原微生物。据估计，全世界的森林，每年可以释放1.7亿t这样的挥发性物质，有效地维持了人类生存空间的洁净。

0.2.2 改善城市小气候

1) 调节气温

园林植物具有明显的降温效果。在炎热的夏季，绿地面积越大，降温效果越显著。如果城市绿化覆盖率已经达到较高水平，就会产生宏观的效果。就局部小气候观测来看，树荫下的气温可比无绿地气温低3~5℃。

园林植物的降温效果，首先因为蒸腾作用吸收了环境中大量的热量。据北京市园林科研所提供的资料：夏季，每公顷园林绿地通过蒸腾作用，每天要吸收81.8MJ的热量，相当于189台空调机的制冷量。其次，园林绿地的降温效果来自树木的遮荫作用。茂密的树冠能挡住50%~90%的太阳辐射热。人在树荫下和在直射阳光下的感觉差别是很大的。造成这样的差别的不仅仅是3~5℃的气温差，更主要的是因太阳辐射温度的不同。夏季树荫下与阳光直射处的辐射温度可相差30~40℃之多。

此外，大面积的园林绿地还可以形成局部微风。白天，建筑群气温高，热空气上升，而绿地的气温较低，冷空气下降，这样就在建筑群与绿地之间形成气压差，产生空气流动，从而形成局部微风，使人感到凉爽、舒适。

2) 调节湿度

人们感到最舒适的相对湿度为 30%～60%，过高或过低都有不适的感觉。植物在蒸腾作用中，一方面吸收大量热量，降低了周围环境的温度；另一方面把根部吸收水分的 99.8% 以水蒸气的形式释放到体外，从而增加了空气中的水分含量，提高了空气湿度。

北京市园林局曾对几处典型地域进行观测，证明了绿地有显著的增湿效果。在比较干燥的季节和北方比较干燥的地区，园林绿地增加空气湿度的效应，对于改善城市小气候、提高居住的舒适度是十分有益的。

0.2.3 衰减城市噪声

噪声是一种污染。一般人们能够适应的噪声声级是 30～40dB，当达到 50dB 以上时，就会影响到人体健康。轻的影响到休息、睡眠，重的则会损伤听觉、引发心血管疾病和神经系统方面的疾病。据统计，城市中人们经常处于 60～85dB 的各种噪声环境中。

园林植物，特别是枝叶繁茂、重叠排列的园林树木具有显著的衰减噪声的效果。据测定，12m 宽的悬铃木树冠可以衰减交通噪声 3～5dB，40m 宽的林带可减低噪声 10～15dB。在公路两旁设有乔、灌木搭配的 15m 宽的林带，可减低一半的噪声。

园林绿地衰减噪声的功能，是因为噪声波投射到树叶后，向各个方向不规则反射，而使声能转化、消耗、减弱的缘故。

0.2.4 生物多样性的保护作用

生物多样性是指某一地区所有生物（植物、动物、微生物）遗传基因与物种的多样性及生态系统的多样性。生物多样性不仅是人类赖以生存的物质基础，也是环境质量的一种客观反映。生物多样性过去曾决定着人类的起源和进化，将来也必将制约着人类的发展。

由于生产力的提高和人类直接或间接的影响，自然生态环境正以前所未有的速度和规模遭到破坏，不断造成野生物种的大量灭绝。生物多样性的衰竭将带来全球性的恶果，因此，生物多样性的保护已引起各国政府的极大关注。生物多样性的保护措施是多方面的，而各类风景区和自然保护区的自然生境以及接近于自然生境的园林绿地可为植物、动物、微生物物种的丰富度创造有利条件。据北京植物园对所属的樱桃沟自然保护区的初步调查研究：已得到保护的植物种类 117 科 306 属 477 种，鸟类 106 种，哺乳类 18 种，两栖类 5 种，爬行类 9 种，昆虫类达到 28 目 136 科 585 种。

0.2.5 美化环境与造景空间

园林植物以其形态丰富、色彩美丽、气味芬芳使人们得到审美享受。在园林植物的配植中，通过组景、装饰的不同艺术手法，可以充分地把植物的自然美和艺术美融于环境之中，创造出令人赏心悦目的园林景观。或树丛、花坛、草坪，或与亭台楼阁衬托，或与山水相映，园林植物的景观效果是独有的。在这里，给人们提供了游憩、娱乐和陶冶情操的场地，人们可以散步、品茶、游览、小憩，也可以与人交流、交往，再或者是开展各种娱乐活动。随着人们物质生活、文化生活和艺术修养的提高，植物造景将会发挥更大作用。

此外，园林植物生产还具有创造社会财富、推动经济增长的巨大功能。据统计，2001 年全球花卉总消费金额达到 1000 亿美元，而且正以每年 10% 的速度增长。

0.3 我国园林植物的种质资源与特点

我国地域辽阔、地形复杂、气候类型较多，蕴藏着极为丰富的园林植物资源。例如，原产中国的乔、灌木有7500种，超过北温带其他国家的总和，中国是木本植物种类最多的国家。由于我国地形结构的特殊性，仍然保留已在世界上其他地区绝迹的子遗植物几十种，如银杏、水杉、银杉、水松、金钱松、珙桐等。很多重要园林植物原分布都在中国。如山茶花，全世界常见栽培的只有几种，而中国有100多种。报春花有450种，其中390种在中国。木兰科世界总数是90种，中国有73种。金粟兰世界有15种，蜡梅世界总数6种，原产都在中国(表0-1)。中国还是多种名花的故乡，通过长期选育，创造了五彩缤纷的花卉珍品。据记载，凤仙品种有233个，荷花品种有162个，牡丹品种有462个，梅花品种300个以上，菊花品种达3000多个。

世界各国园林界、植物界对我国评价极高，视中国为园林植物重要发祥地之一，称中国为"世界园林之母"。我国园林植物引种到世界各地，对各国的园林植物构成与园林风格产生了深远影响。公元8世纪，我国的荷花、梅花、牡丹、菊花、芍药已传入日本。从16世纪开始，世界各国纷纷来华搜集花卉种质资源。英国从中国引走了数千种园林植物，仅爱丁堡皇家植物园，目前就有原产中国的活植物1500种。一个名叫乔治的英国人，先后7次来到我国云南省，光是杜鹃花就发现309种，全部引种在爱丁堡皇家植物园。这些从中国引入的植物不仅极大地提高了英国公园的景观和色彩，而且提供了丰富的育种原始资料。英国的国花蔷薇、著名的常绿杜鹃的亲本都来自中国。据《中国花经》介绍，美国加利福尼亚州花草树木的70%来自中国，意大利引种中国园林植物约1000种，德国现有园林植物的50%来自中国，荷兰的占到40%(表0-3-1)。

20个属的中国花卉种类与世界总数的比较 表0-3-1

属名	学名	国产种	世界总数	国产占世界总数(%)	备注
金粟兰	Chlorahthus	15	15	100.0	
山茶	Camellia	195	220	89.0	西南、华南为中心
丁香	Syringa	25	30	83.3	主产东北至西南
绿绒蒿	Meconopsis	37	45	82.2	西南为中心
溲疏	Deutzia	40	50	80.0	
报春花	Primula	390	500	78.0	西南为中心
独花报春	Omphalogramma	10	13	76.9	藏、滇、川、青为中心
杜鹃花	Rhododendron	600	800	75.0	西南为中心
槭	Acer	150	205	73.0	
花楸	Sorbus	60	85	71.0	
菊	Dendranthema	35	50	70.0	
蜡瓣花	Corylopsis	21	30	70.0	主产长江以南
含笑	Michelia	35	50	70.0	主产西南至华东
梅(李)	Pranus	140	200	70.0	
海棠	Malus	23	35	66.0	
木樨	Osmanthus	25	40	62.5	主产长江以南
兰	Cymbidium	25	40	62.5	主产长江以南
枸子	Cotomeaster	60	95	62.1	西南为中心
绣线菊	Spiraea	65	105	61.9	
南蛇藤	Celastrus	30	50	60.0	

我国园林植物种质资源特点还表现在抗逆性、抗病性显著。如米丘林应用中国海棠培育了抗寒苹果。美国人用中国板栗、中国的榆树、中国的柑橘培育出了抗病品种，避免了灾难性后果。

园林植物的种质资源是国家进行科学研究、发展园林事业的宝贵财富。随着国家富强和园林事业发展，随着收集、整理、保存和研究利用等多项工作的深入开展，我国园林植物的种质资源必将为人类作出更大的贡献。

0.4 我国园林植物的栽培历史与展望

我国园林植物栽培历史悠久。3000年前成书的《诗经》就有不少关于花卉的记载。《楚辞·离骚》中记载屈原种了佩兰、藿香，还有秋兰、木兰、秋菊、芙蓉、辛夷、橘树等。秦统一中国后(公元前221年)大兴苑囿，广植柑、橘、橙、枇杷、柿、枣、杨梅、樱桃、栎、槠、厚朴、枫树、黄栌、木兰、女贞等。反映了当时花木、果树栽培技术已达到较高水平。至汉、晋、南北朝时期，花木种植开始从纯生产型转向以欣赏为主。史料记载，汉武帝于公元前138年重修秦代上林苑，仅全国进献到长安的名果花卉达3000多种。东晋戴凯之在《竹谱》中记述了70多种竹子，是中国第一部园林植物专著。北魏贾思勰著的《齐民要术》中(公元500年)，总结了园林树木的栽培、育苗技术，如浸种、播种、嫁接等。隋、唐、宋、明、清是我国传统农业发展的重要时期，也是观赏园艺的重要发展时期。这个历史时期的一些专著，记载了各朝代园林植物栽培的发展。如：唐代王芳庆的《园庭草木疏》、李德裕的《平泉山居草木记》，宋代张峋的《洛阳花谱》、刘蒙的《菊谱》、陈景沂的《全芳备祖》，明代高濂的《兰谱》、王象晋的《群芳谱》，清代的《凤仙谱》、《花镜》等。民国时期(1912—1949年)政治腐败、民不聊生，花卉业基本处于衰退状态。

新中国成立后，园林事业经历了恢复发展—挫折—繁荣兴旺的过程。随着国民经济与社会发展，我国园林苗木与花卉生产已经成为经济增长的重要组成。例如，1987年全国花木种植面积约26700hm^2，产值10亿元。2001年种植面积已扩大了9倍，销售额215.8亿元，增长了21倍。这些年来，国家和各级政府在园林植物的科学研究方面给予了很大投入。在传统植物整理、新品种选育、野生资源综合调查、引种栽培等方面取得了可喜进展。人才培养方面，在全国范围内，加强了院校建设和专业建设；不仅扩大了人才培养的数量，而且加强了高级人才培养，硕士点、博士点逐渐增多。一批批优秀专业人才不断涌现。可以预料，随着国家现代化建设的进程，随着产业结构的调整，园林植物栽培与生产将出现新的飞跃，我国园林事业将面临更大的发展。

第 1 章 植物的细胞和组织

本章学习要点：

细胞是植物生命活动的基本单位。单细胞植物的个体就是一个细胞，它的一切生命活动都由一个细胞完成。多细胞植物体由一个个细胞形成组织，由组织形成器官，共同完成植物的各种生命活动。组织是具有相同来源、相同的生理功能和相似的形态结构的细胞群。

本章主要介绍植物细胞的概念、植物细胞的基本结构与功能、植物细胞的繁殖，以及各种植物组织的类型和各种组织所担负的功能。

1.1 植物的细胞

1.1.1 植物细胞的概念

细胞是生命活动最基本的结构单位、功能单位和繁殖单位。生物界除了病毒和噬菌体具有前细胞形态以外，所有的植物和动物，不论低等的或高等的，都是由细胞构成的。植物的生命活动是通过细胞的生命活动体现出来的。某些蓝藻和绿藻等单细胞植物，一个细胞就是一个独立的个体，一切生命活动都由这一细胞完成。常见的花卉、树木等多细胞植物是由多个细胞组成的，细胞之间有了功能上的分工和形态结构上的分化，每个细胞担负一种或几种特定的功能，并与其他细胞密切协作，共同完成植物体的生长发育等一系列复杂的生命过程。

1.1.2 植物细胞的形态和大小

1) 植物细胞的形态

植物细胞的形态多种多样，常见的多为近球形、多面体形、椭球形、长柱形及长棱形，如图1-1-1所示。细胞的形态主要决定于遗传性、生理上担负的功能和所处的环境条件。例如，处在植物体内部担负输导作用的细胞呈长筒形，并连接成相通的管道，以利于物质传输；起支持作用的细胞一般呈长棱形，并聚集成束，以加强机械支持功能；幼根表面吸收水分和养分的细胞常向外突出，形成管状根毛，以扩大吸收的表面。在细胞排列紧密的情况下，由于细胞互相挤压而呈多面体形，游离的细胞或生长在输送组织中的细胞则呈球形、卵形或椭球形。

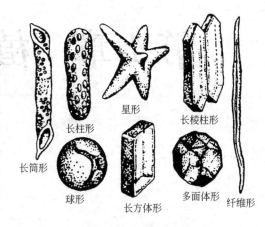

图 1-1-1 细胞的形状

(引自鞠浩荃《植物及植物生理学》)

细胞形态的多样性与其功能的对应关系体现了功能决定形态、形态适应于功能、细胞形态与其功能相统一的规律。

2) 植物细胞的大小

植物细胞体积也是大小不同的，一般比较小，直径在 $10\sim100\mu m$ 之间，用显微镜才能观察到。现在已知最小的细胞是细菌状的有机体，叫支原体，直径只有 $0.1\mu m$。也有少数大型细胞肉眼可以直接看到。例如番茄和西瓜果肉细胞，其直径可达 1mm；棉花种子的表皮毛可长达 75mm；麻茎中的纤维细胞，最大可达 550mm 等等。

细胞体积小，其表面积却相对较大，这有利于细胞与外界环境的物质、能量、信息的迅速交换，对细胞的生长有重要的意义。

1.1.3 植物细胞的基本结构

植物细胞由原生质体和细胞壁两部分组成(图1-1-2)。细胞壁包在原生质体外面，是植物细胞特有的；原生质体是分化了的原生质，是细胞内有生命活动部分的总称。随着细胞的生命活动，细胞内产生各种后含物。

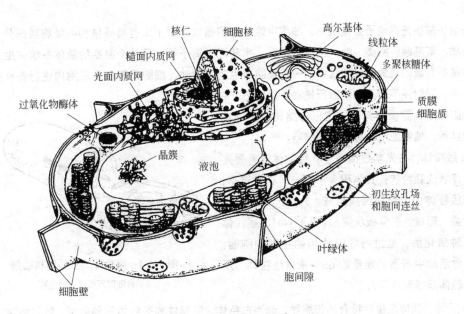

图1-1-2 植物细胞结构示意图

(引自杨继等《植物生物学》)

1) 原生质体

在高等植物细胞内，原生质体可分为质膜、细胞质和细胞核三部分。后二者都不是匀质的，在内部还分出一定的结构，其中有的用光学显微镜可以看到，有的必须借助电子显微镜才能看到。人们把在光学显微镜下呈现的细胞结构称为显微结构，而把在电子显微镜下才能看到的更为精细的结构称为亚显微结构或超显微结构。

(1) 质膜

质膜是细胞质最外面紧靠细胞壁的一层薄膜，是原生质体的最外部分。质膜具有选择透性，细胞与外界环境的物质交换由质膜完成。细胞内，除质膜外，还存在大量的膜质系统，称为胞内膜。质膜与胞内膜统称为生物膜。其干重通常占细胞原生质的70%～80%。

关于生物膜的结构，近年提出了流动镶嵌模型(图1-1-3)，已经得到了较普遍的赞同和支持。

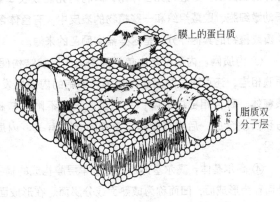

图1-1-3 生物膜结构流动镶嵌模型

(引自陆时万《植物学》)

生物膜有多种生理功能。生物膜保障了细胞内细胞器按室分工，使细胞的生命活动有条不紊地进行。生物膜是选择透性膜，控制着细胞内外、细胞器间的物质交换，影响细胞的代谢作用。另外，其大大增加了原生质内部的表面积，为各种生理活动提供了场所。

（2）细胞质

细胞质充满在质膜和细胞核之间，包括细胞质基质和细胞器两部分。细胞质在细胞内不断地缓慢流动。

细胞质基质是在电子显微镜下，细胞中除了细胞器以外看不出有特殊结构的细胞质部分。它含有蛋白质、氨基酸、脂类、酶、核酸、糖类、水和无机离子等，是一个复杂的胶体系统。生活细胞中细胞基质有流动现象，包埋其中的一些细胞器也随之移动。细胞质基质是细胞内进行各种生化活动的场所，同时还不断为细胞器行使功能提供必需的营养原料。

细胞器是细胞质中具有一定形态结构和生理功能的微结构。植物细胞中有多种细胞器：

① 线粒体：在光学显微镜下，线粒体通常呈短线状、棒状或颗粒状；其体积大小不一。在电镜下，可看到线粒体由内外两层膜组成。外膜光滑，内膜向内折叠，形成许多隔板状突起（图1-1-4）。线粒体具有多种氧化酶，是进行呼吸作用的主要细胞器，细胞生命活动中所需的能量约95%来自线粒体。所以说线粒体是细胞的动力工厂。

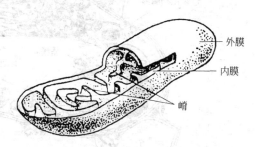

图1-1-4 线粒体的立体结构图解

（引自陆时万等《植物学》）

② 质体：质体是植物特有的细胞器，分为白色体、叶绿体和有色体三种类型。叶绿体存在于植物绿色部分的细胞中，在成熟的叶肉细胞中最多。叶绿体有各种形状，通常为扁椭圆状或凸透镜形。细胞中，叶绿体的数目差异很大，高等植物叶肉细胞中一般含几十至几百个叶绿体；有些藻类细胞中只有一个较大的叶绿体。叶绿体中含有大量的叶绿素及类胡萝卜素等。叶绿体具有双层膜结构，里面充满无色溶胶状基质，基质中浸埋着由膜形成的许多圆盘状的类囊体，并相互重叠，形成一个个柱状体结构，称为基粒。基粒之间有基粒间膜（或称基质片层、基质类囊体）相连接。在类囊体膜上，附有叶绿素等色素及许多与光合作用有关的酶。基质中，含有核糖体、DNA、脂类和淀粉。叶绿体的主要功能是进行光合作用，即利用光能吸收二氧化碳，放出氧气。白色体不含色素，多存在于幼嫩细胞、贮藏组织和一些植物的表皮中。有色体含有胡萝卜素和叶黄素，它们通常存在于果实、花瓣或植物的其他部分，是这些器官颜色的来源。

③ 内质网：内质网是由单层膜围成的网状结构（图1-1-5）。内质网可以与核膜相连，也可以与质膜相连，还可通过胞间连丝与相邻细胞的内质网发生联系。内质网有两类，一类在膜表面附有核糖体，称为粗糙内质网；另一类膜表面不附有核糖体，称为光滑内质网。前者主要功能是参与蛋白质合成，后者与类脂、激素的合成有关。内质网在蛋白质等物质的贮存和转运中起重要作用。

④ 高尔基体：高尔基体是由数个单层膜构成的扁平囊泡相叠而成的，整体似一个托盘或碗。其凸面称为形成面，凹面称为成熟面或分泌面。在形成面的周围，有许多球形小泡（图1-1-6）。高尔基体参与分泌作用，主要是对粗糙内质网运来的蛋白质进行加工、浓缩、储存和运输，排出细胞。高尔基体也参与多糖合成、运输及形成细胞壁，并参与溶酶体与液泡的形成。

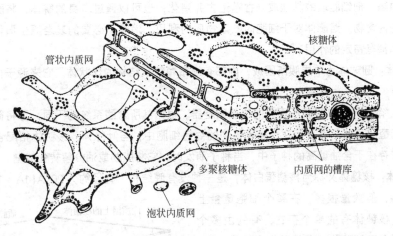

图 1-1-5　内质网的立体结构
(引自吴万春《植物学》)

⑤ 液泡：液泡是由单层膜包被而成的，其内含有细胞液。在幼小细胞中，液泡很小，且数量多而分散。随着细胞的生长，液泡逐渐增大，相互合并，在细胞中央形成一个大液泡，大小可占细胞体积的 90% 以上。这时，细胞质的其余部分连同细胞核一起，被挤成紧贴细胞壁的一个薄层，使细胞质与环境有较大的接触面，有利于物质交换和细胞的代谢活动(图 1-1-7)。

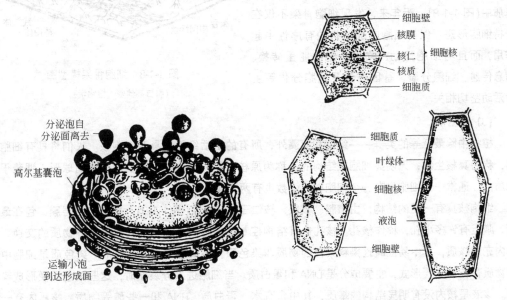

图 1-1-6　高尔基体模式图
(引自徐汉卿《植物学》)

图 1-1-7　细胞的生长和液泡形成
(引自曹慧娟《植物学》)

液泡除了参与细胞内物质的积累、贮藏及移动外，还能够调节渗透、维持细胞正常的渗透压和紧张度。液泡中的酶不仅能分解液泡中的贮藏物质，还可以分解细胞衰老的组成部分，并参与细胞分化、结构更新等生命活动过程。

⑥ 溶酶体：溶酶体是由单层膜围成的多形小泡，内部无特殊结构，含有许多水解酶。溶酶体可

以通过膜的内陷,把细胞质的其他成分吞噬进去并消化;也可以通过本身的解体,将酶释放到细胞质中分解各种内含物。溶酶体对于细胞内贮藏物质的利用,消除不必要的衰老原生质体结构,导致原生质体解体都有特定的作用。

⑦ 圆球体:圆球体为单层膜所围成,内部有细微颗粒状结构的球状体。它来源于内质网,是贮藏脂肪的场所。

⑧ 微体:微体是由单层膜所围成的球状细胞器。根据其所含酶系统的不同,可将微体分为过氧化物酶体和乙醛酸酶体。前者存在于高等植物的绿色细胞中,与叶绿体、线粒体相配合参与光呼吸过程;后者多存在于含油量高的种子中,当种子萌发时,它将脂肪或油分解转化成糖。

⑨ 核糖体:核糖体又称为核糖蛋白体,是一种没有膜结构、直径约为200Å($1Å = 10^{-9}$cm)的极微小的细胞器,但数量很多,在整个细胞重量上占较大比重。核糖体有的单个存在,有的由多个聚在一起的叫多聚核糖体。有的游离在细胞质中,有的附着在内质网和核膜上,也有的存在于线粒体和叶绿体中。它主要由核酸(60%)和蛋白质(40%)组成。核糖体是合成蛋白质的主要场所,是细胞中具重要生理功能的细胞器。

⑩ 细胞骨架:细胞骨架是由微管、中间纤维微丝组成的一个复杂的网架系统,它遍布于细胞基质中(图1-1-8)。近年来,发现细胞骨架不仅在维持细胞形态、保持细胞内部结构的有序性中起作用,而且与细胞运动、物质运输、能量转换、信息传递、细胞分裂、基因表达及细胞分化等生命活动密切相关。

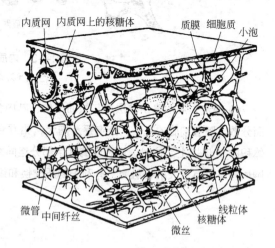

图 1-1-8 细胞骨架模型图

(引自高信曾《植物学》)

(3) 细胞核

植物中除最低等的类群——细菌和蓝藻外,所有的生活细胞都具有细胞核。人们将具有细胞核的,称为真核生物;无明显细胞核结构的,称为原核生物。细胞核一般呈球形或椭球形,埋藏于细胞质内。通常一个细胞只有一个细胞核,少数也有两个或多个的。

细胞核具有一定的结构,由核膜、核质、核仁三部分组成(图1-1-9)。核膜为双层膜,包在最外面。膜上有许多小孔,称作核孔。核孔也有结构控制着细胞核与细胞质间较大分子物质的交换。核膜内充满核质,其中易被碱性染料染色的物质叫染色质,不染色的部分叫核液。染色质是细胞中遗传物质存在的主要形式,主要成分是DNA和蛋白质。当细胞进入分裂期时,这些染色质便形成染色体。核液是核内没有明显结构的基质,其中含有水、蛋白质、RNA和一些酶等物质,核质内有一个或数个折光性很强的球状小体,叫核仁,由核糖核酸和磷蛋白组成。

细胞核的主要功能:一是贮存DNA及其上的基因,并在具有分裂能力的细胞中进行复制;二是在核仁中形成细胞质的核糖体亚单位;三是控制植物体的遗传性状,通过指导和控制蛋白质的合成而调节、控制细胞的发育。

2) 细胞壁

细胞壁是植物细胞特有的结构,由原生质体分泌的物质所形成,具有一定的硬度和弹性。

细胞壁包围在细胞最外层，有保护原生质体和维持细胞一定形状的功能。并参与植物的吸收、运输、蒸腾、分泌等生理过程。在细胞生长调控、细胞识别等生理活动中，细胞壁也起一定作用。

细胞壁可分为三层，中间为胞间层，两侧分别为初生壁和次生壁。胞间层和初生壁是所有植物细胞均具有的，次生壁则不一定都具有(图 1-1-10)。

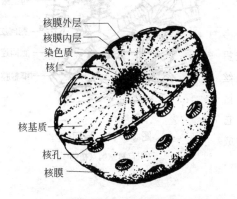

图 1-1-9　细胞核超微细胞模式图
(引自鞠浩荃《植物及植物生理学》)

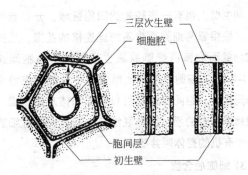

图 1-1-10　细胞壁

(1) 胞间层

胞间层又称中胶层，为相邻的两个细胞所共有。主要成分是果胶质，能将相邻的细胞粘结在一起，具有一定的可塑性，能缓冲细胞间的挤压。

(2) 初生壁

细胞在体积不断增大的生长过程中，原生质体分泌的纤维素、半纤维素及果胶质加在胞间层的内侧，形成初生壁。初生壁一般很薄，厚约 1～3μm，质地柔软，有较大韧性，可随细胞的生长而延长。

(3) 次生壁

次生壁是细胞体积停止增大后，在初生壁内侧继续加厚的细胞壁层。在植物体中，只是那些生理上分化成熟后原生质体消失的细胞，才在分化过程中产生次生壁。例如各种纤维细胞、导管、管胞等。

次生壁的主要成分是纤维素，并常有其他物质填充其中，使细胞壁适应一定的生理功能而发生了一些特殊的变化。这些变化主要有角质化、栓质化、木质化、矿质化。

① 角质化：角质化是细胞外壁为角质所浸透，并常在细胞壁外表面堆积成膜的过程。角质是一种脂类化合物，角质化的细胞壁不易透水，但可透光，角质化一般发生于植物地上部分的表皮细胞，发达的角质膜可增强植物对干旱和病菌的抵抗能力。

② 木栓化：木栓化是木栓质(脂类化合物)渗入细胞壁引起的变化。细胞壁木栓化的细胞失去透水和通气能力，其原生质体最终解体而成死细胞。植物茎和老根的外面一层或多层细胞层一般都有木栓化细胞层覆盖着，对植物体有很好的保护作用。

③ 木质化：木质素渗入到细胞壁的过程叫做木质化。木质素填加到纤维素构架内，加大了细胞壁的硬度，增加了细胞的机械支持能力。导管、管胞都是细胞壁木质化的例子。

④ 矿质化：细胞壁渗入矿物质称为矿质化。最常见的矿物质是二氧化硅和碳酸钙等。矿质化可增

强植物茎叶的机械强度和抗病虫害的能力。禾本科植物茎叶非常坚硬，就是其表皮细胞高度硅化的缘故。

次生壁的增厚是不均匀的，有的地方不增厚，形成了许多凹陷的区域，称为纹孔。相邻两个细胞上的纹孔常相对存在，称为纹孔对。纹孔之间的胞间层和初生壁合称纹孔膜。纹孔是细胞之间水分和物质交换的通道，分为单纹孔和具缘纹孔。

初生壁上也有一些较薄的凹陷区域，分布着许多小孔，是相邻两细胞原生质细丝连接的孔道。这些贯穿细胞壁而联系两细胞的原生质细丝称为胞间连丝(图 1-1-11)。细胞壁的其他部位也可分散存在着少量的胞间连丝。胞间连丝是引导物质和信息的桥梁，它将植物体所有的原生质体联系在一起，使所有细胞成为一个有机的整体叫共质体。

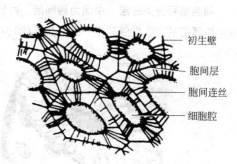

图 1-1-11 胞间连丝
(引自曹慧娟《植物学》)

3) 细胞后含物

细胞后含物是细胞原生质体代谢作用的产物，它们可以在细胞生活的不同时期产生和消失。其中有的是贮藏物质，有的是废物；有的存在于原生质体中，有的存在于细胞壁中。细胞后含物种类很多，如淀粉、脂肪、蛋白质、激素、维生素、单宁、树脂、色素、草酸钙结晶等。下面介绍几类重要的贮藏物质和常见的盐类结晶。

(1) 淀粉

淀粉是植物细胞中最普遍的贮藏物质，呈颗粒状态贮存于细胞质中，称为淀粉粒。一些植物的贮藏器官，如块茎、块根、胚乳或子叶中贮存大量的淀粉。造粉体积累淀粉时，先从一处开始形成淀粉粒的核心，称为脐，以后环绕核心层层积累，形成同心纹轮，最后整个造粉体被淀粉所充满。一个造粉体可形成一个或几个淀粉粒。淀粉粒的形态、大小和结构可以作为鉴别植物种类的依据之一。

(2) 蛋白质

细胞中贮藏的蛋白质是无生命的，与组成原生质的蛋白质不同，呈比较稳定的状态。它以无定形或结晶状(拟晶体)贮存于细胞中。贮藏的蛋白质，初期以溶解状态存在于液泡中，当细胞成熟时，液泡分成许多小液泡，水分逐渐消失，蛋白质便积聚成固体粒状，称为糊粉粒。简单的糊粉粒是一团无定形的蛋白质，较复杂的糊粉粒中可以包括一个球状体(磷酸盐)和几个拟晶体(蛋白质结晶)。玉米、水稻、小麦等禾谷类的胚乳，最外一层或几层细胞中含有大量的糊粉粒，称为糊粉层。

(3) 脂肪

置放在圆球体和白色体(造油体)内形成，常以油滴状态存于植物的种子和果实的细胞中，是含能量最高而体积最小的贮藏物质。

在植物细胞中常含有各种形状的晶体。这些晶体大多为原生质代谢的废物，有些也能再利用，在细胞液泡中形成，最常见的是草酸钙晶体和碳酸钙晶体。

(4) 色素

植物细胞内的色素除存在于质体的叶绿素和类胡萝卜素之外，还有存在于液泡内的一类水溶性色素，为类黄酮色素(花色素苷和黄酮或黄酮醇)。这类色素常分布于花瓣和果实内。花色素苷在酸性溶液中呈橙至淡紫色，在中性溶液中呈紫色，在碱性溶液中呈蓝色。植物花瓣颜色的变化就是由于花色素苷对细胞液酸碱变化的反应。黄酮和黄酮醇使花瓣呈现微白淡黄色。

1.1.4 植物细胞的繁殖

细胞分裂是生物生长与繁殖的基础。只有通过植物细胞的有丝分裂，植物细胞的数目才能增多，进而体现植物的生长发育；只有通过植物细胞的减数分裂，才能形成雌雄配子，通过传粉授精形成新的个体，使植物种类得以繁衍。

1) 细胞周期

细胞周期是指细胞从上一次分裂结束并开始生长到下一次分裂终了所经历的全部过程。一般将这一过程分为间期和分裂期(图1-1-12)。分裂间期约占整个细胞周期时间的95%。间期可分为三个阶段：DNA复制前期(G_1期)，细胞主要完成RNA和蛋白质的合成，包括与DNA合成有关的酶类和磷脂等的合成；DNA复制期(S期)，完成DNA的复制和组蛋白的合成，DNA含量增加一倍；DNA复制后期(G_2期)，主要是合成纺锤丝的组成材料和RNA，贮备染色体移动所需要的能量。分裂期(M)，一般包括两个过程，即核分裂和细胞质分裂。细胞分裂时，在两个核间形成新细胞壁，成为两个子细胞。

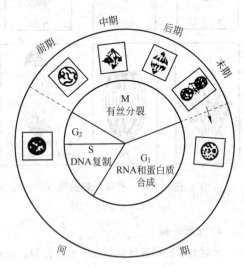

图 1-1-12 细胞周期图解

(引自徐汉卿《植物学》)

2) 有丝分裂

有丝分裂是一种普遍的植物细胞分裂方式，这种分裂方式的过程包括核分裂与细胞质分裂两个步骤。在有丝分裂中，细胞核中出现染色体与纺锤体。

有丝分裂是一个连续过程，为了认识和研究的方便，通常根据细胞核发生的可见变化将其分为前期、中期、后期和末期四个时期(图1-1-13)。有丝分裂的结果，由一个母细胞产生两个与母细胞在遗传上完全相同的子细胞。

3) 减数分裂

减数分裂是植物在有性生殖过程中所进行的细胞分裂。在种子植物中，发生在花粉母细胞开始形成花粉即小孢子和胚囊母细胞开始形成胚囊前的大孢子的时候。减数分裂包括两次连续的分裂，但染色体只复制一次，且染色体也分裂两次。因此，一个母细胞经过减数分裂，形成4个子细胞，但其染色体数目只是母细胞的一半，减数分裂由此得名。减数分裂的过程如图1-1-14所示。减数分裂属于有丝分裂的范畴。

减数分裂在植物遗传和进化中有着非常重要的意义。首先，减数分裂使性细胞的染色体数目只有体细胞的一半，受精时，雌雄性细胞结合后，染色体又恢复到原来的数目，这样就保证了有性生殖植物的遗传物质的相对稳定性。其次，减数分裂中出现了染色单体片段的交换现象，当性细胞结合时，就会出现遗传物质的不同组合，增加了植物个体的变异性，促进了物种的进化。

图 1-1-13 有丝分裂图解

(引自徐汉卿《植物学》)

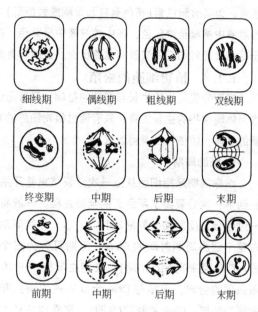

图 1-1-14 植物细胞的减数分裂图解

(引自徐汉卿《植物学》)

4) 无丝分裂

无丝分裂亦称直接分裂或非有丝分裂。分裂过程简单快速，不出现染色体、纺锤体，核仁、核膜不消失。

无丝分裂有多种形式，但最常见的是横缢式分裂。其过程是，核仁一分为二移向核的两极，核同时延长，中间缢缩断裂，分成两个子核。子核间形成新壁，形成两个子细胞。

无丝分裂常见于低等植物，在高等植物中也有存在，如禾本科植物节间基部愈伤组织的形成、不定根的形成、胚乳的发育中均可发生。

1.2 植物的组织

1.2.1 植物组织的概念

具有相同来源、相同的生理功能和相近似的形态结构的细胞群，称为组织。由一种细胞构成的组织，称为简单组织；由多种类型细胞构成的组织，称为复合组织。

1.2.2 植物组织的类型

根据植物组织的发育程度、生理功能和形态结构，通常将组织分为分生组织和成熟组织两大类。

1) 分生组织

(1) 分生组织的概念

分生组织是植物体内具有持续或周期性分裂能力的细胞群。它是分化产生其他各种组织的基础。由于分生组织的存在，植物体才得以终生不断伸长和增粗。

(2) 分生组织的分类

分生组织可以按其性质和来源的不同，或其在植物体内的位置不同，分为各类分生组织。

① 按性质、来源不同，可分为原分生组织、初生分生组织和次生分生组织。

a. 原分生组织：由胚细胞保留下来的，一般具有持久而强烈的分裂能力。位于根、茎较前的部位。细胞的结构特点是体积小、细胞核相对较大、细胞质浓厚，多为等径的多面体。

b. 初生分生组织：由原分生组织衍生出来的细胞组成，居于原分生组织的后方，它一方面继续分裂，一方面开始分化，逐渐向成熟组织过渡。

c. 次生分生组织：由原分生组织保留的或由已成熟组织的细胞脱分化，又重新恢复分裂能力形成的。根、茎中的形成层、木栓形成层均是次生分生组织。

② 按在植物体中的位置，可分为顶端分生组织、侧生分生组织和居间分生组织（图 1-2-1）。

a. 顶端分生组织：位于根、茎及其分枝的顶端。其分裂活动，可使根、茎不断伸长。当植物由营养生长转到生殖生长时，其茎的顶端分生组织还可形成生殖器官。

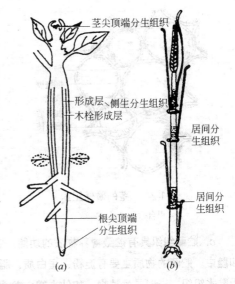

图 1-2-1　分生组织在植物体内的分布示意图
(a)顶端分生组织和侧生分生组织的分布；
(b)居间分生组织的分布

b. 侧生分生组织：位于根和茎的周围，靠近器官的边缘。它包括形成层和木栓形成层。形成层的活动使根和茎不断增粗。木栓形成层的活动使长粗的根、茎表面或受伤的器官表面形成新的保护组织。在没有增粗生长的单子叶植物中没有侧生分生组织。

c. 居间分生组织：是穿插于成熟组织之间的分生组织，能保持一定时间的分裂能力，后期则转变为成熟组织。它是顶端分生组织在某些器官中局部区域的保留。居间组织存在于许多单子叶植物的茎和叶中。例如玉米、小麦的叶鞘和节间；葱、蒜叶的基部等。

2) 成熟组织

(1) 成熟组织的概念

由分生组织产生的，经过生长和分化逐渐丧失了分生的能力，形成了各种具有特定形态结构和生理功能的组织，称为成熟组织。

(2) 成熟组织的类型

成熟组织按其生理功能，可分为基本组织、保护组织、机械组织、输导组织和分泌结构。

① 基本组织(薄壁组织)：是构成植物体各器官最基本的组织。它在植物体内分布最广，所占体积最大，是进行各种代谢活动的重要组织。这类组织，细胞壁薄，有较大的间隙，液泡较大(图1-2-2)。基本组织是一类分化程度较浅的组织，具有很强的分生潜能，在一定的条件下，可脱分化，重新成为分生组织。例如，创伤愈合、再生作用形成不定根和不定芽以及嫁接愈合时，基本组织都能脱分化，转变为分生组织。根据基本组织的主要生理功能，又将其分为下列五类：

a. 同化组织细胞内含有大量叶绿体，能进行光合作用，合成有机物。同化组织主要存在于叶肉内，嫩茎和幼果中也有(图1-2-3)。

b. 吸收组织具有从外界吸收水分和营养物质的生理功能。例如根尖的表皮向外突出，形成根毛，具有显著的吸收功能(图1-2-4)。

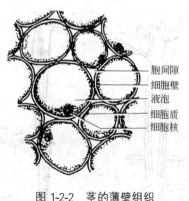 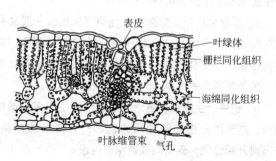

图1-2-2　茎的薄壁组织　　　　　　图1-2-3　叶片中的同化组织
（引自徐汉卿《植物学》）　　　　　（引自徐汉卿《植物学》）

　　c. 贮藏组织具有贮藏营养物质的功能。它主要存在于果实、种子、块根、块茎以及根茎的皮层和髓中。贮藏的物质主要有淀粉、蛋白质、脂肪、油滴和其他糖类(图1-2-5)。贮藏组织有时也特化为贮水组织。一些旱生植物，如仙人掌、龙舌兰、景天等的肉质器官的细胞里，液泡很大，里面充满水分，特称为贮水组织。这些植物具有很强的抗旱能力。

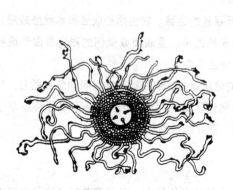 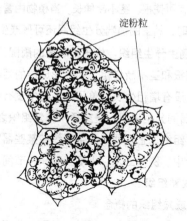

图1-2-4　幼根外表的吸收组织　　　　图1-2-5　马铃薯块茎的贮藏组织
（引自徐汉卿《植物学》）　　　　　（引自吴万春《植物学》）

　　d. 通气组织具有大量细胞间隙的薄壁组织。在水生和湿生植物中，通气组织特别发达。如水稻、莲、睡莲等的根、茎、叶中的薄壁组织有很大的间隙，在体内形成一个互相贯通的通气系统(图1-2-6)。

　　e. 传递细胞是一类特化的薄壁细胞，它们具有内突生长的细胞壁和发达的胞间连丝，具有适应短途运输物质的生理功能。它们普遍存在于叶片、叶脉末梢、茎节及导管或筛管周围。

　　② 机械组织：是具有对植物支持和加固功能的组织。具有抗压、抗张和抗曲挠的性能。机械组织的特征是细胞壁局部或全部不同程度加厚。根据细胞形态及细胞壁加厚的方式不同，可分为厚角组织和厚壁组织两类。

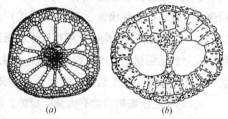

图1-2-6　水生植物的通气组织
(a)狐尾藻；(b)金鱼藻
（引自吴万春《植物学》）

a. 厚角组织细胞稍长端壁平或偏斜，细胞壁增厚不均，通常多在细胞角隅处增厚特别明显(图1-2-7)。其细胞都具有生活的原生质体，常含有叶绿体，可进行光合作用。细胞壁不含有木质素，因此具有一定的坚韧性、可塑性和伸展性，既可支持器官的直立，又可适应器官的迅速生长。它们普遍存在于尚在生长或经常摇摆的器官中，如幼茎、花柄、叶柄等的表皮内侧常有分布(图1-2-8)。

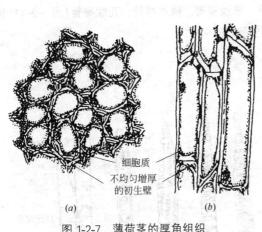

图 1-2-7　薄荷茎的厚角组织

(a)横切面；(b)纵切面

(引自陆时万《植物学》)

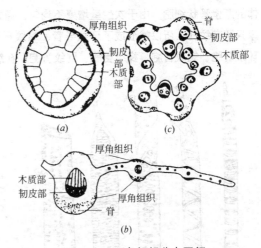

图 1-2-8　厚角组织分布图解

(a)在木本茎(椴属)中的分布；(b)在叶中的分布；
(c)在草本藤(南瓜属)中的分布

(引自陆时万《植物学》)

b. 厚壁组织具有均匀增厚的次生壁，常木质化。细胞成熟时，原生质体分解，成为只留有细胞壁的死细胞。通常可再分为纤维和石细胞两种。纤维是两端尖细成梭状的细长细胞，长度一般比茎粗大许多倍。木质化程度很不一致。木质纤维的木质化程度很高，支持力很强。韧皮纤维的木质化程度很低，韧性强。纤维通常在植物体内互相重叠排列，紧密地结合成束，称为纤维束(图1-2-9)，增加组织的强度。石细胞的形状多为等径的，或稍伸长，或呈芒状骨状，细胞壁强烈增厚并未木质化(图1-2-10)。石细胞分布很广，桃、李、梅等果实坚硬的果核，水稻的谷壳部分主要是由石细胞构成的；梨果肉中的沙粒状物也是石细胞群，女贞的叶片中有分支的石细胞等等。

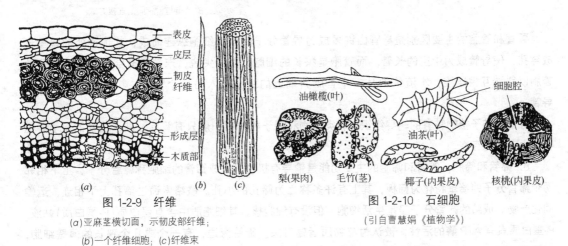

图 1-2-9　纤维

(a)亚麻茎横切面，示韧皮部纤维；
(b)一个纤维细胞；(c)纤维束

(引自陆时万《植物学》)

图 1-2-10　石细胞

(引自曹慧娟《植物学》)

③ 输导组织：输导组织是由一些管状细胞以不同方式上下连接，在植物体内担负长距离运输水分、无机盐和有机物的组织。输导组织常与机械组织在一起组成束状，在整个植物体的各器官内，形成一个输导系统。根据其结构和功能的不同，可将输导组织分为两类。

a. 导管和管胞：导管和管胞的主要功能是输导水和无机盐。它们都是成熟时，没有生活原生质体的厚壁管状细胞。由于次生壁增厚不均匀，通常呈环状、螺旋状、梯状、网纹状加厚，或全部加厚只留有纹孔。所以就形成了环纹导管、螺纹导管、梯纹导管、网纹导管、孔纹导管(图 1-2-11)和环纹管胞、螺纹管胞、梯纹管胞、网纹管胞、孔纹管胞(图 1-2-12)。

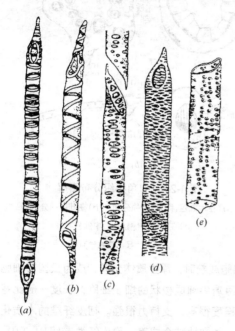
图 1-2-11 导管的类型
(a)环纹导管；(b)螺纹导管；
(c)梯纹导管；(d)网纹导管；(e)孔纹导管

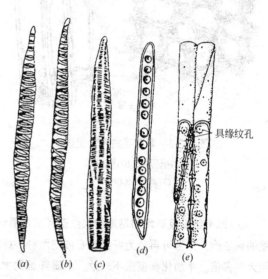
图 1-2-12 管胞的类型
(a)环纹管胞；(b)螺纹管胞；
(c)梯纹管胞(鳞毛蕨属Dryopteris)；(d)孔纹管胞；
(e)四个毗邻孔纹管胞的一部分，其中三个管胞纵切，示纹孔的分布与管胞间的连接方式

导管和管胞的主要区别是导管由许多成为导管分子的管状细胞纵连而成，其相连处的端壁形成穿孔，使导管成为中空的长管。而管胞是狭长的细胞，两端尖锐，末端没有穿孔。上下排列的管胞以斜端互相连接，水流依次从一个管胞斜端上的纹孔进入另一个管胞，其输导能力远不如导管。

导管是被子植物特有的输导组织，蕨类植物和裸子植物中一般只有管胞，被子植物的双子叶植物中也有管胞存在。

b. 筛管和筛胞：筛管和筛胞的主要功能是输导有机物。组成筛管的细胞称筛管分子，上下相邻两个筛管分子的端壁特化为筛板，其上有许多称之为筛孔的小孔。联络索通过筛孔上下相连，运输同化产物。成熟的筛管分子虽是生活细胞，但没有细胞核，其细胞质中含有蛋白质(P-蛋白质)黏液。P-蛋白质具有 ATP 酶的活性，被认为与物质运输有关。筛管旁边，有一个或几个狭长的薄壁细胞，叫伴胞(图 1-2-13)。其细胞质浓厚，有丰富的细胞器和明显的细胞核。伴胞与筛管相邻的侧壁间有

胞间连丝相贯通。伴胞与筛管是由同一个母细胞分裂而来的。伴胞的功能与筛管运输物质有关。

只有被子植物有筛管，在裸子植物和蕨类植物中靠筛胞输导同化产物。筛胞为两头尖斜的细胞，没有筛板，侧壁和末端部分有一些初步分化的小孔（筛孔），孔中有细窄的原生质丝通过，运输能力较弱。

④ 分泌结构：某些植物细胞能合成一些特殊的有机物或无机物，并把它们排出植物体外、细胞外或积累于细胞内，这种现象称为分泌。产生分泌物的细胞来源各异，形态多样，分布方式也不尽相同。有的单个分散于其他组织中，有的集中分布或特化成一定结构。根据分泌物是否排出植物体外，将分泌结构分为外部的分泌结构和内部的分泌结构两大类。

常见外部的分泌结构有腺表皮、腺鳞、盐腺、腺毛、蜜腺和排水器（图1-2-14）。常见内部的分泌结构有分泌细胞、分泌腔、分泌通道和乳汁管（图1-2-15）。

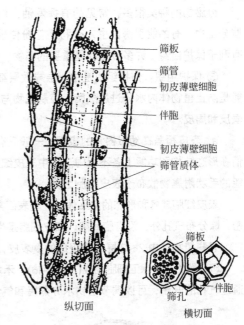

图 1-2-13 筛管和伴胞

（引自曹慧娟《植物学》）

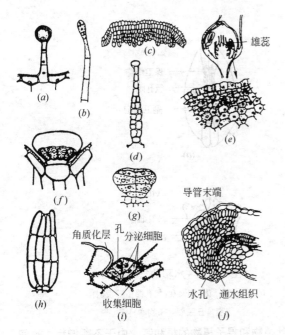

图 1-2-14 外分泌结构

(a)天竺葵属茎上的腺毛；(b)烟草属多细胞头部的腺毛；(c)棉叶主脉处的蜜腺；(d)蓖麻属花萼的蜜腺毛；(e)草莓的花蜜腺；(f)百里香(Thymus vulgaris)叶表皮上的球状腺鳞；(g)薄荷属的腺鳞；(h)大酸模的黏液分泌毛；(i)柽柳属叶上的盐腺；(j)番茄叶缘的吐水器

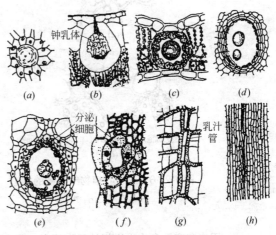

图 1-2-15 内分泌结构

(a)鹅掌楸芽鳞中的分泌细胞；(b)三叶橡胶叶中的含钟乳体异细胞；(c)金丝桃叶中的裂生分泌腔；(d)柑橘属果皮中的溶生分泌腔；(e)漆树的漆汁道；(f)松树的树脂道；(g)蒲公英的乳汁管；(h)大蒜叶中的有节乳汁管

分泌物的种类很多，常见的有挥发油、树脂、蜜汁、糖类、单宁、黏液、盐类、杀菌素等。这些分泌物，有的能引诱昆虫，有利于花粉传播，有的对某些病菌及其他生物起抑制或杀死的作用，有利于保护自身。许多分泌物是重要的药物、香料或工业原料。

⑤ 保护组织：保护组织是由一层或数层细胞构成，覆盖于植物体表，起保护作用的组织。其功能是防止植物体内水分过度蒸腾，控制植物与环境的气体交换，防止机械损伤和病虫侵害。可分为表皮和周皮。

a. 表皮覆盖在幼嫩器官的表面，一般只有一层细胞。表皮通常由多种不同类型的细胞构成，它们在形态结构和功能上各不相同。其中表皮细胞为基本成分，此外还有气孔器和许多不同形态和功能的毛状附属物散布于表皮细胞之间。

表皮细胞成各种形态的扁平体，外壁表面常有一层角质膜，有的植物还有一层蜡质，细胞排列紧密，除分布气孔外，没有胞间隙。表皮细胞是生活细胞，含有较大的液泡，不含叶绿体，无色透明。

有些植物是由2～3层细胞组成的复表皮，如夹竹桃叶、橡皮树叶等。

气孔器由2个保卫细胞围成(图1-2-16)。禾本科植物保卫细胞旁侧，还有一对副卫细胞(图1-2-17)。通过气孔的开闭，可以调节植物水分蒸腾和气体交换。植物叶片上气孔器分布最多。

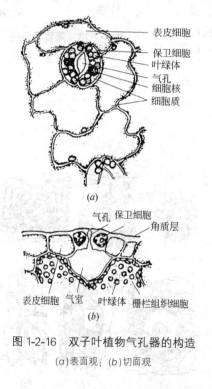

图1-2-16 双子叶植物气孔器的构造
(a)表面观；(b)切面观

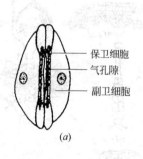

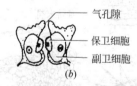

图1-2-17 水稻的气孔器
(a)顶面观；(b)侧面观(气孔器中部横切)
(引自丘荣熙《植物学》)

b. 周皮存在于有次生增粗的器官外表。双子叶植物和裸子植物的根和茎，由于不断增粗，致使表皮被撑破。这时表皮的保护功能由周皮的木栓层组织所代替。木栓层细胞之间无细胞间隙，细胞成熟时，原生质解体，细胞壁高度木栓化，是具有不透水、绝缘、隔热、耐腐蚀等特性的保护组织。

木栓层是由木栓形成层向外分裂的几层细胞分化而成。木栓形成层向内分裂还分化成栓内层。木栓层、木栓形成层、栓内层，合称周皮。

上述植物组织的发生、分化及组织之间的关系可以概括为如图1-2-18所示。

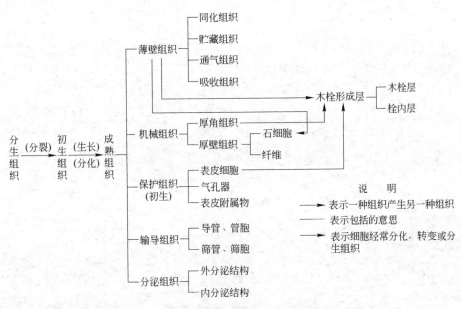

图 1-2-18　植物组织的发生、分化及组织间的关系

1.2.3　维管束的概念及类型

在高等植物的器官中，有一种以疏导组织细胞为主体，与机械组织细胞和薄壁组织细胞组成的复合组织，称为维管组织。维管组织在植物体内常以束状存在，称为维管束。维管束贯穿于植物体各器官中，组成一个复杂的，具有疏导和支持作用的维管系统。

单子叶植物的维管束由韧皮部和木质部组成，称为有限维管束。双子叶植物的维管束由韧皮部、形成层和木质部三部分组成，称为无限维管束。韧皮部由筛管、伴胞、韧皮纤维和韧皮胞壁细胞构成；木质部由导管、管胞、木质纤维和木质胞壁细胞构成；形成层位于韧皮部和木质部之间，是一层具有分裂能力的分生组织细胞，其分裂可形成新的木质部和韧皮部。

上述的各种组织，组成了高等植物的根、茎、叶、花和果实，这些器官的相互联系构成了一个完整的植物体。

复习思考题

1. 什么是细胞？绘细胞亚显微结构图，并注明各部分。
2. 何为细胞质、原生质体？
3. 生物膜有哪些主要生理功能？
4. 植物的初生壁和次生壁有什么区别？次生壁上有哪些变化？
5. 胞间连丝有何功能？
6. 什么是后含物？主要有哪些类型的物质？
7. 植物细胞的分裂方式有几种类型？
8. 有丝分裂和减数分裂有哪些主要区别？它们各有什么意义？
9. 什么叫细胞的分化、脱分化？脱分化有何意义？
10. 什么叫组织？植物有哪些主要组织类型？说明它们的功能和分布。

第2章 细胞代谢

本章学习要点：
　　光合作用与呼吸作用是植物细胞重要的代谢活动，是植物赖以生存的基础。二者相比，存在着本质差别。光合作用是把外界的物质与能量转化给植物，是新陈代谢的同化作用。呼吸作用是把光合产物转化为可被植物利用的形式，满足植物的生长发育，是新陈代谢的异化作用。本章将要学习光合作用、呼吸作用的概念、意义、基本过程、影响因素以及在园林工作中的应用等内容。

2.1　植物的呼吸作用

2.1.1　呼吸作用的概念

　　植物的呼吸作用是指生活细胞内的有机物质，在一系列酶的作用下，逐步氧化分解，形成二氧化碳和水，并释放出能量的过程。在呼吸过程中，被氧化分解的物质称为呼吸基质。植物体内的许多物质，如糖类、脂肪、蛋白质等都可以作为呼吸基质，但最主要，最直接的呼吸基质是糖类中的葡萄糖。呼吸作用的反应式可表示如下：

$$C_6H_{12}O_6 + 6O_2 \rightarrow 6CO_2 + 6H_2O + 能量(2872kJ)$$

　　上式反应中必须有氧的参加，这种呼吸作用叫有氧呼吸。有氧呼吸的呼吸基质降解彻底，释放的能量多，最终产物是二氧化碳和水。有氧呼吸是高等植物呼吸的主要形式，通常所提到的呼吸作用就是指有氧呼吸。

　　当植物处于缺氧的情况下，有氧呼吸无法进行，这时植物并不会立即死亡，而是进行另一种类型的呼吸——无氧呼吸。所谓无氧呼吸是指在无氧条件下，细胞把某些有机物降解为不彻底的氧化产物，同时放出能量的过程。例如，种子萌发时，种皮破裂前进行的是无氧呼吸；植物被水淹，也被迫进行无氧呼吸。

2.1.2　呼吸作用的生理意义

　　呼吸作用与植物的生命活动紧密地联系在一起，植物的任何一个生活细胞都要进行呼吸活动，一旦呼吸停止，其生命就结束了。呼吸作用具有极其重要的意义。

　　1) 提供生命活动的能量

　　植物的生长发育需要能量。例如，植物对矿物质元素的吸收，对有机物的合成与运输，细胞的生长与分裂，器官的分化与形成，开花、受精与结果等等，无一不需要能量。而这些能量正是通过植物的呼吸作用释放出来的。呼吸作用提供的能量是缓慢地进行的，适合于植物的吸收利用。

　　2) 提供生长发育的原料

　　呼吸过程产生一系列的中间产物，这些中间产物成为进一步合成植物体内其他有机物的原料。例如，合成蛋白质所需要的各种氨基酸、合成核酸所需要的碱基与五碳糖都离不开呼吸作用的中间产物。因此，呼吸作用与植物体内有机物的合成与转化密切相关。

2.1.3　呼吸作用的一般过程

　　呼吸作用的过程是指从呼吸基质氧化分解到最终产物的具体过程。由于植物生存环境的复杂性，造就了呼吸代谢的多条途径。这是植物在长期进化过程中，对外界环境条件长期适应的结果。但就呼吸作用的一般过程而言，比较典型的是糖酵解、三羧酸循环和无氧呼吸。

1) 糖酵解过程

淀粉在无氧状态下分解为丙酮酸的过程，称为糖酵解。这一过程是在细胞质中，在一系列酶的参与下进行的。在此基础上，丙酮酸将进一步氧化。在有氧条件下，它进入三羧酸循环途径，进行有氧呼吸；在缺氧条件下，只能进行无氧呼吸。

2) 有氧呼吸过程

在氧气充足的条件下，丙酮酸进入三羧酸循环途径，进行有氧呼吸。这一过程在线粒体中进行，包括三羧酸循环、电子传递链、氧化磷酸化三个过程。最终使丙酮酸完全氧化，形成二氧化碳和水，释放出能量。此外，糖酵解、三羧酸循环途径是糖、脂肪、蛋白质、核酸及其他物质共同代谢的过程，是植物体内各种物质相互转化的主要枢纽。

3) 无氧呼吸过程

无氧呼吸包括酒精发酵和乳酸发酵等途径，但所有的无氧呼吸都要经历糖酵解的过程，即从丙酮酸开始各自再向不同的代谢途径进行。

植物无氧呼吸的产物是酒精的称为酒精发酵。酒精发酵是无氧呼吸的主要途径，如水稻浸种催芽、谷物堆放的无氧呼吸都属酒精发酵。酒精发酵的反应式如下：

$$C_6H_{12}O_6 \rightarrow 2C_2H_5OH(酒精) + 2CO_2 + 54kcal(226kJ)$$

少数植物的器官和组织在进行无氧呼吸时产生的是乳酸，则称为乳酸发酵。例如，马铃薯块茎进行的无氧呼吸就是乳酸发酵，反应式如下：

$$C_6H_{12}O_6 \rightarrow 2CH_3CHOHCOOH(乳酸) + 47kcal(197kJ)$$

无氧呼吸是高等植物对短暂缺氧的一种适应，但不能忍受长期缺氧。这是因为，无氧呼吸的产物积累过多，会对细胞造成毒害；另一方面，无氧呼吸释放能量少，要维持正常生命活动所需要的能量，就要消耗大量的有机物质。

2.1.4 影响呼吸作用的因素

1) 呼吸强度

呼吸强度是表示呼吸作用强弱的生理指标。是单位时间内，单位植物材料呼吸作用放出 CO_2 的量或吸收 O_2 的量。单位时间多用小时，植物材料可用干重、鲜重或面积表示，CO_2 或 O_2 可用毫克表示。呼吸强度的常用单位是：CO_2(或 O_2)mg/[g(干重或鲜重)·h]。

2) 影响呼吸强度的内部因素

植物的呼吸强度因植物的不同类型、不同的组织、器官和不同的生长发育期而存在差异。

(1) 不同植物种类的影响

不同种类的植物各有不同的生理特点，呼吸强度的差异很明显。就树木来说，落叶树种的呼吸强度大于常绿树种，喜光树种大于耐阴树种。

(2) 不同组织、不同器官的影响

同一种植物的不同组织、不同器官，呼吸强度明显不同。一般来说，生殖器官的呼吸强度高于营养器官，幼嫩器官大于老年器官，受伤的组织高于正常组织。例如，雌、雄蕊的呼吸强度要比花瓣、萼片高得多。茎的形成层比韧皮部、木质部高得多。总之，代谢活动愈旺盛的组织、器官，呼吸强度就愈高(表 2-1-1、表 2-1-2)。

几种植物不同器官和组织的呼吸强度(24h内每克干重释放的 CO_2 mg 数，15~20℃)　　表2-1-1

植物材料	呼吸强度	植物材料	呼吸强度
椴树叶	92.4	小麦幼根	53.4
椴树芽(休眠)	7.3	柠檬果实	12.4
丁香芽(休眠)	11.6	柠檬果皮	69.3
小麦叶	138.7	柠檬果肉	10.6

白蜡树干组织的呼吸强度　　表2-1-2

组织	每克鲜重在12h内吸收 O_2 mg 数	组织	每克鲜重在12h内吸收 O_2 mg 数
韧皮部	167	边材(内部)	31
形成层	220	心材	15
边材(外部)	78		

(3) 不同生长期的影响

植物的呼吸强度还随生育期的不同而发生变化。一般来说，植物生长旺盛时呼吸强度较高，进入生殖生长时呼吸强度最高，所以在植物的生长周期中，呼吸强度随不同发育期而呈现有规律的变化(图2-1-1)。

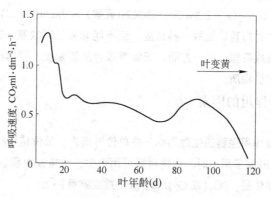

图 2-1-1　草莓叶片(不离体)不同年龄的呼吸速度

3) 影响呼吸作用的外部因素

植物所处的环境因素与呼吸作用有密切关系，影响较大的是温度、水分、大气成分和机械损伤等因素。

(1) 温度对呼吸作用的影响

呼吸作用由一系列的酶促反应所组成，由于各种酶的活性受温度的制约极为明显，因此，温度对呼吸作用的影响主要是影响了酶的活性。其次，呼吸作用存在于细胞质中，细胞质的状态与呼吸作用有密切关系，而温度对细胞质的状态有直接影响。这样也就影响了呼吸作用。

在一定范围内，呼吸强度随温度的升高而增加；超过一定温度，呼吸强度反而因温度的升高而降低(图2-1-2、图2-1-3)。

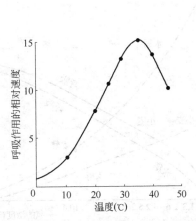 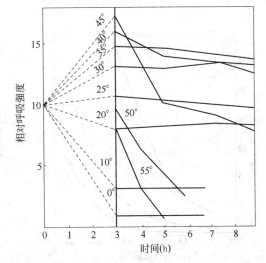

图 2-1-2　温度对豌豆幼苗呼吸速度的影响　　图 2-1-3　温度与时间因素对豌豆幼苗呼吸强度的影响

温度对呼吸作用的影响,常用最适温度、最高温度和最低温度进行描述。植物呼吸作用的最适温度一般在 25～30℃ 之间。此时,呼吸作用较平稳,植物代谢正常,生长发育良好。而呼吸作用的最高温度和最低温度不仅是呼吸作用的极限温度,同时也是植物生命的极限温度。超过这些温度,呼吸作用不能进行,植物的生命也停止了。植物呼吸的最高温度一般在 45～55℃ 之间。高温可使酶的活性钝化,呼吸强度降低,甚至造成原生质结构被破坏而停止呼吸。低温也降低呼吸强度,但一般不破坏酶的结构,只是降低了酶的活性。植物在低温时,代谢活动微弱,生长发育缓慢,甚至出现冬眠状态。大多数植物呼吸的最低温度可低于 0℃,因植物不同种类、不同生理状态也有较大差别。例如,同一树种冬季 -20℃ 时休眠,仍未停止呼吸,而在夏季温度降到 -5℃ 时,呼吸作用就停止了。

(2) 含水量对呼吸作用的影响

植物组织含水量与呼吸强度有密切关系,因为只有原生质处于水饱和状态时,各种生命活动才能正常进行。在一定限度内,呼吸强度随组织含水量的增加而提高,这在风干种子中表现得特别明显。例如,桧柏种子含水量从 8% 增加到 13.8% 时,其呼吸强度可增加 9 倍,当充分吸水膨胀时,呼吸强度可增加数千倍(图 2-1-4)。

正在生长的植物器官——根、茎、叶等,在正常情况下,其含水量变化对呼吸没有明显影响。但在严重缺水时,常常出现呼吸作用反而增加的现象。这是因为缺水时,光合产物从叶中运输受阻,叶内呼吸基质增加,所以呼吸作用增强。

(3) 氧气和二氧化碳对呼吸作用的影响

氧气是植物进行正常呼吸的重要条件,二氧化碳是呼吸作用的最终产物,所以空气中氧气和二氧化碳的浓度直接影响呼吸作用的强弱和呼吸作用的性质。

大气中的 O_2 含量约在 21%,这样的浓度完全可以满足植物呼吸作用的需要。只有当氧含量降低到 20% 以下时,呼吸强度才会降低。水稻和小麦幼苗的试验证明:当氧的浓度降低到 5%～8% 时,有氧呼吸显著降低;无氧呼吸则相应增高(图 2-1-5)。

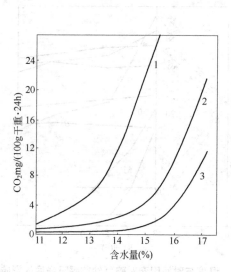
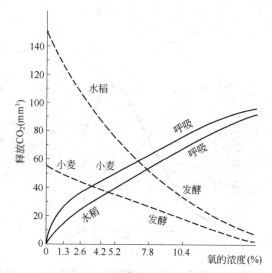

图2-1-4 谷粒或种子的含水量对呼吸强度的影响
1—亚麻；2—玉米；3—小麦

图2-1-5 水稻和小麦幼苗在不同氧的浓度下有氧呼吸和无氧呼吸的变化

二氧化碳是呼吸作用的产物，当外界 CO_2 浓度增高时，呼吸作用将受到抑制。试验证明：当 CO_2 达到 1%～10% 时，呼吸作用明显减弱。实际大气中的 CO_2 只有 0.03%，远远没有达到抑制呼吸作用的浓度。

土壤中氧和二氧化碳浓度与大气中的浓度有很大差别。土壤中氧的含量比大气中的低得多，植物根系比地上部分更能适应低氧环境。当土壤中氧的浓度降至 5% 以下时，呼吸作用才降低。通气不良的土壤氧的浓度常常在 2% 以下，严重影响了根系的呼吸作用和正常生长。与氧的情况恰恰相反，土壤中 CO_2 的浓度比大气中的高得多。原因之一是植物根系呼吸产生的 CO_2 不易扩散，另一个原因是土壤微生物活动所造成。夏季高温季节，土壤中 CO_2 浓度可达到 4%～10%，甚至更高。在这种土壤环境下，根系呼吸作用受到抑制，对矿物质和水分的吸收也必然受到影响。因此，生产实践中要改良土壤，适时中耕，保持土壤通透性。

除上述因素外，机械损伤等其他外界因素也会对呼吸作用产生一定影响。需要强调的是自然环境是错综复杂的，影响呼吸作用的诸因素也常常相互作用、互相影响。只有在实际问题中，准确观察，科学分析，找出主因并通过采取措施才能达到理想的效果。

2.1.5 呼吸作用知识的应用

植物生长发育的各个环节，以至于全部生命活动都密切联系于呼吸作用。如何运用植物呼吸作用规律，按人类需要调控植物的生长发育，在生产实践中，具有十分重要的意义。

1）呼吸作用与种子贮藏

植物种子是生命的有机体，在其贮藏过程中，仍然进行着呼吸等代谢活动，只不过限制在极其微弱的程度。如果条件不当，呼吸变强，就会造成有机物的消耗，降低发芽率，甚至发霉变质。种子的安全贮藏，特别是粮油种子的安全贮藏，在国民经济中，意义重大。

(1) 控制水分

根据植物种子呼吸作用的特点，种子安全贮藏的首要条件是把水分控制在安全含水量以下。种子安全贮藏的含水量称为安全含水量或称标准含水量。在安全含水量的范围内，种子自由水含量极小，呼吸强度很低。例如，谷物的安全含水量是12%～14%，油科种子安全含水量是7%～9%，杉木种子是10%～12%，马尾松是7%～10%等等(表2-1-3)。如果种子的含水量超过安全含水量，呼吸作用就会显著增强。所以，种子入库前必须充分风干，贮藏环境要干燥、通风。

园林树木种子标准含水量(%) 表2-1-3

树种	标准含水量	树种	标准含水量	树种	标准含水量
油松	7～9	杉木	10～12	白榆	7～8
红皮油松	7～8	椴树	10～12	椿树	9
马尾松	7～10	皂荚	5～6	白蜡	9～13
云南松	9～10	刺槐	7～8	元宝枫	9～11
华北落叶松	11	杜仲	13～14	复叶槭	10
侧柏	8～11	杨树	5～6	麻栎	3～40
柏木	11～12	桦木	8～9		

(2) 调节气体

由于O_2有促进呼吸的作用，而CO_2有抑制呼吸的作用，所以适当增加CO_2的含量，适当减少O_2的含量可以达到延长贮藏时间的目的。实践证明，这种贮藏方法还有利于提高种子的发芽率。采用部分充入氮气的方法也会取得很好的贮藏效果。

(3) 降低温度

低温可以减弱种子的呼吸强度，可抑制微生物的活动。低温和超低温能有效地保持种胚细胞结构和功能的稳定性。因此降低温度对延长贮藏时间效果显著(表2-1-4)。

不同温度下粮油种子的贮藏年限 表2-1-4

贮藏温度(℃)	12	0	-20
贮藏时间(年)	4～6	15	50

2) 呼吸作用与切花保鲜

切花是指从植株上切取具有观赏价值的茎、叶、花、果等，用来装饰的植物材料。由于切花的离体状态，采收后很容易出现衰老和萎蔫。切花保鲜就是在切花贮藏、运输、装饰等环节中，通过各种措施，尽可能地保持新鲜状态的过程。而抑制呼吸作用是切花保鲜的重要技术措施之一。

切花的贮藏包括低温贮藏、气调贮藏和低压贮藏。低温贮藏可抑制呼吸作用和微生物繁殖，一般掌握在接近冰点但不能结冰(0.5～1℃)，而热带切花的兰花不能低于10℃，亚热带切花的唐菖蒲、茉莉花等以2～10℃为宜。气调贮藏则要通过控制CO_2和O_2的含量，降低切花呼吸以达到保鲜目的。一般O_2的浓度降到0.5%～1%，CO_2的浓度升至0.35%～10%。低压贮藏是把贮藏室的气压降至标准大气压以下，一般降为5.3～8.0kPa，从而抑制呼吸，达到保鲜效果。

切花的运输多采用低温冷藏的办法。采用低压低温技术可使月季、香石竹、郁金香等切花虽经长途运输，仍新鲜如初。

切花插瓶后，合理使用保鲜剂是装饰过程中主要的保鲜措施。保鲜剂的成分与生理作用比较复杂，但无论使用何种保鲜剂都与抑制乙烯的生成、抑制呼吸作用密切相关。

3) 呼吸作用与植物栽培

在植物栽培与养护管理中，人们采取的一些措施达到调节呼吸、促进植物生长发育的效果。例如，在园林苗木播种前，对于种皮不易裂开的种子，人们要采取措施，突破种皮，让种子在萌发过程中，及时进入有氧呼吸。在植物进行扦插等无性繁殖过程中，除掌握生根的温度、湿度外，要特别注意氧气状况，土壤透气要好，扦插不能过深，促使有氧呼吸正常进行，保证生根需要的有机物质和能量。在公园或林荫路上，人们常见到具有透气性的铺装材料，其作用在于减轻行人对土壤结构的破坏，保持土壤透气性，使树木根系正常呼吸、正常生长发育。

2.2 光合作用

植物体的干物质中90%～95%是有机化合物，而构成这些有机化合物的骨架主要是碳元素。植物体吸收自然界的碳元素营造自身的过程被称作碳素营养。植物的碳素营养分为两种类型：凡可直接利用自然界中二氧化碳作为碳素营养的植物被称作自养植物。而只能利用现成有机碳化物作为碳素营养的植物被称作异养植物。

自养植物吸收二氧化碳转变成有机物的过程，以绿色植物的光合作用最广泛，合成的有机物质最多，与人类的关系也最密切。

2.2.1 光合作用的概念及其意义

1) 光合作用的概念

光合作用是绿色植物利用光能，将二氧化碳和水合成有机物质，并放出氧气的过程。一般常用下列反应式表示：

$$CO_2 + H_2O \xrightarrow[\text{绿色植物}]{\text{光能}} (CH_2O) + O_2 \uparrow$$

光合作用是一个吸收光能(主要是太阳的光能)，并将其转化为化学能贮存在有机化合物中的过程。每固定一克分子 CO_2，可固定转化 114kcal(477kJ) 的化学能。

2) 光合作用的主要意义

绿色植物的光合作用解决了地球上物质转化的核心问题，即如何把无机碳转化成有机碳，它是一切异养型生物的生命物质之源。其意义可以概括为以下三个方面。

(1) 能量的转运站

光合作用的过程，是一个不断地转化太阳能的过程，是我们一切粮食和燃料的最初来源。煤、石油和天然气等，都是很早以前植物通过光合作用而积累的日光能。据统计，植物每年贮存的能量约相当于 7.2×10^{17} kcal。这个数据远远超过了人类所利用的其他能源(如水力发电、原子能)总和的若干倍。可见光合作用转化太阳能的作用之巨大。

(2) 有机物的加工厂

绿色植物通过光合作用将无机物转变成碳水化合物和其他各种有机物，按全球统计，每年可同化 2×10^{11} t 的碳素，其数量之大、种类之多，是任何过程都无法比拟的。说到底，人类所需要的粮食、蔬菜、水果、纤维、油料、木材及药材等等都是来自于植物的光合作用的。

(3) 空气的净化器

生物在呼吸过程中吸入氧气，放出二氧化碳；燃烧过程中也要大量消耗氧气，排出二氧化碳。

据估计全世界生物呼吸和燃烧消耗的氧气平均 10000t/s。以该速度计算，在 3000 年左右，大气中的氧气就会被全部用完。然而地球上广泛分布的绿色植物，不断地进行光合作用，吸收二氧化碳和放出氧气，这样就使得大气中的氧气和二氧化碳气体的含量相对地保持稳定的状态。据统计，地球上的绿色植物在进行光合作用时，每年要放出 5.35×10^{11} t 的氧气，以补充被消耗掉的氧气。

同时大气中的一部分氧气可以转化成臭氧，在大气上层形成臭氧层，它可以吸收太阳光线中对生物有强烈破坏作用的紫外线，以保护生物在陆地上能够正常活动和繁衍。

综上所述，光合作用是地球上一切生物存在、繁衍和发展的根本源泉。对光合作用的研究，无论在理论上和生产实践中都具有十分重大的意义。

2.2.2 叶绿体与色素

叶片是进行光合作用的主要器官，而叶绿体是进行光合作用的重要细胞器。叶绿体具有特殊的结构，并含有多种色素，以适应进行光合作用的机能。

1) 叶绿体的形态结构

高等植物的叶绿体，形状多呈椭圆碟形，直径数微米，厚 1~2μm。每个细胞约含有数十到上百个叶绿体(图 2-2-1、图 2-2-2)。在电子显微镜下，可看到叶绿体由外膜和内膜双层膜包围着。内膜以内含有基质，基质内充满水溶性的液体，其中含有无机离子、核糖体、酶类、淀粉粒等。基质中有由许多圆盘状类囊体垛叠组成的基粒，一个典型的叶绿体中约含有 40~60 个基粒。

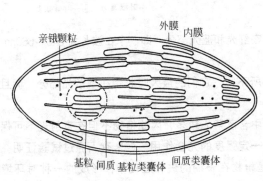
图 2-2-1 叶绿体结构示意图

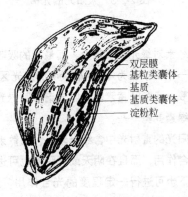
图 2-2-2 电镜下的菠菜叶绿体切片

2) 叶绿体中的色素

叶绿体的化学成分十分复杂，除含有大量水分以外，还含有蛋白质、脂类和其他成分。在光合作用中起决定性作用的是色素，它们主要分布在基质中，约占干物质的 8% 左右。

(1) 色素的种类

叶绿体中的色素有三类：叶绿素、类胡萝卜素和藻胆素(表 2-2-1)

(2) 色素的光学性质

从分光镜中可以明显地观察到，阳光中的可见光由七种不同颜色的光组成。叶绿体中的色素不能把可见光中七种不同颜色的光全部吸收掉，而只能吸收其中的一部分，我们把这种吸收特性叫做光吸收的选择性。吸收后的光谱将形成一些暗带，这就是叶绿体的吸收光谱(图 2-2-3、图 2-2-4)。

叶绿体中的色素　　　　　　　　　　　　表 2-2-1

色素名称		存在场所	吸收高峰
叶绿素	叶绿素 a	所有进行光合作用的植物	红光和蓝光区
	叶绿素 b	高等植物和绿藻	
	叶绿素 c	褐藻和硅藻	
	叶绿素 d	红藻	
类胡萝卜素	胡萝卜素	大部分植物和细菌	蓝光和蓝绿光
	叶黄素		
藻胆素	藻蓝蛋白	蓝藻、红藻	橙红光
	藻红蛋白	红藻、蓝绿藻	绿光

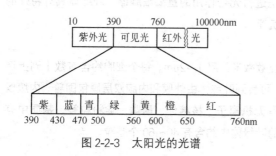

图 2-2-3　太阳光的光谱

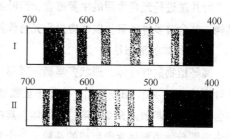

图 2-2-4　叶绿素的吸收光谱

Ⅰ—叶绿素 a；Ⅱ—叶绿素 b

叶绿素对绿光吸收最少，而最大的吸收带在红光和蓝光部分，即一个在波长为 640~660nm 的红光区和一个在波长为 430~450nm 的蓝光区。

胡萝卜素和叶黄素的吸收光谱与叶绿素有所不同，它们的最大吸收带在蓝紫光部分，而且范围也比叶绿素要宽一些。

太阳光的直射光中含红光较多，而散射光中含蓝紫光较多，因此植物不但在直射光下可保持较强的光合作用，而且在阴天或背阴处也可进行一定强度的光合作用。近来有人通过试验证明在月光或星光下也可进行一定程度的光合作用。这是植物在长期的进化过程中，形成的一种对环境的适应性。

2.2.3　植物的叶色与叶绿素的形成条件

1) 植物的叶色

植物叶子的颜色是叶片中各种色素的综合表现，其中主要是绿色的叶绿素和黄色的类胡萝卜素两大色素之间的比例。高等植物叶子所含的各种色素的数量与植物种类、叶片老嫩、生育期及季节有关。一般来说，正常叶子的叶绿素和类胡萝卜素的比例约为 3∶1，叶绿素 a 与叶绿素 b 也约为 3∶1，叶黄素与胡萝卜素约为 2∶1。由于绿色的叶绿素比黄色的类胡萝卜素多，占优势，故正常的叶子总是呈现绿色。秋天、条件不正常或叶片衰老时，叶绿素较易被破坏，数量减少，而类胡萝卜素则比较稳定，所以叶片呈现黄色。至于红叶，因秋天降温，植物体内积累较多的糖分以适应寒冷，体内可溶性糖多了，就形成了较多的花色素（红色），叶子就呈红色。枫树秋季叶片变红，就是这个道理。

2) 叶绿素的形成条件

叶绿素和植物体内的其他有机物质一样，也要经常不断地进行新陈代谢。据测定，菠菜的叶绿素，72h 后可更新 95.8%；而烟草的叶绿素，更新较慢，19d 后更新 50%。由此可见不同植物的叶绿素更新速度是不一样的。

叶绿素的形成和解体，与下列四种因素密切相关。

(1) 光照

光照是形成叶绿素的必要条件，在黑暗中生长的植物只能形成原叶绿素(无色)，绝大多数呈黄色。而原叶绿素只有在光下才能被还原成为叶绿素。

(2) 温度

叶绿素的形成要求一定的温度条件，早春时树木的幼芽总是首先呈现出黄绿色，就是受低温影响，叶绿素难以形成的原因。一般来说叶绿素形成的最低温度为 2~4℃，最高为 40~48℃，最适为 26~30℃。

(3) 水分

缺乏水分，不仅会抑制叶绿素的形成，还会促进其分解，所以严重的干旱和涝害时，植物的叶片普遍呈现出黄褐退绿的现象。

(4) 矿质元素

植物的矿质营养状况，特别是叶片中含氮量与叶绿素的含量呈正相关。因为氮是叶绿素的组成元素，缺氮时叶色浅绿，氮多时叶色深绿，在生产上常以叶色的深浅来判断植物的氮素营养状况，尤其是观叶植物，需要格外注意氮素的补充。另外，如果缺镁，叶片也会表现缺绿，这是因为镁也是叶绿素的重要成分。铁、铜、锰、锌等元素，是形成叶绿素过程中需要的某些酶的活化剂，如果缺乏这些元素也会影响到叶绿素的形成，同样也会表现出缺绿的症状。

2.2.4 光合作用的过程

光合作用是积蓄能量和形成有机物的过程。整个过程可分为光反应和暗反应两大步骤。

1) 光反应

光反应是有光的条件下，在叶绿体的基粒上进行的。第一步，当波长 400~700nm 的可见光照射到绿色植物上时，光合色素分子吸收光的量子而激发。光能量子可以通过不同色素分子迅速传递、聚集。在中心色素作用下，形成电子供体和受体，导致电荷分离，把光能转化为电能。第二步称为水的光解，水在这个过程中不断地进行氧化分解，放出电子，补充电子传递的来源，并生成氧($H_2O \rightarrow 2H^+ + 2e + 1/2O_2$)。第三步，进行光合磷酸化，就是无机磷酸(Pi)与腺二磷(ADP)合成高能的腺三磷(ATP)的过程。这一过程是与光能的吸收、传递相偶联的，把电能转化为化学能。

2) 暗反应

暗反应是在叶绿体的基质中进行的。暗反应在光下和黑暗中都能发生，它主要负责有机物的生成，也叫做碳同化，也就是二氧化碳的固定和还原。通过暗反应把活跃的化学能转化为稳定的化学能，它可由多种途径来完成。

3) 光呼吸的概念

植物的绿色细胞在光照条件下吸收氧气和释放二氧化碳的过程，叫做光呼吸。光呼吸是相对于暗呼吸而言的。一般的细胞都有暗呼吸，也就是通常所说的呼吸作用，它不受光的影响。而光呼吸只有在光下才进行，只有在光合作用进行时才能发生光呼吸。光呼吸现象在植物中普遍存在，只有强弱之别，一般来说 C_3 植物光呼吸较强；而 C_4 植物则较弱。据测定：光呼吸强的植物，净光合强度的最高值为 10~40CO_2mg/(dm^2·h)，而光呼吸弱的植物，光合强度的最高值为 40~80CO_2mg/

($dm^2 \cdot h$)。关于光呼吸的生理意义至今仍没有最后结论,但大部分学者认为光呼吸是一个消耗过程。

2.2.5 影响光合作用的因素

1) 植物的光合强度

光合强度是植物在一定环境条件下,光合作用强弱的生理指标,是指在单位时间里,单位叶面积的 CO_2 吸收量,通常以每小时、每平方分米叶面积同化 CO_2 毫克数来表示,即 $CO_2 mg/(dm^2 \cdot h)$。一般测定的光合强度都是植物的净光合强度,也叫表观光合强度。因为实际测定光合强度的值已经把呼吸作用的消耗包括在内,所以在测算植物真正光合强度时,应该是表观光合强度与呼吸强度之和即:真正光合强度=表观光合强度+呼吸强度。

不同的植物,光合强度有很大差异。曾有人在最适条件下测定 187 种不同植物,发现低光合强度的为 $5\sim10 CO_2 mg/(dm^2 \cdot h)$,高的则达到 $150\sim180 CO_2 mg/(dm^2 \cdot h)$(表 2-2-2)。

在天然 CO_2 浓度、饱和光强度、最适温度、适当水分供应条件下
部分植物净光合强度的平均最高值　　　　　表 2-2-2

植物类型			CO_2 吸收 $mg/(dm^2 \cdot h)$	CO_2 吸收 $mg/[g(干重) \cdot h]$
1. 草本植物	C_4 植物		50~80	60~140
	C_3 植物		20~40	30~60
	沙漠植物		4~12	2~8
2. 木本植物	落叶乔本和灌木	阳生叶	10~20(25)	15~25(30)
		阴生叶	5~10	
	热带、亚热带常绿阔叶树	阳生叶	8~20	10~25
		阴生叶	3~6	
3. 沼泽植物			20~40	

2) 影响光合作用的外界因素

影响光合作用的外界因素主要是光照、CO_2、温度、水分及矿质元素等等。

(1) 光照强度

光是光合作用的能量来源,也是叶绿素的形成条件。光照影响着气孔的开闭,从而影响到 CO_2 的进入。此外光照还影响到温度和湿度变化。所以,光照条件与光合作用的关系极为密切。

① 光饱和点:在一定范围内,植物的光合强度随着光照强度的增加而上升。当光照强度增加到某一数值时,光合强度达到最大值,此后即使光照强度继续增加,光合强度也不再增加。此时的光照强度叫做光饱和点。

各种植物的光饱和点相差很大。如水稻在 4~5 万 lx,小麦约在 3 万 lx。这些数值是对单叶而言的,对群体或整体则不适用。例如生长繁茂的树木枝叶互相交错覆盖,往往树冠外层叶片已达到光饱和点,而内层叶片仍处于光饱和点以下,只要增加光照,光合作用就会增强,所以对群体或整株来说光饱和点比单叶要高得多。

达到光饱和点后仍继续增加光照,有些植物光合强度不仅不增加,反而会下降。这种现象称为光抑制现象,原因可能是色素系统受到一定程度的破坏或者由于其他光合系统的活性下降,也可能是 CO_2 供应不足的原因。此外强光下往往引起高温,容易造成水分亏缺、气孔关闭,这也可能是光合作用下降的原因。

根据植物对光照强度的不同要求,可以把植物分为阳性植物和阴性植物。阳性植物的光饱和点

接近全日照。而阴性植物能在全日照 1/10 时就能进行正常的光合作用，如果光照强度过高，光合作用反而减弱。

② 光补偿点：光照是光合作用的条件，没有光照植物就不会进行光合作用。当光线很弱时，植物的光合强度也很小，以至于会小于植物的呼吸作用。此时叶子只能释放 CO_2，而不是吸收 CO_2。当光照强度增强到某一数值时，植物的光合作用增加到等于呼吸作用，也就是植物的净光合作用为 0，此时的光照强度叫做光补偿点。光补偿点标志着该种植物对光照要求的极限，反映了该种植物对弱光的利用能力。在园林植物种植设计和室内绿化装饰工作中，要充分考虑到环境的光照强度和不同树种、不同花卉的光补偿点。一般喜光植物光补偿点为 500～1000lx，耐阴植物为 100lx。

光饱和点和光补偿点不仅是植物光合作用的重要指标，也是指导园林植物栽培养护、筛选良种、规划设计园林的重要依据(图 2-2-5)。

(2) 二氧化碳

CO_2 是光合作用的主要原料，主要从大气中获得。大气中的 CO_2 浓度约为 0.03%，即 300ppm 左右。这样计算，植物每合成 1g 葡萄糖就需要 2250L 空气中的 CO_2。每天每亩作物就需要数万升空气中的 CO_2。所以在正常光照条件下，大气中的 CO_2 远不能满足植物需要，可以说植物经常处于"饥饿"状态。生产中，田间要通风良好、室内采用 CO_2 施肥技术都是为满足植物对 CO_2 的需要(图 2-2-6)。

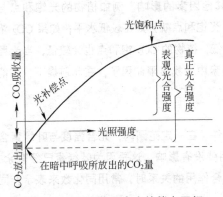
图 2-2-5 光合作用中光补偿点图解

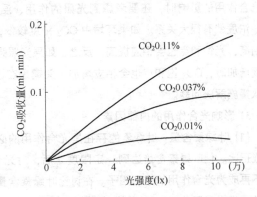
图 2-2-6 三种 CO_2 浓度下不同光强度与光合强度的关系

CO_2 浓度与光合强度的关系，也类似光照与光合强度的关系，有 CO_2 饱和点和补偿点。CO_2 补偿点就是植物光合作用吸收 CO_2 与呼吸作用放出 CO_2 相等时环境中 CO_2 的浓度。CO_2 补偿点反映某种植物在低浓度下，利用 CO_2 的能力。各种植物之间的 CO_2 补偿点有很大差别。例如玉米等 C_4 植物在 10ppm 以内，而小麦等 C_3 植物为 40～100ppm。在 CO_2 补偿点以下，光合强度会随 CO_2 浓度的升高而增加。但当 CO_2 浓度达到某一浓度时，光合作用不再随 CO_2 浓度的升高而增加，此时 CO_2 的浓度称为 CO_2 饱和点。大多数植物的 CO_2 饱和点，正常日照条件下在 800～1800ppm 之间。CO_2 浓度超过饱和点以后，将引起植物中毒或气孔关闭，抑制了光合作用。因此在室内进行 CO_2 施肥时，必须对 CO_2 浓度及光照等环境条件随时监测，使 CO_2 浓度处于合理水平。

(3) 温度

温度对光合作用的影响十分重大。光合过程中的暗反应包含着一系列的酶促反应，而温度直接影响到酶的活性。因此，温度的变化必然对光合作用带来影响。光合作用的最适温度因不同植物而异。

C_3 植物光合作用的最适温度在 25～30℃。例如，桦树光合作用最佳点在 25℃，椴树为 30℃。当温度升至 40～50℃时，光合作用几乎停止。而 C_4 植物则不同，它们光合作用的最适温度在 40℃ 左右。热带植物在低于 5～7℃ 的温度下，即不能进行光合作用，而温带和寒带植物在 0℃ 以下仍能进行光合作用。低温对光合作用的影响，主要是使酶促反应受到抑制。高温对光合作用的影响比较复杂，可能是酶的钝化，也可能是叶绿体结构受到破坏。

(4) 水分

水分是光合作用的原料之一。但这部分水只占很小的比例，所以水作为光合作用的原料是不会缺乏的。水对光合作用的影响是间接的，具体来说，当土壤干旱、植物体内水分亏缺时，会直接影响叶片组织含水量，会造成气孔关闭、CO_2 不能扩散到叶肉间隙；植物缺水时，叶片中淀粉水解加强，糖分积累，影响到光合产物的输出，这些情况都会严重影响到光合作用的进行。

(5) 矿质元素

矿质元素对光合作用的影响既有直接作用又有间接作用。氮和镁是叶绿素的组成元素；铁和锰参与叶绿素的合成过程；钾和磷等参与碳水化合物代谢，缺乏时便影响糖类的转化和运输，这样间接地影响到光合作用。此外磷也参与光合作用中间产物的转化和能量传递，对光合作用的影响很大。因此合理施肥，保证矿质元素营养对光合作用的正常进行是非常重要的。

在分析各种因素对光合作用的影响时，必须考虑多种因素的相互关系和综合影响。在分析 CO_2 对光合作用的影响时，还要考虑到光照的作用、温度和其他因素的影响。例如植物的光饱和点与 CO_2 浓度就有很大关系。如果环境中 CO_2 浓度较低，那么光饱和点就会处在较低水平；如果 CO_2 浓度增高，光饱和点也会相应提高。反之，如果光照强度较低，植物的 CO_2 饱和点也会较低，当光照强度增加时，CO_2 饱和点也会相应增加。关键是在诸多因素中，找出限制因子，在此前提下，才能采取措施解决问题。

3) 影响光合作用的内部因素

(1) 叶绿素含量：叶绿素的存在是光合作用的必须条件。在一定范围内，光合强度与叶绿素含量成正比。但叶绿素含量达到一定限度之后，对光合作用就没有影响，这是因为叶绿素已经有余，已不再成为光合作用的限制因子。在讨论叶绿素含量与光合作用的关系时，常用同化数来表示：同化数 = 每小时同化 CO_2 /叶片含叶绿素的克数。

一般深绿色的叶片同化数高出浅绿色叶片的十几倍。但叶片中叶绿素含量高对植物体本身是有好处的，因为在阴天和早晚日光不强时，也可充分吸收日光进行光合作用，这也是植物适应性的一种表现。一般来说叶绿素含量丰富的植物是比较健壮的。

(2) 叶片年龄：叶片幼小时光合强度低，成熟的叶片光合强度最高，而叶片衰老变黄时光合强度又下降。所以同一株植物不同部位的叶片光合强度是不一样的。

(3) 光合产物的积累：光合产物的积累不利于光合作用，只有当光合产物运出时才有利于光合作用。所以光合强度高，产生大量可外运的同化物；而同化物的外运又反过来促进光合作用的进行，产生了一种良性的互促关系。

(4) 不同生育期：从苗期开始，随植株的成长，一直到开花期，光合强度表现出上升趋势，开花期达到最高值。到了生育后期，随植株的衰老，光合强度也逐渐下降。

由于不同植物的内因各有差别，因此在外界条件相同的条件下，光合强度差别也是很大的。一般来说草本植物大于木本植物；阳生叶大于阴生叶；C_4 植物大于 C_3 植物。

2.2.6 提高光能利用率的途径

对陆生植物来说，植物体内干物质的90%~95%是来自于光合作用的，因此如何利用照射到地球表面的太阳辐射能，充分提高光合作用，为人类造福已成为一个重要课题。

1) 植物对光能的利用率

地球外层垂直于太阳光的平面上的光能为 1.94cal/(cm²·min)。而在晴朗的夏季中午到达地球表面的为 1.50cal/(cm²·min)。到达地球表面上的太阳光中，只有可见光的一少部分可被利用于光合作用。植物对光能的利用率是很低的，一般仅为1%；森林植物就更少，大约仅为0.1%。

落于植物面上的太阳光能的散失与利用情况大致如图2-2-7所示。在理论推算上，光合作用的光能利用率可达20%，所以，提高光合利用率的潜力是很大的。分析植物对光能利用率低的原因主要有以下几个方面：

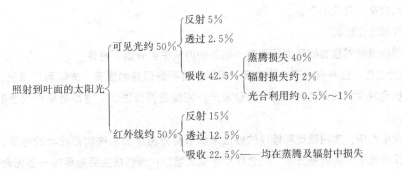

图2-2-7 照射到叶面的太阳光散失与利用

(1) 漏光的损失：植物叶面积小或栽植密度不够，枝叶不能覆盖整个地面，很大一部分阳光直接照射到地面上，造成光能的损失。

(2) 光饱和现象的损失：光照强度超过光饱和点的部分，植物不能利用，造成光能的损失。

(3) 环境条件及植物自身的影响：环境条件影响着植物对光的利用。干旱、CO_2浓度低、缺肥、温度过高或过低、植物发育不良、受病虫危害等情况，一方面造成植物光合能力降低，有机物合成减少；另一方面呼吸作用增强，有机物消耗过多，影响对光的利用。

2) 植物群落(群体)的光能利用率

群落是自然生长的一群植物，群体是人工栽培的一群植物。植物的群落或群体比个体能更有效地利用光能。在群体结构中叶子彼此交错排列，分层分布，上层叶片漏过的光，下层叶片可以利用；各层叶片的透射光与反射光，可以反复吸收利用。外层叶片达到光饱和点，而内层叶片还在光饱和点以下，对群体来说几乎观察不到光饱和现象。所以群体对光能的利用率较高。

在比较郁闭的园林植物群体中，常见到高大乔木、低矮灌木与地被植物的配植。不仅体现了绿色空间的不同层次和不同色彩，而且由于喜光植物、耐阴植物光饱和点、光补偿点的差异，充分利用了上、中、下不同层次的日光能。

叶面积系数是指单位面积土地上，所有植物全部叶片总面积与土地面积的比值。植物叶面积系数反映植物郁闭状况，总的来说叶面积系数越大，光能利用率越高。但是过度密植，叶片过于郁闭，就会造成群体下部光照不足、光合作用下降，而呼吸消耗仍在进行，整个群体积累减少。

3) 提高光能利用率的途径

提高植物对光能的利用率，主要是通过以下三个方面来完成的。

(1) 延长光合时间

延长光合时间就是最大限度地利用光照时间，具体办法如下。

① 提高复种指数：复种指数是指全年植株的收获面积与耕地面积之比。采用轮、间、套等办法，在一年内巧妙地搭配各种植物，从时间和空间上更好地利用光能，减少漏光率，缩短土地的空闲时间，是充分利用光能、增加光合产物的有效措施。

② 延长生育期：要求在作物生长前期早生快发、适时早播、早栽和合理施肥，迅速扩大光合面积，后期要求叶片不早衰，这些都是相对地增加了光合时间和延长了生育期。近年来林业苗圃采用塑料大棚育苗，可以提前播种，使苗木的生育期延长，生长量也随之增加。

③ 人工补充光照：在室内小面积栽培中，当阳光不足或日照时间缩短时，可以用日光灯补充光照，因日光灯的光谱成分近似于日光，是较理想的人工光源。日本在菊花切花的生产中采用了这一措施，大大提高了花头的产量。

(2) 增加光合面积

光合面积是针对植物的叶面积而言，增加的办法主要有以下两种。

① 合理密植：过稀有利于个体发育，但群体得不到很好的发育，光能利用率低。而过密，下层叶片光照机会减少，成为消耗器官，导致减产。密植是否合理，关键是看能否改善群体后期的通风透光条件。

在林业生产中，常用疏伐和修枝的办法来调节林分密度和每株树冠枝叶的密度，以提高光能利用率。疏伐后处于下层的被压木，光合作用有很大增加；而修枝主要是剪掉一些光合效率低的枝条，以减少消耗，增加树干圆满度。但疏伐与修枝要适时适度，过早可造成总叶面积减少，降低对光能的利用；过晚会造成林分过度郁闭、呼吸消耗增加。从光能的利用角度来考虑，应该使林内下层树冠的光强度处在高于补偿点的光强度下。

② 改变株形：近十几年来，各国培养出的比较优良的高产新品种在株形上都有共同的特点，即秆矮、叶直而小、叶厚和分蘖密集。株形的改善就可提高密植的程度，增大光合面积，耐肥不倒伏，充分利用光能，提高光能利用率。

(3) 加强光合效率

影响光合效率的因素很多，这里介绍两种主要措施。

① 增强 CO_2 浓度：空气中 CO_2 的含量为 0.03% (即 300ppm)，这个浓度与植物光合作用的最适浓度(即 1000ppm)，相差甚远。因此 CO_2 浓度常常成为植物光合作用中的限制因子。

增加温室或大棚内 CO_2 的浓度，常用的办法是燃烧石油液化气，使用干冰升华等办法也是实用的，而增加大田中 CO_2 的浓度就不那么容易了，目前试验探讨中的方向是：控制栽植规格，因地制宜选好行向，使生长后期通风良好；增施有机肥料，使其分解后放出的 CO_2 扩散到空气中被叶子吸收；深施 NH_4HCO_3，这种肥料除了含有植物所需要的 N 元素外，还含有 50% 左右的 CO_2。

② 降低光呼吸：已经知道 C_4 植物利用 CO_2 的能力要高于 C_3 植物，而且光呼吸也较弱，光合效率高。而 C_3 植物则完全相反，因此为了提高 C_3 植物的光合能力，通常采取增加 CO_2 浓度、使用呼吸抑制剂的方法降低它们的光呼吸。

复习思考题

1. 什么叫呼吸作用？呼吸作用有什么重要意义？

2. 呼吸作用有哪些类型?
3. 简述有氧呼吸的基本过程?
4. 什么叫呼吸强度? 说明影响呼吸强度的各种因素。
5. 呼吸作用知识在生产实践上有哪些应用?
6. 什么叫光合作用? 光合作用的意义是什么?
7. 叶绿体含有哪些色素,其光学性质是什么?
8. 植物光饱和点与光补偿点有哪些应用?
9. 影响光合作用的内因、外因分别是什么?
10. 光合作用知识在生产实践上有哪些应用?

第 3 章　植物的营养器官

本章学习要点：

在植物体中，由多种组织构成，具有显著的形态特征和特定生理功能的部分称为器官。而根、茎、叶这些负担植物体营养功能的器官称为营养器官。本章主要内容：①了解根的来源及种类、根系类型及根系在土壤中的分布与园林植物生长的关系；了解根瘤与菌根、根的变态在生产中的作用。理解根尖分区及伸长生长。掌握根生长和吸收的部位、根的变态的概念及常见根的变态类型。②了解茎的生长习性、叶芽的构造、茎尖的分区与伸长生长。理解茎的变态的概念；掌握茎的基本形态、茎的变态类型及茎的分枝方式。③了解叶的发生与生长、双子叶植物叶的构造、叶的形态构造与环境的关系、叶的生存期与落叶。理解叶的变态的概念；掌握叶的组成、叶片的形态和质地、叶序、单叶和复叶及叶的变态类型。

3.1 根

根是植物在长期适应陆地生活过程中所进化形成的器官，它构成了植物体的地下部分。根的主要功能是从土壤中吸收水分和吸收溶解在水里的无机盐类，并有固定植物体的作用。根还是生物合成的场所，一些氨基酸、植物碱、植物激素等重要物质都是在根内合成的。有些植物的根还可以产生不定芽而萌生新枝，具有营养繁殖的作用。有些植物的根发生变态，而具有贮藏功能、呼吸功能和攀缘功能。

3.1.1 根的形态

1) 根的种类

植物的根按来源可分为主根和侧根；按发生部位可分为定根和不定根。由种子胚根发育形成的称为主根，主根上的分枝以及由分枝再发生的各级分枝称为侧根。主根与侧根都是直接或间接由胚根发育而成的，都称为定根。植物从茎、叶等部位长出来的根，称为不定根。园林生产中，常利用植物产生的不定根进行扦插、压条等营养器官的繁殖。

2) 根系及根系类型

植株地下部分所有根的总体称为根系。根系可分为直根系与须根系两种类型(图3-1-1)。

(1) 直根系：主根发达、粗壮，与侧根有明显的区别的根系称为直根系。大部分双子叶植物和裸子植物的根系都属于此种类型，如杨树、槐树、马尾松、油松等。

(2) 须根系：主根不发达或早期停止生长，在基部产生许多粗细相似的呈须状的根系，称为须根系。大部分的单子叶植物为须根系，如竹、棕榈等。但有些双子叶植物也形成须根系，如毛茛、车前等。

3) 根系在土壤中的分布

根系在土壤中的分布状况，对植物地上部分的生长有着极为重要的影响。只有发达的根

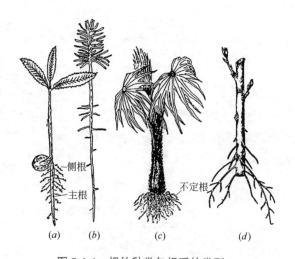

图3-1-1 根的种类与根系的类型
直根系：(a)麻栎；(b)马尾松
须根系：(c)棕榈不定根；(d)柳树

系才能充分吸收土壤中的水分和营养，才能够具有较强的抗逆性，才能枝叶繁茂。在土壤良好的条件下，根系分布一般都十分广泛，其生长幅度往往超过地上部分。例如小麦的根可深入到 2m 深的土层；花生萌发后 1 个月，主根长度可达到 50cm，侧根能达到 100～145 条；很多树木的根系分布可达冠幅的数倍。

根据根系在土壤中的分布深度，可将根系分为深根系、浅根系两大类。深根系主根发达，深入土层，垂直向下生长。浅根系的主根不发达，侧根向四面扩展，根系主要分布在土壤表层。

根系在土壤中的分布，一方面决定于植物的遗传特性，另一方面决定于土壤条件。在同一树种中，如果生长在地下水位较低、土壤排水和通气状况良好、土壤肥沃、阳光充足的地区，其根系比较发达，可以深入较深的土层。反之生长在地下水位较高、土壤排水和通气状况不好、肥力又较差的地区，其根系发育不良，多分布在较浅的土层。此外，用种子繁殖的实生苗，一般根系分布较深。而压条、扦插等营养繁殖的苗木主根常常发育不良或停止发育，而侧根大量地发生，这些树木的根系一般分布较浅。

4) 根的变态

植物在长期的进化过程中，由于适应环境条件的改变，其营养器官的形态结构及生理功能发生了变化，称为变态。根的变态有以下几种类型。

(1) 贮藏根

由主根、侧根或不定根形成的贮藏有大量养料的肉质直根或块根，称为贮藏根。常见于二年生或多年生的草本植物，如萝卜肉质直根，大丽花、天门冬、甘薯属于块根。

(2) 支柱根

有些植物在茎节或侧枝上产生许多不定根，向下伸入土壤中，形成起支持作用的变态根称为支柱根。如高粱、玉米近地茎节上产生的不定根、榕树侧枝上产生的下垂不定根都是支柱根。这种根除具有支持作用外，还具有一定的吸收功能。

(3) 气生根

茎上产生，悬垂在空气中的不定根称为气生根。气生根的顶端无根冠和根毛，但有根被，如常春藤、吊兰、石斛等。根被是气生根的根尖表面特化的吸水组织，气生根是植物对高温、高湿的一种适应。

(4) 呼吸根

生活在沼泽地带或热带海岸的植物，常有一部分根背地向上生长，裸露于空气中，根中有发达的通气组织，表面有皮孔，适应于呼吸作用，以弥补多水环境中空气的缺乏，如池杉、水杉、红树等植物都有这样的呼吸根（图 3-1-2）。

(5) 寄生根

有些寄生植物，缠绕在寄主植物上，根侧发育成吸器，伸入到寄主体内吸收水分和养料供自身生长的需要，这样的根称为寄生根。如桑寄生属、槲寄生属、菟丝子等（图 3-1-3）。

(6) 攀缘根

有些藤本植物茎上有很多不定根，起到固着作

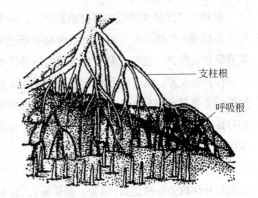

图 3-1-2　红树的支柱根和呼吸根

用，使植物沿岩石、墙壁向上生长，这种不定根称为攀缘根。如凌霄、地锦等植物就生长这种变态根。

3.1.2 根的结构

1) 根尖及分区

根尖是指根的顶端到着生根毛的部分。不论主根、侧根或不定根都具有根尖，它是根中生命活动最旺盛、最重要的部分。植物对水分和营养的吸收，根的伸长生长与初期分化主要是在根尖进行的。根尖从顶端起，可依次分为根冠、分生区、伸长区和成熟区四个部分。各区的生理功能不同，其细胞形态结构也具有不同的形态特点(图 3-1-4)。

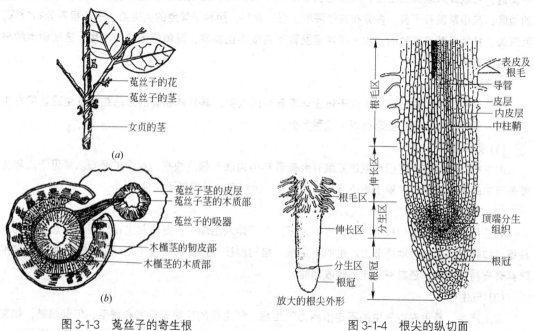

图 3-1-3　菟丝子的寄生根　　　　图 3-1-4　根尖的纵切面

(a)缠绕在寄主女贞枝条上；(b)菟丝子寄生木槿茎部模切面

(1) 根冠：位于根尖前端的一种保护组织，外形像一顶帽子，包在根尖的外面，有保护分生组织不受摩擦损伤的作用。

根冠由多层排列疏松的薄壁细胞组成，外层细胞的原生质体内含有淀粉粒和黏性物质，细胞壁能分泌黏液。当根冠外层细胞受到摩擦不断脱落时，可使土粒润滑，有利于根的伸长生长。根冠除具有保护功能外，还能控制分生组织的向地性生长。

(2) 分生区：位于根冠的上方，也称生长点。分生区具有很强的细胞分裂能力，是根内产生新细胞的主要部分。分生区的细胞体积小，排列紧密、整齐，细胞间隙不明显，细胞壁很薄，细胞核相对较大，细胞质浓密，有少量的小液泡。分生区细胞连续分裂，不断增生新的细胞，一端保留分裂能力，另一端转变为伸长区。

(3) 伸长区：位于分生区的上方，是由分生区细胞产生的，这些细胞逐渐停止分裂，开始伸长生长和分化成为各种组织(导管、筛管等)。伸长区细胞显著伸长成圆筒形，细胞质成一薄层，紧贴于细胞壁，液泡开始形成。由于此区细胞迅速生长，故使根尖不断向土壤深处伸展。

(4) 成熟区：位于伸长区的上方。此区细胞已停止伸长生长的，并已分化成熟，形成各种组织。成熟区表面一般密生根毛，故又称根毛区。根毛是表皮细胞向外突起形成的，其细胞核在根毛的尖端，细胞壁薄而柔软，易与土壤颗粒紧密结合，从而进一步增加根的吸收效率。根毛的生长速度很快，但寿命较短，一般根毛寿命仅有数天至十多天。当老的根毛死亡时，由临近的伸长区又形成新的根毛，使根毛区得以维持一定的长度和数量。随着根尖的向前生长，根毛区的位置也不断向前推移。因此，新陈代谢是根尖发挥吸收功能的基本保障。

2) 双子叶植物根的结构

(1) 根的初生结构

根的伸长生长称为初生生长。初生生长形成各种组织和根的初生结构。

由根毛区作横切，可见根的初生结构由外至内明显地分化为表皮、皮层和中柱三部分(图 3-1-5)。

① 表皮：位于根的表面，由一层无色而扁平的活细胞组成。细胞排列紧密，细胞壁薄，适合于水分和无机盐的通过，部分表皮细胞的外壁向外突起形成根毛，明显地扩大了根的吸收面积。所以根毛区的表皮细胞与其他部分表皮细胞相比，吸收作用比保护作用更为重要。

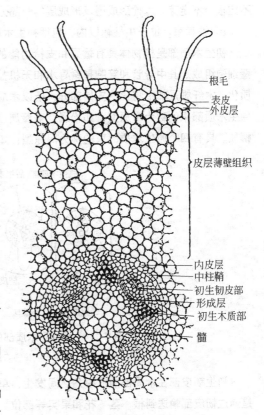

图 3-1-5 刺槐根的初生结构

② 皮层：位于表皮与中柱之间，由多层排列疏松的薄壁细胞组成，是水分及溶质从根毛到中柱的运输途径，皮层在根中占有很大的部分。皮层细胞内常含有许多后含物，具有贮藏营养的功能。水生植物的皮层还能分化成通气组织，具有通气功能。皮层的最外一层可分化为外皮层。外皮层的细胞排列整齐，无细胞间隙，但水和无机盐仍可以通过。当根毛枯死，表皮细胞脱落时，外皮层的细胞壁栓质化，能代替表皮起保护作用。皮层最内的一层细胞排列紧密，形状较小，为内皮层。内皮层细胞结构十分特殊，细胞径向壁和横向壁上部分加厚，是呈木质化和栓质化的带状结构，称为凯氏带。凯氏带的结构形成不透层，当水分和无机盐在根内横向运输时，只能通过内皮层的凯氏带才能进入中柱内，起到了对溶质运输的调控作用(图 3-1-6)。

③ 中柱：皮层以内的部分称为中柱，它是根的中轴部分，包括中柱鞘、维管束和髓三部分。

a. 中柱鞘：位于中柱的最外层，由一层至多层的薄壁细胞组成，细胞排列紧密，并具有分生能力。在一定的条件下，中柱鞘细胞能够产生侧根、

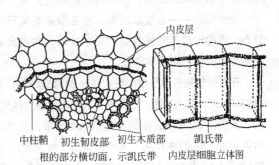

图 3-1-6 内皮层的结构

不定根、不定芽、木栓形成层及形成层的一部分。

b. 维管束：位于中柱鞘以内，包括初生木质部和初生韧皮部。

初生木质部是植物体具有输导和支持功能的一种复合组织，主要由导管、管胞、木纤维和木薄壁细胞组成。其中导管和管胞是输导水和无机盐的，是木质部的主要部分。木质部的细胞壁多数木质化，木纤维是其中特化的支持部分，所以木质部又有支持功能。在根的初生木质部中，具有两个原生木质部束的称为二原型，如松属、蔷薇属、烟草属。具有三个原生木质部束的称为三原型，如柳属。具有四个原生木质部束的称为四原型，如蚕豆(图3-1-7)。

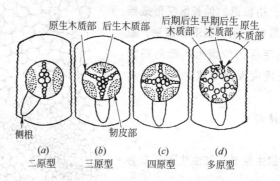

图3-1-7 根初生木质部的各种类型及侧根发生的位置
(a)-(c)双子叶植物的特征；(d)单子叶植物的特征

初生韧皮部在木质部的放射角之间发生，单独成束，相间排列。叶片制造的有机营养物质主要是通过韧皮部输送到根、茎、花和果实等部位。初生韧皮部主要由筛管、伴胞、韧皮纤维和韧皮薄壁细胞组成。

c. 髓：多数单子叶植物和少数双子叶植物根的中心部分由薄壁细胞组成，称为髓，如刺槐、毛竹等。

(2) 根的次生结构

单子叶植物和多数双子叶植物的根内无形成层，所以没有增粗生长。而多年生木本植物的根内，有形成层活动，由形成层和木栓形成层所形成的结构叫次生结构。少数一年生双子叶植物根内也有次生结构，如蚕豆、花生等。

形成层位于木质部与韧皮部之间，细胞扁平，细胞质较浓。形成层能进行旺盛的细胞分裂，向内分裂的细胞，产生木质部；向外分裂产生次生韧皮部。

随着根内中柱的不断扩大，使原来的表皮和皮层细胞不断破裂。此时，由中柱鞘细胞产生另一种次生分生组织——木栓形成层。它在根中呈圆环状分布，木栓形成层向外分裂产生木栓层，向内分裂产生栓内层，三者合称周皮。

在有些植物中，形成层能产生一些薄壁细胞，呈放射状排列，称为射线。它在根中起横向运输的作用。

如图3-1-8所示，根的次生结构形成后，从外到内依次为：周皮(木栓层、木栓形成层、栓内层)、皮层(有或无)、韧皮部(初生韧皮部、次生韧皮部)、形成层、木质部(次生木质部、初生木质部)、射线等。

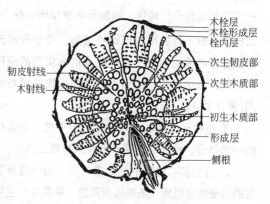

图3-1-8 楝树老根横切面，示根的次生结构

3) 单子叶植物根的结构(禾本科)

禾本科植物根的构造由外向内依次为表皮、皮层、中柱三部分(图3-1-9)。与双子叶植物根的构造区别如下：

(1) 禾本科植物根内的薄壁组织不能恢复分裂能力产生形成层。它在发育后期加厚并木质化成为厚壁组织。故禾本科植物只有初生构造，没有次生构造。不能进行增粗生长。

(2) 在生长后期，外皮的部分细胞变为厚壁的机械组织，起支持和保护作用。内皮层中具有通道细胞。

(3) 根的中央由薄壁组织组成髓。在后期变为厚壁组织以加强中柱的支持与固定作用。

4) 侧根的形成

侧根由中柱鞘细胞恢复分生能力所形成。侧根在发生时，中柱鞘细胞的细胞质变浓，液泡缩小，细胞先进行平周分裂，使细胞层次增加。细胞在进行平周和垂周分裂时，先形成侧根的分生区和根冠，然后分生区细胞不断分裂、生长和分化，逐渐深入和穿过内皮层和表皮，形成侧根。在二原型的根上，侧根发生在韧皮部与木质部之间。在三原型、四原型的根上，根的位置对着木质部；多原型的单子叶植物的根上，侧根对着韧皮部，但也有对着木质部的(图3-1-10)。

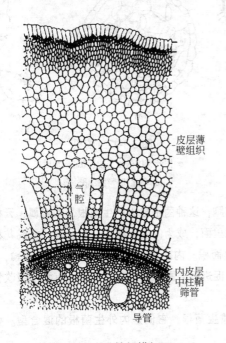

图3-1-9 毛竹根横切面

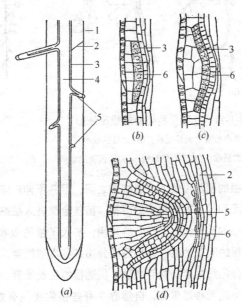

图3-1-10 侧根的发生

(a)侧根发生的图解；(b)~(d)侧根发生的各期

1—表皮；2—皮层；3—中柱鞘；
4—中柱；5—侧根；6—内皮层

5) 根瘤与菌根

植物根系分布在土壤中，与根际微生物有十分密切的关系。一方面由于植物的新陈代谢，由根部分泌出多种有机物和无机物，直接或间接地影响着植物的发育，形成植物与土壤微生物的共生关系。根瘤和菌根就是高等植物与土壤微生物之间形成的共生的类型。

(1) 根瘤

在某些植物根部(如豆科植物)由于根瘤细菌侵入根部,通过表皮进入皮层,在皮层进行繁殖,使根部增大,形成瘤状,称为根瘤(图3-1-11)。

根瘤的形成是由于土壤中的根瘤细菌侵入根部的皮层或中柱鞘的部位,从而引起这部分细胞的强烈分裂和生长,使根的局部膨大形成瘤状突起。根瘤菌可固定空气中游离态的氮素使之成为含氮物质,为豆科植物所利用。在生产上为了使豆科植物多生根瘤,可用根瘤菌拌种以提高产量。另外,为了提高其他作物的产量,可采用与豆科植物轮栽或间作的方法,也可起到增产效果。

(2) 菌根

土壤中真菌和许多高等植物的根共生的复合体称菌根(图3-1-12)。

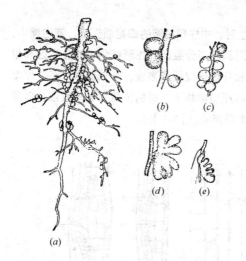

图3-1-11 几种豆科植物的根瘤外形
(a)具有根瘤的大豆根系; (b)大豆的根瘤;
(c)蚕豆的根瘤; (d)豌豆的根瘤; (e)紫云英的根瘤

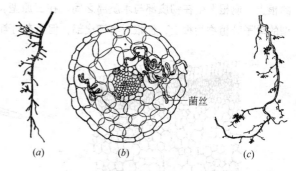

图3-1-12 菌根
(a)梣叶槭的内生菌根; (b)横切面;
(c)马尾松外生菌根外形

菌根的菌丝可侵入皮层细胞之间,但并不伸进细胞,这种菌根成为外生菌根,如松属、云杉属、落叶松属和杨属等的植物的菌根。菌丝全部进入细胞里面,成为内生菌根的,如兰科、杜鹃花科等。外生菌根的菌丝代替了根毛的作用,扩大了根的吸收面积。内生菌根可促进根内的物质运输,从而加强了根的吸收功能。菌根还能分泌各种水解酶类,促进根周围有机物质的分解,有利于吸收作用,根还能分泌维生素、酶等物质,促进根的生长发育。

除上述两种菌根外,自然界中有些植物还具有兼生菌根,它们是内外生菌根的混合型。柳属、苹果、银白杨具有这种类型的菌根。

3.2 茎

茎是植物地上部分重要的营养器官。茎的上部支持着叶、花和果实,并使它们呈有规律的分布。使叶能充分地接受阳光,而进行光合作用;使花有利于传粉,种子有利于传播。茎的下部连接着根,一方面把根从土壤中吸收的水分及无机盐输送到地上各个部分,另一方面将叶制造的有机营养输送到植物体需要的器官或部位。茎把根和叶连接起来,使植物成为一个统一的整体。此外,茎还具有贮藏和繁殖的作用。

3.2.1 茎的形态

1) 茎的外形

植物的茎通常具有主干和侧枝，着生有叶和芽的部分称为枝条。枝条上长叶的部位叫做节，两节之间叫做节间。枝条顶端上有顶芽，枝条与叶片之间的夹角称为叶腋，叶腋处生有腋芽，也叫侧芽。多年生落叶乔木或灌木的枝条上还可看到叶痕、叶迹、芽鳞痕和皮孔，可作为树木冬态识别的依据。

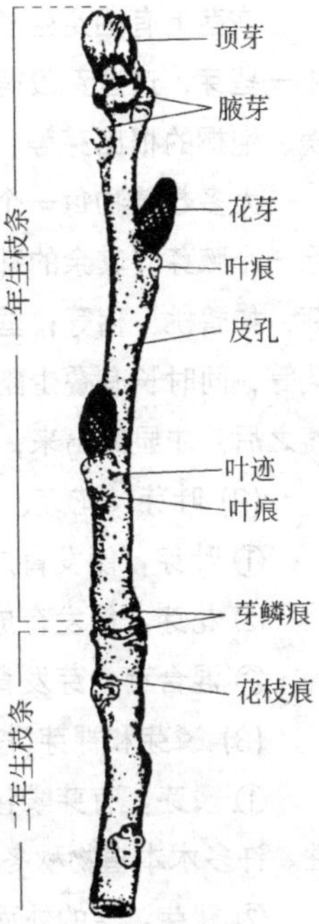

叶痕是叶片脱落后在茎上留下的痕迹，叶痕内的点或线状突起，是叶柄与茎之间的维管束断离以后留下的痕迹，叫维管束痕或叶迹。枝条之间可看到冬芽长后芽鳞脱落的痕迹，叫芽鳞痕。根据芽鳞痕的位置与数目可判断枝条的年龄。枝条的周皮上还可看到不同形状的皮孔，它们是木质茎进行气体交换的通道(图3-2-1)。

2) 茎的类型

茎可分为直立茎、缠绕茎、攀缘茎、匍匐茎等类型(图3-2-2)。

(1) 直立茎：多数植物的茎是直立的，最适于输导及机械支持作用。如杨树、柳树。直立茎高度不等，矮的几厘米，高的可达一百多米，如红杉等。

图3-2-1 胡桃冬枝的外形

(2) 缠绕茎：茎缠绕于其他物体上。

(3) 攀缘茎：茎不能直立，依靠卷须、吸盘等器官攀缘于他物之上才能生长，如葡萄等。

(4) 匍匐茎：茎沿地平方向生长，每个节上可生不定根，与整体分离后能长成新个体，故可用以营养繁殖，如草莓。

3) 芽的类型

一朵花、一片叶或一个枝条的未成熟状态称为"芽"，即尚未发育成长的枝或花的雏体。按不同方式，芽可分为以下几种类型(图3-2-3)。

(1) 定芽和不定芽(按芽的着生位置分类)

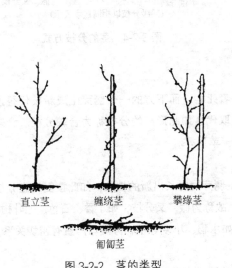

图3-2-2 茎的类型

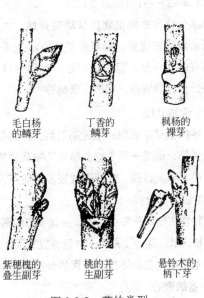

图3-2-3 芽的类型

在茎上有固定生长位置的芽叫定芽。顶芽和侧芽都属于定芽。有些植物在茎、根、叶上也能产生一些芽，这些芽没有固定的生长位置，称为不定芽，如秋海棠、大岩桐、落地生根的叶出芽；刺槐、泡桐的根出芽等。

大多数植物每一个叶腋内只有一个腋芽，但有些植物长有两个或两个以上的芽，在这种情况下，除一个腋芽外其余的都叫副芽。副芽包括并生副芽和叠生副芽，侧芽水平方向的两侧的芽叫并生副芽，如碧桃、梅等；垂直于侧芽之上的芽成叠生副芽，如枫杨、胡桃等。还有些植物如金丝桃、皂荚等，同时长有叠生副芽和并生副芽两种。此外，有些植物的芽生在叶柄基部，被叶柄覆盖，叶脱落之后，才显露出来，这种芽叫柄下芽，如悬铃木等。

(2) 叶芽、花芽、混合芽（按芽的性质分类）

① 叶芽：能发育成叶或枝条的芽为叶芽。叶芽的外形一般较花芽瘦长。

② 花芽：能发育成花或花序的芽，外形一般较叶芽饱满。

③ 混合芽：芽发育后既生枝又有花或花序的称为混合芽，如丁香、苹果的芽。

(3) 鳞芽和裸芽（按芽鳞有无分类）

① 鳞芽：有芽鳞包被的芽称为鳞芽。鳞芽上常具有绒毛或蜡层，可阻碍水分的消耗，增强抗寒性。许多木本植物秋冬季形成的芽多为鳞芽，如榆树的冬芽。

② 裸芽：芽的外面无芽鳞包被的芽称为裸芽。草本植物和生长在热带的植物的芽多为裸芽。

(4) 活动芽和休眠芽（按生长状态分类）

① 活动芽：当年能发育并长出新枝，或到来年春天能萌发的芽。

② 休眠芽：枝条上长期保持休眠状态的芽，称为休眠芽或潜伏芽。

4) 茎的分枝

植物的茎都具有分枝能力，分枝一般都由腋芽发育而成，每种植物都有一定的分枝方式，常见分枝可分下列几种类型(图3-2-4)。

(1) 单轴分枝(总状分支)

单轴分枝方式的植物，从幼苗开始，主茎的顶芽活动始终占优势，以至形成直立的主干。主干上虽有多次分枝，但主轴明显，这种分枝方式为单轴分枝，如银杏、松树、杨树等。

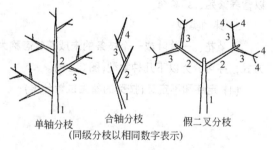

图3-2-4 茎的分枝方式
(同级分枝以相同数字表示)

(2) 合轴分枝

主茎的顶芽生长到一个时期以后，开始缓慢或者死亡，而下方的一个侧芽生成新枝代替顶芽继续向上生长，形成一段主轴，随后又被其他腋芽所取代，如此形成的分枝称为合轴分枝。合轴分枝主干弯曲，节间较短，能够形成较多的花芽，如桃、苹果等。

(3) 假二叉分枝

植物体主轴顶芽停止生长，由其下方的两个对生侧芽同时长出新的枝条，如此重复发生分枝所形成的分枝方式。实际上是由一对侧芽发育而形成的，故称为假二叉分枝，如丁香、石竹、七叶树等。

禾本科植物在地下或近地面的分枝称为分蘖，如水稻、小麦等植物分蘖与产量有密切关系。

5) 茎的变态

茎的外形上具有节和节间的分化，节上有叶，叶腋内有芽。借此可区分茎的变态，常见茎的变态类型有以下几种(图 3-2-5)。

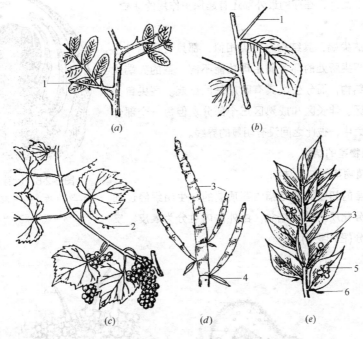

图 3-2-5 茎的变态(地上茎)
(a)皂荚的茎刺；(b)山楂的茎刺；(c)葡萄的茎卷须；(d)竹节蓼的叶状茎；(e)假叶树的叶状茎
1—茎刺；2—茎卷须；3—叶状茎；4—叶；5—花；6—鳞叶

(1) 根状茎：生长在地下，形状与根相似的茎为根状茎。根状茎有节与节间，节上有退化的叶，叶腋内有腋芽，如竹、莲的根状茎等。

(2) 贮藏茎：具有贮藏功能的茎称为贮藏茎。主要有块茎、鳞茎、球茎等。

① 块茎：不规则块状的地下茎。表面有许多芽眼，芽可萌发成新枝，因此可供繁殖之用。块茎是节间缩短的变态茎，如马铃薯、菊芋等都是块茎。

② 鳞茎：是着生肉质鳞叶的缩短的地下茎。实质上为适应不良环境的变态的茎与叶。其茎上缩短呈盘状，称为鳞茎盘。其顶芽或腋芽外能够长出花序，也可供繁殖之用，如洋葱、百合等。

③ 球茎：肥大呈球形的地下茎称为球茎。球茎有顶芽，有环状的节、退化成膜的叶及腋芽。基部可发生不定根，球茎内常贮藏大量淀粉等营养物质，如唐菖蒲、仙客来等。

(3) 叶状茎：茎呈叶片状并代替叶的功能的称叶状茎，如蟹爪兰、昙花、天门冬等。

(4) 茎卷须：由主枝发育成的卷须，用以攀缘他物，使茎向上生长，是一种茎的变态，如葡萄的茎卷须、南瓜的茎卷须等。

(5) 茎刺：是枝的一种变态。由腋芽发育而成的刺状物。有分枝的，也有不分枝的，有保护作用，如山楂属、皂荚属等。

3.2.2 茎的结构

1) 叶芽的结构

从叶芽的纵切面可看到芽的结构(图 3-2-6)：芽的中央有芽轴，它是未发育的茎。芽轴的顶端由分生组织构成，叫生长锥。在生长锥基部周围有凸起，将来可发育成叶，叫叶原基。靠近芽轴下部的叶原基分化程度较高，叶腋处生有小凸起，将来可发育成腋芽，叫腋芽原基。此外，在芽的最外部还有起保护作用的芽鳞。

2) 茎尖及分区

茎尖是指茎的尖端，其结构与根尖相似，都具有顶端分生组织。但茎尖和根尖所处的环境和生理功能不同，茎的尖端没有类似于根冠的结构，而分生区具有叶原基的凸起。茎尖自上而下可分为分生区、伸长区和成熟区三个部分。但每一个部分都处在动态变化之中，彼此之间没有明显的界线。

3) 双子叶植物茎的结构

(1) 双子叶植物茎的初生结构

双子叶植物茎的初生结构是指由茎顶端的分生组织经过细胞分裂、生长和分化所形成的结构。由外向内可分为表皮、皮层和维管柱三部分(图3-2-7)。

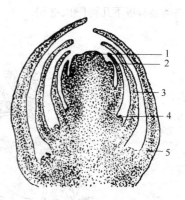

图 3-2-6　叶芽纵剖面图

1—生长锥；2—叶原基；3—幼叶；
4—腋芽原基；5—幼侧枝

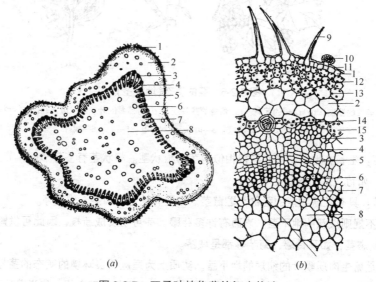

图 3-2-7　双子叶植物茎的初生构造

(a)椴茎初生构造简图；(b)椴茎部分横切面放大，示初生构造
1—表皮；2—皮层薄壁组织；3—中柱鞘；4—初生韧皮部；5—束内形成层；6—初生木质部；
7—髓射线；8—髓；9—表皮毛；10—腺鳞；11—角质层；12—皮层厚角组织；
13—叶绿粒；14—分泌腔；15—淀粉鞘

① 表皮：位于幼茎的表面，由最外的一层扁平细胞组成。细胞排列紧密，细胞外面较厚角质层。表皮有气孔，是植物与外界进行气体交换的通道。有些植物的表皮上还有表皮毛或腺毛，具分泌和保护功能。

② 皮层：位于表皮内方，主要由薄壁组织组成。细胞排列疏松，常含有叶绿体，故为绿色，能进行光合作用。靠近表皮的几层细胞常分化为厚角组织，主要是起支持作用。有些植物的皮层中有纤维和石细胞。

③ 维管柱：皮层以内所有部分的总称。主要包括维管束、髓、髓射线三部分。与根比较，多数

植物茎没有中柱鞘，或中柱鞘不明显，因而皮层和维管柱之间没有明显的界线。

  a. 维管束：是维管柱的主要部分，在横切面上成束状分布，在茎内排列成一环。主要包括初生韧皮部、束内形成层、初生木质部三部分。初生韧皮部位于维管束的外侧，由筛管、伴胞、韧皮薄壁细胞和韧皮纤维细胞组成。主要功能是输送叶片合成的碳水化合物。束内形成层位于初生韧皮部和初生木质部之间，具有细胞分裂能力，能产生茎的次生结构。初生木质部位于维管束的内方，除具有输导作用以外，还具有支持作用。

  b. 髓：位于中柱的中心部，由较大的薄壁细胞组成，有些植物的髓中有厚壁细胞(栓皮栎)或石细胞(樟树)。还有些植物的髓早期死亡，形成中空的髓腔。如连翘、金银木等。

  c. 髓射线：各维管束之间的薄壁组织，在横切面上呈辐射状排列，具有贮藏养料和横向运输的功能。

(2) 双子叶植物茎的次生结构

双子叶植物茎在初生结构形成后，便开始产生次生构造，使茎不断加粗。茎的次生结构是由形成层和木栓形成层不断活动产生的。

① 形成层的产生及活动：茎的初生结构形成后，束内形成层开始活动，此时，髓射线细胞也开始恢复分裂能力并产生束间形成层；由束间形成层和束内形成层相连，构成了形成层环。由于形成层细胞不断进行细胞分裂，向内分裂产生次生木质部，加在初生木质部的外面；向外分裂产生次生韧皮部，加在初生韧皮部里面。在形成层的分裂过程中，形成的次生木质部远比次生韧皮部多，所以木本植物的茎主要由次生木质部占据，而次生韧皮部在茎的周边参与形成树皮。

形成层环还能在次生木质部和次生韧皮部内分裂，产生数行的薄壁细胞，在横切面上呈放射状分布，以增强其横向运输及贮藏养料的功能。

木本植物茎的次生木质部在一年的生长期内，因季节的显著变化，在横切面上形成深浅不同的同心环称为年轮。一年只生有一个年轮，所以根据树干基部的年轮数，可推测树木的年龄及当年水分及营养状况。

② 木栓形成层的产生及活动：木栓形成层是形成周皮的次生分生组织，多由表皮细胞发育而成，向外分裂产生木栓层，向内产生栓内层。

木栓层、木栓形成层、栓内层三者合称周皮。周皮形成后，表皮细胞死亡并脱落，在表皮原来气孔的位置上，由于木栓形成层的细胞分裂，产生一团排列疏松的薄壁细胞，形成一个缝状的裂口，叫皮孔。它是植物体内外气体交换的通道。

木栓形成层的活动期很有限，一般只有几个月就失去活力，但每年在第一次周皮内方，都可以形成新的木栓形成层，产生新的周皮。这样，木栓形成层的位置则逐渐向内移，阻断了其外周组织与内部组织的联系，使外周组织不能得到水分和营养的供应而死亡。这些失去生命的组织，包括多次的周皮总称为树皮。但习惯上也把形成层以外的所有部分统称为树皮，包括历年产生的周皮、一些以死的周皮、韧皮部等，使树皮有更好的保护作用。

双子叶植物的茎，如图3-2-8所示，自外而内

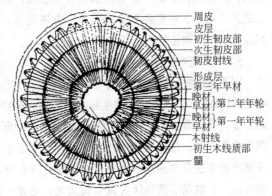

图3-2-8　木本植物三年生茎横切面简图

依次是：周皮(木栓层、木栓形成层、栓内层)、皮层、初生韧皮部、次生韧皮部、形成层、次生木质部、初生木质部、髓等。此外，维管束之间还有髓射线，维管束内也有髓射线。

4) 单子叶植物茎的结构

单子叶植物茎的特点是：

(1) 单子叶植物茎一般只有初生结构，无次生结构，茎有明显的节与节间，节上可以长芽，形成分枝(图 3-2-9、图 3-2-10)。

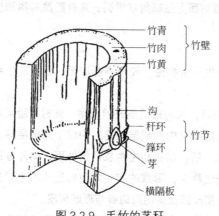

图 3-2-9 毛竹的茎秆

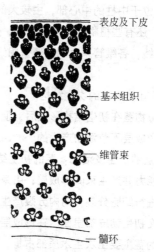

图 3-2-10 毛竹茎秆横切面简图

(2) 表皮细胞由长形细胞和短形细胞相间排列而成。细胞壁厚，有的发生角质化或硅质化。有些表皮覆盖蜡质，表皮上有少量气孔。表皮下面由多层厚壁细胞构成了茎部坚固的支持物，如竹外皮等。

(3) 茎没有皮层、髓之分，主体由薄壁组织构成，其中嵌合着木质纤维和维管束。维管束的组成成分与双子叶植物相同，其数目很多，散生在基本组织中。每个维管束外有维管束鞘，每个维管束的初生木质部在内，初生韧皮部在外。维管束内无形成层，属有限维管束。薄壁组织具多种功能，有绿色的光合组织，可贮藏糖分或脂类，它还是水、无机盐的调剂库和径向输导者。

5) 裸子植物茎的结构

裸子植物绝大多数为乔木，茎的结构与双子叶植物茎的结构相似，有发达的次生结构。与被子植物的区别是：在木质部中几乎无导管(只有较进化的麻黄属植物有导管分化)，主要由管胞组成(图 3-2-11)。在韧皮部中主要由筛胞和薄壁细胞组成，没有筛管和伴胞。多数裸子植物体内具有树脂道，它是一种细长的管状结构，由许多分泌细胞(上皮细胞)和

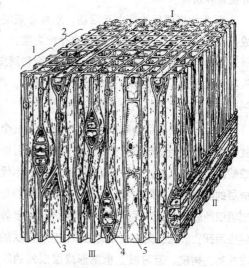

图 3-2-11 裸子植物茎木质部的立体图解

Ⅰ—横切面；Ⅱ—径向切面；Ⅲ—切向切面；
1—早材；2—晚材；3—管胞；4—射线；5—薄壁细胞

中间的树脂腔所组成。树脂道是有些树种所固有的结构,如松科,但有些也可因伤而形成树脂道。

3.3 叶

叶是绿色植物重要的营养器官,其主要功能是进行光合作用、蒸腾作用和气体交换。由于具有这些功能,才使植物获得生长发育所需要的能量和碳素,才能得到水分与无机盐吸收与运输的动力,才使植物维持正常的温度。绿色植物调节大气成分,改善人类生存环境的生态效应也是通过叶的功能才得以体现的。此外,叶还有贮藏营养及无性繁殖的作用。

3.3.1 叶的形态

1) 叶的组成

叶是由叶片、叶柄和托叶三部分组成。这种叶称为完全叶,如豆科植物、蔷薇科等植物的叶。如果某种植物的叶只具有完全叶中的一部分或两部分的称为不完全叶。如泡桐、白蜡的叶缺少托叶;金银花缺少叶柄;郁金香、君子兰既少叶柄也无托叶,它们都属于不完全叶(图 3-3-1)。

(1) 叶片

叶片一般为绿色,外形扁平而展开,叶中有叶脉贯穿。叶脉具有输送水分、养分和支撑作用。

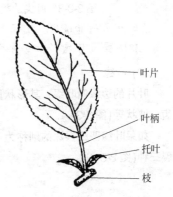

图 3-3-1 叶外形,示完全叶

(2) 叶柄

叶柄是叶片与茎的连接物,一般呈半圆柱形。叶柄内具有维管束,是叶片与茎水分和养料的通道。此外,叶柄还具有支持叶片的作用,并能转动,使叶片变换位置与方向,充分采光。禾本科植物的叶柄成鞘,叫叶鞘,包围在节间。

(3) 托叶

托叶位于叶柄与茎的连接处,多成对而生,一般呈小叶状,也因植物种类而异。如梨的托叶为线状,刺槐的托叶呈刺状等。

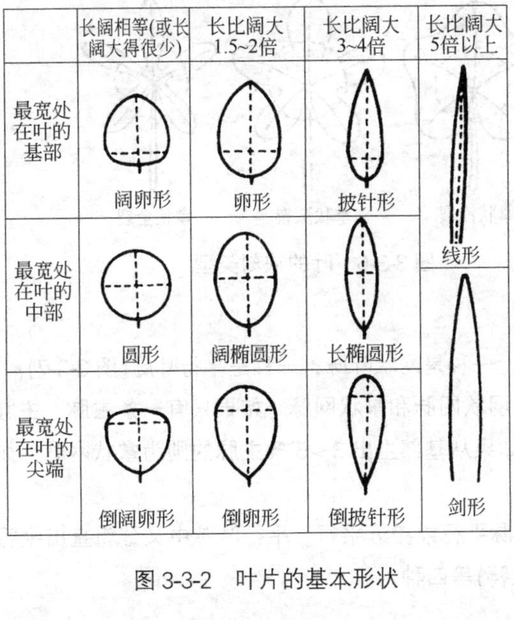

2) 叶片的形态

每种植物的叶片都具有一定的形态,所以叶片是识别植物的主要依据之一。叶片的形态包括叶形、叶尖、叶基、叶缘、叶裂、叶脉等。

(1) 叶形

根据叶片的长、宽比例和最宽处位置,叶形可分为如图 3-3-2 所示的各种类型。如苏铁、水杉是条形叶;桃树、柳树是披针形叶;国槐、女贞是卵形叶等。此外,叶片形状也可分为三角形、扇形、菱形、心形、锥形等类型。如银杏为扇形叶,紫荆为心形叶,油松为针形叶等等。

	长阔相等(或长阔大得很少)	长比阔大 1.5~2倍	长比阔大 3~4倍	长比阔大 5倍以上
最宽处在叶的基部	阔卵形	卵形	披针形	线形
最宽处在叶的中部	圆形	阔椭圆形	长椭圆形	
最宽处在叶的尖端	倒阔卵形	倒卵形	倒披针形	剑形

图 3-3-2 叶片的基本形状

叶基、叶尖也因植物种类不同呈现各种不同的类型，如图3-3-3、图3-3-4所示。

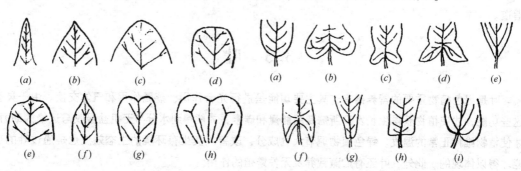

图3-3-3 叶尖的类型
(a)渐尖；(b)急尖；(c)钝形；(d)截形；
(e)具短尖；(f)具硬尖；(g)微缺；(h)倒心形

图3-3-4 叶基的类型
(a)钝形；(b)心形；(c)耳形；(d)戟形；
(e)渐尖；(f)箭形；(g)匙形；(h)截形；(i)偏斜形

(2) 叶缘

叶片的边缘叫叶缘，其形状因植物种类而异。叶缘主要类型有全缘、锯齿、重锯齿、牙齿、钝齿、波状等(图3-3-5)。

如果叶缘凹凸很深的则称为叶裂，叶裂可分为掌状、羽状两种，每种又可分为浅裂、深裂、全裂三种(图3-3-6)。

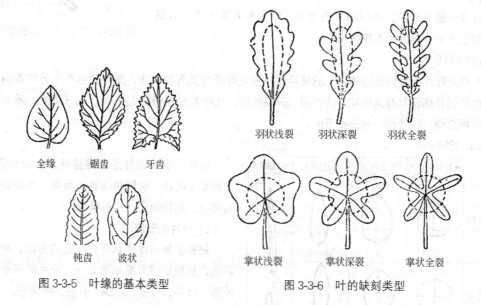

图3-3-5 叶缘的基本类型

图3-3-6 叶的缺刻类型

(3) 叶脉

被子植物叶脉在叶片上的分布方式有两种类型，一种是网状叶脉，一种是平行叶脉(图3-3-7)。

① 网状叶脉：是双子叶植物特征之一，又分为羽状网脉和掌状网脉。如果只有一条主脉，主脉两侧分生出侧脉的为羽状网脉，如桃树、榆树等。如果从基部生出3～5条主脉的则为掌状网脉，如梧桐、五角槭等。

② 平行叶脉：单子叶植物特征之一。主脉与侧脉平行或接近平行。平行叶脉中又分为直出平行(竹)、射出脉(棕榈)、侧出脉(美人蕉)、弧状脉(玉簪)等四种。

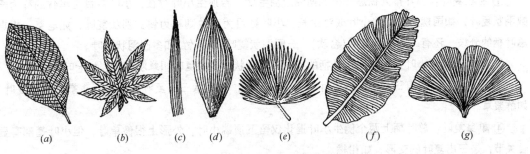

图 3-3-7 叶脉的类型

(a)、(b)网状脉[(a)羽状网脉,(b)掌状网脉]；(c)-(f)平行脉[(c)直出脉,(d)弧形脉,(e)射出脉,(f)侧出脉]；(g)叉状脉

而叉状叶脉为较原始的叶脉,如银杏及蕨类植物等。

3) 叶序

叶在茎上的生长按一定的排列顺序称为叶序。叶序主要有互生、对生和轮生等类型。茎上每个节只生一个叶的叫互生叶序,如杨、柳等；若每个节上相对着生有两个叶的称为对生,如丁香、女贞等；每个节上生有三个或三个以上叶的称为轮生,如夹竹桃、梓树等；若叶在节间很短的短枝上成簇生长,称为簇生(图 3-3-8)。

4) 单叶与复叶

按叶柄着生叶片的数目分为单叶与复叶。

(1) 单叶：在每个叶柄上只生长一片叶片的称单叶。大多数植物为单叶,如桃、杨、柳等。

(2) 复叶：在每个叶柄上生有两个以上叶片的称为复叶,如国槐等。复叶的叶柄叫总叶柄,总叶柄上着生的叶叫小叶。小叶的叶腋内没有芽,是区分单叶与复叶的特征。根据小叶的排列方式,复叶分为四种类型(图 3-3-9)：

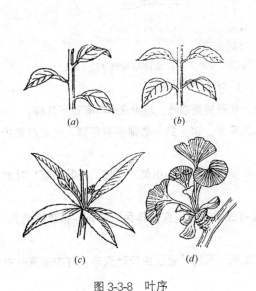

图 3-3-8 叶序

(a)互生叶序；(b)对生叶序；
(c)轮生叶序；(d)簇生叶序

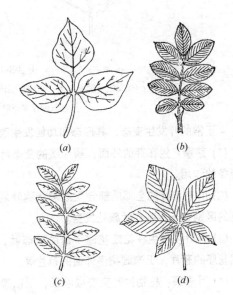

图 3-3-9 复叶的类型

(a)三出叶；(b)奇数羽状复叶；
(c)偶数羽状复叶；(d)掌状复叶

① 羽状复叶：小叶排列在总叶柄的两侧成羽毛状。若顶生小叶存在，小叶数目为单数的称为奇数羽状复叶，如国槐。若顶端小叶成对生长，小叶数目为双数则称为偶数羽状复叶，如皂荚。根据总叶柄的分枝，还有二回羽状复叶(合欢)、三回羽状复叶(南天竹)和多回羽状复叶。

② 掌状复叶：小叶都着生于总叶柄的顶端，呈掌状排列的复叶叫掌状复叶，如七叶树。

③ 三出复叶：仅有三个小叶的复叶称为三出复叶，有羽状三出复叶，如大豆；掌状三出复叶，如酢浆草。

④ 单身复叶：总叶柄上两个侧生小叶退化仅留下顶端小叶，外形上很像单叶，但小叶基部有显著关节，是三出复叶的变形，如柑橘。

5) 叶的变态(图 3-3-10)

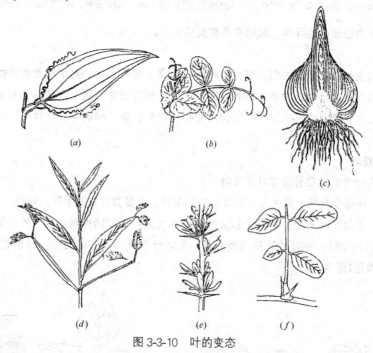

图 3-3-10 叶的变态
(a)菝葜的叶须卷；(b)豌豆的叶须卷；(c)风信子鳞叶；(d)金合欢的叶状柄；
(e)小檗的叶刺；(f)刺槐的叶刺

当正常的叶发生变态，其形态和功能发生改变，就形成变态叶。常见变态叶有以下几种：

(1) 芽鳞：包在芽的外面、鳞片状的变态叶称为芽鳞。树木的冬态都具有芽鳞，主要起保护幼芽越冬的作用。

(2) 叶刺：叶的全部或部分变成刺状称叶刺。如仙人掌的刺，小檗、洋槐的托叶刺等。叶刺与茎刺的区别在于茎刺在叶腋处发生。

(3) 苞叶：是生在花或花序下面的变态叶，具有保护花和果实的作用。如壳斗科植物的壳斗，菊科花序的苞片，玉米雌花序外面的苞片等。

(4) 叶卷须：植物的叶变态成卷须，用以攀缘生长。有的叶卷须由托叶变态，有的由复叶中的小叶变态而成，如豌豆属的植物。

(5) 捕虫叶：是某些植物特有的一种捕捉昆虫的变态叶。它们有盘状的(茅膏菜)、囊状的(狸藻)、瓶状的(猪笼草)等，但叶面均有与捕捉相适应的功能存在。如捕蝇草，当昆虫飞落在叶片上时，立刻闭合，将昆虫包住，直到昆虫死亡。而后叶片分泌消化液，将虫消化吸收，用以补充氮素的不足。

(6) 贮藏叶：具有贮藏功能的变态叶。如百合、水仙、石蒜等，其鳞茎上变态的叶片含有丰富的营养物质，将为植物进一步生长发育提供条件。

3.3.2 叶的结构

1) 双子叶植物叶的结构

双子叶植物叶是由表皮、叶肉、叶脉三部分组成(图 3-3-11)。

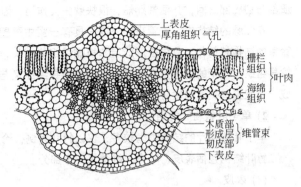

图 3-3-11 双子叶植物叶片横切面

(1) 表皮

表皮是覆盖叶片表面的保护组织，分上表皮和下表皮。叶的表皮通常由一层排列紧密，无细胞间隙的活细胞组成。这些细胞不含叶绿体，是无色半透明的。从叶片正面观察，表皮细胞呈不规则形，相邻细胞紧密镶嵌。从横切面观察，表皮细胞呈长方形；细胞外壁形成角质层，有调节水分蒸腾的作用，一般上表皮角质层较厚，下表皮较薄。在表皮之间有许多气孔器。气孔器是由两个半月形的保卫细胞组成的小孔。保卫细胞内有叶绿体，这与气孔的张开与关闭有关。保卫细胞的细胞壁靠近气孔近的一面较厚，其他面较薄。当保卫细胞从邻近细胞吸水而膨胀时，气孔张开；当保卫细胞失水而收缩时，气孔关闭。因此能调节气体的交换和水分的蒸腾。

气孔器的数目因植物种类、环境条件的不同而有差异，一般每平方毫米约有 100~300 个。气孔的分布，一般植物的下表皮多于上表皮。有些植物仅存于下表皮，如苹果、桃等。而浮生在水表面的叶，如荷花的气孔只分布在上表皮。有些植物气孔在下表皮的一定位置存在，如夹竹桃的气孔在气孔窝内。

叶的表皮上还常形成表皮毛和蜡质层。它们具有调节蒸腾和保护的作用。

(2) 叶肉

叶肉是叶片进行光合作用的主要部分。叶肉存在于上下表皮细胞之间，由薄壁组织组成，一般分化为栅栏组织和海绵组织。

栅栏组织靠近上表皮，细胞呈圆柱形，与叶表面垂直排列成栅栏状。且叶绿体含量较高，光合作用主要在这里进行。

海绵组织靠近下表皮，细胞形状不规则，排列疏松，细胞间隙大，与气孔构成叶内通气系统，有利于气体交换。细胞内叶绿体较少，故叶背面颜色浅。

栅栏组织和海绵组织的分化说明叶的结构、功能与生态条件的相关性。具有栅栏组织和海绵组织的叶，称为两面叶。两面叶通常保持水平位置。叶片受光面积大，有利于光合作用的进行。大多数植物的叶属于这种类型。有些植物的叶两面受光的机会相等，没有栅栏组织与海绵组织的分化，称为等面叶，如夹竹桃、垂柳等。

(3) 叶脉

叶脉分布在叶肉中，纵横交错呈网状排列是叶中的维管束，分为主脉、侧脉等。

主脉较粗大，通常在叶背隆起，主脉的维管束外围有机械组织的分布，所以叶脉不仅有输导作用，而且具有支持叶片的作用。维管束包括木质部、韧皮部、形成层三部分。木质部在上方，由导管、管胞、薄壁细胞和厚壁细胞组成。韧皮部在下方，由筛管、伴胞、薄壁细胞组成。形成层在木质部与韧皮部之间，其活性期短，很快就失去作用，因此成熟叶不具形成层。

在侧脉的结构中，维管束的外围只具有一圈由薄壁细胞组成的维管束鞘。随着叶脉的变细，维管束的结构越简化，首先是形成层和机械组织的消失，其次是木质部和韧皮部的组成减少。叶脉的输导组织与叶柄的输导组织相连，叶柄的输导组织又与茎、根的输导组织相连，从而使植物体内形成一个完整、贯通的输导系统。

2) 单子叶植物叶的结构

单子叶植物叶的结构类型较多，仅以竹叶为例，论述单子叶植物叶的一般特征。

竹叶结构包括表皮、叶肉、维管束三个部分。

(1) 表皮

表皮分为上表皮和下表皮，由表皮细胞、泡状细胞和气孔组成。表皮细胞有长细胞和短细胞两种。长细胞构成了表皮的大部分，细胞壁角质化，短细胞位于两个长细胞之间，有的细胞壁硅质化或栓化。硅质化的细胞向外突出呈刺状，使表皮坚硬而粗糙，有保护作用（图3-3-12）。

表皮上分布有气孔，下表皮分布较多。从表面观察气孔由两个保卫细胞和两个副卫细胞构成。

在相邻的两个叶脉之间的上表皮上有几个特殊形态的薄壁细胞称泡状细胞。在横切面上，泡状细胞排列成扇形，中间的细胞最大，两侧较小，细胞内具大液泡。当水分亏缺时，泡状细胞失水收缩，使叶片向上卷缩成筒状，具有调节水分蒸腾的功能，起到保护作用。

(2) 叶肉

竹叶的叶肉细胞，靠上表皮的呈圆柱形，排列较整齐。下方的细胞形状不规则。栅栏组织和海绵组织的分化不明显，属等面叶。叶肉细胞壁向细胞腔内形成褶叠，叶绿体沿褶叠的壁排列，扩大光合面积。

(3) 叶脉

叶脉包括主脉和侧脉，它们平行排列于叶肉组织中，由维管束和外围的维管束鞘组成。维管束中包括木质部和韧皮部，木质部在上方，韧皮部在下方。维管束鞘分为两层，外层是薄壁细胞，内层为厚壁细胞。

3) 裸子植物叶的结构

多数裸子植物的叶为绿色，叶形成针状、条状或鳞片状。下面以松属针叶为例，介绍裸子植物叶的一般结构。

松属的叶为针叶，2～5枚成束生长。针叶的横截面有半圆形和扇形等，其结构包括表皮系统、叶肉、维管束三部分（图3-3-13）。

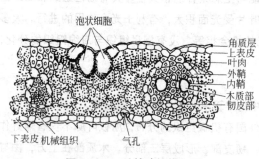

图3-3-12　毛竹叶的横切面

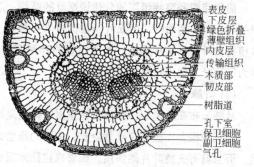

图3-3-13　马尾松叶的横切面

(1) 表皮系统

表皮系统包括表皮、下皮层和气孔等组织。表皮分布在叶的周围，由两层排列紧密的细胞组成，无上下表皮的区别。表皮细胞外面覆盖着发达的角质层。下皮层位于表皮的内侧，由一至多层厚壁纤维状的细胞组成，其层数因植物种类不同而异。也有些植物表皮与下皮层形态相同，如华山松、白皮松等。气孔在表皮与下皮层之间的下陷位置，由一对保卫细胞和一对副卫细胞组成。气孔下面有一个下陷的空腔，是气体进出的场所，松属针叶的这种特殊的结构，是减少蒸腾，对干旱环境的一种适应。

(2) 叶肉

叶肉位于下皮层的内方，由含叶绿体的薄壁细胞组成。叶肉细胞壁内褶增加了叶绿体的排列面积，提高了光合作用效率。

叶肉组织内分布有树脂道，树脂道的位置因种类不同而有差异(图 3-3-14)。如马尾松、赤松的树脂道与下皮层相接，称外生树脂道。湿地松的树脂道与内皮层相接，称内生树脂道。红松、黑松的树脂道在叶肉组织中间，不与下皮层相接，也不与内皮层相接，称中生树脂道。还有少数种类既与下皮层相接又与内皮层相接，称为横生树脂道。

(3) 维管束

针叶的维管束与叶肉之间分化有环状的内皮层，维管束分布在内皮层以内。维管束的数目随树种而异。有的具两个维管束，如马尾松；有的只有一个维管束，如红松、华山松。维管束中木质部分

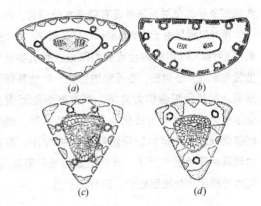

图 3-3-14　松属叶树脂道生长的位置
(a)内生；(b)外生；(c)横生；(d)中生

布在叶束的内方一面，即近轴面相当于复面，韧皮部在叶束的外方一面，即远轴面相当于背面。木质部与韧皮部的组成与根茎相同。

在维管束和内皮层之间是转输组织，由转输薄壁细胞和转输管胞组成。转输组织是维管束与叶肉之间水分和养料运输的通道。上述松属针叶的结构，具有下皮层、内陷气孔、转输组织等，在其他松柏类植物中也存在，只是数量和排列有所不同。大多数松柏类植物没有褶叠的叶肉细胞，而冷杉属、杉木属、紫杉属、银杏属与苏铁的叶中有栅栏组织和海绵组织的分化。

4) 叶的结构与环境条件的关系

植物叶的结构千变万化，形形色色，但都是与光合作用和蒸腾作用的功能高度适应的，这是植物长期进化的结果。根据达尔文的进化学说，生物的变异是广泛和普遍存在的，适者生存，不适者淘汰，这就是自然选择规律。在生物进化中，变异是基础，而环境条件的选择起到主导作用。对植物叶片功能影响最大的外界条件当然是光照和水分，所以植物叶片的形态结构必然与植物所处的光照和水分相适应。

例如生活在干旱条件下植物的叶片具有抗旱的形态结构。一种是叶面积小而厚，角质层发达，表皮常有蜡被及各种表皮毛，形成下皮层，气孔下陷等等，以此减少水分的蒸腾量。另一种是景天科类植物，它们叶片肥厚，有发达的贮水薄壁细胞组织，细胞液浓度高，保水能力强。而生活在潮湿多雨条件下的植物叶片就没有上述结构，叶片常常大而薄，角质层不发达，一般无蜡被和表皮毛，

其结构与湿生条件相适应。水生植物输导组织不发达，叶无组织分化，具有发达的通气组织，与其水生环境相适应。

3.3.3 叶的寿命和落叶

植物的叶是有一定寿命的，生长到一定时期，叶就会衰老、死亡、脱落。但不同植物种类的叶的寿命有很大差别。草本植物的叶随植物死亡而枯萎。木本植物分为落叶树和常绿树。落叶树种的植物，一般都是春季萌发长叶，秋季落叶，叶的寿命一般只有一个生长季节，如杨树、柳树、桃树等。而常绿树树种的植物叶的寿命都在一年以上，紫杉6~10年，松柏类树种的寿命在几百年以上，它们的叶每年都有老叶脱落，但每年新的叶不断长出，使植株冬夏保持常绿。

植物的落叶是正常的生命现象，是植物对环境的一种适应，对植物提高抗性具有积极的生理意义。例如，树木在冬季到来之前的落叶具有脱水、进入休眠、提高抗寒性的作用。否则这些植物无法抵御冬季的低温。落叶还有降低水分消耗、维持水分的平衡，排除有害物质等作用。

落叶过程是由于叶柄基部形成了离层(图3-3-15)，植物落叶前，叶肉细胞合成能力降低，有机物及其他营养物质转移到根、茎等别的部位。叶柄基部可形成几层薄壁细胞称为离层。当这些细胞间发生化学变化，果胶酸钙转化为可溶性果胶时，细胞间彼此分离。叶柄的输导组织也失去作用。在重力和风雨等机械作用下，叶就从离层断开而脱落，同时叶柄断面处出现栓化，形成保护层。

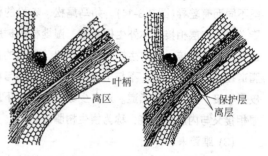

图 3-3-15　棉花叶柄基部纵切面，示离区结构

复习思考题

1. 什么叫器官？指出被子植物的主要营养器官及其功能？
2. 根系有几种类型？在园林工作中有何意义？
3. 根的初生结构是由哪几部分组成的，各部分的主要功能是什么？
4. 绘制根尖纵切面图，说明各区细胞特点及主要功能？
5. 解释：根瘤、菌根、变态根、定根、不定根。
6. 如何识别定芽、不定芽、花芽、叶芽、叶痕、叶迹、芽鳞痕、单轴分枝、合轴分枝？
7. 列表比较双子叶植物茎、单子叶植物茎、裸子植物茎在结构上的区别？
8. 解释：完全叶、不完全叶、单叶、复叶。
9. 列表说明各种变态根、茎、叶的类型及形态特征？
10. 说明下列器官的区别：块根与块茎；茎卷须与叶卷须；茎刺与叶刺；鳞茎与球茎？

第 4 章　植物的生殖器官

本章学习要点:

花是观赏植物主要的观赏器官,千姿百态的花是怎样组成的?有哪些类型?是怎样发育为种子和果实的?了解、掌握这些知识对于识别园林植物,提高职业能力具有重要作用。本章主要内容:①了解花芽的分化、开花、传粉、受精的过程、花的形态特点。理解雌蕊的结构、果实与种子的形成。掌握花的组成部分、花的类型及花序的类型。②了解果实与种子的传播方式及其与采种工作的关系。理解果实的结构;掌握果实的类型、单果的种类。③了解种子的概念及形态,掌握种子的基本结构。

4.1 花的发生与组成

4.1.1 花芽的分化

花是由花芽发育而成的。当植物进入生殖生长阶段,有些芽的分化发生质的变化。芽内的顶端分生组织不再分化为叶原基,而是形成若干较小突起,成为花各部分原基。这一形成花芽的过程称为花芽的分化。多数植物花芽分化的顺序由外向内进行,原基的形成按花萼、花冠、雄蕊、雌蕊的顺序进行(图4-1-1)。

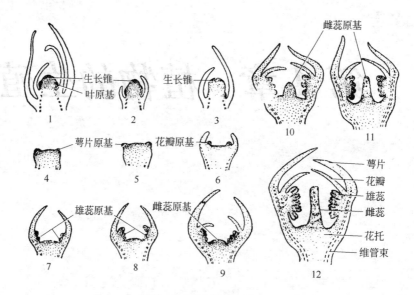

图 4-1-1 桃的花芽分化

1—营养生长锥;2、3—生殖生长锥分化初期;4、5—萼片原基形成期;
6—花瓣原基形成期;7、8—雄蕊原基形成期;9~12—雌蕊原基形成期

花芽的形状比叶芽肥大。有些植物的花芽只能发育成一朵花,为单生,如玉兰、月季等。有些植物的花芽可形成一个花序,如杨、柳、水仙等。

花芽分化的时期因植物种类而异。落叶树种花芽分化常在开花前一年的夏季进行,然后进入休眠,如桃、油桐等。春夏开花的常绿树种一般在冬季或早春进行花芽分化,如柑橘、油橄榄等。而秋冬开花的植物则在当年夏天花芽分化,无休眠期,如茶、油茶等。

花芽分化需要一定的光、温周期诱导,要求适宜的外界条件;充足的养分、适宜的温度、光照都有利于花芽的形成。在植物栽培管理过程中,通过修剪、水肥控制、生长调节剂的使用等技术措施都可达到促进花芽分化的目的。

4.1.2 花的组成部分

典型被子植物的花是由花萼、花冠、雄蕊群和雌蕊群组成的(图4-1-2),它们共同着生于花柄(花梗)顶端的花托上。具有上述四部分的花称为完全花,如桃、梅等;缺少其中一部分的花称为不完全花,如桑、榉等。从进化的角度来分析,花实际上是一种适于生殖的变态短枝,而花萼、花冠、雄蕊与雌蕊是变态的叶。

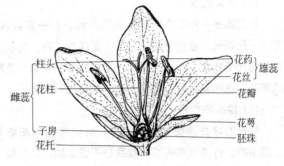

图4-1-2 花各部分的模式图

1) 花柄和花托

花柄是花与茎的连接部分,主要起支持和输导作用。当果实形成时,花柄便成为果柄。花托是花柄顶端膨大的部分,其形状因植物种类的不同而各式各样,如玉兰的花托呈圆锥形、蔷薇花托呈杯状等等。

2) 花被

花被是花萼和花冠的总称。

(1) 花萼

位于花的外侧,通常由几个萼片组成,具有保护作用。有些植物具有两轮花萼,最外轮的为副萼,如木槿、扶桑等。各萼片完全分离的称离萼,如玉兰、毛茛等;彼此连为一体的称合萼,如丁香、石竹等。花萼颜色多为绿色,而杏花为暗红色,石榴为鲜红色,倒挂金钟的花萼有几种颜色。花萼通常在开花后脱落,称为落萼,如桃、梅等;也有花萼随果实一起发育而宿存的,称为宿存萼,如石榴、柿子等。有些植物的萼片变成冠毛,如蒲公英、小蓟。

(2) 花冠

位于花萼内侧,由若干花瓣组成,排列为一轮或数轮,对花蕊具保护作用。由于花瓣中含有花色素并能分泌芳香油与蜜汁,所以花冠呈现不同颜色,具有芳香,能招引昆虫,起到传粉作用。

按花瓣离合程度,花冠可分为离瓣花冠与合瓣花冠两类(图4-1-3)。花瓣基部完全分离,称离瓣花冠,如桃花、梨花;花瓣基部合生,称合瓣花冠,如牵牛、丁香。由于花瓣形态和排列的不同,形成了千姿百态的花冠,有十字形的、蝶形的、舌状的、管状的、唇形的、漏斗状的、轮状的和钟状的等。

一朵花如果又有花萼,又有花被,称为二被花;如果缺少花萼和花被,称为无被花;仅有花萼或花被的花称为单被花。

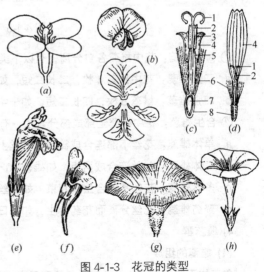

图4-1-3 花冠的类型

(a)十字形花冠;(b)蝶形花冠;(c)管状花冠;(d)舌状花冠;
(e)唇形花冠;(f)有距花;(g)喇叭状花冠;(h)漏斗状花冠
[(a)、(b)为离瓣花;(c)~(h)为合瓣花]
1—柱头;2—花柱;3—花药;4—花瓣;5—花丝;
6—冠毛;7—胚珠;8—子房

3) 雄蕊群

(1) 雄蕊组成

雄蕊群是一朵花中所有雄蕊的总称，由一定数目的雄蕊组成。雄蕊由花丝和花药两部分组成。花丝一般细长，着生于花托之上，支撑着花药，有利于散发花粉。花药膨大呈囊状，位于花丝顶端，常分为两个药室，每个药室具一个或两个花粉囊。花粉成熟时，花粉囊开裂，散出大量花粉粒(图4-1-4)。

(2) 雄蕊的数目

雄蕊的数目因植物种类而异。有的植物雄蕊数目是固定的，有些植物的雄蕊数目是不固定的，如兰科植物只有一个雄蕊，木犀科两个雄蕊，蝶形花科10个雄蕊，而桃花有很多雄蕊但没有定数。

(3) 雄蕊的类型

雄蕊分为离生雄蕊和合生雄蕊两种类型(图4-1-5)。

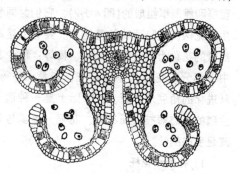

图 4-1-4 已开裂的花药

   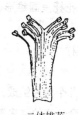 

二强雄蕊　　单体雄蕊　　多体雄蕊　　四强雄蕊　　二体雄蕊　　聚药雄蕊
（花药相连包围花柱
下部花丝分离）

图 4-1-5 雄蕊的类型

① 离生雄蕊：花中雄蕊各自分离，有以下类型：
  a. 二强雄蕊：花中雄蕊4枚，二长二短，如凌霄、泡桐等。
  b. 四强雄蕊：雄蕊6枚，四长二短，如十字花科植物等。
② 合生雄蕊：花中雄蕊全部或部分合生，有以下类型：
  a. 单体雄蕊：花丝下部连合成筒状，花丝上部和花药仍分离，如木芙蓉、木槿等。
  b. 二体雄蕊：花丝连合成两组，如雄蕊10个，其中9个花丝连合，另一个分离。
  c. 多体雄蕊：花丝基部合生成几束，如金丝桃、椴树等。
  d. 聚药雄蕊：花丝分离而花药合生，如向日葵、凤仙花等。

4) 雌蕊群

(1) 雌蕊的组成

雌蕊位于花的中央，由柱头、花柱和子房三部分组成。

① 柱头：位于雌蕊的顶端，是接受花粉的部位，通常呈球状、盘状。柱头可分泌柱头液，具有固着花粉粒、促进花粉粒萌发的作用。

② 花柱：雌蕊中柱头与子房之间的部分叫花柱。它是花粉管由柱头进入子房的通道。花柱因不同植物种类而各具形态。

③ 子房：雌蕊基部膨大的部分叫子房。子房外围为子房壁，内有一个或多个子房室。每个子房室有一个至多个胚珠，受精后，子房发育成果实，胚珠形成种子，子房壁发育成果皮。

一个成熟的胚珠由珠心、珠被、珠孔、珠柄及合点几部分组成(图4-1-6)。根据珠孔与珠柄的位置，胚珠分为直生、倒生、横生、弯生等不同类型(图4-1-7)。

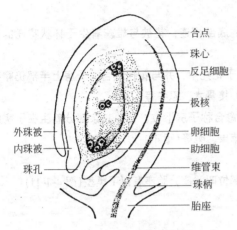

图 4-1-6　胚珠与胚囊的结构

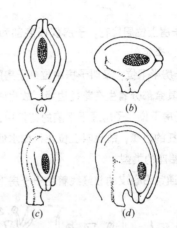

图 4-1-7　胚珠类型的纵切面图
(a)直生胚珠；(b)横生胚珠；(c)倒生胚珠；(d)弯生胚珠

(2) 雌蕊的类型

雌蕊是由变态叶卷合而成的，这种变态叶称为心皮。心皮的边缘连接处叫腹缝线，它的背部(相当于叶的中脉处)称背缝线(图4-1-8)。根据雌蕊心皮的数目和离合，雌蕊可分为以下类型(图4-1-9)。

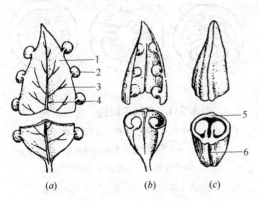

图 4-1-8　心皮形成雌蕊示意图
(a)、(b)、(c)表示由一片张开的心皮逐步内卷，边缘进行愈合的程序
1—心皮；2—心皮上着生的胚珠；3—心皮的侧脉；
4—心皮的背脉；5—背缝线；6—腹缝线

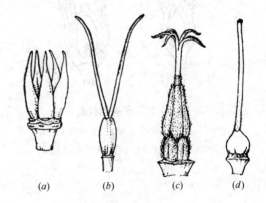

图 4-1-9　雌蕊的类型
(a)离生雌蕊，各心皮完全分离，着生在同一花托之上；
(b)、(c)、(d)合生雌蕊 [(b)子房连合，柱头和花柱分离；(c)子房和花柱连合，柱头分离；
(d)子房、花柱和柱头全部连合]

① 单雌蕊：一朵花中只有一个雌蕊，此雌蕊只由一个心皮构成，称单雌蕊，如桃、李等。

② 合生雌蕊：一朵花中只有一个雌蕊，此雌蕊由两个以上的心皮卷合而成，称为合生雌蕊，又称复雌蕊，如柑橘等。

③ 离生雌蕊：一朵花中有数个彼此分离的雌蕊的称为离生雌蕊，如木兰、毛茛等。

(3) 子房的位置

根据子房在花托上着生位置及花托的连合程度，子房分为以下类型：

① 子房上位：子房仅以底部与花托相连，叫子房上位。子房上位分为两种情况：

a. 子房上位花下位：子房仅以底部与花托相连，而花被、雄蕊着生位置低于子房，如玉兰、紫藤等。

b. 子房上位周位花：子房仅以底部和杯状花托的底部相连，花被与雄蕊着生于杯状花托的边缘，如桃、李等。

② 子房半下位：又叫子房中位，子房的下半部陷于花托中，并与花托愈合，子房上半部仍露在外，花的其余部分着生在花托边缘，故也叫周位花，如接骨木、忍冬等。

③ 子房下位：子房埋于下陷的花托中，并与花托愈合称子房下位，花的其余部分着生在子房的上面、花托的边缘，故也叫上位花，如水仙、石蒜、苹果、梨等(图4-1-10)。

(4) 胎座的类型

胚珠通常沿心皮的腹缝线着生于子房上，着生的部位叫胎座，胎座有以下类型(图4-1-11)：

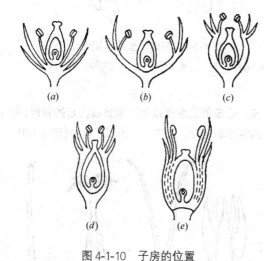

图 4-1-10 子房的位置

(a)子房上位(下位花)；(b)、(c)子房中位或半下位(周位花)；(d)、(e)子房下位(上位花)

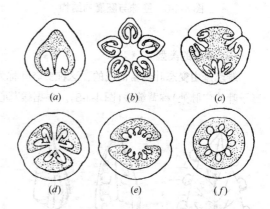

图 4-1-11 几种不同的子房和胎座

(a)单雌蕊，单子房，边缘胎座；(b)离生雌蕊，单子房，边缘胎座；(c)合生雌蕊，单室复子房，侧膜胎座；(d)、(e)合生雌蕊，多室复子房，中轴胎座；(f)合生雌蕊，子房一室，特立中央胎座

① 边缘胎座：单雌蕊，子房一室，胚珠生于腹缝线上，如豆类。

② 侧膜胎座：合生雌蕊，子房一室或假数室，胚珠生于心皮的腹缝线上。

③ 中轴胎座：合生雌蕊，子房数室，各心皮边缘聚于中央形成中轴，胚珠生于中轴上，如柑橘等。

④ 特立中央胎座：合生雌蕊，子房一室或不完全数室，子房室的基部向上有一个短的中轴，但不到达子房顶，胚珠生于此轴上，如石竹、马齿苋等。

⑤ 基生胎座和顶生胎座：胚珠生于子房的基部(菊科)或顶部(胡萝卜)。

4.1.3 禾本科植物的花

禾本科植物是单子叶植物，包括竹类、多种草坪草及小麦、水稻、玉米等。它们的花与一般双子叶植物花的组成不同。

禾本科植物的花通常由2枚浆片(鳞被)、3枚或6枚雄蕊及1枚雌蕊组成。在花的两侧，有1枚外稃(外颖)和1枚内稃(内颖)。浆片是花被片的变态器官，外稃为花基部的苞片变态所成，其中脉常外延成芒。内稃为小苞片，是苞片和花之间的变态叶。开花时，浆片吸水膨胀，撑开外稃和内稃，使雄蕊和柱头露出稃外，有利于传粉。

禾本科植物的花与内、外稃组成小花，再由1至多朵小花与1对颖片组成小穗。颖片着生于小穗的基部，相当于花序分枝基部的小总苞(变态叶)。具有多朵小花的小穗，中间有小穗轴。只有1朵小花的小穗，小穗轴退化或不存在。不同的禾本科植物可再由许多小穗集合成为不同的花序类型。如小麦为复穗状花序(图4-1-12)，每小穗有2～5以上的小花，小穗基部有2枚颖片；每小花有内、外稃各1片，鳞片2个，雄蕊3枚，雌蕊1枚。

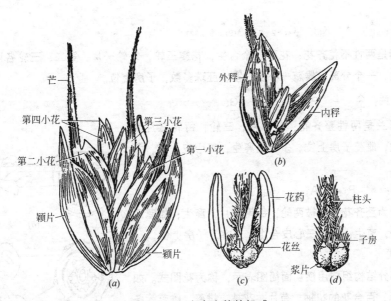

图4-1-12 小麦小穗的组成

(a)小穗；(b)小花；(c)雄蕊；(d)雌蕊和浆片

4.1.4 裸子植物的花

裸子植物的花雌、雄单性，同株或异株。孢子叶常集成球果状或种子核果状。现以油松为例说明裸子植物花的结构特点(图4-1-13)。

油松雌雄同株，小孢子叶球(雄花)称为雄球花，生于新枝基部；大孢子叶球(雌花)称为雌球花，生于枝顶，幼时红色，后变绿。

小孢子叶球上产生许多小孢子叶(雄蕊)，小孢子叶的背部生2个小孢子囊，即花粉囊。囊内的小孢子母细胞(花粉母细胞)经减数分裂形成小孢子(花粉粒)。大孢子叶球由许多珠鳞组成，其下有苞鳞；有2个胚珠，珠心内大孢子母细胞经减数分裂，形成可育的大孢子，继而形成胚乳。传粉后，小孢子生成花粉管，受精后，发育成胚，最后大孢子叶球发育成球果。

图4-1-13 油松的雌、雄球花

1—雌球花；2—雄球花

4.1.5 花程式与花图式

1) 花程式

用字母符号及数字表示花各部分结构组成的公式称为花程式。花的各部分用拉丁文字母表示：K 表示花萼，C 表示花冠，A 表示雄蕊群，G 表示雌蕊群，P 表示花被。花各部分的数目用数字表示，写在字母的右下角。其中 0 表示缺乏或退化，∞ 表示数目很多或不定数。符号表示花各部分的着生位置、着生方式等等。例如"+"表示花的轮数或组合，"( )"表示合生。G 为子房上位，$\overline{G}$ 为子房下位，$\overline{\underline{G}}$ 为子房中位，心皮数字后用"："隔开的数字表示子房的室数，隔开为每室胚珠数。"♂"表示雄花，"♀"表示雌花，"⚥"表示两性花，"↑"表示不整齐花，"*"表示整齐花等等。以下举例说明：

(1) 紫藤：⚥ ↑ $K_{(5)}$ C_{1+2+2} $A_{(9)+1}$ $\underline{G}_{1:1:\infty}$

表示紫藤是两性不整齐花；花萼五个合生，花瓣三轮，外轮一片，第二、三轮各两片；雄蕊两组，九个合生，一个分离；雌蕊一心皮一室，胚珠多数，子房上位。

(2) 白玉兰：⚥ * P_{3+3+3} A_{∞} $\underline{G}_{\infty:1:2}$

表示白玉兰是两性整齐花；花单被，三轮，每轮三片离生；雄蕊多数；雌蕊子房上位。多心皮离生，每心皮一室，每室两个胚珠。

(3) 百合：* P_{3+3} A_{3+3} $\underline{G}_{(3:3)}$

表示百合为整齐花；花被两轮，每轮三片，离生；雄蕊两轮，每轮3个，离生；雌蕊三心皮合生，三室，子房上位。

2) 花图式

花的各部分结构组成用横切面简图表示，称为花图式。如图 4-1-14 所示，百合花的花轴、苞片、花被、雄蕊、雌蕊等各部分的组成及排列。黑色圆圈表示花轴，通常位于图的上方。空心弧线表示苞片，位于图的下方。带有线条的弧线表示花萼，位于图的最外层，由于花萼的中脉明显，因此弧线中部外实。实心弧线表示花冠，位于图的第二层。合生雄蕊用黑线连接。雌蕊以子房横切面表示，位于图的中心。

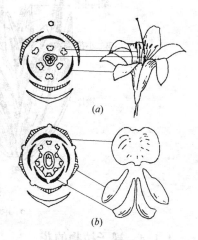

图 4-1-14 花图式
(a) 百合的花图式；(b) 蚕豆的花图式

4.1.6 花序

一朵花单独着生于叶腋或枝顶，称为单生花，如牡丹、茶花等。也有植物很多花按一定规律排列在总花轴上，形成花序。花序上没有典型的营养叶，一般只在花柄基部有简单的变态叶，称为苞片。有些植物花序的苞片密集在一起，形成总苞，如向日葵。

花序分为无限花序和有限花序两大类型(图 4-1-15)。

1) 无限花序

无限花序开花由基部开始，依次向上开放(或由边缘向中心开放)，花轴顶端能继续伸长并陆续开花。无限花序主要有以下类型：

(1) 总状花序：花互生于不分枝的花轴上，各小花花梗等长，如刺槐、紫藤等。

(2) 穗状花序：与总状花序相似，只是花无梗，如车前、木麻黄等。

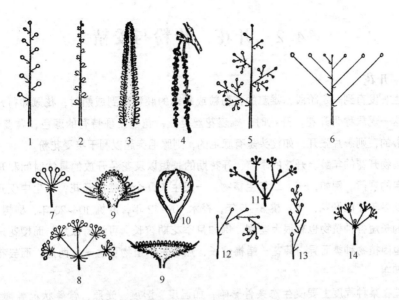

图 4-1-15　花序类型

1—总状花序；2—穗状花序；3—肉穗花序；4—柔荑花序；5—圆锥花序；6—伞房花序；7—伞形花序；8—复伞形花序；9—头状花序；10—隐头花序；11—二歧聚伞花序；12、13—单歧聚伞花序；14—多歧聚伞花序

(3) 肉穗花序：穗状花序的花轴膨大呈棒状，如天南星。

(4) 柔荑花序：单性花排列于一细长的花轴上，通常下垂，如杨、柳、核桃的雄花序。

(5) 伞房花序：花有梗，不等长，下部较长，上部渐短，花位于近似平面，如麻叶绣球等。

(6) 伞形花序：各小花均从花轴顶端生出，花柄等长，花的排列伞形，如山茱萸、君子兰。

(7) 头状花序：花轴缩短而膨大，平面顶端膨大，呈头状或扁平形，如三叶草、菊花。

(8) 隐头花序：小花着生于肉质中空的总花托的内壁上，并被总花托所包围，如无花果、榕树等。

以上花序花轴不分枝，为简单花序。还有些无限花序花轴分枝，每一分枝相当于简单花序，形成复合花序。复合花序包括圆锥花序(复总状花序)、复穗状花序、复伞房花序、复伞形花序等。

2) 有限花序

有限花序又称聚伞花序，花序中最顶点或最中心的花先开，渐及下边或周围的花，花轴不能继续向上产生新的花芽，主要有以下类型：

(1) 单歧聚伞花序：花轴的顶端先开一花，其下发生一侧枝，侧枝顶端又开花，如此反复，如紫草科植物。如果所有侧枝都向同一方向生长，称为螺状聚伞花序，如勿忘草。如果侧枝在两侧间隔产生，称为蝎尾状聚伞花序，如唐菖蒲。

(2) 二歧聚伞花序：花轴顶端开花后，下面两侧同时分枝，又形成花，如此反复分枝，如石竹科植物、海州常山等。

(3) 多歧聚伞花序：花轴顶花下同时产生数个分枝，各枝顶生一花后，继续以同一方式分枝，如大戟、榆树等。

4.2 开花、传粉与受精

4.2.1 开花

当植物生长发育到一定阶段,雄蕊的花粉粒或雌蕊的胚囊达到成熟时,花冠即行开放,露出雄蕊和雌蕊,这一现象称为开花。开花时,雄蕊花丝挺立,花药呈现特有的颜色;雌蕊分泌柱头液。如柱头是分裂的,则裂片张开;如柱头是有腺毛的,则腺毛突起以利于接受花粉。

每一种植物开花的年龄、开花的季节、开花期的长短以及花朵开放的具体时间和开花的持续时间,都有各自的规律。例如,一、二年生植物,一般生长几个月就能开花,一生中仅开花一次。多年生植物生长多年才能开花,如:桃 3~5 年,桦木 10~12 年,麻栎 10~20 年,椴树 20~25 年等等。开花期的长短各种植物也有很大差别,例如月季花期较长,可维持数月,而樱花只有数天。每朵花的寿命也因植物种类而异,菊花、蜡梅较长,热带兰科植物可达一至两月,而昙花最短,仅一两个小时即凋谢。

植物开花在某种程度上要受生态条件影响,如温度、湿度、光照、营养状况等都会改变花期。因此,研究并掌握植物的开花规律,按需要调整植物花期,对于提高观赏价值、植物育种和繁殖都具有重要意义。

4.2.2 传粉

成熟的花粉粒借助媒介传到雌蕊柱头上的过程,称为传粉。传粉是有性繁殖中不可缺少的环节,没有传粉,就不可能完成受精作用。传粉有自花传粉和异花传粉两种类型。

1) 自花传粉

自花传粉是指花粉粒传到同一朵花柱头上的过程。但在实际应用中,有时把同株异花或同种异株传粉都称为自花传粉。花卉中的凤仙花、矢车菊、桂竹香、紫罗兰、半支莲、金盏花等,都属于自花传粉植物。

2) 异花传粉

异花传粉是指花粉粒传到另一朵花上的过程。但果树栽培中异花传粉是指不同品种间的传粉,林业中是指不同植株间的传粉。花卉中的石竹、万寿菊、雏菊、矮牵牛、百日草、大丽花、百合、菊花、月季等都属于异花传粉植物。

异花传粉必须借助于一定的媒介。在自然条件下,花粉主要靠风力和昆虫传播。靠风传粉的植物叫风媒植物,如桦木、杨树等。它们的花也叫风媒花。靠昆虫传粉的植物叫虫媒植物,如泡桐、油桐等,它们的花叫虫媒花。

风媒花和虫媒花都各自具有明显的传粉特征。风媒花一般花被小或退化,颜色不鲜艳,也无香味,但常具柔软下垂的花序或雄蕊花丝细长,受到风吹有利于散布花粉。风媒花一般产生花粉量较大,花粉粒小而轻,干燥而光滑,易于被风吹送,有效传粉范围可达 300~500m。有的雌蕊柱头呈羽毛状,有利于接受花粉。而虫媒花一般具有鲜艳的花被、芳香的气味和分泌花蜜的蜜腺。色、香、蜜均有利于引诱昆虫传粉。此外,虫媒花的花粉粒大,粗糙有花纹,具有黏性,易于粘附在昆虫体上。虫媒花的大小结构及蜜腺位置一般与传粉昆虫的体形、行为都十分吻合,有利于传粉。

3) 植物对异花传粉的适应

在植物的两种传粉方式中,异花传粉比自花传粉具有更积极的生物学意义。大量事实证明这样的规律：自花传粉可使植物的有害性状分离，造成种质退化；异花传粉可使植物后代出现不同程度的杂种优势，生活力加强。在生物的长期进化过程中，只有那些适应环境变化的物种才得以生存和进化。异花传粉比自花传粉更能适应环境的变化，这是花期自然选择的结果。因此，花在结构和生理上形成了许多适应于异花传粉的特点。

(1) 雌雄异株：有些植物只有单性花，即雄花与雌花分别着生不同的植株上，称为雌雄异株。这种植物严格地异株传粉，如杨、柳、杜仲等。

(2) 雌雄异熟：有些植物虽然为两性花，但雄蕊与雌蕊不能同时成熟，即花期不遇，称为雌雄异熟，如泡桐、柑橘等。

(3) 花柱异长：有些植物虽然为两性花，但一朵花中花柱过长或过短，不能正常自花传粉，如中国樱草等。

(4) 自花不孕：柱头液对于同花或同株的花粉具有抑制作用，而对异株花粉有萌发作用，如某些兰科植物。

4.2.3 受精作用

植物的雌雄配子，即卵细胞和精子相互融合的过程称为受精作用。被子植物的受精，必须经过花粉粒在柱头上萌发形成花粉管，经过花柱进入胚囊才能进行。

1) 花粉粒的萌发

花粉粒一般为球形，直径约为 10~15μm，如柳、毛白杨等；椭圆形的如苕子、小茴香等；三角形的如桉树、枣等。花粉粒的壁相对较厚，上有各种花纹，并有称为萌发孔的小孔，是花粉管萌发生长的孔道。其数目因植物种类而异，一般为几个，多的可达数百个。不同植物花粉粒的大小、形状、颜色、外壁的结构各不相同，可作为鉴别植物的依据。

成熟的花粉粒内形成大小悬殊的 2 个细胞，大的为营养细胞，小的是生殖细胞。营养细胞含有大量营养物质与花粉管的形成、生长有关。生殖细胞呈圆形或纺锤形，将来分裂成精子。有的植物生殖细胞在花粉粒中进行分裂，在成熟花粉粒中已经具有一个营养细胞和 2 个精子，如小麦的花粉粒(图 4-2-1)。

经过传粉，花粉粒落在柱头上，向外突出形成花粉管的过程叫花粉粒萌发(图 4-2-2)。但并非落在柱头上的全部花粉粒都能萌发，只有经过花粉粒和柱头的相互"识别"，同种或亲缘关系很近的花粉粒才能萌发。

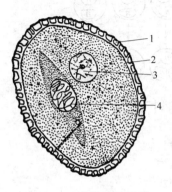

图 4-2-1 花粉粒的结构
1—外壁；2—内壁；3—营养核；
4—生殖细胞

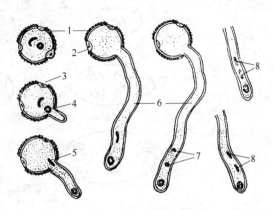

图 4-2-2 花粉的萌发
1—外壁；2—内壁；3—萌发孔；4—营养核；
5—生殖核；6—花粉管；7—精子在形成中；8—精子

花粉粒萌发后，花粉管进入柱头，继续伸长，穿过花柱进入子房。当花粉管生长时，花粉粒中的营养核和两个精子(或一个生殖细胞)随同细胞质一同进入花粉管内(生殖细胞在花粉管内也分裂成两个精子)，成为具有细胞的花粉管。花粉管进入子房后，直趋珠孔，通过珠孔进入珠心，最后进入胚囊，称为珠孔受精，如油茶等大多数植物都是这种类型。有些植物，花粉管进入子房后，沿子房内表皮经合点进入胚囊，叫合点受精，如桦木、鹅耳枥等。

2) 被子植物的双受精

胚囊占据大部分的珠心位置，从图4-1-6可以看出其结构。胚囊两端各有一个细胞移至胚囊中央，称为极核；留在珠孔端的三个细胞，其中一个分化为卵细胞即雌配子，其余两个为助细胞；在合点一端的三个细胞称为反足细胞。

花粉管进入胚囊时，先端破裂，两个精子进入胚囊。此时，营养核已逐渐解体，其中一个精子与卵细胞结合，形成二倍的合子，将来发育成胚。另一个精子与极核结合形成三倍体的初生胚乳核，将来发育成胚乳。花粉管中的两个精子分别与卵细胞和极核结合的过程，称为双受精。双受精是被子植物都具有的受精现象。图4-2-3示高等植物雌雄配子的形成过程。

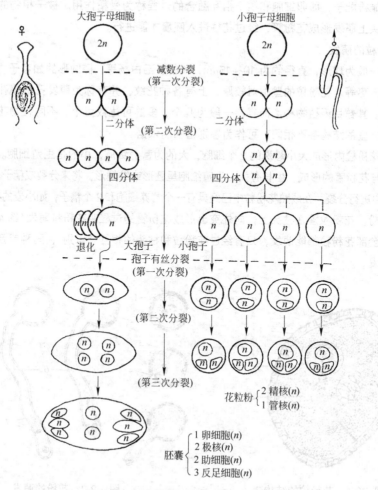

图4-2-3 高等植物雌雄配子的形成

4.3 果　　实

4.3.1 果实的结构

卵细胞受精后,胚珠发育成种子的同时,子房壁也发育成果皮,于是形成了果实(图4-3-1)。

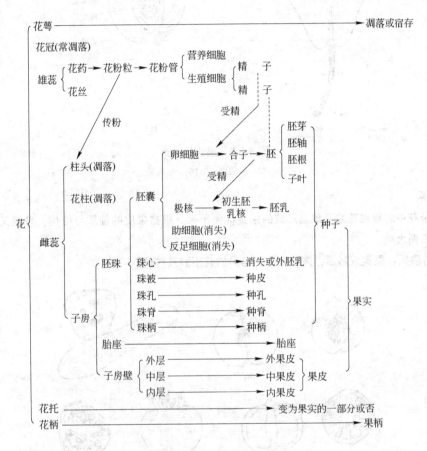

图 4-3-1　果实和种子形成过程

果实分为真果和假果。多数植物的果实纯由子房发育而成,称为真果,如桃、杏等。有些植物除子房外,花的其他部分(花萼、花托、花被)也参与到果实的形成,这种果实称为假果,如苹果、梨、菠萝等(图4-3-2)。

果皮的结构分为外果皮、中果皮和内果皮三层。外果皮一般很薄,只有1~2层细胞,通常具角质层和气孔,有时有蜡粉和毛。中果皮很厚,占整个果皮的大部分,在结构上各种植物差异很大。如桃、李、杏的中果皮肉质,刺槐的中果皮革质等。内果皮各种植物差异也很大,有的内果皮细胞木化加厚,非常坚硬,如桃、李、核桃。有的内果皮变为肉质化的汁囊,如柑。有的内果皮分离成单个的浆汁细胞,如葡萄、番茄等。

4.3.2 果实的类型

果实可分为三大类型,即单果、聚合果和聚花果。

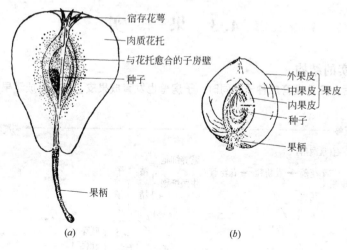

图 4-3-2 果实的构造

(a)梨,示假果;(b)桃,示真果

1) 单果

由一朵花中的单雌蕊或复雌蕊形成的果实称为单果。根据果皮的性质与结构,单果又可分为肉质果与干果两大类。

(1) 肉质果:果实成熟后,肉质多汁,常见的有下列几种(图4-3-3)。

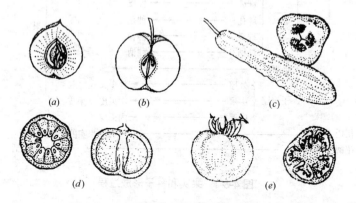

图 4-3-3 肉质果的主要类型(外形和切面)

(a)桃的核果;(b)苹果的梨果;(c)黄瓜的瓠果;

(d)橘的柑果;(e)番茄的浆果

① 浆果:外果皮膜质,中果皮、内果皮均肉质化,充满汁液,内含1至多粒种子,如葡萄、枸杞等。

② 柑果:外果皮革质,中果皮疏松纤维状即橘络,内果皮被隔成瓣,向内生许多肉质多浆的汁囊。柑果为芸香科柑橘属所特有。

③ 核果:内果皮坚硬,包于种子之外,构成果核。种子常1粒,中果皮多肉质,如桃、梅、李、杏、樱桃、橄榄、楝树等。

④ 瓠果:由下位子房发育而成的假果,花托与外果皮结合为较硬的果壁,中果皮与内果皮肉质化,有发达的肉质胎座。瓠果为葫芦科植物所特有。

⑤ 梨果:为下位子房形成的假果。果实外层由花托发育而成,果肉大部分由花筒发育而成,子

房发育的部分位于果实的中央。由花筒发育的部分和外果皮、中果皮为肉质，内果皮纸质或革质，如梨、苹果、枇杷等。

(2) 干果：果实成熟后，果皮干燥，分为裂果和闭果两类。

① 裂果：果实成熟后，果皮开裂的果实，有以下类型(图4-3-4)。

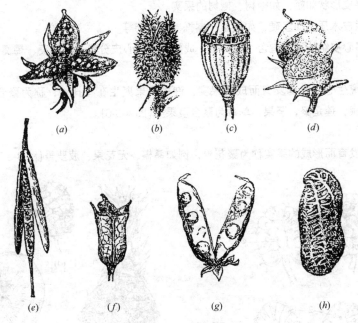

图 4-3-4　各种裂果

(a)紫堇的蒴果；(b)曼陀罗的蒴果[(a)、(b)均为纵裂]；(c)罂粟的蒴果(孔裂)；
(d)海绿属的蒴果(盖裂)；(e)油菜的长角果；(f)飞燕草的蓇葖果；
(g)豌豆的荚果；(h)落花生的荚果(不开裂)

a. 荚果：由单雌蕊发育而成，成熟时沿背缝线和腹缝线两面开裂，如豆类植物。有些荚果不开裂，如皂荚、紫荆、合欢等。

b. 蓇葖果：由单雌蕊发育而成，成熟时仅沿背缝线或腹缝线一面开裂，如飞燕草、玉兰、梧桐等。

c. 角果：由两心皮复雌蕊发育而成，果实中间有由胎座形成的假隔膜，种子着生于假隔膜的边缘上。有些角果细长，称长角果，如紫罗兰等。有些角果很短，称为短角果，如香雪球等。

d. 蒴果：由复雌蕊发育而成，成熟时有多种开裂方式。沿背缝线开裂的有乌桕、百合、鸢尾等。沿背缝线或腹缝线中轴开裂的有牵牛、杜鹃等。从心皮顶端开一小孔的(孔裂)有罂粟、虞美人等。果实横裂为二的有马齿苋、桉树等。

② 闭果：果实成熟后，果皮不开裂的果实。有下列

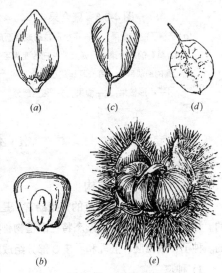

图 4-3-5　各种闭果

(a)荞麦的坚果；(b)玉米的颖果；(c)树果的翅果；
(d)榆树的翅果；(e)板栗的坚果

类型(图 4-3-5)。

　　a. 瘦果：只含 1 粒种子，果皮与种皮分离，如向日葵、蒲公英、喜树等。

　　b. 颖果：由 2~3 心皮组成，一室含 1 粒种子，果皮与种皮愈合不易分离，如小麦、玉米等禾本科植物的果实。

　　c. 翅果：果皮形状如翅，如榆树、槭树的果实。

　　d. 坚果：果皮木质化而坚硬，如板栗、槲栎、鹅耳枥等。

　　e. 分果：多心皮组成，每室含 1 粒种子，成熟时，各心皮分离，如锦葵、蜀葵等。

2) 聚合果

　　由一朵具有离生心皮雌蕊发育而成的果实，许多小果聚生在花托上，称为聚合果。例如玉兰、芍药是聚合蓇葖果，莲是聚合坚果，草莓为聚合瘦果等(图 4-3-6)。

3) 聚花果

　　由整个花序发育而形成的果实称为聚花果，例如桑椹、无花果、菠萝等(图 4-3-7)。

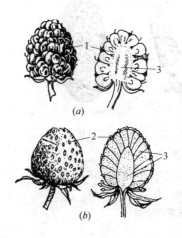

图 4-3-6　聚合果
(a)悬钩子的聚合果，由许多小形核果聚合而成；
(b)草莓的聚合果，由膨大的花托转变为可食的肉质部分，每一真正的小果为瘦果
1—小形核果；2—瘦果；3—花托部分

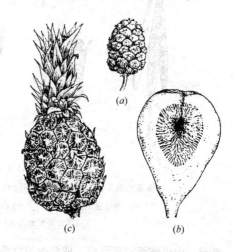

图 4-3-7　聚花果(复果)
(a)桑椹，为多数单花所成的果实，集于花轴上，形成一个果实的单位；(b)无花果果实的剖面，隐头花序膨大的花序轴成为果实的可食部分；(c)凤梨的果实，多汁的花轴成为果实的食用部分

4.4　种　子

4.4.1　种子的结构

　　种子是种子植物所特有的繁殖器官，是经过开花、传粉和受精等一系列过程后，由胚珠发育而成的。种子的大小、色泽等形态特征因植物种类不同而存在着很大的差异，但它们的基本结构却是相同的。种子一般由胚、胚乳和种皮 3 部分组成(图 4-4-1、图 4-4-2)，有些种子仅有种皮和胚两部分。

1) 种皮

　　种皮包在种子的最外面，起到保护作用。种皮的薄厚、颜色等特征因植物种类的不同而存在差异，是鉴别植物种类的依据之一。

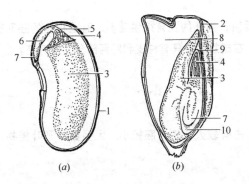

图 4-4-1 种子结构
(a)菜豆；(b)玉米
1—种皮；2—种皮和果皮；3—子叶；4—胚芽；
5—上胚轴；6—下胚轴；7—胚根；8—胚乳；
9—胚芽鞘；10—胚根鞘
(引自高信曾《植物学》)

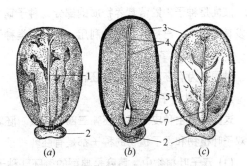

图 4-4-2 蓖麻种子的构造
(a)表面观；(b)通过宽面的纵切面；
(c)通过狭面的纵切面
1—种脊；2—种阜；3—种皮；4—子叶；
5—胚乳；6—胚芽；7—胚根
(引自高信曾《植物学》)

种皮由珠被发育而成。具有一层珠被的胚珠，形成一层种皮，如胡桃等。具有两层珠被的胚珠，常形成两层种皮，分为外种皮和内种皮，如蔷薇科、大戟科植物。一般种皮坚硬而厚，由厚壁组织组成，有各种色泽、花纹或其他附属物。如油松、泡桐、梓属的种皮延伸成翅，杨、柳种子有毛等。

成熟的种子，在种皮上常有种脐、种孔(图 4-4-3)。种脐是种子从果实上脱落时留下的痕迹；种孔由珠孔发育而来，是种子萌发时吸收水分和胚根伸出的孔道；有的种子还有隆起的种脊，是进入种子的维管束集中分布的地方。有的种子还有种阜，能覆盖种孔和种脐。

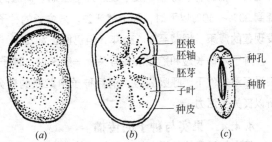

图 4-4-3 蚕豆的种子
(a)种子外形的侧面观；(b)切去一半子叶
显示内部结构；(c)种子外形的顶面观
(引自陆时万《植物学》)

有些植物具有假种皮，假种皮是珠柄或胎座发育成的。例如荔枝、龙眼的食用部分就是假种皮将胚珠包围起来，卫矛种子具橙红色的假种皮。

2) 胚

胚是由合子发育而成的，是新植株的雏形。胚由胚芽、胚轴、胚根和子叶4部分组成。胚轴可分为两部分，由子叶到第一片真叶之间的部分叫上胚轴，子叶和根之间的部分叫下胚轴。种子萌发时，胚芽发育成主茎和叶，胚根发育为初生根，而胚轴大多数将来成为茎的部分，子叶的功能是贮藏养料或从胚乳中吸收养料，供胚生长消耗。

根据子叶的数目，被子植物可分为两大类：具有两个子叶的植物称双子叶植物，如桃树、国槐。具有一个子叶的植物称为单子叶植物，如百合、早熟禾。而裸子植物的子叶数目不确定，通常在两个以上，如扁柏2个，银杏2~3个，而松树多个。

3) 胚乳

胚乳是种子内贮藏营养物质的部分，种子萌发时，为胚的发育提供营养。有些植物的胚乳在种子发育过程中，已被胚吸收、利用。所以这类种子在成熟后，只有种皮和胚两部分，没有胚乳。

4.4.2 种子的类型

种子分为有胚乳种子和无胚乳种子两类。

1) 有胚乳种子

这类种子由种皮、胚和胚乳三部分组成。胚乳占有较大比例，胚较小。大多数单子叶植物、许多双子叶植物和裸子植物的种子都是有胚乳种子。

(1) 双子叶植物中，蓖麻是典型的有胚乳种子。

(2) 单子叶植物的竹类、稻、麦及其他禾本科植物的种子都是有胚乳种子。

(3) 裸子植物中，松属种子是有胚乳种子。

2) 无胚乳种子

这类植物的种子只有种皮和胚两部分，没有胚乳，肥厚的子叶贮存了丰富的营养物质，代替了胚乳的功能。多见于大部分双子叶植物和部分单子叶植物。

(1) 双子叶植物中，刺槐、梨、核桃等的种子是无胚乳种子。

(2) 单子叶植物中，慈菇的种子是无胚乳种子。

4.4.3 种子的寿命

在自然条件下，种子的寿命可由几个星期到很多年。寿命短的种子，成熟后只在12小时内有发芽能力。杨树种子寿命一般不超过几个星期。糖槭的种子在成熟时含水量约为58%，一旦含水量下降到30%～40%以下时，种子就死去。寿命长的种子可达百年以上，我国辽宁省多次在泥炭土层中发现莲的瘦果，埋藏至少120年，但仍能正常发芽、开花、结果。

种子寿命长短和贮藏条件有关。一般来说，种子在干燥、低温条件下易于保存，寿命较长。在高温多湿条件下，呼吸强烈，消耗种子中贮藏的养分，呼吸放出较多能量，产生高温，伤害种胚，所以丧失生活力。

4.4.4 果实与种子的传播

果实与种子的传播，扩大了植物的分布范围。对于植物获得有利的生长条件和种类的繁衍有着重要意义。经过长期的自然选择，各种植物果实和种子都具备了适于各自的传播方式(图4-4-4)。

1) 风力传播

借风力传播的果实和种子一般小而轻，往往带有翅或毛等附属物，如槭树、白蜡树、榆树的果实，松属、云杉属的种子，蒲公英、铁线莲的果实都有这样的特征。

2) 水力传播

借水力传播的多为水生植物和沼生植物，它们的果实或种子能随水漂浮。如莲蓬等。有些陆生植物的也可以借水力传播，如椰子的果实。

3) 人和动物传播

适应于人和动物传播的果实和种子主要特点是果皮或种皮坚硬，虽然被食用，但不易消化，能随粪便排出体外，达到传播的作用。还有一些果实和种子易于粘附人的衣服或动物皮毛上而传播，如苍耳、鬼针草等。

人类根据需要有意识地进行植物引种是最重要的传播方式。

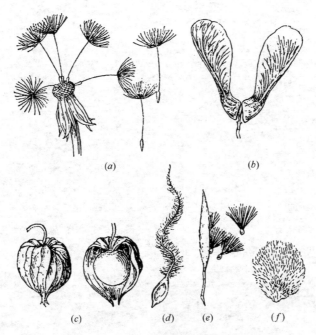

图 4-4-4 借风力传播的果实和种子

(a)蒲公英的果实，花萼变为冠毛；(b)槭的果实，果皮展开成翅状；(c)酸浆的果实，外面包有花萼所形成的气囊；(d)铁线莲的果实，花柱残留成羽状；(e)马利筋种子的纤毛；(f)棉花的种子，表皮细胞突出成绒毛

4) 果实弹力传播

有些植物的果实成熟时，果皮干燥而开裂，以弹力将种子弹射到较远的地方，如凤仙花等就具这种特征。

根据不同植物和种子的传播方式，在进行采种时就要采取不同措施。例如松属、杉属具翅的种子可随风散失，采种就要在球果成熟而未裂开时进行。借果实弹力传播的种子必须在果实成熟而果皮未干燥前采收。

复习思考题

1. 花是如何发生的？花由哪几部分组成，各部分的主要功能是什么？
2. 举例说明雄蕊、雌蕊各有哪些类型？
3. 举例说明什么是单性花、两性花？
4. 什么叫雌雄同株、雌雄异株、杂性同株？
5. 举例说明花序的类型及特点。
6. 什么是传粉？为什么异花传粉具有优越性？
7. 什么叫受精作用？说明受精作用的过程及双受精的生物学意义。
8. 列表表示果实的类型和特点。
9. 什么叫真果和假果？二者在结构上有什么特点？
10. 说明种子的结构和类型？

第 5 章　植物的水分代谢

本章学习要点：

生命起源于水，没有水就没有生命，当然没有水也就没有植物。水不仅是构成植物的主要物质，而且只有在水的参与下，植物才能进行一系列的生命活动。水对于植物有哪些作用？水是怎样由参天大树的根系上升到顶端的？如何节水灌溉？本章主要内容：①了解水在植物生命中的重要性、植物含水量及其存在状态。②了解植物对水分的吸收和运输，了解吸胀吸水，影响根系吸水的因素。掌握渗透作用吸水。③了解蒸腾作用的概念、意义与调节。④认识植物需水规律，掌握节水灌溉方法。

5.1 水在植物生活中的意义

5.1.1 植物的含水量

水是植物体的主要组成物质，其含量因植物的种类不同有很大差别。例如：水生植物的含水量能达到90%以上(金鱼藻、满江红)，草本植物含水量在70%～85%，木本植物含水量低于草本植物，而生长在沙漠地区的某些植物(地衣、藓类)含水量在6%时，仍能承受干旱而生存。同一种植物的不同器官、不同发育期，含水量也存在很大差别。例如，嫩茎、幼根等器官的含水量可达80%～90%，休眠芽的在40%左右，而种子含水量可低于10%。一般来说，幼嫩的、代谢旺盛的器官含水量较高；随着器官的衰老、代谢的减弱，含水量相应降低(表5-1)。

不同植物、不同器官的含水量 表5-1

植物及部位	含水量(占鲜重%)	植物及部位	含水量(占鲜重%)
藻类	96～98	松树木质部	50～60
草本植物叶片	83～86	松树枝条	55～57
木本植物叶片	79～82	树干	40～50
松树根尖	90.2	藓类组织地衣	5～7
松树韧皮部	66		

5.1.2 水的生理作用

1) 水是原生质的重要成分

原生质的含水量一般在70%～90%，这样才能保持原生质的溶胶状态，才能进行正常的代谢活动。如果水分减少，原生质从溶胶状态变为凝胶状态，植物的代谢活动就会随之减弱。若原生质失水过多，就会引起原生质胶体的破坏，导致植物死亡。

2) 水是植物代谢过程的反应物

水作为一种反应物直接参加植物体内的许多重要生物化学反应。例如，水是光合作用的原料，水参加水解反应。

3) 水是植物代谢过程的介质

植物体内一系列的生化反应都是在水中进行的。各种物质只有溶解在水中才能在植物体内运输，被植物所吸收。正是水的这种作用，才把植物联系成为一个统一的整体。

4) 水使植物保持固有姿态

植物细胞处于水分饱和状态时，植物才能保持固有姿态，枝叶才能挺立，才能充分地接受光照，进行气体交换，花朵才能开放传粉。如果含水量不足，造成萎蔫，无法进行正常的生理活动。

5) 水的理化作用

由于水有较高的气化热和比热，通过水分的调节作用可相对稳定地保持植物温度，保证代谢活动的正常进行。

5.1.3 植物体内的水分状态

水分在植物组织中，以束缚水和自由水两种状态存在。束缚水是被细胞中的胶粒或渗透物质较牢固吸附而不易流动的水。自由水是指没有被吸附，可以自由移动的水分。利用核磁共振光谱技术，发现细胞中绝大部分是自由水。束缚水不易蒸发，不易结冰，对原生质有保护作用。因此植物体内束缚水的含量高低与植物抗逆性有很大关系。测试植物束缚水的含量可作为抗逆性选种的依据。

5.2 植物对水分的吸收及水分运输

5.2.1 植物细胞的吸水

植物吸收水分主要通过细胞来完成。植物细胞吸收水分有两种方式，一种是渗透作用吸水，另一种是吸胀作用吸水。细胞在未形成液泡之前，吸水方式是靠吸胀作用吸水，而细胞形成液泡之后，是靠渗透作用吸水。

1) 细胞的渗透作用吸水

渗透作用是溶剂分子通过半透膜的扩散作用。半透膜只能让水通过，而不能让任何溶质通过，即不能让任何分子或任何离子透过的膜。如图5-2-1所示，用长颈漏斗做一个简单的渗透系统，长颈漏斗上扎一块具有半透性的膜(羊皮纸等)，注入蔗糖溶液，然后把长颈漏斗放入装有纯水的烧杯中。烧杯中的纯水会很快通过半透膜流向长颈漏斗(向浓度高的环境扩散)，使玻璃管的液面不断上升。这就是由于渗透作用形成的渗透现象。

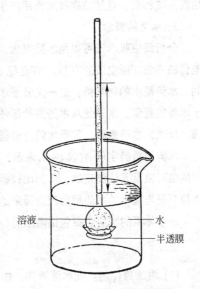

图5-2-1 一个简单的渗透计

植物细胞的细胞壁，主要成分是纤维素和果胶质，水和溶质都易通过，是完全透性膜。而原生质膜与液泡膜，两者都是半透膜，都具有半透性。液泡中充满着细胞液，其中有无机盐、有机酸及各种有机化合物。这样细胞液、原生质层和外界溶液就形成了一个渗透系统。如果我们把具有液泡的植物细胞放在浓度较高的溶液中，细胞的水分就会外渗，随之液泡体积变小，原生质与细胞壁收缩。由于原生质的伸缩性大于细胞壁的伸缩性，原生质随着细胞的逐渐脱水，而逐渐脱离细胞壁。通常把植物细胞因失水而造成的原生质与细胞壁分离的现象称为质壁分离，如图5-2-2所示。

如果把已发生质壁分离的细胞置于水势较高的溶液中或纯水中，外面的水分进入细胞，使细胞恢复到原来的状态，这种现象称为质壁分离复原。利用质壁分离现象可以判断细胞死活，因为只有活细胞才具有选择透性，才能发生质壁分离现象。

2) 细胞的吸胀作用吸水

吸胀作用是因吸胀力而吸收水分的作用。植物细胞的纤维素及其他细胞壁的组分都是亲水的，

图 5-2-2　植物细胞的质壁分离现象
(a)正常细胞；(b)、(c)进行质壁分离中

组成原生质的胶体也是亲水的。当这些亲水物质处于凝胶状态时，分子之间存在着很大缝隙，水分子很容易进入。一旦这些凝胶分子与水分子接触，就会以很大的分子间引力形成氢键而结合，并使胶体吸水膨胀。细胞在未形成液泡之前，以吸涨作用吸水。一般来说，蛋白质的亲水性大于淀粉，淀粉大于纤维素。豆类种子含蛋白质多，因此豆类种子吸涨作用比淀粉种子大。某些硬实种子吸水后能涨破种皮，就是依靠吸涨作用产生的能量。

3) 水势的概念

分析细胞吸水还可以用水势概念。人们可以根据温度的高低判断热量的传递方向，也可以根据电位的高低判断电流的方向。20 世纪 60 年代，人们开始用水势的概念判断植物体内水分移动的方向。水势是水的化学势，是一克分子水可用于做功的自由能。细胞中或细胞间的水分运动方向取决于水势的高低，水总是从水势高的区域向水势低的区域运动。植物组织的水势愈低，则吸水能力愈强。反之，水势愈高，则吸水能力愈弱，而供水给其他较缺水细胞的能力愈强。

水势用希腊字母 ψ（读 psai）表示，其单位采用压力单位巴(bar)或帕斯卡(Pa)（$1\text{bar} = 10^5 \text{Pa}$）。水势的绝对值是无法测定的，作为比较标准，规定纯水在一个大气压下的水势为零。其他任何体系的水势都是与纯水的水势相比较而得来的，因此都是相对值。

一个体系的水势主要包括溶质势(ψ_s)、压力势(ψ_p)和衬质势(ψ_m)三部分。

$$\psi = \psi_s + \psi_p + \psi_m$$

(1) 溶质势(ψ_s)：在水溶液中，由于溶质分子与水分子的相对运动，消耗了一部分能量，使溶液的自由能降低。因此，和纯水相比，溶液的水势总是低于纯水的水势而成为负值。这种由于溶质的存在而引起水势降低的值称为溶质势或渗透势。溶液的浓度越大，溶质势越低。

(2) 压力势(ψ_p)：若对体系施加压力，就会提高水的自由能而提高水势。这种由于压力的作用使水势改变的值称压力势，压力势一般为正值。

(3) 衬质势(ψ_m)：由于体系中衬质(如亲水胶体)的存在而使水势发生改变的值称为衬质势，一般为负值。

5.2.2　根系吸水的动力

植物进行正常的水分代谢，必须从环境中源源不断地得到水分的补充，而根系是陆生植物主要的吸水器官。在植物庞大的根系中，只有根尖的根毛区吸水能力最强。

根部吸水的动力有根压和蒸腾拉力，根压与根系的生理活动有关，蒸腾拉力与叶片的蒸腾作用有关。

1) 根压

因植物根系的生理活动而产生根系吸水并沿导管上升的压力称为根压。由根压而产生的吸水称为主动吸水。伤流和吐水这两种现象证明了根压的存在。

把植物的茎在近地面处切去，不久伤口处会流出许多汁液，这种现象称为伤流，流出来的汁液称为伤流液。如果在切口处套上橡皮管并与压力计相连，可以测出根压的数值(图 5-2-3)。

伤流现象在草本植物中较为普遍，在一些木本植物，如槭树、核桃、桑树中也存在。

伤流液主要含有无机盐和各种有机物，特别是含氮化合物。植物的生理状态、生长势的强弱、根系的吸收状态都对伤流液的流量与成分产生影响。因此，可把测定伤流液的数据作为根系代谢活动的重要资料。

吐水现象是根压存在的另一种表现。在土壤水分充分、天气潮湿的环境中，植物叶片尖端或边缘有水珠溢出，这种现象称为吐水。当根系吸水大于蒸腾失水时，多余的水分便通过吐水排出。

吐水现象在禾本科植物中最常见，在木本植物，如榆树、杨树、柳树中也可见。吐水不仅存在于叶片上，有些树木的芽、叶痕、皮孔等处也能出现吐水现象。

2) 蒸腾拉力

蒸腾拉力是由于叶片的蒸腾作用而产生的。根系由蒸腾拉力产生的吸水方式称为被动吸水。如图 5-2-4 所示，把剪下来的枝条插在水中，虽然没有根，仍可以吸水，这就证明了蒸腾拉力的存在。

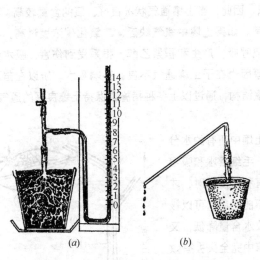
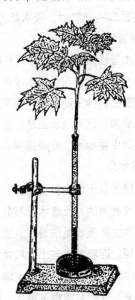

图 5-2-3　根压现象
(a)根压测量；(b)伤流液的收集

图 5-2-4　蒸腾拉力实验(蒸腾作用使玻璃管中水银柱上升)

当叶子进行蒸腾作用时，靠近气室的叶肉细胞首先失水。于是，便向邻近的细胞吸水。如此传递，靠近叶脉的细胞便向叶脉的导管吸水，由于叶片、叶脉、枝条、干茎和根的导管互相连通，逐步传递到根，最后根部就从环境中吸收水分。这种吸水完全是由蒸腾失水产生的拉力所引起的。试验证明这种吸水的速度受到蒸腾速度控制，当水分充足时，吸水速度与蒸腾速度是完全一致的。

就一般情况而言，蒸腾拉力是根系吸水和水分上升的主要动力，只有在春季幼芽未展开、蒸腾较弱时，根压才成为主要吸水动力。

5.2.3　土壤条件对根系吸水的影响

植物根系分布在土壤之中，根系要从土壤中吸收水分。因此，土壤条件对根系吸水有着重要影响。

1) 土壤温度

土壤温度对植物根系吸水的影响是十分明显的,如果在盆栽植物中放上冰块,很快就会出现萎蔫;去掉冰块,植物又逐渐恢复原状。这是因为冰块改变了土壤温度,影响到水分吸收。在适宜的范围内,根系吸水的能力随着土壤温度的升高而增加,土壤温度降低,根系吸水能力也相应降低(图5-2-5)。

土壤温度影响根系吸水的原因是多方面。一是温度不仅会影响水的黏度和水的扩散能力,也会影响到原生质的黏度,影响到水通过原生质的速度。二是温度将影响到根系的呼吸作用,从而影响到主动吸水和能量提供。此外,温度将影响到根系的生长发育,特别是对新根和根毛的形成有重要影响。

如果土壤温度过高,根系吸水也会减少。这是因为高温会使原生质流动减慢,会使酶的活性钝化;同时,高温会使根系衰老,使吸收面积减少。例如,柠檬、橘子、葡萄等植物,当土壤温度超过30~35℃时,吸水能力就会降低。

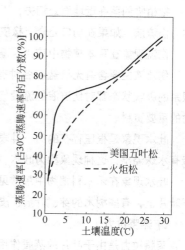

图5-2-5 土温对美国五叶松(北方树种)和火炬松(南方树种)吸水速度的影响

2) 土壤通气状况

根系吸水与根细胞的呼吸作用有密切关系。因此,当土壤通气状况良好、氧的含量较高、根系发育和呼吸作用正常时,根系吸水才能保持正常。如果土壤中氧气缺乏,二氧化碳浓度过高,根系呼吸作用减弱就会影响主动吸水,甚至出现无氧呼吸,产生和积累乙醇,根系受到伤害,吸水会受到影响。苗木受涝,反而表现出缺水症状,其原因也在于土壤通气不良,影响吸水。所以在苗木栽培管理中要及时中耕松土、合理排灌、改善土壤结构,通过以上各种措施,保持土壤良好的通气状况。

3) 土壤水分

根系主要是从土壤中获得水分,但不是土壤中所有的水分都可以被吸收利用的。土壤水分可分重力水、毛细管水和吸湿水三种。植物主要吸收毛细管水,重力水只有和根接触时,才能被吸收利用。而吸湿水与土壤胶体结合,不能利用。可以被植物利用的水称为有效水。如果土壤中的有效水含量降低,又不能及时补充,会影响根系吸水。如果土壤中完全失去有效水,植物不能从土壤中得到水分就会出现永久萎蔫而死亡。

4) 土壤溶液

土壤溶液是具有一定浓度的盐溶液,一般情况下土壤溶液的浓度都低于根部细胞,此时根系吸水正常。如果,土壤溶液浓度过高,就会造成根系吸水困难。因此在施用化肥时,一次施用量不能过大,防止因土壤溶液浓度过高而出现"烧苗"现象。

5.2.4 植物体内的水分运输

1) 水分运输的途径

土壤中的水分被根系吸收后,经过茎、叶,最后散失到大气中去。水分在植物体内的运输途径如图5-2-6所示:土壤→

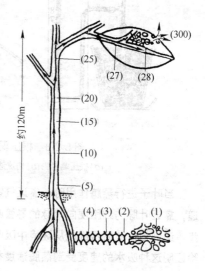

图5-2-6 120m高的大树体内水分流动的通路示意

图中数字均为负值,为不同高度的水势(bar),空气相对湿度为80%

根毛→根的皮层→根的中柱鞘→根的导管→茎的导管→叶柄导管→叶脉导管→叶肉细胞→叶细胞间隙→气室→气孔→大气。

水分在上述运输途径中，有两种方式。一种是与活细胞有关的运输，共两段。一段是水分从根毛到根部导管，要经过内皮层细胞；另一段是从叶脉导管到叶肉细胞。这两段距离虽短，但要靠渗透运输，阻力大，速度很慢。另一种是经过维管束中的死细胞，即经过导管和管胞的运输。这是水分通过输导组织以液流方式的运输，阻力小，运输距离可以从几厘米到百米。这也可以解释，为什么苔藓和地衣这些没有真正输导系统的植物不能长得很高。

水分除纵向运输外，还有侧向运输，如沿着维管射线顺辐射方向的运输。

2) 水分运输的动力

水分在植物体内的运输途径自地下而地上，自根而茎而叶。在这种运输中，水流上升百米而连续不断，其动力何在呢？

目前认为水分沿导管或管胞上升的动力有两种，一种是来自下部根压，一种是来自上部的蒸腾拉力。而蒸腾拉力是水分上升的主要动力。根压一般不超过2bar。最多可使水分上升20m。而蒸腾拉力可达到10bar，可使水分上升一百多米。叶面蒸腾越强，失水越多，蒸腾拉力越大。

导管或管胞的水分不仅需要上升的动力，而且必须保持水流的连续不断。如果连续的水柱出现中断，蒸腾拉力和根压都无法再使水分上升，水分的运输就要中断。是什么力量保持水柱的连续不断呢？相同物质分子之间有一种相互吸引力叫内聚力，水分子间的内聚力是相当大的，足以使导管或管胞的水分成为连续不断的水柱而上升。

3) 水分运输速度

水分在植物体内运输速度因植物种类、运输部位和运输方式而有很大差异。水分通过活细胞时速度很慢，据测定一小时内水经过原生质的速度只有10^{-3}cm。水分在导管中的运输速度则较快，每小时近3～4.5m。裸子植物只有管胞，水流速度每小时小于0.6m。对于同一植株来说，晚上水流速度低于白天；对于同一枝条来说，被太阳直接照射时快于不直接照射时。这些现象都可以用对蒸腾作用的影响进行解释，也都可以作为指导实践的依据。

5.3 蒸 腾 作 用

5.3.1 蒸腾作用的概念与意义

1) 蒸腾作用的概念

植物体以水蒸气状态向外界大气散失水分的过程，叫做蒸腾作用。蒸腾作用与水分蒸发完全不同。蒸发是单纯的物理过程；而蒸腾作用是受到植物本身控制和调节的生理过程。

植物可以通过茎枝上的皮孔进行蒸腾，称为皮孔蒸腾。但这种蒸腾只占全部蒸腾量的0.1%。植物的蒸腾作用绝大部分是通过叶片进行的。

叶片的蒸腾方式有两种：一种是通过角质层的蒸腾，叫做角质层蒸腾。另一种是通过气孔的蒸腾，叫做气孔蒸腾。生长在潮湿地区的植物，其角质层蒸腾往往大于气孔蒸腾，水生植物角质层蒸腾也很强烈，幼嫩叶子的角质层蒸腾可达总蒸腾量的1/3～1/2。但是对于一般植物的叶片，角质层蒸腾仅占总蒸腾量的3%～5%。因此，气孔蒸腾是植物蒸腾作用的主要形式。

2) 蒸腾作用的意义

蒸腾作用是植物水分代谢的重要环节，对植物有重要的生理意义。

(1) 蒸腾作用是植物吸收和运输水分的重要动力。尤其是高大乔木，如果没有蒸腾作用，植物主动吸水的过程便不能产生，植物较高部位也无法获得水分。

(2) 蒸腾作用能降低植物体及叶面温度。1g 水在 20℃ 时，汽化热是 384cal，通过蒸腾可以有效地散发热量，保证植物体生理活动的正常温度。

(3) 蒸腾作用引起上升的液流，携带矿物质元素到达植物体的各个部位，促进各种矿物质营养的运输与分配。

(4) 蒸腾作用有利于气体交换，有利于光合作用及呼吸作用的进行。

但是在干旱情况下或树木移植时，蒸腾作用也能导致植物的水分亏缺。因此，有时人们采取措施抑制蒸腾作用，以保持植物必要的含水量。

3) 蒸腾作用指标

(1) 蒸腾强度：植物在单位时间内，单位叶面积进行蒸腾作用散失的水量称为蒸腾强度。

$$蒸腾强度 = \frac{植物蒸腾作用散失的水量(g)}{植物蒸腾作用叶面积(m^2) \cdot 蒸腾时间(h)}$$

蒸腾强度的单位常用 $g/(m^2 \cdot h)$ 或 $(g \cdot m^{-2} \cdot h^{-1})$ 表示。如果测定叶面积有困难，也可以用叶的重量表示。大多数植物白天的蒸腾强度是 $15 \sim 250 g/(m^2 \cdot h)$，夜间是 $1 \sim 20 g/(m^2 \cdot h)$。

(2) 蒸腾效率：植物每消耗 1kg 水所积累干物质的克数称为蒸腾效率。

$$蒸腾效率 = \frac{植物形成干物质的量(g)}{植物蒸腾的水量(kg)}$$

蒸腾效率因植物种类、不同生育时期而有很大差别，一般在 $1 \sim 8g$。

(3) 蒸腾系数：植物积累 1g 干物质所消耗水分的克数称为蒸腾系数(或称为需水量)。一般植物蒸腾系数在 $125 \sim 1000$ 之间。

$$蒸腾系数 = \frac{植物所消耗水分的量(g)}{植物形成干物质的量(g)}$$

5.3.2 蒸腾作用的调节

1) 蒸腾作用的气孔调节

气孔是植物叶片与外界发生气体交换的通道。虽然气孔的总面积只占叶面积的 $1\% \sim 2\%$，但蒸腾量却比同面积的自由水面高几十倍到上百倍。它的开闭适应着不断变化的外界环境，调节着蒸腾作用的强弱，维持着植物体内的水分平衡。

2) 蒸腾作用的非气孔调节

气孔调节是植物调节蒸腾作用的主要方式，却不是唯一的方式，还有非气孔调节的方式。气孔蒸腾分为两个步骤：第一步是水分在叶肉细胞壁表面进行蒸发，气室、细胞间隙被水汽所饱和。第二步是水汽通过气孔扩散到大气中去。此时气孔的开闭是决定蒸腾强弱的关键。如果蒸腾失水过多或水分供应不足，叶肉细胞水分亏损，气室不再为水汽饱和，即使气孔张开，水汽的扩散极低，蒸腾作用几乎完全停止，这种调节蒸腾作用的方式属于非气孔调节。

植物的萎蔫是调节蒸腾作用的另一种方式。植物在水分亏损严重时，细胞失去膨胀状态，叶子和茎的幼嫩部分下垂的现象称为萎蔫。水分补充后，可使暂时萎蔫的植物得到恢复。

3) 影响蒸腾作用的外部条件

植物的蒸腾作用一方面受到植物自身条件的影响，如形态、结构、生理状态；另一方面还要受到温度、光照、湿度和风等外部条件的影响。

(1) 温度：温度升高，水分子的内能增加，汽化与扩散加强。因此在一定范围内，温度升高，蒸腾作用加强。

(2) 光照：光照一方面影响着气孔的开闭，另一方面光照增强，温度和叶温也增加。因此，光照增强，蒸腾作用加强。但在强光条件下，气孔关闭，蒸腾降低。

(3) 大气湿度：蒸腾的过程就是叶肉细胞间隙与气室的水蒸气向大气扩散的过程。两者之间的压差越大越有利于扩散。因此，当大气相对湿度较小，两者之间水蒸气压差就大，蒸腾作用就强。反之，蒸腾作用就小。

(4) 风速：适当增加风速，有助于叶面水蒸气的扩散，增加蒸腾强度。但风速过大，气孔关闭，蒸腾反会变小。

4) 案例：大树移植的水分调节

进行大树移植，会不同程度地伤害根系，甚至严重影响根的吸收功能。从掘苗、运输到养护的前期，由于根系得不到恢复，会造成土壤中有水而吸不上来的状况。北京市园林科研所发现，移植的大树几乎没有茎流(图5-3)。也就是说，根系没有水分供应，树体水分会严重"透支"。此时提高成活率最有效的措施是抑制蒸腾作用，减少失水。

抑制蒸腾作用的主要措施，一是通过疏枝、疏叶方法，减少蒸腾面积；二是通过遮荫、喷湿、喷抗蒸腾剂等方法降低蒸腾强度。在根系丧失吸水功能的情况下，减少树体失水，最大限度地保持水分平衡。

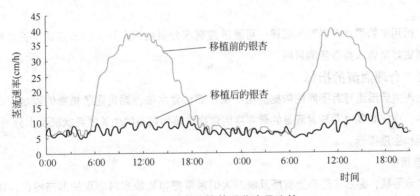

图5-3 银杏移植前后茎流量比较

5.4 合理灌溉的生理基础

植物正常的生命活动，有赖于体内良好的水分状况。植物蒸腾失去的水分，必须从土壤中及时得到补充。这样，植物体内的水分才能达到供求平衡的状态。而灌溉则是补充土水分，防止植物水分亏缺的有效措施。在园林植物生产及栽培养护过程中，灌溉是十分重要的技术环节。灌溉量不足或灌溉不及时，轻者引起植物茎叶萎蔫，重者造成植株严重伤害。灌溉过量，会造成徒长、降低植物抗逆性，植物含水量过高，也不利于营养生长向生殖生长的转化、影响开花结果，降低了观赏价值，并造成水资源的浪费。因此，应运用植物水分代谢的知识，研究植物需水规律，制定合理灌溉的指标，及时、适量地满足植物生长发育中各个时期的水分要求。我国是严重缺水的国家，水分的主要消耗是灌溉用水。在园林实践中，除培育抗旱品种外，合理灌溉、节约用水是一项紧迫和重要的工作。

5.4.1 植物的需水规律

1) 需水量

前面已经介绍植物需水量即蒸腾系数，表示形成 1g 干物质所需蒸腾水分的克数。不同植物类型或同一植物不同发育阶段，需水量都有很大差别。试验证明，在同样用水量的条件下，C_4 植物积累的干物质比 C_3 植物高 1~2 倍。也就是说，在同样条件下，C_3 植物的需水量是 C_4 植物 1~2 倍。

根据植物的需水量，可以粗略地计算：某植物品种一生中所需要的水量，或一块地里一个生长季节内，植物需要的总水量。植物需水量是合理灌溉的依据之一，但需水量不等于灌溉量，一般灌溉量总是大于需水量。此外，许多外界因素如光照、湿度、土壤水分、风速、温度等等，凡影响根系吸水、蒸腾作用和植物生长的因素，都影响着植物需水量。因此，必须根据当地情况，通过反复试验才能确定植物需水量的数值。

2) 需水临界期

植物各个发育时期都需要水分，但各时期植物的代谢状况不同，对水分亏缺的反应也有很大差别。植物对水分亏缺反应最敏感的时期，叫做水分临界期。就植物一般规律，需水临界期常发生在营养生长旺盛和生殖器官形成的时期。研究证明，在植物需水临界期内，细胞原生质黏度和弹性都显著降低，处于代谢旺盛的阶段，蒸腾系数较低。此时是植物抗旱性最弱的时期，如果水分亏缺，就会给植物的生长发育带来严重影响。准确地掌握植物需水临界期的规律，是适时灌溉的重要科学依据。

此外，运用植物需水临界期的规律，可通过控制水分供给的办法，调节植物生长发育和器官的形成，达到更好地为人类服务的目的。

5.4.2 合理灌溉的指标

植物是否需要灌溉可有不同的依据。植物需水量、需水临界期论述了植物的需水规律。但是在生产实践中，决定灌溉时期与灌溉量的最直接的依据是植物自身的生长发育状况及水分亏缺的指标，即形态指标和生理指标。

1) 形态指标

植物水分亏缺，必然在形态上有所反映。人们常常把植物缺水时表现的形态特征，作为合理灌溉的依据：

(1) 幼嫩茎叶凋零；
(2) 茎叶颜色深绿；
(3) 茎叶颜色变红；
(4) 植株生长缓慢。

2) 生理指标

植物水分代谢的生理指标能更及时、准确地反映出植物的水分状况。因此，有关的生理指标是合理灌溉的充分依据。

(1) 叶片水势：植物缺水时，叶片水势迅速降低，是最先作出反应的部位。因此，可以把叶片水势作为合理灌溉的生理指标。但植株上不同部位的叶片，不同时间取样，水势常常有很大差别。因此，必须规定同一部位的叶片，同一时间取样，一般以上午九时为宜。

(2) 细胞汁液浓度：细胞汁液浓度能准确反映植物细胞的含水量。而且方法简单快捷，容易操作。

(3) 气孔开度：气孔开闭情况与植物水分状况正相关。水分充足时，气孔完全张开，随水分减少，气孔开张度逐渐变小。缺水严重时，气孔完全关闭。因此，气孔开度可作为合理灌溉的依据。

5.4.3 灌溉中必须注意的问题

1) 灌溉必须满足植物的栽培要求

由于植物种类和生长规律不同、植物生育期和栽培目的不同，植物对水分的需求必然存在很大差异。灌溉必须满足不同植物、不同发育时期对水分的要求。

花卉栽培要按各类花卉的需水习性及生长发育状况进行水分管理。种子发芽期要有足够水分，蹲苗期要适当控制水分，以利于根系生长。处于营养生长旺盛时期，需水量最大，进入花芽分化阶段则要适当控制水分，以抑制枝叶生长，促进花芽分化。土壤干旱会使花卉缺水，而生长不良；水分过多常有落蕾、落花或花而不实现象，降低了观赏价值。

园林苗圃的灌溉要根据不同树种、不同栽培方式进行。实生苗一般要求灌水次数多，每次灌溉量要少。扦插苗、埋条苗，在上面展叶、下面尚未生根阶段，灌水量要适当增大，但水流要缓。分株苗、移植苗，灌水量要大，应连续灌水3~4次。在苗木速生期，由于气温高，苗木需水量多，根系分布深，宜深灌、多灌。

2) 改进灌溉方法，发展喷灌、滴灌技术

我国是水资源缺乏的国家，传统灌溉方法不利于田间管理，并且造成水资源的浪费。

喷灌能改变苗圃小气候，增加空气湿度，迅速解除干旱，保持土壤团粒结构，防止土壤碱化，使水分利用系数达80%以上。

滴灌用埋入地表或地下的管道，定量地往植物根系缓慢地供水和营养物质。这是一种较先进的灌溉方法，能减少水分渗漏、蒸发和径流的损失，比喷灌能大幅度节约用水。滴灌使水分分布均匀，能保持植物良好的水分状况，有利于生长发育。滴灌无需多次整地，由于土壤大部分干燥，不利于杂草生长，减少了田间管理环节。

复习思考题

1. 水在植物生活中有哪些重要作用？
2. 植物细胞的吸水原理是什么？
3. 用图表示水分吸收与运输的途径。
4. 根系吸水和水分上升的动力是什么？
5. 影响根系吸水的外界条件有哪些？
6. 什么叫蒸腾作用？其生理意义是什么？
7. 影响蒸腾作用的因子有哪些？
8. 什么叫蒸腾强度、蒸腾效率、蒸腾系数？
9. 什么叫需水量和需水临界期，合理灌溉的生理指标有哪些？
10. 根据植物需水原理？提出节水灌溉措施？

第6章 植物的矿质营养

本章学习要点：

植物在生长发育过程中，不仅需要从环境中获取能量，还需要吸收构成自身形态的各种化学成分，需要吸收各种矿质元素。这些矿质元素在植物体内，起结构作用或调节代谢，是维持生命活动的重要物质基础。

土壤中含有的矿质元素常常不能满足植物的全部需要，还必须通过施肥的措施，补充养分的欠缺，保证植物正常代谢活动的营养。搞清这些规律，对于指导实践具有重要意义。

本章讨论的矿质营养问题主要涉及三个方面，即植物必需元素及生理作用是什么？这些元素是如何被植物所吸收的？合理施肥的生理基础是什么？

6.1 植物必需矿质元素及生理作用

6.1.1 植物体内的元素

植物体是由水、无机物和有机物三类物质组成的。如果把植物放在105℃下进行烘干，失去水分，剩下的便是干物质。干物质所占鲜重百分率依植物种类、器官、组织的不同而存在差异。例如，多汁的组织干物质只占5%左右，而休眠的种子能达到90%。在干物质中，有机物约占90%，无机物只占10%左右。如果把这些干物质充分燃烧，有机物中的碳、氢、氧、氮、硫等元素就会部分或全部散失到空气中去，剩下的便是灰分。矿质元素以金属氧化物、磷酸盐、硫酸盐、氧化物的形式存在于灰分中，氮在燃烧过程中散失而不存在于灰分中，所以氮不是矿质元素。由于氮与磷、钾等元素一样，主要都是在土壤中被植物所吸收的，所以习惯上把氮素归于矿质元素一起讨论。植物体的成分如图6-1-1所示。

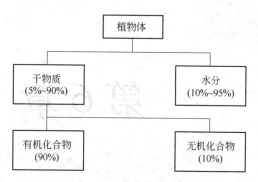

图 6-1-1　植物体的成分

植物的含灰量，因植物的不同种类、不同器官、不同年龄和不同环境而有很大差别。一般水生植物的含灰量只有干重的1%左右，中生植物大多数在5%～15%，盐生植物最高达到45%以上。草本植物的茎和根约在4%～5%，而草本植物的叶在10%～15%之间。就年龄而言，老年植物含灰量大于幼嫩植物，老龄细胞含灰量大于幼嫩细胞。表6-1-1所示为几种树木含灰量。

几种树木含灰量情况(占干重%)　　　　　　表 6-1-1

部位 植物种类	枝	叶	树皮	木材
松	—	2.11～3.59	0.75	0.22～0.39
云杉	0.32	2.11～3.59	1.4～1.6	0.12
冷杉	—	2.11～3.59	2.0	0.24
山毛榉	—	5.14	3～4	0.46
桦	0.64	4.9	0.75	0.33
榆树	—	11.27～13.83	8～9	—
橡树	—	4.51～5.58	3～4	4.8
草本植物茎	4	15		

6.1.2 植物的必需元素

组成植物灰分的元素种类很多,已经被发现的有 60 多种。但并非 60 多种元素都是植物所必需的。为了判断植物的必需元素,国际植物营养学会确定了以下三个标准:

(1) 完全缺乏某种元素,植物不能正常生长与生殖。

(2) 完全缺乏某种元素,植物出现的缺素症是专一的,只有加入这种元素才能使植物恢复正常,而不能为其他元素所代替。

(3) 此元素的作用必须是直接的,绝不是因土壤或培养基物理、化学、微生物条件的改变而产生的间接效果。

根据上述标准,人们采用了人工培养方法,包括水培法和沙培法,有计划地提供某些元素或减去某些元素,观察对植物生长发育的影响。20 世纪 70 年代以来,这些方法不仅用于判断植物的必需元素,而且正在成为一种切实可行的无土栽培手段,用于蔬菜和花卉生产。

目前公认的植物必需元素有 16 种。根据它们在植物体内的含量多少,分为大量元素和微量元素两大类(表 6-1-2)。大量元素有:碳、氢、氧、氮、磷、钾、钙、镁、硫。微量元素有铁、锌、铜、锰、钼、氯、硼。

16 种必需元素及其在植物体内的浓度 表 6-1-2

元素	化学符号	植物利用的形式	在干组织中的浓度 ppm	在干组织中的浓度 %	与钼相比较的相对原子数
钼	Mo	MoO_4	0.1	0.00001	1
铜	Cu	Cu^+,Cu^{2+}	6	0.0006	100
锌	Zn	Zn^{2+}	20	0.0020	300
锰	Mn	Mn^{2+}	50	0.0050	1000
铁	Fe	Fe^{3+},Fe^{2+}	100	0.010	2000
硼	B	BO_3^{3-},$B_4O_7^{2-}$	20	0.0020	2000
氯	Cl	Cl^-	100	0.010	3000
硫	S	SO_4^{2-}	1000	0.1	30000
磷	P	$H_2PO_4^-$,HPO_4^{2-}	2000	0.2	60000
镁	Mg	Mg^{2+}	2000	0.2	60000
钙	Ca	Ca^{2+}	5000	0.5	125000
钾	K	K^+	10000	1.0	250000
氮	N	NO^{3-},NH^{4+}	15000	1.5	1000000
氧	O	O_2,H_2O	450000	45	30000000
碳	C	CO_2	450000	45	35000000
氢	H	H_2O	60000	6	60000000

6.1.3 植物必需矿质元素的生理作用

1) 大量元素的生理作用

(1) 氮(N)

氮是构成蛋白质的重要元素,一般含量约在 16%~18%。氮是细胞质、细胞核和酶的重要成分。在核酸、磷酸、叶绿素等多种重要化合物中都含有氮。某些植物激素、维生素也含有氮。氮在植物生命活动中占有首要地位,被称为生命元素。

植物的氮素来源主要是从土壤中吸收的硝态氮(NO_3^-)和铵态氮(NH_4^+),也可以利用少量的尿素等有机态氮。

当氮素供应充分时,植物枝叶生长繁茂,光合作用增强,营养生长旺盛。但氮肥也不能施用过多,否则营养体徒长,碳代谢受到抑制,维生素、木质素合成减少,细胞壁薄,机械组织不发达,易倒伏,成熟期、休眠期推迟,不利于养分积累,降低了植物的抗逆性。

植物缺氮时,新器官形成缓慢,叶绿素含量降低,叶小而色淡甚至叶色发红;分枝少,花果减少,易脱落。

(2) 磷(P)

磷是组成磷脂、核酸的元素。而磷脂、核酸是构成生物膜、细胞质与细胞核的重要成分。磷是核苷酸的组成成分,许多核苷酸的衍生物在植物代谢的能量转换及物质转换中,发挥着极其重要的作用。在碳水化合物代谢、脂肪代谢和蛋白质代谢中都有磷的参与。此外,细胞液中的磷酸盐还具有维持一定的渗透并起缓冲的作用。

磷主要以 HPO_4^{2-} 和 HPO_4^- 的形式被植物的根吸收。磷进入根后,很快转化为有机物质,如糖、磷脂、核苷酸、核酸和某些辅酶等。

合理施加磷能促进植物代谢的正常进行,植物生殖、生长良好,提早成熟;提高抗逆性。

缺磷时,植物生长发育缓慢,植株矮小,叶小而暗绿,有时出现紫红色,成熟延迟,花果减少,抗性变弱。

(3) 钾(K)

钾在植物体内不形成任何稳定的结构物质,钾作为某些酶的辅酶或活化剂而发挥作用,与钾有关的酶达 60 种以上。钾有助于光合产物的转化和运输,促进光合作用与蛋白质合成。钾对碳水化合物合成与运输,对气孔开闭的调节作用以及提高原生质胶体的水合程度和液泡浓度,对细胞的吸水和保水作用,对于保证植物的正常生命活动都是十分重要的。

钾在土壤溶液中以离子状态进入根部,主要集中在植物生长点、幼叶、形成层等代谢旺盛的部位。

钾肥供应充足时,植物体内木质素和纤维素含量提高,机械组织发达,可促进块茎、块根的淀粉积累。缺钾时,蛋白质合成受阻,叶内积累氨,引起部分组织中毒而坏死,使叶尖叶缘干枯,植物体内机械组织不发达,易倒伏。

(4) 硫(S)

含硫氨基酸是构成蛋白质的必要成分,硫还参加一些重要物质的合成,并与糖、蛋白质和脂肪转化有密切关系。

硫以硫酸根(SO_4^{2-})的形式进入植物体;植物也能利用大气中的 SO_2,作为获得硫的来源。

缺硫时,植物新生的叶片会首先出现失绿症,然后向其他叶子扩展,使光合作用明显下降。缺硫的植株生长缓慢,节间变短,植株矮小。如果大气中 SO_2 的含量过高,也会对植物造成毒害,常使叶片坏死,硫的负离子可以破坏叶绿体膜,使叶绿体失去活性。

(5) 钙(Ca)

钙是构成细胞壁的一种元素,在染色体和膜系统中,钙还有稳定结构的作用。此外,钙离子也是一些酶的活化剂,对植物解毒、抗病性有一定作用。

钙是以离子状态被植物吸收的。钙主要存在于叶子或老的器官和组织中,是不易移动的元素。缺钙时,首先在幼嫩器官上表现出症状。植物缺钙时,细胞壁形成受阻,生长受到抑制,严重时幼嫩器官溃烂坏死。

(6) 镁(Mg)

镁是叶绿素分子中的唯一的金属元素，直接参与光合作用；促进呼吸作用，也能促进植物对磷的吸收。参加脱氧核糖核酸、核糖核酸和蛋白质的合成。

镁主要存在于植物的幼嫩器官和组织中，由于镁在植物体内容易转移，缺素症先表现在老叶。缺镁时，植物的生殖生长会受到影响，成熟期推迟，叶子出现缺绿症等。

2) 微量元素的生理作用

(1) 铁(Fe)

铁是细胞色素氧化酶等许多酶的辅基，在呼吸、光合过程中的电子传递起重要作用。铁还参与叶绿素的合成。铁进入植物体后，不易转移。缺铁植株，其幼叶表现出明显的叶脉间缺绿。

(2) 硼(B)

硼能促进花粉的萌发和花粉管生长。由此可见，硼与植物的生殖过程有密切的关系，在植物的柱头和花柱中含有较多的硼。

(3) 铜(Cu)

铜是组成某些氧化酶的元素。其作用是在氧化还原中进行电子传递。此外，铜还在光合作用及生物固氮中起到重要作用。

(4) 锌(Zn)

锌是组成某些酶的元素，参与色氨酸的合成，对吲哚乙酸的合成有重要关系。苹果与梨缺锌时，顶梢生长受阻，叶小而脆，有曲皱，丛生在一起。

(5) 锰(Mn)

锰是多种酶的活化剂，参与植物呼吸、氮代谢和碳水化合物的转化活动，对脂肪酸等物质的合成有影响。锰直接参与光合作用，在叶绿素合成中起催化作用。

(6) 钼(Mo)

钼是硝酸还原酶的重要成分，可催化硝酸盐中氮素还原，在氮素代谢方面起重要作用。

(7) 氯(Cl)

氯参与光合作用水的光解和氧的释放，它可能是这一系列反应中所涉及的酶的活化剂。氯是以Cl^-的状态被吸收的。缺氯时，植株叶子萎蔫，缺绿坏死，根的生长受阻。

6.1.4 植物缺乏必需元素的症状

植物缺少任何一种必需元素，都会给正常生长发育造成障碍，都会在形态和生理上产生变化，引起特有的病症。我们把植物因缺乏某种元素而表现的症状称为缺素症。根据这些病症，经过分析与诊断，得出正确结论，采取相应的施肥措施(表6-1-3、图6-1-2)。

微量元素的主要生理作用　　　　　　　　　　　表6-1-3

元素	存在	生理作用
Fe	1) 多种氧化酶(如细胞色素氧化酶) 2) 叶绿素合成酶的主要成分	影响光合作用和呼吸作用的电子传递 影响叶绿素的合成
Mn	1) 多种酶的活化剂 2) 是叶绿素的结构成分	影响脂肪、RNA 的合成，光合作用、呼吸作用等 稳定叶绿体膜系统，调控膜的透行、电势，参与光合放氧过程

续表

元素	存 在	生 理 作 用
Cu	1) 某些氧化酶(多酚氧化酶等)的成分 2) 存在于质蓝素	参与植物体内某些氧化还原反应 参与光合电子传递
Zn	1) 色氨酸合成酶的成分 2) 是多种脱氢酶和激酶的成分	影响生长素的合成
Mo	固氮酶、硝酸还原酶的成分	在固氮反应中发挥重要作用
B	1) 与糖络合 2) 存在于花柱、柱头	促进碳水化合物运输、代谢 促进花粉管萌发、生长和受精作用
Cl	1) 存在于叶绿体内 2) 存在于液泡中	参与光合放氧过程 影响细胞渗透吸水

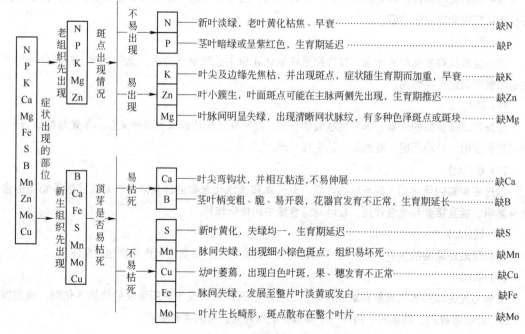

图 6-1-2 植物营养元素缺乏症状

6.2 植物对矿质元素的吸收

6.2.1 根吸收矿质元素的特点

1) 根吸收矿质元素与吸水关系

矿质元素和水分都是主要存在于土壤之中而被根系吸收进入植物体内的。矿质元素必须溶于水中，才能被根系吸收，吸水与吸肥有着十分密切的联系。有人用大麦进行蒸腾强度与矿质盐吸收的试验，试验结果表明，矿质元素的吸收与吸水不成正比，两者既相互联系、相互影响，又是相对独立的两个过程。

用 ^{32}P 进行根的吸收区的试验证明：小麦初生根对矿质元素吸收最活跃的部分在根毛发生区，而水分吸收最活跃的区域是根毛区。

2) 根对离子吸收的选择性

植物对矿质元素的吸收不是简单的被动吸收,还表现在对不同离子的吸收具有选择性。甚至对同一种盐的正、负离子的吸收,也可能有不同的比例。由于植物对离子的选择吸收,造成土壤pH值发生变化,可以把盐类分为生理酸性盐和生理碱性盐。由于植物根系的选择吸收使土壤溶液变成酸性的盐,称为生理酸性盐。例如,在土壤中施入的$(NH_4)_2SO_4$,根系吸收的NH_4^+多于SO_4^{2+},若长期使用,就会使土壤呈酸性。由于根系的选择吸收,使土壤溶液变成碱性的盐,称为生理碱性盐。例如,$Ca(NO_3)_2$由于根系吸收NO_3^-多于Ca^{2+},若长期施用就会使土壤溶液呈碱性。当土壤中施用NH_4NO_3时,根系对NH_4^+和NO_3^-的吸收几乎是等量的,不影响土壤的酸碱性,这种盐称为生理中性盐。

由于植物根系对矿质盐具有选择吸收的性质,可以造成土壤的酸碱性发生变化,所以生产实践中,切忌长期单独使用一种化肥,防止土壤酸化或盐化。

3) 单盐毒害与离子拮抗作用

植物被培养在某种单一的盐溶液中,不久即呈现不正常状态,最后死亡,这种现象称为单盐毒害。例如,把植物培养在只有KCl一种盐的溶液中,即使较低的浓度,K和Cl均为必需元素,植物也会受到毒害而死亡。根部在Ca、Mg、Na、Ba等任何一种金属单盐溶液中,植物都会受到单盐毒害。这种毒害表现为,根停止生长,生长区细胞壁黏液化,细胞被破坏,最后变成一团没结构的东西。

在发生单盐毒害的溶液中,如果再加入少量其他盐类,就能减弱或者消除单盐毒害,这种离子间能够相互消除毒害的现象称为离子的拮抗作用。例如,在发生单盐毒害的KCl溶液中,加入少量的Ca^{2+},单盐毒害就会消除。

根据植物必需的矿质元素,按一定浓度和比例制成混合溶液,使植物生长良好。这种对植物生长有良好作用而无毒害的溶液,称为平衡溶液。植物在自然生长环境中,土壤溶液一般来说是平衡溶液。但长期使用一种化肥就可能破坏溶液的平衡性,给植物造成伤害。

6.2.2 根吸收矿质元素的机理

根系对矿质元素的吸收是一个复杂的生理过程,可分为被动吸收和主动吸收两种形式。

1) 被动吸收

植物依靠扩散或其他不消耗代谢能量而吸收矿质元素的过程称为被动吸收。例如,外界溶液中某种离子的浓度大于根细胞浓度时,离子以扩散的方式进入根细胞。这一过程不依赖于植物呼吸作用产生的能量。

2) 主动吸收

植物利用呼吸作用提供的能量,逆浓度梯度吸收矿质元素的过程称为主动吸收。主动吸收是根系吸收矿质元素的主要形式,是植物对所需离子一种有选择的吸收过程。大量研究表明,缺氧或有氧呼吸停顿,根系对矿质元素的主动吸收就会停止。

对于离子主动吸收与运转机理,已提出许多假说。目前,常用载体学说进行解释。这个理论认为:细胞质膜上存在着一些能携带离子通过膜的活性物质,称为载体。载体对需要通过膜的离子有很强的选择性和识别能力,并可以通过专一的结合部位,形成载体—离子复合体。通过变构作用,旋转180°,把离子由膜外运入膜内,然后离子被释放出来。载体获得能量成为可转动的形状,恢复原状,可继续与膜外离子结合。在这一过程中载体需要能量,这种能量由呼吸作用提供(图6-2-1)。

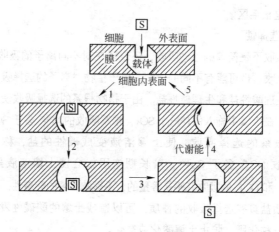

图 6-2-1 离子或分子(S)主动吸收机理的一种假说

1—载体分子抓住 S 后,形状发生变化;2—由于变构作用产生旋转;3—S 被释放入细胞,载体分子回到不能运动的形状;4—载体获得能量,成为可转动的形状;5—载体分子恢复原状

6.2.3 影响根系吸收矿质元素的环境条件

1) 土壤温度

在一定范围内,根系吸收矿质元素的速度随土壤温度的升高而增加。其原因是温度升高呼吸作用增强,能量提供充足,主动吸收加快。但温度过高(超过 40℃),吸收矿质元素的速度反而下降。这是因为高温使酶的活性钝化,膜的半透性受到破坏。根据这个道理,施肥必须掌握土壤温度适宜的时节,否则有害无利(图 6-2-2)。

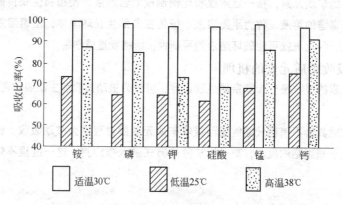

图 6-2-2 不同温度对水稻吸收某些物质的影响

2) 土壤透气状况

土壤透气状况直接影响根系的矿质吸收,通气良好,氧气充足,有利于呼吸作用提供离子主动吸收的能量。通气良好还可以减少因 CO_2 含量过高和 H_2S 积累对植物根系造成的毒害。土壤板结或积水常常造成土壤通气不良,致使呼吸作用减弱,影响对矿质和水分的吸收。因此需要采取松土、排水等措施,增加土壤透性,做到"以气养根"。

3) 土壤 pH 值

土壤 pH 值对根吸收矿质有多方面的影响。首先 pH 值增高有利于阳离子自吸收,而阴离子的吸收随 pH 值的增高反而减少。当 pH 值超过允许的范围时，还会破坏原生质胶体的稳定性，使根系丧失正常吸收能力。

土壤溶液 pH 值的变化还会影响到矿质盐的溶解或沉淀，从而间接地影响矿质元素的吸收。例如，当土壤溶液的碱性增高时，Fe^{3+}、Ca^{2+}、Mg^{2+}、Cu^{2+}、Zn^{2+} 的溶解度降低，影响吸收。在酸性环境中 PO_4^{3-}、K^+、Ca^{2+}、Mg^{2+} 的溶解度大为增加，易被雨水淋失，所以酸性土壤中常常缺乏这四种元素。而 Fe^{3+}、Al^{3+} 和 Mg^{2+} 也会因 pH 的降低而增加溶解度。但土壤中这几种离子浓度过高又会对植物造成毒害。

此外，土壤 pH 值还会影响到微生物的活动，从而间接影响到根系对矿质元素的吸收。例如，酸性土壤会使根瘤菌死亡，会使自生固氮失去固氮能力，而碱性土壤则有利于一些有害细菌造成危害。

4) 土壤溶液浓度

在一定范围内，土壤溶液的浓度增高，根系的矿质吸收量也相应增高，两者是正比关系。但土壤溶液浓度达到一定限度时，离子吸收速度则与浓度无关，而且施用化肥浓度过高，还会造成"烧苗"。

6.2.4 叶对矿质元素的吸收

植物除了根系从土壤溶液中吸收矿质元素外，地上部分，特别是叶片也能吸收矿质营养。人们把植物需要的养分喷洒在叶面上，让植物吸收利用，这种方法叫叶面施肥或根外施肥。

叶面施肥对于幼苗期根系不发达和生长发育后期，根系吸收能力衰退，具有补充矿质营养的作用。喷于叶面的肥料不需要长距离运输，就可使植物利用，因此见效快。例如，KCl 喷于叶面，30min K^+ 即可进入细胞，喷施尿素 24h 便可被吸收 50%～75%，用 ^{32}P 直接涂于植物叶面，几分钟后即被叶片吸收并运至各器官。如果用土壤施肥，则需要十几天的时间才能达到同样的效果。

叶片对矿质元素的吸收是通过气孔和角质层进入叶肉细胞的，然后到达叶脉韧皮部，也可横向运到木质部再运往各处。一般来说双子叶植物，叶面积大，叶面施肥效果好。幼嫩叶片角质膜薄，离子渗透性强，代谢旺盛，离子进入细胞后很快地吸收转化，叶面施肥效果显著。适宜的温度促进植物代谢活动，可提高叶片对矿质元素的吸收。溶液湿润叶面的时间越长，效果越好。因此叶面施肥，可增加湿润剂，并选择无风的傍晚或阴天进行。叶面施肥浓度一般掌握在 0.5%～5% 之间，微量元素在 0.01%～0.1% 之间。

6.2.5 矿质元素的运输与分配

根系吸收矿质元素后，小部分留在根系，大部分运输到植物各部分。叶片吸收矿质元素同样如此。

1) 矿质元素运输的形态

矿质元素有两类运输形态，金属元素是以离子形态被运输的；非金属元素有的以离子形态运输，也有的以有机物形态运输。根部吸收的无机氮，大部分在根内被转变为有机氮，如天冬氨酸、天冬酰胺、谷酰胺等，然后才向上运输。而磷从根部的运输主要是无机的磷酸根形式，但也有一部分以有机磷的形式运输。硫的主要运输形式是硫酸根，但也有少部分在根中转化为蛋氨酸或谷胱甘肽后再向地上部分运输。

2) 矿质元素的运输途径

根吸收的各种矿质元素和含氮化合物向上运输的途径是木质部。它们随蒸腾液流向上运往植物的各个部分。但当木质部水分向上运输速度减慢时，矿质元素的运输途径也可能是韧皮部。从老叶转移出来的离子也是往韧皮部运输的。

矿质元素在纵向运输的同时，也发生着横向运输，以满足正在生长的器官的需要。

3）矿质元素的分配与再分配

矿质元素及氮素被根系吸收后，大部分运输到植物体生长最旺盛的部位合成植物体所需要的各种化合物。例如，含有氮素的氨基酸、酰胺要合成蛋白质、磷合成核酸、磷脂等。而钾则以游离状态存在，作为酶的活化剂，起到调节代谢的作用等。

矿质元素被吸收利用后，有的在细胞中形成稳定的化合物，不能再运输到新的器官或组织中重复利用，如钙、铁、锰、硼、锌等。而氮、磷、硫等元素进入细胞后形成不稳定化合物，可以被分解释放出来，又转移到其他需要的器官中去，多数被重复利用。植株叶子脱落前，氮、磷、钾常常已转移到其他部位，根据这个道理可以对植物缺素症作出这样的判断：能够转移再利用的元素缺乏症，表现在老叶；被固定不能再利用的元素缺乏症，发生在新叶。

6.3 合理施肥的生理基础

植物生长要从土壤中吸收大量的矿质元素，因此，通过施肥补充土壤肥力不足，是植物正常生长所必须的。合理施肥还有这样几个作用：一是通过合理施肥，能促进叶面积增加，扩大光合面积；增加叶绿素含量，增加光合强度。增加叶片寿命，增加光合作用时间，从而改善植物的光合性能。增高光合作用产物。二是通过合理施肥，调节控制植物代谢和生长发育过程，根据不同植物、不同栽培目的，适时适量用肥，达到预期的栽培效果，更好地满足人类需要。三是通过合理施肥，改良土壤结构，改善土壤的水、气、温状况，促进土壤微生物活动，有利于有机物的分解和转化，为植物创造良好的土壤环境。

6.3.1 植物的常肥规律

1）不同植物需肥不同

各种植物对矿质元素的需要存在着很大差别，不同类型植物，施肥不尽相同，例如，植物栽培目的不同，施肥就有很大差别。以收获种子、果实为目的的要多施磷肥，以获取茎叶的要多施氮肥，以获取地下根茎为栽培目的的要多施钾肥等等。在园林植物中，不同苗木需肥量也存在着某些差别(表 6-3-1、表 6-3-2)。

2）不同生长期需肥不同

植物不同发育阶段生长中心不同，对矿质元素的吸收有很大差别。在种子萌发和幼苗阶段，对矿质元素吸收量较少。随着植物生长发育，吸收量逐渐增多。到开花结果期，代谢旺盛，对矿质元素的吸收达到高峰。此后随生长势减弱，吸收能力逐渐下降。至成熟期，吸收停止；衰老期，甚至还有少部分无机盐"倒流"到土壤中。应该指出，植物吸收肥料数量少的时期，不一定对矿质的缺乏不敏感，恰恰相反，在植物生长初期，虽然对矿质元素的需要量不大，但对元素的缺乏却很敏感。如果此时缺乏某些必需元素，就会显著影响植物生长，即使以后施用大量肥料也难以补救。植物对缺乏矿质元素最敏感的时期称为营养临界期。因此必须根据植物不同生长期对矿质元素的需要科学施肥。

各种苗木的需肥量 表 6-3-1

树 种	年 龄	需肥量(斤/亩)		
		N	P_2O_5	K_2O
枫 杨	一年生	18.4	4.0	5.0
杂交杨(214)	一年生	20.4	5.8	15.1
麻 栎	一年生	9.2	2.1	2.3
马尾松	一年生	7.9	4.7	3.8
火炬松	一年生	11.3	2.2	7.3
美国黄松	一年生	6.8	1.0	3.8
美国赤松	一年生	18.5	2.2	6.4
银白云杉	一年生	5.2	0.7	1.9

林木吸收氮的情况(对氮的总要求量的%) 表 6-3-2

树 种	3～5月	5～7月	7～9月	11月
冷 杉	60	15	25	—
云 杉	21	49	30	—
落叶松	5	27	51	17
松 树	15	19	46	20
山毛榉	—	20	60	—
柞 树	20	60	—	—
桦 树	28	10	62	—

6.3.2 合理施肥的指标

1) 形态指标

植物的矿质营养水平与其生长发育状况密切相关。因此，可以把植株的长势、长相、叶色指标作为判断是否需肥的根据。例如，叶色能比较灵活地反映植株的氮素水平，掌握了叶色变化与氮素含量的规律，就可以根据叶色深浅的指标施用氮肥。各种元素缺乏引起的缺素症，都可以作为合理施肥的形态指标。

2) 生理指标

(1) 叶片色素含量：叶片中矿质元素的含量能比较准确地反映植株的营养状况。经过叶片的营养分析，确定不同生长期、不同组织、对不同元素的需要，可以科学指导施肥工作。图 6-3 表示了叶片中矿质元素含量与植物生长的关系。当叶片中某元素含量增加，植物生长也增加时，说明该元素不足，施肥有显著效果，这阶段称为贫困调节。如果这种元素继续增加，而植株生长不增加，施肥效果不明显，这阶段称为奢侈消耗。在贫困调节转入奢侈消耗的部分称为该元素的临界值。在临界值以下施肥有效，是合理施肥的重

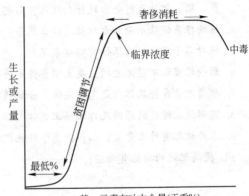

图 6-3 叶片中矿质元素含量与生长或产量间的关系

要依据。

(2) 叶绿素含量：植物体内叶绿素含量与氮的含量正相关，植物体内叶绿素含量是合理施用氮肥的指标。以小麦为例，有研究表明，在返青阶段，功能叶的叶绿素含量以占干重1.7%~2%为宜，若低于1.7%为缺氮肥；拔节阶段叶绿素含量1.2%~1.5%为正常，低于1.2%需追氮肥，高于1.5%氮肥过量。

此外，酰胺和淀粉含量以及某些酶的活性指标也可以用来判断各种元素，特别是氮肥和微量元素的需求根据。

6.3.3 发挥和提高肥效的措施

发挥和提高肥效除合理施肥外，还要采取以下几项措施：

1) 水肥配合

水分不但是植物吸收矿质营养的溶剂，也是矿质在植物体内运输的主要媒介。水能强烈影响植物生长，从而间接影响对矿质的吸收和利用。所以，土壤干旱时，施肥效果差，水肥配合，肥效才能大大提高。

2) 适当深耕

适当深耕可促进团粒结构的形成，增加土壤保水保肥的能力，同时可促进根系生长，增大吸肥面积，从而提高肥效。

3) 改善光照

为了发挥和提高肥效，必须改善光照条件，增强光合作用。如改善株间光照条件、缩短节间长度、促使机械组织发达、防止倒伏等。

4) 控制微生物的有害转化

土壤中的铵态氮经过硝化作用而形成硝酸盐后，很容易随水流失。如果使用氮肥增效剂就能抑制硝化微生物的活动，防止铵态氮转化为硝态氮，从而减少氮素的损失，提高氮肥利用率。

复习思考题

1. 植物必需的矿质元素有哪些？哪些是大量元素？哪些是微量元素？
2. 矿质元素的一般生理功能是什么？
3. 氮、磷、钾缺乏时会出现什么症状？引起植物缺绿的原因有哪些？
4. 植物根系吸收水分和无机盐有什么联系？有什么区别？
5. 根对离子吸收的选择性有哪些表现？
6. 影响根吸收矿质元素的主要土壤条件是什么？
7. 矿质元素在植物体内是怎样运输、分配的？
8. 说明施肥增产的原因及作物施肥规律。
9. 根外施肥有什么意义？如何提高根外施肥的效果？
10. 提高肥效的措施有哪些？

第7章 植物的生长发育

本章学习要点：

植物的生长发育是指植物的细胞、组织或器官在数目、大小和重量上的不可逆增加以及细胞、组织和器官的分化。从种子萌发到幼苗形成，标志着自养体系的建成。此后，植物进入营养体迅速发展时期，主要特征是营养器官根、茎、叶的旺盛生长，这是植物的营养生长过程。营养生长到一定时期，便开始开花，并形成果实和种子，这是植物的生殖生长过程。在植物生长过程中，要进行一系列的代谢活动。本章主要内容：植物休眠与萌发、植物生长特性及植物生殖生长。

7.1 植物的休眠与萌发

7.1.1 植物的休眠

1) 休眠的概念

休眠是植物的整体或某一部分在某一时期内停止生长的现象。

植物的生长随季节而发生周期性变化。当环境条件具备时，植物生长；当寒冷、干旱的季节到来时，植物进入休眠。休眠是植物对于不良环境条件的一种适应现象，对植物有保护作用。例如，有些生长在温带的植物，春季开始生长，夏季生长旺盛，秋季生长逐渐缓慢，而冬季一到，叶子脱落，进入休眠状态，以度过严寒的冬季。有些植物不是冬季休眠，而是夏季休眠。如郁金香、风信子、仙客来等秋植球根花卉，夏季叶子脱落，而进入休眠状态，以避开在高温、干旱的季节生长。

植物休眠有多种形式。一、二年生植物以成熟的种子进入休眠。多年生落叶木本植物以冬芽进行休眠。而多年生草本植物，地上部分死亡，以鳞茎、球茎、根茎或块茎等地下器官进行休眠。

休眠对植物的生存、繁衍有着十分重要的意义。无论是种子、冬芽或其他储藏器官，在休眠状态下，仍然进行着微弱的呼吸，依然保持着生命力。植物在休眠状态，最具有适应不良环境的能力。如冬季休眠的大树耐寒能力可提高20~30℃；休眠的种子，可以在严寒、酷暑、干旱等多种不利的环境条件下依然保存活力。植物休眠状态，新陈代谢降至最低，能量与物质消耗降到最低，有利于延长寿命。如杂草种子在恶劣条件下，可以在土层中保持多年而不萌发，一旦条件具备，便可萌动发芽，有利于种的延续。

2) 种子的休眠与破除

许多植物的种子虽然处在适宜的外界条件下，但仍然不萌发，这是由于种子内部因素所造成的。其原因有下列几种：

(1) 种皮透性差

有些植物的种子坚硬致密或种皮附有较厚的蜡质或角质，不透水或不透气，致使种子不能吸水，或吸水后不能胀破种皮，而处于休眠状态。如刺槐、合欢、皂角及藜科、锦葵科中一些植物的种子不能透水或透水性弱，这些种子叫硬实种子。另有一些种子透水而不透气，这类种子得不到O_2的供应也不能使CO_2排出，从而抑制了种子的萌发，如苍耳、椴树种子。还有些种子虽然能透水透气，但因种皮太坚硬，胚不能突破种皮也难以萌发，如苋菜种子。

为促进这类种子萌发，可用机械或化学处理方法，包括切割或削破种皮；使用有机溶剂除去蜡质或脂质成分；用硫酸处理使种皮水解等。但必须注意，防止这些处理对胚造成伤害。

(2) 胚未完全发育

如果植物的果实或种子虽完全成熟，并已脱离母体，但胚的发育尚未完成，需从胚乳中吸收养分继续生长发育，如白蜡树和银杏等。这类种子必须经过一段时间的贮藏，待胚长成后才能萌发。

(3) 种子未完全成熟

有些植物种子的胚已经发育完全，但某些物质转化尚未完成，它们一定要经过休眠，在胚内部发生某些生理生化变化，才能萌发。这一过程，叫做后熟作用，例如梨、苹果、桃和松柏类种子。后熟期所要求的条件因植物差异而不同，有的种子只需在干燥条件下储藏一段时间就可萌发。有的种子则需要低温处理，即用湿沙将种子分层堆积在低温的地方1～3个月，经过后熟才能萌发。这种方法俗称沙藏。

种子经过后熟作用后，吸水量增大，各种酶的活性强，呼吸作用也增强，并发生许多物质的转化，促进种子萌发。

(4) 抑制物质的存在

有的植物种子不能萌发，原因是果实或种子内有抑制萌发的物质存在。这些物质种类很多，如有机酸、植物碱、挥发油等。这类种子在储藏过程中，经过生理生化变化，抑制萌发的物质浓度下降后，就不再抑制种子的萌发。也可以用水淘洗、浸泡方法，处理一定时间，打破休眠，促使种子萌发。

3) 芽的休眠与破除

树木的冬季休眠，并不是由低温直接引起的，而是与秋季的日照长短密切相关。因为秋天温度并没有降低到影响生长的程度，而树木已经停止生长。

落叶树在秋季的短日照影响下生长停止，叶片变黄并脱落，形成冬芽，植物便进入休眠状态。这时如果给予长日照条件，就能继续生长。例如：处在路灯旁的行道树，由于灯光延长了光照时数，往往落叶较晚，进入休眠较迟。由此可见，长日照能使多种树木保持连续生长而不进入休眠，短日照是诱导许多树木停止生长进入休眠的主要原因。现已知道，感受短日照的部位是叶子。叶子感受短日照后能形成脱落酸等抑制萌发的物质，这些物质被运输到芽内，生长便被抑制，使芽处于休眠状态。用长日照或赤霉素处理，能消除这种抑制。

在自然条件下，芽进入休眠后，也是冬季低温来临之际，休眠芽经过冬季这段低温就能打破休眠。一般原产在北方的品种对低温时间要求长些，温度偏低些；原产南方的品种要求低温时间就短些，温度偏高些。

7.1.2 种子的萌发和幼苗的形成

1) 影响种子萌发的外界条件

(1) 水分

贮藏的种子，含水量极低，原生质处于凝胶状态，呼吸作用极微弱。吸水是种子萌发的第一步。水分可使干缩、坚硬的种皮膨胀软化，氧气透入，增加呼吸强度。种子吸收足够的水分以后，其他生理作用才能逐渐开始。水可使原生质从凝胶状态转变为活跃的溶胶状态，可活化一系列酶的作用，使各种代谢活动加强，促进物质与能量的转化；为幼芽、幼根等生长发育提供需要。另外，细胞吸涨以后产生的力，为胚突破种皮提供了能量。因此，充足的水分是种子萌发的必要条件。

各种植物种子萌发时的吸水量不同。蛋白质含量高的种子吸水量较大，如豆类种子萌发最低吸水率约是种子干重的100%左右，远远高于其他植物。这是由于豆类种子含蛋白质丰富，亲水性较强的缘故。而含脂肪较多的种子，如油松，吸水量较少。

种子播入土壤以后，要从土壤中吸收水分，在土壤中吸水比在水中吸水慢得多。因此，播种前进行浸种，能加快种子的萌发和出土。不同园林植物，浸种时间和浸种温度存在较大差别，需严格控制和掌握。如油松、杜仲需要40~60℃的水温浸种，而杨、柳、泡桐等小粒种子，种皮薄，需要20~30℃的水温浸种。浸种时间一般为1~2昼夜。种皮薄的小粒种子可几个小时；而种(果)皮厚的核桃要5~8d。

(2) 温度

种子萌发时，发生一系列在酶作用下的生理生化反应。适宜的温度可以促进这些酶的活性，增加反应的速度，温度过高或过低对种子萌发都是不利的。种子的萌发有其最低、最高与最适温度(表7-1)，不同植物种子的萌发对温度要求的范围不同。大部分种子萌发最适温度在20~25℃。

实验证明，夜温稍低于昼温或每天给予高低温度相互交替的变温，能使某些种子萌发比在恒温下更好。例如，经过层积处理的水曲柳种子，在8℃或25℃的恒温下都不易萌发，然而在每天20h处于8℃，4h处于25℃，这样的变温条件下萌发就很快。

几种树木种子发芽的温度范围 表7-1

树 种	最低温度(℃)	最适温度(℃)	最高温度(℃)
落叶松、黑松	8~9	20~30	35~36
杉	8~9	28	29~30
柏	8~9	26~30	35~36
槭	7~8	24	26
白 蜡	7~8	25~26	
皂 荚	9	28	30~35

种子在较低温度下，萌发缓慢，出土时间相对延长，呼吸消耗的储藏物质较多，而且容易造成烂种或发生病害。在生产实践上，土温必须稳定在种子萌发的最低温度以上才能播种，在春季低温时，为了争取早播出早苗，可采取温床、温室、塑料薄膜覆盖等办法集中育苗，然后移栽。

种子萌发温度也不能过高，温度过高，细胞中的原生质和酶容易遭到破坏，种子萌发也很困难。

(3) 氧气

植物种子在休眠状态下，呼吸作用极微弱，对氧的需求近乎为0。然而一旦种子开始萌发，随着呼吸作用不断加强，需要充足的氧气供应。种子萌发是一个非常活跃的生长过程，需要有氧呼吸提供必要的能量和中间产物。因此，氧气对种子萌发极为重要。

如果种子处于萌发状态而缺氧，就会进行无氧呼吸，时间过久，不仅会消耗较多的有机物，还会积累过多酒精，使种子受到毒害，甚至出现腐烂。

不同植物种子萌发对氧的要求不同，一般种子萌发需要空气含氧量在10%以上。因此，园林植物播种时，要选择透气透水的基质，保持良好的通透性；含脂肪较多的种子对氧的要求较高。因此含脂肪较高的种子在播种时，宜浅不宜深。

(4) 光线

光线对于大多数植物种子的萌发没有影响。但有些植物的种子必须经过一定光线的照射才能萌发，这类种子叫需光种子，如烟草、毛地黄的种子等。而另一类种子萌发，则受到光的抑制，这类种子叫嫌光种子，瓜类、苋菜都属于这一类。在这类种子中，需光和嫌光的程度又因品种而异，与种子后熟程度也有关。

2) 种子萌发过程

具有发芽力的种子在水分、温度、氧气、光线等适宜的条件下，就可以萌发，逐渐形成幼苗。种子的萌发过程可分为吸涨、萌动和发芽三个阶段。

(1) 吸水膨胀

干种子吸水膨胀后，种皮变软，呼吸作用增强；酶的活性和代谢作用显著加强。贮藏在胚乳或子叶中的淀粉、脂肪和蛋白质等物质分解为单糖、氨基酸等可溶性有机物，运输到胚部，供细胞吸收利用。

(2) 种子萌动

由于营养物质的提供，促进胚细胞数目增多，体积增大；使胚根、胚芽、胚轴很快生长。到达一定限度，胚根首先冲破种皮而出；然后向下生长，形成主根。这就是种子的萌动。

(3) 发芽

种子萌动后，胚继续生长。随着胚轴细胞生长和伸长，胚芽、子叶一起长出地面，形成新芽，完成萌发的第三个阶段。

在胚生长的初期，主要利用种子中的贮藏营养物质，处于异养阶段。形成绿色幼苗后，开始光合作用，逐渐具有自养能力。因此，选用粒大饱满的种子播种，保证异养阶段充足的营养，是获得壮苗的基础。

3) 幼苗的形成

种子发芽后，胚芽形成茎、叶，胚就逐渐转变成独立的幼苗。根据幼苗出土是否带有子叶，幼苗分为子叶出土幼苗和子叶留土幼苗两种。

(1) 子叶出土幼苗

种子萌发时，下胚轴迅速生长，将子叶、上胚轴和胚芽推出地面。大多数裸子植物、双子叶植物都是这种类型(图 7-1-1)。

(2) 子叶留土幼苗

种子萌发时，下胚轴不伸长，子叶始终留在土壤中。只是上胚轴和胚芽向上生长，形成幼苗的主茎。一部分双子叶植物如核桃、油茶及大部分单子叶植物如毛竹、棕榈都属此类型(图 7-1-2)。

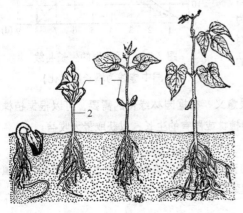

图 7-1-1　大豆种子萌发过程示子叶出土幼苗

1—子叶；2—下胚轴

(引自高信曾《植物学》)

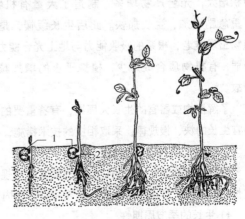

图 7-1-2　豌豆种子萌发过程示子叶留土幼苗

1—子叶；2—下胚轴

(引自高信曾《植物学》)

7.2 植物生长的基本特性

植物生长是在适当的环境条件下,按照一定的模式和一定的时间与空间顺序,有规律地进行的,表现为植物生长的基本特性。

7.2.1 植物生长大周期

在植物的整个生长过程中,无论是个别器官,还是整个植物体,其生长速率都表现为"慢—快—慢"的基本规律。即开始时生长缓慢,以后逐渐加快,最后达到最高点,然后生长速率又减慢以至停止。我们称植物这种生长规律叫做生长大周期。

在蚕豆幼根根尖上,以墨汁绘制等距离(如1mm)的横线多条,以后逐日测定这部分的生长情况,就得到表7-2-1所列的数据。

蚕豆根长度每日变化　　　　　　表7-2-1

蚕豆根	日　数								
	0	1	2	3	4	5	6	7	8
总长度(mm)	1	2.8	6.5	24.0	40.5	47.5	72.0	80.0	80.0
增长度(mm)		1.8	3.7	17.5	16.5	17.0	14.5	8.0	0

根据以上数据绘出的曲线,叫生长曲线(图7-2-1)。从图中可以看出:蚕豆根长度生长曲线如同拉丁字母S形,呈现"慢—快—慢"的变化,证明了蚕豆根的生长部分,具有生长大周期的特性。植物生长的这种规律是与植物自身发育特性以及外部条件影响密切相关的。如植株幼苗期生长缓慢,是因为植株幼小,地上、地下均不发达,光合产物少,干物质积累少。随着植株生长发育,根系吸收能力逐渐加强;叶表面积增大,光合产物增多,制造了大量有机物质,干重急剧增加,生长加快。此后生长缓慢,是因为植物出现衰老,根系的吸收能力与地上光合能力相对减弱,有机物质合成量少,植株干重的增加减慢的缘故。

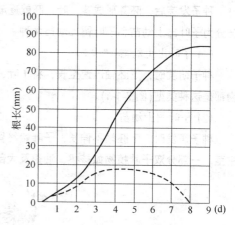

图7-2-1　蚕豆根的生长曲线
(图中虚线为增长度变化)

了解植物或器官的生长大周期,有着重要的实践意义。根据园林绿化的需要,可以根据植株或器官生长的快、慢规律,采取相应的技术措施,控制植株或器官的生长,以获取最大收益。

7.2.2 植株生长的周期性

植物或植物器官的生长按时间周期发生有规律的变化,这种现象叫做植物生长的周期性。植物生长的周期性同环境条件的变化紧密相关,而内部因素起着重要的作用。

1) 生长的季节周期性

植物的生长随季节而呈现周期性变化,称为生长的季节周期。

我国除华南及西南有少数亚热带地区外,大多属于北温带。南方和北方都有明显的季节变化,使植物的生长表现显著的季节周期性。一般表现为：春季萌发，夏季生长茂盛，秋季减缓，冬季休眠，来年周而复始。植物生长的季节周期性主要是由不同季节的温度、日照等环境条件的周期性变化，及植物自身遗传特性所决定的。植物的这种特性是对恶劣气候的一种适应，是长期自然选择的结果，对于物种生存及植物生长具有积极意义。

植物受当地四季气候影响，而表现的主要生长发育期，称为物候期。如萌动期、展叶期、全叶期、初花期、盛花期等等。物候期因不同植物而存在很大差别。如山桃花期3~4月，锦带花4~5月，木槿花期6~9月。园林植物的物候期是进行植物配置、观赏应用及栽培养护的基础资料，对于指导工作具有重要意义。如根据植物盛花期、叶变色期、果熟期可估算最佳观赏期；根据展叶期、孕蕾期、挂果期等关键发育阶段，可进行相应的技术管理等等。

2）生长的昼夜周期性

植物的生长随昼夜而呈现周期性变化，称为生长的昼夜周期性。

旺盛的植物器官的生长，都具有显著的昼夜周期现象。如茎的伸长、叶片的扩大、果实的增大等，一般表现为白天生长慢、晚间生长快(图7-2-2)。其原因在于影响植物生长的主要限制因子(温度、水分状况或光照等)，在白天还是夜间能得到调整。如在水分供应不严重缺失的情况下，通常植物生长主要取决于温度。植物在温暖的白天比黑夜生长快。如果温度对植物生长关系较小，抑制因子是水分状况，由于白天蒸腾大，植物水分亏缺，对生长产生不利；而夜间大气相对湿度增加，蒸腾降低，使植物水分亏缺得到恢复，加快生长。因此，生长的昼夜周期性因植物不同种类、不同生长器官、不同的栽培条件有不同表现。

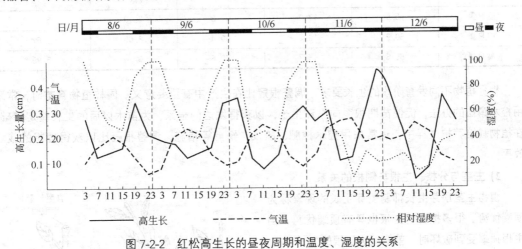

图7-2-2 红松高生长的昼夜周期和温度、湿度的关系

7.2.3 植物生长的相关性

植物有机体的各部分在生理机能上各具功能，有相对的独立性，但又相互依存，组成植物统一的整体。植物各部分在生长过程中，既相互依存，又相互制约的关系称为植物生长的相关性。

1）地下部分与地上部分的相关性

根系与干茎是植物地下与地上两个不同的组成部分。二者之间通过维管束相连接，存在着大量的物质、能量与信息的交换。一方面根系为地上部分提供所需水、矿质营养、氨基酸和植物碱等；另一方面地上部分的叶片把光能转化为化学能，为根系提供所需的有机营养。根系所需要的一些生理活性物质，如维生素B_1、生长素等也来自于地上部分。"根深叶茂，本固枝荣"确切地反映了根系与地上部相互作用、相互依赖、相互依存的关系。由于根系和茎、叶的功能、结构不同，对外界条件的要求也不同，当环境条件改变时，就会造成两者在生长上相互关系的变化，出现相互制约、相互抑制的现象。

植物地下部分与地上部分的相互关系常常用"根冠比"表示。根冠比是根与地上部分茎、叶干重或鲜重的比值。影响根冠比的主要因素是土壤水分、营养元素和光照强度。

一般来说，当土壤水分增加时，根冠比下降。这是因为土壤水分增加相对地降低了土壤通透性，会影响根系的生长。而地上部分常常处于水分亏缺状态，对水分最敏感，土壤水分的增加有利于茎、叶的生长。如果减少土壤水分则恰恰相反。所谓"旱长根，水长苗"的道理就在于此。

氮肥的供应也会影响根冠比。当氮素缺乏时，地上部分蛋白质合成减少，糖分积累，这样对根系供应的糖分相应增多，促进了根系生长。所以，植物缺氮时，根冠比增加。而氮素供应充足时，茎、叶生长茂盛，地上部分向根部输送的糖分反而相对减少，根的生长受到抑制，根冠比减少。而磷肥与氮肥的作用不同，磷肥有利于地上部分的碳水化合物向根部运输。磷肥增多时，有利于根系生长，可提高根冠比(表 7-2-2)。

N 和 P 的供应量对于胡萝卜根与地上部分的影响　　　　表 7-2-2

元素量	总鲜重	地上部重	根重	根/冠	根部总糖量(%)
低 N 量	38.50	7.46	31.04	4.16	6.01
中 N 量	71.14	20.64	50.50	2.45	5.36
高 N 量	82.45	27.50	54.95	2.50	5.23
低 P 量	55.0	17.2	37.8	2.19	5.09
中 P 量	80.2	19.8	60.4	3.05	5.67
高 P 量	89.3	18.7	70.6	3.78	5.99

根据植物不同发育阶段的生长要求，调整根冠比在生产中有重要意义。园林植物育苗时，常采用控水蹲苗的办法，促使苗期根系向纵深生长，以获得发达的根系，为苗木以后的生长奠定基础。在植物栽培养护过程中，也常采用控水控肥、疏枝、修剪等措施，调整根冠比以获得理想的栽培效果。

2) 主茎与分枝、主根与侧根的关系

植物主茎顶芽生长抑制侧芽生长的现象称为顶端优势。很多植物的主根也具有顶端优势，当主根顶端受到破坏时，就能促进侧根的生长。

各种植物的顶端优势不同，木本植物中顶端优势较普遍。例如松柏科植物顶端优势明显，主干挺拔，侧枝斜向生长，形成圆锥形树冠。草本植物中向日葵、菊花等都具有明显的顶端优势。

顶端优势是怎样产生的呢？研究较多的是顶芽对侧芽的抑制，通过试验证实了这与生长素的作用有关。图 7-2-3 中，(a)、(b) 表示顶芽的存在使侧芽的生长受到抑制，去掉顶芽，侧芽的抑制解除，长出了分枝。而图 7-2-3(c) 表示如果在

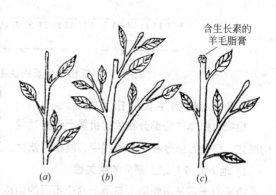

图 7-2-3　顶端优势

(a) 具有顶端的植株；(b) 茎顶端被去掉后侧芽开始生长；

(c) 在茎尖断口涂以含有生长素的

羊毛脂膏，侧芽仍不能生长

去掉顶芽的断口上涂上含有生长素的羊毛脂膏，侧芽的生长仍被抑制。这就证明了生长素对顶端优势所产生的作用。然而生长素这种作用又是如何形成的呢？原来茎尖产生的生长素在植物体内的运输方向是从植物形态的上端运向下端，顶芽产生的生长素运至侧芽，芽对生长素很敏感，一般当浓度超过 10^{-8}M 时，就转向抑制，因此顶芽能抑制侧芽的生长。顶端优势不仅与生长素有关，与其他激素也有密切关系。用 BA 等细胞分裂素可以解除生长素对侧芽的抑制作用。

3) 营养生长与生殖生长的关系

植物一生中包括营养生长和生殖生长两个阶段，两者既相互依赖，又相互制约。

营养生长是生殖生长的物质基础。生殖器官花、果、种子的形成，需要大量的有机物质。而这些物质绝大部分是由根、茎、叶等营养器官所提供的。植物营养器官健壮，有利于花、果、种子等繁殖器官的成熟。如果营养器官生长过旺，消耗过多的养分，反而会影响到生殖器官的生长。徒长的植株往往花期延迟、结实不良或造成大量的花果脱落。

植物进入生殖生长以前，营养生长会显著减缓，甚至停顿下来。这时新叶的形成减慢，根部的吸收功能也会降低。一些一、二年生的草本植物，进入生殖生长便意味着植株即将衰老、死亡。多次开花结实的木本植物，很容易看到生殖生长对营养生长的不良影响。竹子的营养生长转入生殖生长，往往造成竹林的枯萎死亡。生殖生长对营养生长的影响，主要因为伴随着开花、受精、胚乳发育等代谢活动，往往产生特殊的激素类物质，而对营养体产生影响(图 7-2-4)。

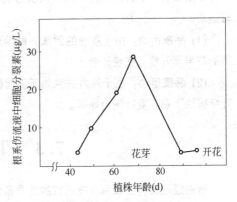

图 7-2-4 向日葵根系伤流液中细胞分裂素含量变化

认识营养生长与生殖生长的关系，对于园林植物栽培管理有积极意义。例如通过水、肥、温度管理，摘心等技术措施，抑制植株徒长，控制营养生长向生殖生长的转化，达到最佳观赏时期和最佳观赏效果。在树木养护管理中，要根据树种的特点，适时疏枝、疏花、疏果，合理施肥，避免营养生长与生殖生长的不利影响。

7.2.4 植物的运动

高等植物不能像动物一样进行整体位置移动，它们的运动只是个别器官的位置和方向发生生长性改变。植物运动是植物对环境改变所引起的反应，是一种适应环境的过程。这种运动分为向性运动与感性运动。

1) 向性运动

由一定方向的刺激所引起的植物运动叫向性运动。向性运动都是由于生长的不均衡而引起的，根据刺激的种类，可分为向光性、向地性、向化性和向水性。

(1) 向光性：植物的生长随着光的方向而弯曲的现象称向光性。如果把盆栽的植物放在室内窗台上，这些植物就全部朝向光源。植物有正向光性、负向光性及横向光性的区分，不同植物向光的敏感性也不同。但不论哪种类型，植物的向光运动都能调整到最适宜的采光角度，这是植物对光的一种适应能力。向光性的原因和生长素有关，茎尖向光一边生长素少，背光一边生长素多，故背光一面的生长要比向光一面的生长快些。因此茎就朝向光源弯曲。

(2) 向地性：如果把蚕豆的幼苗横放，数小时之后就会看到它的茎向上弯曲，而根向下弯曲。

植物的根顺着重力作用的方向生长，叫正向地性，茎向着重力作用相反的方向生长，叫负向地性。植物的向地性对植物生长有重要意义。不论种子以什么方向，落在土壤什么位置，种子萌发后，幼苗总是根朝下，茎尖向上，与植株生长方向一致。对蚕豆的幼苗观察可以看出，只有正在生长的部位才能产生这种运动。

(3) 向化性：植物根系朝向肥料较多的地方生长的现象叫向化性。运用这种规律，可以诱导根系分布方向。如种植香蕉时，可采用以肥引芽的方法，把肥料施在希望长苗的空旷地方，以达到香蕉植株分布均匀的目的。

(4) 向水性：当土壤干燥而水分分布又不均匀时，根总是趋向较潮湿的地方生长叫向水性。育苗时采用的"蹲苗"措施，实际上就是这种向性的运用。

2) 感性运动

是指没有一定方向的外来因素而引起的植物运动。高等植物最常见的感性运动有感夜运动和感震运动。

(1) 感夜运动：由于夜晚的到来，影响温度或光照发生变化而引起的运动。如合欢的复叶，睡莲的花早晨开放、傍晚闭合。

(2) 感震运动：由于外力的触动而引起植物体内压力改变产生的运动。例如含羞草受到震动后，叶柄很快下垂、复叶闭合等等。

7.3 生 殖 生 长

植物经过营养生长后，在适宜的外界条件下，开始进入生殖生长阶段。生殖器官(花)的分化要求远比营养器官严格和复杂，而最有影响的环境因子是低温与日照长度。

7.3.1 低温与花诱导

1) 春化作用

我国北方的农民早就知道，冬小麦秋季播种，冬前出苗，经过寒冷的冬季，第二年旺盛生长，夏天结实收获。春天补种冬小麦时，如果麦种没经过头年秋末冬初的一段低温，就会出现只长苗、不开花结穗的现象。植物这种经过低温才能开花的现象叫春化现象；这种通过低温促进开花的作用称为春化作用。

除冬小麦以外，还有许多秋播二年生植物，如甘蓝、萝卜、芹菜、甜菜等都有春化现象。它们生长在两个生长季，第一个生长季在冬前，进行营养生长；第二个生长季开花。这一过程必须经过一段时间的低温，否则就一直保持营养生长状态，或花量减少，花期推迟。

许多秋播花卉如金盏菊、雏菊、金鱼草、飞燕草、虞美人、石竹类、三色堇、桂香竹、紫罗兰、美女樱等都有春化现象。有人认为，少数木本植物也需要经过低温春化。如冬季低温能促进温州蜜柑花芽的分化，遇到冬季气温偏高的年份，花芽分化就会推迟。

2) 春化作用条件

植物通过春化作用所需低温和天数，随种类不同而异。多数植物在 0～5℃ 的温度范围，金鱼草、三色堇、虞美人等需 0～10℃，而八仙花及卡特兰属、石斛属的某些花卉种类需要 13℃ 低温和短日照条件才能开花。春化的最有效时数通常在 10～30d，不同品种差别较大。例如天仙子需 84d，冬小麦需 21d。

植物通过春化作用，除需要一定天数的低温外，还需要氧气、水分和呼吸底物(糖)。干种子或在不透气的地方，低温处理没有效果。

3) 春化作用的时期和部位

低温对于花的诱导，一般可以在种子萌动或在植株生长的任何时期进行。但小麦以三叶期为最快。少数植物不能在种子萌发状态进行春化，只有当绿色幼苗长到一定程度，才能通过春化作用。如月见草至少要六七个叶片时低温处理才有效果。

试验证明，接受春化作用的器官是茎尖的生长点。将芹菜种植于高温的温室中，由于得不到花诱导所需要的低温，不能开花结实。如果用橡皮管把芹菜茎的顶端缠绕起来，管内不断通过冷水，使茎生长点获得低温处理，结果完成了春化，可以开花结实。反之，如把芹菜放在低温下，用热水流通过缠绕茎顶的橡皮管。植株就不能开花结实。用甜菜进行试验，也得到同样的结果。

7.3.2 光周期与花诱导

1) 光周期现象

在自然条件下，一天的光照与黑暗总是交替进行的，在不同纬度地区和不同季节里日照时间与黑夜的长短发生有规律的变化(图 7-3-1)。这种昼夜日照长短周期性的变化称为光周期。光周期对于很多植物从营养生长到生殖生长有决定性的影响。例如菊花在昼长夜短的夏季，只有枝叶的生长，当进入秋季，日照时数短于某时数后，才从营养生长转入生殖生长，才出现花芽的分化与发育。这种日照长短影响植物成花的现象叫光周期现象。

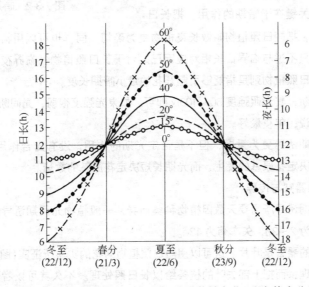

图 7-3-1 北半球不同纬度地区昼夜长短的季节性变化(北京约在北纬 40°)

2) 植物对光周期的反应类型

根据植物对光周期的不同反应，可分为三种类型：

(1) 长日照植物：要求每天日照时间长于一定时数(或黑暗时间短于一定时数)才能形成花芽和正常开花。如果在发育期不能提供这一条件，就不会开花或延迟开花。这类植物原产地多在高纬度地区，其花期常在初夏前后。如唐菖蒲、令箭荷花等。为了周年供应唐菖蒲切花，冬季在温室栽培时，除需要高温外，还要用人工照明增加光照时间。

(2) 短日照植物：要求每天日照时间短于一定时数(或黑暗时间长于一定时数)才能形成花芽和

正常开花。这类植物原产地多在低纬度地区，其花期常在秋、冬季。菊花、一品红是典型的短日照植物，它们在夏季长日照条件下，只进行营养生长，不开花。当日照时间逐渐变短并达到某一时间时，才能转入花芽分化，进入初冬才能开花。

(3) 日中性植物：凡开花对日照长短不敏感的植物，包括绝大多数园林植物。如月季、香石竹、矮牵牛、百日草等等。

长日照植物与短日照植物所要求的时数叫临界日长。长日照植物与短日照植物的根本区别不在于日照时数大于12h，还是小于12h，而是长日照植物日照要长于临界日长，短日照植物日照要短于临界日长。

3) 暗期的光间断

如上所述长日照植物必须在每天暗期短于一定时数才能开花，而短日照植物必须在暗期超过一定时数时才能开花。如果在黑暗期的中途，给予几分钟到30分钟的短暂光照，打断暗期的连续性。就能抑制短日照植物成花而促进长日照植物开花。如果反过来，用短暂的暗期打断光期，不论对长日照植物或短日照植物都没有影响(图7-3-2)。因此可以认为，诱导植物开花的关键在于暗期的作用。把长日照植物叫做短夜植物，把短日照植物叫做长夜植物更为确切。同样也可以用临界夜长的概念来表示对暗期需要的时间。只不过与临界日长相对应而已。对于长日照植物，临界夜长是指引起成花的最大暗期长度，对于短日照植物则是指能够引起开花的最小暗期长度。

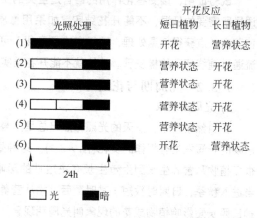

图 7-3-2 暗期的作用

对于暗期的光间断，其光照强度50~100lx即可。如果光强度很弱，光间断的时间就要延长。从光间断最有效时刻来说，午夜最好。

暗期虽然对光周期诱导更为重要，但不是否定光期的作用，没有光合作用，就没有养料来源。试验证明，暗期长短决定花原基的发生，而光期长短决定花原基的数量。

4) 光周期感受的器官与传导

试验证明，光周期诱导所需要天数因植物种类而异，一般植物光周期诱导的时间只需要几天至十几天。例如，大豆为2~3d，矢车菊为13d。

植物感受光周期的器官是叶片。这可以用短日照植物菊花的实验所证实(图7-3-3)。把菊花下部的叶片给以短日照处理，而把上部去叶的枝条给以长日照处理。不久就可以看到枝上形成花蕾并开花。但如果把上部去叶的枝条给以短日照处理，下部的叶片给以长日照处理，则枝条仍然继续生长而不形成花芽。由此证明，感受光周期的器官是叶片，而不是顶端分生区，而叶片中以成长的叶片感受能力最强。

叶片是感受光周期的器官，而发生光周期反应的是芽的分生区，说明叶片感受的刺激能传导至分生区。用短日照植物大豆作试验，把植株的一个枝条作短日照处理，另一个枝条去叶后作长日照处理，结果两个枝条都能开花。说明一个枝条接受光周期诱导后，能把这种刺激转移到另一株没有叶的枝条上。用各有两个枝条的五株苍耳串联嫁接的实验证明，上述刺激可以通过嫁接传导至另一植株上(图7-3-4)。

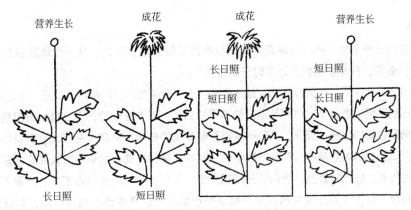

图 7-3-3　菊的光周期感受部位试验

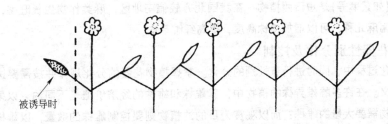

图 7-3-4　苍耳开花刺激物的嫁接传递，第一株的叶片在短日下，
其余全部在长日下，所有的植株都开了花

7.3.3　春化和光周期理论的应用

1) 春化处理

使萌动种子通过春化的低温处理，加速花的诱导，可提早开花，成熟。生产上，为了使成花顺利进行，常采用人工进行低温春化处理。二年生草本植物通常在9月中旬至10月上旬播种，如改为春播，由于苗期没有冬季春化阶段，而营养体又较小，往往表现为成花不良、很少开花或花期推迟。如果改在春播，而又将种子或幼苗进行人工低温春化处理，就可以在当年春夏正常开花。一般进行人工低温春化处理的温度，适宜于0～5℃间。

一些二年生草本植物采用分期播种的同时又结合温室栽培，在苗期进行人工低温春化处理，待植株营养体长到一定大小时，再进行人工补充长日照处理等一系列措施，可以达到一年四季都有植株陆续开花，如雏菊、金鱼草、瓜叶菊等，调节播种可周年开花。

2) 控制开花

光周期的人工控制，可以促进或延迟开花。秋菊是菊花中要求短日照诱导成花的品种类型，花期常在10月至11月下旬。为了使花期提前至9月份，一般采用人工遮光处理，缩短光照时数。方法是，从夏季开始就人为提前创造短日照条件。例如，每日采用10h的短光照处理，一般可自遮光处理后约10d，花芽便开始分化。秋菊长日照处理，则可延迟开花。例如，选择秋菊的晚花品种，由于花芽分化期是在9月中下旬开始，因此长日照处理就须提前在9月以前，通常一直处理至10月中下旬。在此期间还可以结合摘心、打顶、多施氮肥或在夜间提供高温等措施，都可抑制秋菊花芽分化，推迟开花。经处理后的秋菊，其花期可从10月、11月，延迟至12月或来年2月间。

另外，在温室中延长或缩短日照长度，控制植物花期，可解决花期不遇问题，对杂交育种也将有很大帮助。

3) 引种

一个地区的外界条件，不一定能满足某一植物开花的要求，因此，从一个地区引种某一植物到另一地区时，必须首先考虑植物能否及时开花结实。

我们知道，在北半球，夏天越向南，越是日短夜长，而越向北，则是日长夜短。因此同一种植物，由于地理分布的不同，形成了对日照长短需要不同的品种。以大豆而论，大豆是短日照植物，我国南方品种一般需要较短的日照，而北方品种一般则需要稍长的日照。南方大豆在北京种植时，开花期要比南方地区迟。北方的大豆品种，在南方种植时，开花要来得早些。如果南方大豆在北京种植时，从播种到开花时间长，枝叶很繁茂，但由于开花期太晚，天气冷了，果实结得不多，产量不高。东北的品种在北京种植，从播种到开花时间很短，植株很小就开花，产量也不高。因此，对日照要求严格的植物品种进行引种时，一定要对其光周期要求与引进地区的具体日照情况进行分析，并鉴定试验。

一些麻类(如黄麻等)是短日照植物，在我国北方较偏南地区，麻类作物生长旺盛，季节的日照较长，因此，南麻北种，可以增加植株高度，提高纤维产量。

7.3.4 花器性别分化及控制

在花芽分化过程中，同时进行着性别的分化。掌握植物花器的分化规律并按需要进行控制具有重要的实践意义。在许多雌雄异株的植物中，其雌株和雄株的经济价值是不同的。以果实、种子为收获对象的植物需要大量的雌株；而以观赏为目的的植物则要控制雌株的数量，以雄株为好。如北方的春季，杨柳花絮飞扬，破坏了景观并造成环境污染。可通过花器控制解决。

1) 雌雄花出现的规律性

在雌雄同株异花的植株中，一般总是雄花先开，雌花后开。黄瓜侧枝上形成的雌花比主枝形成的多。这些现象说明雌花是在植株要进入盛花阶段时才出现。

2) 环境条件的影响

植物生长的外界环境条件如温度、营养、光周期等，都能影响植物性别的分化。一般来说，短日照促进短日照植物多开雌花，使长日照植物多开雄花；长日照则使长日照植物多开雌花，短日照植物多开雄花。如果增加光周期诱导次数，往往使雌雄同株和雌雄异株植物的雌性表现增加，在诱导不足时，总是雄花表现增强。

温度，特别是夜间的温度，对性别分化也有影响，例如黄瓜，在凉爽的夜晚促进雄花的分化，而温暖的夜晚对产生雌花有利。

在一些雌雄异株植物中，碳氮比值低时，将会提高雌花的分化。一般来说，氮肥多，水分充足的土壤促进雌花分化；氮肥少，土壤干燥促进雄花分化。

3) 植物激素对性别的影响

生长素可以促进黄瓜的雌花分化，赤霉素则促进其雄花的分化。用黄瓜茎尖组织培养的研究结果指出：三碘苯甲酸(抗生素)，以及马来酚饼(生长抑制剂)抑制雌花的分化；矮壮素(抗生长素)抑制雄花的分化；如果矮壮素和赤霉素同时施用，则与单施赤霉素一样，完全分化雄花，这可能因矮壮素只抑制内源赤霉素的生物合成。乙烯能促进黄瓜雌花的分化，在生产中，烟熏植物可增加雌花分化。烟中有效成分是乙烯和一氧化碳。其作用是抑制吲哚乙酸氧化酶的活性，减少吲哚乙酸的影响，促进雌花分化。

此外，伤害也可以使雄株变为雌花。番木瓜雄株伤根或折伤地上部分，新产生的全是雌花，黄瓜茎折断苔后，长出的新枝条全是雌花。

7.4 果实和种子的成熟

植物开花、传粉、受精后，受精卵发育成胚，胚珠发育成种子，子房壁发育成果实。种子和果实形成时，不只是形态上发生变化，在生理生化上也发生剧烈的变化。随着植株的年龄增长，植物发生衰老和器官脱落的现象。

7.4.1 种子成熟时的生理变化

在种子形成的初期，酶的活性、呼吸作用等代谢活动旺盛，植物体内发生着一系列物质转化与运输，为种子形成提供了足够的物质与能量保障。随着种子的成熟，呼吸作用逐渐降低，代谢过程也逐渐减弱。

一般来说，种子成熟时的物质变化和种子萌发时的变化大体相反。在成熟期间，由营养器官运来的有机养料是一些简单的可溶性有机物，如葡萄糖、蔗糖、氨基酸及酰胺等。这些有机物在种子内逐渐转化为复杂的不溶解的高分子化合物，如淀粉、脂肪及蛋白质，并贮存起来。随着这些变化，种子大量脱水，原生质由溶胶状态转变为凝胶状态。另外还积累各种矿质元素，如磷、钾、钙、镁、硫及微量元素，例如，水稻成熟时，植株所含的磷有80%转移到籽粒中去。

7.4.2 果实成熟的生理变化

果实成熟过程中，代谢活动主要体现在呼吸强度发生变化：在果实形成初期，组织幼嫩，细胞迅速分裂，所以呼吸作用很强。随后，果实的生长主要是细胞体积的增大，呼吸强度下降到一个稳定的水平。然后，呼吸作用又突然升高，称为呼吸高峰或跃变期。呼吸高峰的出现与乙烯的大量产生有密切关系(图7-4-1)。随后，果实呼吸强度又逐渐下降。

苹果、梨、番茄、香蕉等果实往往在采收后的贮藏期间出现呼吸高峰(图7-4-2)。如果采用合理贮藏方法抑制这个时期的呼吸强度，就可减少贮藏物质的消耗，从而延长果实的贮藏期。但果实的催熟则是要求呼吸高峰的提早到来。

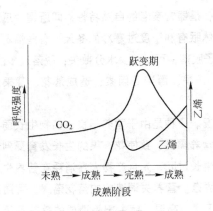

图 7-4-1 果实成熟时的呼吸高峰
和乙烯产生的关系

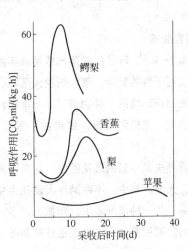

图 7-4-2 4 种果实成熟时
的呼吸跃变期

果实形成初期，从营养器官运来的碳水化合物转变成淀粉，贮存在果肉细胞中。果实中还含有单宁和各种有机酸。同时，细胞壁和胞间层含有许多不溶性的果胶物质，故未成熟的果实往往生硬、酸涩而没有甜味。随着果实的成熟，淀粉转化为可溶性的糖；有机酸一部分由呼吸作用氧化，另一部分转变成糖或被 K^+、Ca^{2+} 所中和，含量降低；单宁或被过氧化物酶氧化，或凝结成不溶性的胶状物质，而使涩味消失。果胶物质则转变成可溶性的果胶等，可使细胞彼此分离，从而使果实变软。因此，果实成熟时具有甜味，而使酸味减少，涩味消失，由硬变软。果实成熟时还产生微量的具有香味的酯类物质和一些特殊的醛类物质。例如，香蕉的香味是乙酸戊酯，橘子的香味是柠檬醛。

许多果实在成熟时由绿色逐渐变为黄色、橙色、红色或紫色。一方面是由于叶绿素的破坏，使类胡萝卜素的颜色呈现出来；另一方面是由于花青素形成的结果。光照能直接促进花青素的合成，所以向阳部分的果实色泽鲜艳些。

在果实成熟过程中还产生乙烯气体，乙烯对质膜的透性有强烈的作用，故果实成熟时，细胞透性也有很大的增加，使氧气容易进入果实内。能加速单宁和有机酸类物质的氧化，加强酶的活性，加快淀粉及果胶物质的分解。因此，用人工方法增加乙烯，可对果实进行催熟。

人工催熟的技术可促进果实的成熟。如用温水浸泡柿子脱涩，用喷洒法使青的蜜橘变成橘红，熏烟使香蕉提早成熟，近年来还广泛采用乙烯气体，对香蕉、番茄、柿子进行处理，促进其成熟。

7.4.3 植物的衰老与器官脱落

1) 植物的衰老

植物的衰老是指终止一个器官或整个植株生命功能的衰退过程。因此，衰老可以发生在整个植株水平上，也可以发生在器官和细胞水平上。一、二年生植物开花结实后，整株植物衰老死亡；多年生草本植物，地上部分每年死去，根系和其他地下系统仍然存活多年；多年生的木本植物茎和根生活多年，但是叶子和繁殖器官每年衰老脱落。

试验证明，叶子的衰老与体内激素有直接关系。脱落酸和乙烯可促进叶子衰老；而吲哚乙酸，特别是细胞分裂素能延缓叶子衰老。如把苍耳离体叶保持在黑暗中，它们在三天之内表现出明显的衰老征象，叶绿素、蛋白质和 RNA 含量均迅速下降。如果用 40ppm 激动素处理，三者含量降低都有所缓解。

2) 器官脱落

在正常条件下，叶子的脱落与成熟果实的脱落，是器官衰老的自然特性，即所谓"瓜熟蒂落"。果实脱落有利于种的繁衍，落叶树秋天落叶，进入休眠有利于度过寒冷的冬天。有些情况下，器官脱落是植物适应环境的一种调节。如干旱条件下叶子脱落，可以减少水分散失；脱落过多的花、果，保障剩余的花、果得到发育。如果由于营养失调、干旱、雨涝等因素，造成落花、落果，应设法防止。

由于营养失调引起的落花落果，通常有两种情况。一种是由于营养不良，植物生长弱，造成光合面积小，光合产物少，不能满足大量花果生长的营养需要，致使花、果的生长发育受到影响，甚至发生脱落。另一种情况是水分和氮肥过多，营养生长过旺，光合产物大量消耗在营养生长上，使花果得不到足够的养分，这样使植株前期花果大量脱落。营养失调造成的落花落果，可通过改善栽培措施，适当疏枝疏叶，加强肥水管理解决。至于干旱、高温、病虫害等造成的落花落果，则要通过改善栽培条件、引进抗性品种等措施。

研究表明，许多器官脱落前都形成离层，离层由几层特别的分生组织构成，它分布在叶柄、花柄(果柄)的基部,器官脱落时具有保护作用。试验证明,吲哚乙酸、萘乙酸、2-4D 等植物调节剂可以阻止离层的形成,控制器官脱落;而氯酸镁、硫氰化铵等化合物可作为脱叶剂或脱果剂应用于果树机械化作业。

复习思考题

1. 什么叫休眠?植物的休眠有什么意义?举例说明休眠的类型和方式。
2. 说明打破休眠和延长休眠的方法。
3. 说明种子萌发过程的生理变化及幼苗的形成过程。
4. 什么叫植物生长大周期?分析产生生长大周期的原因及了解生长大周期的实际意义。
5. 什么叫植物生长的相关性?有什么实际意义?
6. 说明产生顶端优势的原因及在生产上的应用。
7. 什么叫春化作用?说明春化作用要求的条件、感受部位及生理变化。
8. 什么叫长日照植物、短日照植物?光周期的感受部位在哪里?
9. 说明种子、果实成熟的生理变化。
10. 说明落花落果的主要原因和防治措施。

第8章 园林植物分类

本章学习要点：

园林植物种类繁多。掌握科学、系统的分类方法，是识别、应用与挖掘园林植物的基础，也是从事园林工作的必备条件。本章主要内容：一是熟悉植物分类单位和分类系统；掌握园林植物分类方法及植物分类检索表的使用。二是了解植物界基本类群及演化关系，熟悉低等植物与高等植物各类群的基本特征。

8.1 植物分类的基础知识

8.1.1 植物的分类方法

植物是人类赖以生存、发展的重要物质资源。人类在长期的生活和生产实践中，不断积累、总结植物知识。在人类认识植物的历史过程中，植物分类学科不断发展，先后建立了两种分类方法，即人为分类法和自然分类法。

人为分类法主要凭借植物的习性与应用，从一个或几个形态特征或器官功能作为分类的依据。例如，我国明代医药学家李时珍(1518—1593)，按植物形态和用途，把 1095 种植物分为木、果、草、谷、菜 5 部 30 类。瑞典著名分类学家林奈(Linnaeus，1707—1778)曾根据雄蕊的有无、数目把植物分为 24 纲。这种分类方法直观、使用方便，但不能反映出植物间的亲缘关系和进化层次。

自然分类法又称为系统分类法，主要根据植物的形态、结构特征和生理特性，判断植物彼此间的亲缘关系，再将它们分门别类，形成系统。例如，元宝枫、鸡爪槭彼此间相同点较多，在分类上属于同一科；而元宝枫与刺槐不在同一科，但种子都有果皮包被，都属于被子植物，而与油松(裸子植物)亲缘关系较远。这种分类方法能反映出植物类群间的亲缘关系和进化地位，科学性较强，在生产实践中也有重要意义。例如，人工杂交育种可根据植物分类地位选择亲本。

8.1.2 植物分类的各级单位

在自然分类系统中，根据植物类群等级，使用了界、门、纲、目、科、属、种的分类级别。又可根据实际需要，再划分更细的单位，如亚门、亚纲、亚目、亚科、亚属等。

现以桃树为例说明各级分类单位。

界……植物界 Regnum Plantae
　门……种子植物门 Spermatophyta
　　亚门……被子植物亚门 Angiospermae
　　　纲……双子叶植物纲 Dicotyledoneae
　　　　亚纲……离瓣花亚纲 Archichlamydeae
　　　　　目……蔷薇目 Rosales
　　　　　　亚目……蔷薇亚目 Rosaceae
　　　　　　　科……蔷薇科 Rosaceae
　　　　　　　　亚科……李亚科 Prunoideae
　　　　　　　　　属……梅属 Prunus
　　　　　　　　　　亚属……桃亚属 Amygdalus
　　　　　　　　　　　种……桃 Prunus Persica

种又称物种，是植物最基本的分类单位。同种植物个体，起源于共同的祖先，具有相似的形态特征，能够自然繁殖，产生正常的后代。同种植物在自然界中占有一定的地理分布区域，具有一定的生物学特性以及要求一定的生存条件。

种具有相对稳定性，但也不是绝对固定不变的。同种植物由于分布区域、环境条件的差异，会发生各种各样的变异类型。根据变异程度的大小，种内又可分为亚种、变种、变型等。其中变种最为常见，例如，龙爪槐、畸叶槐是国槐的变种。在园林、农业、园艺等应用及生产实践中，常用"品种"概念。品种不是植物分类学的分类单位，不存在野生植物中。品种是经人工培育，按经济性状分类的植物类群。如菊花按花色、花型等观赏性状，形成了数千个品种，可满足不同的需要。

8.1.3 植物的科学命名

由于植物种类极其繁多，常因国家、地域的不同而叫法不一，常常发生同名异物或异名同物的混乱现象。给识别植物、开发利用植物及学术交流造成障碍。为了科学研究和应用上的方便，国际植物学会统一规定，采用瑞典植物学家林奈所提出的"双名法"作为植物命名的方法。植物用双名法定的名称为学名。

双名法规定，植物的学名由两个拉丁词组成。第一个词是属名，是名词，第一个字母要大写；第二个词是种名，多数为形容词，字母均为小写。一个完整的学名还要在种名之后附以定名人的姓氏或姓氏缩写(第一个字母要大写)。如银杏的学名是 *Ginkgo biloba* L，其中第一个词 *Ginkgo* 即为属名，是中国广东话的拉丁文拼音；第二个词 *biloba* 为种名，形容银杏的叶片先端呈二裂状；最后的 L 为命名人林奈 Linnaeus 的缩写。

如果是亚种、变种、变型的命名，则在种名后加缩写"ssp."、"var."和"f."，再加上亚种、变种、变型名，最后写命名人的姓氏或姓氏缩写。如红玫瑰的学名为 *Rosa rugosa* Thunb. var. *rosea* Rehd.。栽培变种即品种的名称有两种写法：一是在种名后加拉丁词缩写"cv"，再加栽培变种名，第一字母要大写；二是种名后直接写品种名称，需加单引号。这两种方法均不附定名人姓氏。如垂枝雪松学名为 *Cedrus deodara* (Roxb.) G. Don cv. *Pendula* 或 *Cedrus deodara* (Roxb.) G. Don 'Pendula'。

8.1.4 植物分类检索表

植物分类检索表是鉴定植物的工具。使用方法是按序从表中提供的性状中，逐条选择与鉴定植物相符的，放弃不符的，直到查出科、属、种为止。常用的有定距检索表和平行检索表两种。

1) 定距检索表

检索表把相对的两个性状编为同样的号码，从左开始，按一定距离逐级排列。检索时，逐级选择，直到查出最终结果。以木兰科某几个属定距检索表为例：

1. 叶不分裂；聚合蓇葖果
  2. 花顶生
    3. 每心皮具 4~14 胚珠，聚合果常球形 ·················· 1. 木莲属 *Manglietia*
    3. 每心皮具 2 胚珠，聚合果常为长圆柱形 ·················· 2. 木兰属 *Magnolia*
  2. 花腋生 ·················· 3. 含笑属 *Michelia*
1. 叶常 4~6 裂；聚合小坚果具翅 ·················· 4. 鹅掌楸属 *Liriodendron*

2) 平行检索表

平行检索表主要特点是按照检索性状顺序平头排列，逐一检索。举例如下：

1. 叶不分裂；聚合蓇葖果 ·················· 2
1. 叶常 4~6 裂；聚合小坚果具翅 ·················· 鹅掌楸属 *Liriodendron*
  2. 花顶生 ·················· 3

    2. 花腋生 ·· 含笑属 Michelia
        3. 每心皮具 4~14 胚珠，聚合果常球形 ·· 木莲属 Manglietia
        3. 每心皮具 2 胚珠，聚合果常为长圆柱形 ·· 木兰属 Magnolia

编制检索表的过程中，选用区别性状时，一是应选择那些容易观察的形态性状，最好仅用肉眼或手持放大镜能看到的性状。二是选择那些状态稳定、容易区分的质量性状，应避免株高、大小等模棱两可的数量性状。编制检索表事先可列表，对主要特征进行比较分析，把某一性状可能出现的情况考虑周全。

8.1.5 被子植物的分类系统

被子植物是进化最高级、最完善，与人类关系最密切的类群。在分科的基础上，建立一个分类系统，用以说明被子植物间的进化关系是非常必要的。但由于依据不足，尚没有一个比较完善的分类系统。当前，常用的是：恩格勒(A. Engler)分类系统(1889年)、哈钦松(J. Hutchinson)分类系统(1925年)、塔赫他间(A. Takhtajan)系统(1954年)、克朗奎斯特(A. Cronquist)系统(1958年)等。

8.2 植物界的基本类群

已经知道的高等植物总数就有 40 多万种，它们的分布极为广泛，形态、习性千差万别。这是物种长期演化的结果，反映了从简单到复杂、从水生到陆生、从低级到高级的进化过程。按照植物的形态、构造、生活习性和进化顺序，可将植物界划分为低等植物和高等植物两大类群。根据李扬汉《植物学》观点，植物界分为 15 门。其中，低等植物 11 门，高等植物 4 门(图 8-2-1)。

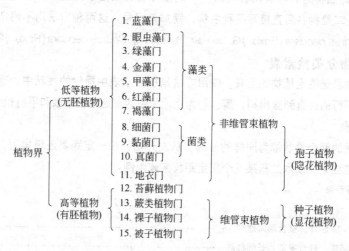

图 8-2-1 植物界的基本类群与分类

8.2.1 低等植物

低等植物是地球上出现最早、进化程度比较原始的类群。植物体结构比较简单，是单细胞或多细胞的叶状体。叶状体有的分枝，有的不分枝，没有根、茎、叶的分化。生殖器官一般是单细胞的，极少为多细胞的。它们的生殖过程也特别简单，由合子直接萌发为叶状体，而不形成胚。植物体大部分生活在水中或潮湿的环境条件下。根据它们结构、营养方式等的不同，低等植物又可分为藻类植物、菌类植物和地衣三种类型。

1) 藻类植物

藻类植物是地球上最古老的植物群，一般个体较小，结构简单，形态结构差异很大，它反映着从单细胞到多细胞的进化过程。藻类植物细胞中含有叶绿素或其他色素，因而可以进行光合作用，制造有机物，是自养植物。它们大多数生活在海水或淡水中，少数生活在陆地上，凡潮湿地区都可以见到。藻类植物个体大小差别很大，有的肉眼不易看清，需借助于显微镜才能看清它们。但也有一些藻类植物高达几米甚至几十米，可形成海底森林，如海带等。藻类对环境适应能力很强，能耐极度高温或低温，某些蓝藻、硅藻可生长在50~80℃的温水中。衣藻可生长在雪峰、极地地区。藻类植物大约3万种，分为蓝藻门、绿藻门、眼虫藻门、金藻门、甲藻门、褐藻门、红藻门七门（图8-2-2）。

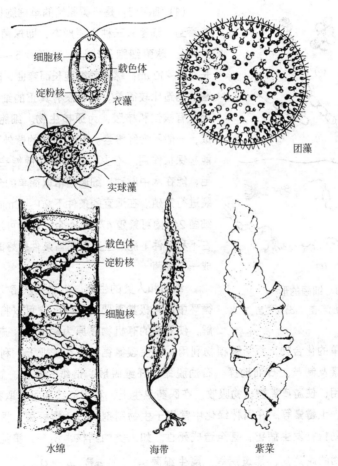

图8-2-2　各种主要藻类植物

(引自陈忠辉)

藻类植物具有明显的世代交替生活史，即由无性世代的孢子体产生有性世代的配子体，再由有性世代的配子体产生无性世代的孢子体，这种无性世代和有性世代相互交替的现象，称为世代交替。

藻类植物在自然界和经济中起着非常重要的作用。地球上每年靠绿色植物合成的有机物，有90%由海洋中的藻类完成。藻类还能促进岩石风化，分泌胶质粘合沙土，增加土壤中的有机质。虽然许多藻类植物个体非常小，但在全球的水域里却构成了体积很大的浮游植物，它们成为鱼类和其他水生动物的主要食物，对发展水产养殖业有着重要的意义。藻类植物在进行光合作用过程中可吸收水中的有害物质，增加水中的氧气，对于净化污水、清除有害细菌有重要作用。有些藻类可食用，如发菜、地耳、海带、裙带菜、紫菜、石花菜等，有些则是工业上和医药上的主要原料。蓝藻有固氮作用，有些褐藻可用作饲料或肥料。很多经济价值较高的藻类已进行人工养殖。

2）菌类植物

大多数菌类植物都不含叶绿素，因而自己不能进行光合作用制造有机物，一般是寄生在活的有机体上或腐生在死的有机体上，吸收现成的有机物为自身的营养。这类植物大约10万种，分为细菌门、黏菌门、真菌门。

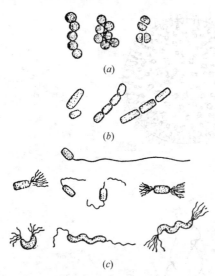

图 8-2-3 细菌的形态
(a)球菌；(b)杆菌；(c)螺旋菌

(1) 细菌门：是一类原始的单细胞植物，在显微镜下才能看到。细菌有三种主要形态，即球菌、杆菌、螺旋菌（图8-2-3）。球菌细胞呈球形，直径 0.5～2μm；杆菌呈棒状，长 1.5～10μm；螺旋菌细胞长而弯曲，略弯曲的为弧菌。细菌的构造比较简单。细菌没有真正的细胞核，只有核物质，而没有核仁和核膜，为原核生物。细胞壁为含氮化合物组成，一般不含纤维素。有些细菌的壁外面有一层胶状荚膜，能起保护作用。不少杆菌和螺旋菌能在某个生活期生出鞭毛，能在水中游动。细菌通常以简单的分裂方式——无丝分裂进行繁殖。在适宜的条件下 20～30min 可分裂一次，每个细菌 24h 内可繁殖 $47×10^{20}$ 个，重量可达上千吨。有些细菌在不利条件下能产生芽孢，当条件转好时，芽孢萌发，再形成一个细菌。

细菌和人类的生产、生活关系密切，在自然界的物质循环中起着极其重要的作用。它可以将动植物遗体腐烂分解，使复杂的有机物还原为硝酸铵、硫酸铵、磷酸盐、二氧化碳和水等简单的化合物，重新被植物利用，促使碳氮循环。在工业上，利用细菌发酵提取丙酮、丁醇、维生素及制革、石油勘探、石油脱蜡、纤维脱胶、造纸、制糖、制醋、加工脯菜等。根瘤菌有固氮作用，使游离氮被植物吸收。在医药卫生上，利用放线菌可提取抗病血清、金霉素、链霉素、氯霉素、土霉素等。在园林绿化中常用于生物制剂，如杀螟杆菌、根瘤菌制剂等。但细菌也可引起人和动植物发生病害，甚至造成死亡。如人类的结核、伤寒、霍乱、白喉；家畜的炭疽、结核病；植物的腐烂病、黑斑病等。腐生细菌会使食物和饲料腐烂变质，甚至引起食物中毒。

(2) 真菌门：真菌通常由多细胞组成，营养体由许多分枝或不分枝的丝状体构成，称为菌丝体。真菌细胞中都有细胞核，大多数具有细胞壁，但不含叶绿素及任何质体，属真核生物（图8-2-4）。

真菌与人类有着密切的关系。由于真菌是非绿色异养植物，能使有机物转化为无机物，对促进自

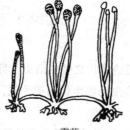 

霉菌　　　　伞菌

图 8-2-4 真菌的类型

然界中的物质循环起着重要作用。在酿造业，利用酵母、曲霉、毛霉等菌种酿酒、制醋，食品工业制作面食、馒头等。利用根霉可分解脂肪，使羊毛脱脂、皮革软化或分解果胶，使丝、麻、棉纤维脱胶。曲霉可以糖化饲料。灵芝、银耳、木耳、冬虫夏草又可用于医药。现代抗生素中的青霉素、灰黄霉素也取自真菌。另外，有些真菌的代谢产物如赤霉素，是重要的植物激素，能促使植物体内新陈代谢作用强度增加，对刺激植物生长有显著效果。白僵菌用于防治松毛虫有很好效果。食用真菌有300多种，如口蘑、香菇、猴头等是非常好的健康食品。但是，真菌对人类和动植物也有着很大的危害，如人类所生的癣等疾病是由真菌引起的，栽培植物中的病害，大多数也是真菌引起的，像月季白粉病、苹果腐烂病、葡萄霜霉病、梨桧锈病、山茶花煤污病、炭疽病、杜鹃褐斑病、灰霉病、碧桃缩叶病、丁香褐斑病、翠菊枯萎病等均是由真菌引起的。因此防治真菌病害是园林上的重要任务之一。

3) 地衣植物

地衣是真菌与藻类植物的共生复合体。植物体大部分由真菌菌丝体构成，藻类植物分布在复合体中间，由单细胞的或丝状的蓝藻或绿藻构成。在生长过程中，藻类植物通过光合作用制造有机物，供给整个植物体，真菌则吸收水分和无机盐，并围绕着藻类植物细胞，使其不致干枯，二者有着共生关系。地衣植物分布很广，适应能力很强，无论在热带、温带、寒带、高山、平原、岩石上、沙漠中均能生长。地衣可分为壳状地衣、叶状地衣和枝状地衣三类。

地衣在土壤的形成过程中起着重要作用。地衣能够生存在其他植物都不能生存的裸露的岩石上，需要养料极少，极耐旱，而且能分泌出酸性物质，使岩石分解，逐渐形成土壤，因此地衣是岩石定居植物的开路先锋。此外，地衣对空气中二氧化硫及氟化氢等有毒物质极其敏感，空气中极少量的二氧化硫和氟化氢就会使地衣逐渐死亡，因此地衣可作为空气污染的监测植物。还有一些地衣可提取染料、化学指示剂和医药上的杀菌剂等。有些种类还可以食用、药用或作饲料，如石耳、松萝、石蕊、肺衣、大地卷等。

8.2.2 高等植物

高等植物是进化程度较高的类群。植物体不再是单细胞或群体的类型，而都是由多细胞构成，其形态、结构复杂，细胞都具有纤维素组成的细胞壁。它们大多为陆生，除苔藓植物外都有了根、茎、叶的分化，生活史中都有明显的世代交替。有性生殖为卵式生殖，卵受精后先形成胚，由胚再长成新的植株。根据其形态、结构及进化程度不同，高等植物又分为苔藓植物、蕨类植物、种子植物(裸子植物、被子植物)等类型。

1) 苔藓植物

苔藓植物是高等植物中最原始的类型。几乎所有的苔藓植物都是陆生的，但需要水分来完成它们的生活史。它们绝大多数仍需生长在潮湿温暖的环境中，如林下、沟边、沼泽地等。在有性生殖阶段仍需水的帮助方能完成受精。它们是由水生过渡到陆生生活的典型代表。苔藓植物约900属，2万多种，分为苔纲和藓纲。

苔藓植物是一群个体很小的绿色自养植物。它们没有维管组织，但多数都有假根。多数苔藓植物有原始的茎和叶，有些甚至有通气孔。

苔藓植物具有有性生殖和无性生殖。有性生殖是由每个孢子体内产生大量的孢子来完成。无性生殖是由配子体的细胞分裂完成。孢子经风传播并萌发，随后分裂成为幼小的配子体植株，称原丝体。原丝体上又长出芽的结构，而后长成有茎和叶的配子体。配子体成熟时，在每个多叶植株的顶端附近分化雄性和雌性器官。雄性器官为精子器，雌性器官为颈卵器。由一个原丝体生长出的配子体植株内，不同种中或只有精子器，或只有颈卵器，或二者同时存在。在颈卵器内只有一个卵。在每个精子器内有许多的游动精子。精子的释放通常在雨季，每个精子都有两条鞭毛，能从水中游到颈卵器与卵细胞结合形成合子，开始形成二倍体的孢子体。孢子体一直寄生在配子体上吸收营养，而一部分孢子体分化成孢子母细胞，经减数分裂后各形成四个孢子，又形成了配子体。孢子散出，萌发后又形成配子体。由此可知，在苔藓植物中，配子体始终占优势，孢子体不能独立生活，必须着生于配子体上。

苔藓植物生活在岩石上，由于它能分泌出一种酸性溶液，缓慢地溶解岩石表面，逐渐形成土壤，因此在土壤形成的过程中起着重要的作用。有的藓类植物具有特殊的吸水构造，对保持水土有一定作用，在园林生产中可利用藓类植物这一特性，作为苗木、鲜花运输的包装材料；同时苔藓植物又是山石盆景、园林假山的很好的点缀材料；苔藓植物还可作为森林类型的指示植物，不同的生态条件下生长着不同类型的苔藓植物；有些还可以作为汞污染的指示植物。此外，泥炭藓形成的泥炭可作肥料、燃料和填充材料，大金发藓、碎米藓、树藓等可作药用等。

2) 蕨类植物

蕨类植物多为陆生，有根、茎、叶的分化。根为须状不定根，着生在茎上；茎为根状茎，在土壤中横走或直立。由木质部和韧皮部组成的维管束，木质部只有管胞而无导管，韧皮部仅有筛胞，是原始的维管植物。蕨类植物孢子体较发达，孢子体和配子体都能独立生活。

蕨类植物的孢子体生长一段时间后，在叶背面或在变化了的叶柄上形成孢子囊群。每个孢子囊中产生若干个孢子母细胞。每个孢子母细胞经过减数分裂产生四个单倍体孢子。这时开始进入配子体世代。这些孢子通过风传播，在适宜的环境中萌发成极小的心脏形的原叶体，这就是配子体。配子体呈绿色，假根从下面长出，可独立生活。几个星期后，颈卵器和精子器开始在原叶体的下表面分化，多数蕨类植物是雌雄同株，一个颈卵器有一个卵细胞发育，一个精子器中有许多带鞭毛的精子发育。在有水的条件下，精子散出，游到颈卵器内与卵形成合子，于是开始进入孢子体世代。合子发育成胚，胚发育很快，具有根、茎、叶的孢子体很快形成，而配子体逐渐死亡。大部分蕨类植物的孢子体是多年生的，而配子体一般只能生存几个星期或几个月。图8-2-5为蕨类植物的一般生活史。

蕨类植物用途广泛，与人类有密切关系。现代开采的，成为主要工业燃料的煤炭大部分是由远古蕨类形成的。现存的蕨类植物中，许多可以食用或药用，蕨嫩叶及根状茎含有丰富的淀粉；石松、卷柏、木贼、石苇、贯众等可作药用；水生蕨类如萍，可作鱼类、家畜的饲料或作绿肥；有些蕨类植物对土壤性质敏感而成为指示植物，如石蕨、肿足蕨、卷柏、石苇、铁线蕨、柳叶蕨等多生长在石灰岩或钙质土壤上；石松、芝箕骨、地刷子、狗脊等多生长在酸性土壤上；还有些蕨类植物叶片秀丽多姿，如肾蕨(蜈蚣草)、凤尾蕨、铁线蕨、鹿角蕨等可作室内观叶植物或切花衬材。

3) 裸子植物

裸子植物是介于蕨类植物和被子植物之间的高等植物，最显著的特征是胚珠和由胚珠发育的种子裸露，不形成果实，故名裸子植物。裸子植物多为常绿木本植物，体内输导组织的木质部内只有管胞而无导管与纤维，韧皮部中只有筛胞而无筛管与伴胞。小孢子叶球和大孢子叶球同株或异株。小孢子叶球由多数小孢子叶(相当于被子植物的雄蕊)聚生而成，每个小孢子叶下面生有小孢子囊，贮藏着小孢子。大孢子叶球由多数大孢子叶(心皮)聚生而成，大孢子叶的腹面生有胚珠，不为大孢

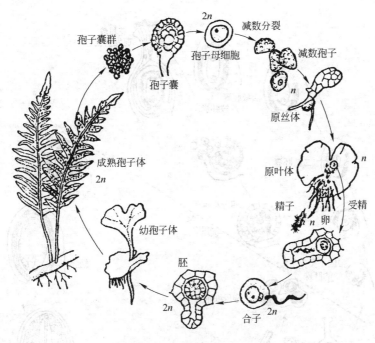

图 8-2-5　蕨类植物生活史
(引自徐汉卿《植物学》)

子叶包被而裸露。配子体进一步简化，寄生在孢子体上，雌配子体还有结构简单的颈卵器，少数种类的精子还保留鞭毛。小孢子形成雄配子体时能产生花粉管，受精作用已不受水的束缚，使裸子植物更适应陆地生活。

裸子植物在人类经济生活中占极其重要的地位。由裸子植物组成的森林，约占全世界森林面积的80%。现在生存的裸子植物约13科，71属，约800种。我国有11科，41属，243种。其中如银杏、水杉、水松、银杉、穗花杉等被国际上誉为"活化石树种"。由于多数裸子植物常绿、寿命长、顶芽发达、株形美观、叶形秀丽，因此，裸子植物在园林建设中具有重要地位，如银杏、南洋杉、雪松、水松、柳杉、金钱松、台湾杉是无可替代的观赏树种。很多裸子植物又是非常重要的工业和建筑木材，也是上等的造纸原料，有的还可以食用或药用。

4) 被子植物

被子植物是适应陆生生活发展到最高级、最完善的类群。它们在地球上，无论在种的数目上或个体的数量上，都占据绝对优势，具有更广泛的适应性，有木本和草本，有一、二年生和多年生宿根，有常绿的，也有落叶的。

被子植物的营养方式也是多种多样的，有自养的；也有寄生、腐生和共生的；甚至有些植物还能捕捉昆虫来补充营养(图8-2-6)。

被子植物的孢子体形态构造更加发达完善，器官和组织进一步分化，木质部中有了导管、管胞和木纤维；韧皮部中有了筛管、伴胞和韧皮纤维。因此输导和支持功能大大加强，保持了对陆生条件的更强适应性。被子植物的生殖器官出现了花的结构，胚珠着生在子房内，受精后形成的种子有果皮包被，使下一代的幼小植物体有着更好的保护环境，发育和传播得到了更可靠的保证。

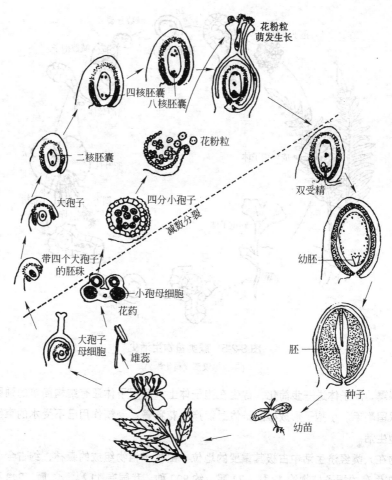

图 8-2-6　被子植物生活史

被子植物的配子体高度简化，雄配子体简化为二核或三核花粉粒，雌配子体简化为八核胚囊，没有颈卵器。双受精作用和三倍体胚乳的出现是被子植物所特有的，更利于种族的繁衍，保持了对陆生条件的更强适应性。

被子植物具有重要的经济价值，它与人类的生产和生活密切相关，它给人类提供了丰富的衣、食、住、行、医药及工业原料等各种资源，同时它还被利用于水土保持、园林绿化和环境保护等方面，是人类提高生活水平、改善环境质量必不可少的物质基础。

8.3　园林植物应用中的分类法

8.3.1　按生长类型分类

1) 木本植物

(1) 乔木：指树体高大(5m以上)，主干明显的木本植物的树木。可分为常绿针叶乔木，如油松、雪松、柳杉、红豆杉等；落叶针叶乔木，如金钱松、水杉、落羽杉、水松等；常绿阔叶乔木，如女贞、广玉兰、紫楠、榕树等；落叶阔叶乔木，如梧桐、元宝枫、臭椿、无患子等。

(2) 灌木：指树体矮小(5m以下)，主干低矮，或没有明显的主干，茎干自地面生出多数的树木。可分为常绿灌木，如大叶黄杨、枸橘、含笑、卫矛、海桐、十大功劳等；落叶灌木有黄刺玫、棣棠、紫荆、郁李、接骨木等。

(3) 藤木：指茎干不能直立生长，常攀附于其他支撑物的木本植物。常绿藤木有薜荔、常绿油麻藤、扶芳藤、络石等；落叶藤木有爬山虎、凌霄、葡萄、紫藤等。

2) 草本植物

(1) 一、二年生草本植物：是指个体发育在一年内完成或跨年度才能完成的一类草本观赏植物，包括春播秋花类和秋播春花类两种类型。

(2) 多年生草本植物：指个体生命在三年或三年以上的草本观赏植物。栽培的主要类型有：宿根园林植物、球根园林植物、水生园林植物、多肉多浆植物、草坪及草本地被植物等。

8.3.2 按观赏特性分类

1) 观叶类

指叶形、叶色具有较高观赏价值的园林植物。如黄栌、火炬树、鸡爪槭、银杏、乌桕、红枫、八角金盘、花叶竹芋、龟背竹、吊兰、绿萝、荷兰铁、蕨类等。

2) 观花类

指以观花为主的园林植物。如牡丹、月季、白玉兰、樱花、山茶、杜鹃花、蝴蝶兰、郁金香、风信子、菊花、非洲菊、香石竹等。

3) 观果类

指果实有观赏价值的园林植物。如火棘、金橘、柿子、石榴、杨梅、南蛇藤、紫珠、木瓜、佛手、观赏辣椒等。

4) 观干类

指干皮枝条颜色、裂纹等有观赏价值的园林植物。如桦木、白皮松、梧桐、山桃、红瑞木、棣棠、榔榆、锦松、木瓜等。

5) 观株形姿态类

指株形奇特，并有观赏价值的园林植物。如雪松、龙爪槐、照水梅、金钟柏、油松、水杉、垂柳等。

6) 其他观赏类

园林植物的一些器官或部分也具观赏价值。如榕树的气生根，银芽柳的花芽，象牙红、马蹄莲、叶子花的苞片，紫茉莉、铁线莲的萼片，美人蕉、红千层瓣化的雄蕊等。

8.3.3 按生态习性分类

1) 温度因子

包括园林树木按气候带分类和园林花卉按耐寒性分类。

(1) 园林树木按气候带分类

① 热带植物类：原产于我国西双版纳、海南岛、西沙群岛、台湾省南端的植物，如椰子、槟榔、油棕、菩提树、芒果、橡胶、可可、红树等。这些植物耐寒性最差，在长江流域栽培需要在加温温室越冬。

② 南亚热带植物类：原产于我国广东、福建、广西沿海丘陵、平原地区的植物，如蒲葵、荔枝、橄榄、水松、棕竹、九里香、桫椤等。这些植物耐寒性较差，在长江流域栽培也需进温室越冬。

③ 北亚热带植物类：原产于我国淮河以南，安徽和江苏的南部、江西北部、湖北中部和东部、长江中下游平原的植物。如榔榆、青檀、枫杨、梧桐、三角枫、金钱松、雪松、水杉、悬铃木、青冈、女贞等。这些植物有一定的耐寒性，如梧桐、枫杨等树种可在北京小气候条件好的背风向阳处露地越冬。

④ 亚热带高原植物类：原产于我国海拔 1500~3000m 的西南云贵高原和海拔 2000~4000m 的甘南、川西、滇北高山区的植物。如华山松、青杆、高山松、山玉兰、各种高山杜鹃、珙桐、山茱萸、连香树等。当地夏季凉爽、冬无严寒，这些植物忌夏季炎日直射。若将这些树木引种到平原丘陵地区，就有一个度夏的问题。

⑤ 暖温带植物类：原产于我国辽东半岛和华北平原的植物。如臭椿、油松、白皮松、槐树、栾树、毛白杨、刺槐、核桃、板栗、柿子树、梨树、苹果、旱柳、侧柏等，这些树种耐寒性较强。

⑥ 寒温带植物类：原产于我国东北大小兴安岭的植物。如樟子松、白桦、糠椴、臭冷杉、春榆、五角枫等。这些植物耐寒性最强，若引种到长江流域，则怕夏季炎热。

(2) 园林花卉按耐寒性分类

① 耐寒性花卉：指能够忍受 0℃ 以下的低温，冬季不需要保护就能露地安全越冬的花卉。这类植物往往原产于寒温带和温带以北。如三色堇、霞草等。

② 半耐寒性花卉：能忍受 0℃ 左右的低温，需稍加保护才能安全越冬的花卉。它们主要产于温带的较暖处。如美女樱、福禄考、毛地黄等。

③ 不耐寒性花卉：指不能耐 5℃ 左右的低温，耐寒性较差，一般不能露地越冬，遇霜后便会枯死的花卉。它们一般原产于热带及亚热带地区。如一串红、百日草等。

2) 水分因子

分为旱生植物、中生植物、湿生植物、水生植物等类。

(1) 旱生植物：能生长在干旱地带，具有极强的抗旱能力的植物。如沙地柏、沙棘、山杏、黄杨、夹竹桃、柽柳等。

(2) 中生植物：介于旱生树种与湿生树种之间的植物，绝大多数树木都属此类。

(3) 湿生植物：需生长在潮湿的环境中，在干燥或中生环境下生长不良的植物。如水松、枫杨、落羽杉、柳树等。

(4) 水生植物：适应水中生活而不能忍受缺水条件的植物。如红树、香蒲、荷花、睡莲等。

3) 光照因子

包括按光照强度分类和按光周期分类。

(1) 按光照强度分类

① 强阴性植物：指具有较高的耐阴能力，蔽荫度在 80% 仍能正常生长，不能忍受过强光照的植物。如蕨类植物、天南星科的一些植物。

② 阴性植物：指具有较高的耐阴能力，蔽荫度在 50% 仍能正常生长，不能忍受过强光照的植物。如冷杉、云杉、粗榧、红豆杉、八角金盘、常青藤、八仙花、紫楠、罗汉松、黄杨、蚊母、海桐、枸骨、杜鹃花、络石、连钱草、万年青、玉簪、麦冬等。

③ 中性植物：在充足光照下生长最好，稍受蔽荫时亦不受损害，其耐阴的程度因树种而异。如五角枫、元宝枫、桧柏、樟树、珍珠梅、七叶树、扶桑、天竺葵、紫茉莉等。

④ 阳性植物：指喜光而不能忍受荫蔽的植物。如松、杉、侧柏、桉树、杨、柳、刺槐、银杏、

泡桐属、臭椿、乌桕、芍药、荷花、香石竹、一品红等。

(2) 按光周期分类

① 长日照植物：日照时间长于一定时数(临界日长)才能开花的植物。如紫茉莉、唐菖蒲、飞燕草、荷花等。

② 短日照植物：日照时间短于一定时数(临界日长)才能开花的植物。如菊花、象牙红、一品红等。

③ 日中性植物：凡开花与日照长短无关的植物，称日中性植物，包括绝大多数园林植物。

4) 土壤因子

按耐土壤酸碱性分类。

(1) 酸性土植物：土壤 pH6.5 以下生长最好。如杜鹃、山茶、马尾松、栀子、印度橡皮树等。

(2) 中性土植物：土壤 pH6.5~7.5 之间生长最好，大多数园林植物都属这种类型。

(3) 碱性土植物：土壤 pH7.5 以上生长最好，如柽柳、紫穗槐、沙棘、沙枣(桂香柳)、杠柳等。

5) 按其他抗逆性分类

耐盐性分类、抗风性分类、抗大气污染分类等。

8.3.4 按在园林绿化中的用途分类

1) 庭荫树类

植于庭园或公园，用于遮荫纳凉的园林树种，多指冠大荫浓的落叶乔木。如梧桐、银杏、七叶树、槐树、朴树、榔榆、榕树、樟树等。

2) 行道树类

植于道路两旁给车辆和行人遮荫并构成街景的园林树木。要求适应城市环境，具耐修剪、主干直、分枝点高等特点。如悬铃木、槐树、臭椿、银杏、七叶树、鹅掌楸、毛白杨、元宝枫、樟树、榕树、栾树、合欢、凤凰木、羊蹄甲等。

3) 园景树类

植于庭院或绿地显著位置，具有个体观赏价值的园林树木。如南洋杉、雪松、金钱松、银杏、云杉、玉兰等。

4) 防护树类

指具有防护功能的树种，包括水土保持、防风固沙、固堤护坡、吸收有害气体等。此类树常成片种植，组成防护林。

5) 花木类

具有观花、观果等观赏价值的灌木类的总称。如梅花、海棠花、榆叶梅、月季、绣线菊、锦带花、丁香、山茶花、杜鹃花、牡丹、夹竹桃、扶桑、木芙蓉、连翘、火棘、金银木、枸子、南天竹、紫珠、红瑞木等。

6) 绿篱类

适于栽作篱墙的树种，主要起限定范围和防范作用，也可用来分隔空间和屏障视线。此类植物一般都是耐修剪、多分枝、生长较慢的常绿树种。如圆柏、侧柏、杜松、黄杨、大叶黄杨、女贞、珊瑚树等。也有以赏其花、果为主而不加太多修整的自然式绿篱。而作刺篱、花篱、果篱要另选适用树种。

7) 盆栽及造型类

指用于盆栽、盆景等的园林植物。盆栽包括木本和草本花卉；盆景主要指树桩盆景，要求生长缓慢、枝叶细小、易造型、耐修剪。如榕树、榔榆、五针松、火棘等。

8) 垂直绿化类

指具有攀缘功能，可绿化墙面、栏杆、枯树、山石、棚架等处的园林植物。木本有紫藤、爬山虎、五叶地锦、常春藤、猕猴桃等；草本有牵牛、茑萝等。

9) 地被类

指低矮、铺展能力强，用来覆盖地面的园林植物。木本的有常春藤、五味子、金银花、铺地柏、五叶地锦；草本的有二月兰、红花酢浆草、麦冬、葱兰、半枝莲、蛇莓、紫花地丁及草坪草等。

10) 切花类

指切取花枝或枝叶用于观赏、装饰的花卉。如切花菊、切花月季、香石竹、百合等。

11) 其他类

包括花坛花卉、花境花卉等等。

复习思考题

1. 植物系统分类法、自然分类方法的依据是什么？
2. 植物系统分类的单位有哪些？种和品种的概念各是什么？
3. 植物界有哪些门类？低等植物和高等植物的主要区别是什么？
4. 被子植物为什么会成为现今地球上最进化的植物类群？
5. 植物双名法是怎样命名的？亚种、变种、变型、品种应如何表示？
6. 常用的植物检索表有哪两种？如何使用？
7. 园林植物按生长类型分类有哪些种类？指出代表植物。
8. 园林花卉按耐寒性分类有哪些种类？指出代表植物。
9. 园林植物按光照强度分类有哪些种类？指出代表植物。
10. 园林植物按用途分类有哪些种类？指出代表植物。

下篇

个 论

第9章 木本园林植物

本章学习要点：

木本植物指茎内木质部发达、木质化细胞较多的植物。它们种类繁多，形态各异，在园林绿化中有着十分重要的地位与作用。木本园林植物可分为乔木、灌木、藤木等类型。乔木株体高大（5m以上），主干明显；灌木株体矮小（5m以下），主干低矮，或没有明显的主干，茎干自地面生出多数；而藤木则是茎干不能直立生长或常攀附于其他支撑物的木本植物。为便于学习，本章分为常绿乔木、落叶乔木、常绿灌木、落叶灌木、藤木、竹类等部分。本章重点学习木本园林植物的种类、识别方法、主要习性、观赏特点、园林应用等。

9.1 常 绿 乔 木

9.1.1 常绿针叶乔木

1）苏铁（别名铁树、凤尾蕉）

【学名】*Cycas revoluta* Thunb.

【科属】苏铁科，苏铁属

【形态特征】常绿木本，高达2～5m，树干圆柱形。树冠棕榈形。叶丛生于茎端，羽状全裂，初生时内卷，成长后扯直刚硬，深绿色，有光泽，长1～1.5m；叶柄长15～30cm，两侧有长约2mm的疏刺；羽片80～120对，条形，长15～20cm，宽6～8mm，先端渐尖，基部楔形，不对称，中脉在两面均隆起。雌雄异株，孢子叶球簇生于茎顶。种子倒卵形，略扁，棕红色。花期6～7月，种子10月成熟（图9-1-1）。

【产地分布】分布于我国云南南部，华南、西南地区可露地栽培，华中及华北地区多盆栽。印度、尼泊尔至中南半岛有分布。

【主要习性】喜光照充足、温暖湿润及通风良好的环境，不耐寒。土壤以肥沃、疏松、微酸性的沙质壤土为佳；生长缓慢。

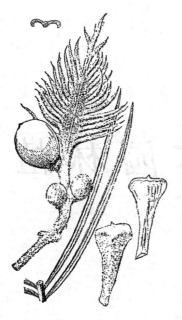

图 9-1-1 苏铁

【繁殖方法】可采用播种或分株繁殖。

【观赏应用】树形古雅，主干粗壮，坚硬如铁；羽叶洁滑光亮，四季常青，为珍贵观赏树种。南方多植于庭前、阶旁及草坪内；北方宜作大型盆栽，用以布置庭院屋廊及厅室。

2）南洋杉

【学名】*Araucaria cunninghamii* Sweet.

【科属】南洋杉科，南洋杉属

【形态特征】常绿乔木，在原产地高可达70m，胸径可达100cm以上。幼树树冠呈尖塔状，老树成平顶状。主枝轮生、平展，侧枝平展或稍有下垂。叶二型，生于侧枝及幼枝上呈针状，质地软，排列较疏松；生于主枝上的排列密集，呈卵形或三角锥形。雌雄异株。球果卵形，苞鳞刺状且尖头向后强烈弯曲。种子两侧有翅（图9-1-2）。

图 9-1-2 南洋杉

【产地分布】原产于大洋洲诺福克岛以及澳大利亚。我国广东、海南、福建等地有栽培,长江流域以北各地常作盆栽供观赏。

【主要习性】喜光,但不耐强光,幼树耐阴。喜温暖、湿润的气候,不耐寒,不耐干旱。培养土要求疏松、肥沃、腐殖质含量较高、排水透气性强。具较强的抗病虫、抗污染能力。生长快,萌蘖力强,抗风性强。

【繁殖方法】播种或扦插进行繁殖。插条应从长枝或主轴上剪取。

【观赏应用】体态秀丽美观,为世界著名的庭园树之一。供庭院行植或孤植。幼树则是珍贵的观叶植物,盆栽适用于前庭或厅堂内点缀环境。在华南地区可作为大型雕塑或风景建筑的背景树。木材可供家具、建筑用。树皮可提取松脂。

3) 日本冷杉

【学名】*Abies firma* Sieb. et Zucc.

【科属】松科,冷杉属

【形态特征】常绿乔木,高达50m。树冠阔圆锥形。树皮灰褐色,常龟裂;幼枝淡黄灰色,凹槽中密生细毛。叶长2~3.5cm,线形,扁平,先端钝,微凹或二叉分裂(幼龄树均分叉),基部扭转呈两列,向上成V形,表面深绿色而有光泽。花期3~4月。球果筒状,直立,10月成熟,褐色,种鳞与种子一起脱落。

【产地分布】原产于日本。我国山东、河南、陕西、湖北、四川、江西、贵州、云南、江苏、浙江等省均有栽培。

【主要习性】耐阴,喜冷凉、湿润的气候,较耐寒;幼苗畏炎热,易日灼。喜深厚、肥沃、沙质的酸性(pH:5.5~6.5)灰化黄壤。不耐烟尘;具抗风特性。

【繁殖方法】以播种繁殖为主。

【观赏应用】树姿挺拔,葱郁优美。适于公园、陵园、广场、甬道之旁或建筑物附近成行栽植,草坪及空地中成群栽植。如在老树之下点缀山石和观叶灌木,则更形成形、色俱佳之景。可用于建筑、家具、造纸,也可作枕木、电杆、板材等用材。

4) 辽东冷杉(杉松、白松)

【学名】*Abies holophylla* Maxim.

【科属】松科,冷杉属

【形态特征】常绿乔木,高达30m,胸径1m。树冠宽圆锥形,老树宽伞形。幼树皮淡褐色,不裂,老树皮灰褐色,浅纵裂。一年生枝淡黄灰色,无毛,有光泽。叶条形,先端突尖或渐尖,无凹缺,上面中脉凹下。球果圆柱形,熟时淡黄褐色;种鳞背面露出。种子有翅,翅比种子约长1倍。花期4~5月,球果10月成熟(图9-1-3)。

【产地分布】产于我国东北。俄罗斯、朝鲜也有分布。北京、杭州等地有栽培。

【主要习性】耐阴,喜冷湿气候,耐寒。喜深厚、湿润、排水良好的酸性土。自然生长在土层肥厚的阴坡,干燥的阳坡极少见。浅根性树种。寿命长。

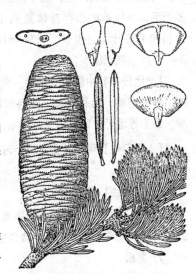

图9-1-3 辽东冷杉

【繁殖方法】播种、扦插繁殖。应用新鲜的种子沙藏1~3个月后播种。

【观赏应用】树姿雄伟端正，葱郁优美。宜孤植作庭荫树，也可以列植、丛植或群植，可盆栽作室内装饰。材质较轻，可用于板材和造纸。

5）白杄（云杉、麦氏云杉、毛枝云杉）

【学名】*Picea meyeri* Rehd. et Wils.

【科属】松科，云杉属

【形态特征】常绿乔木，高30m，胸径60cm。树冠圆锥形。树皮灰褐色，呈不规则薄鳞状剥落。一年生枝黄褐色。叶四棱状条形，先端钝尖，呈粉状青绿色。球果长圆柱形，初期淡紫色。种鳞倒卵形，先端扇形，基部狭，背部有条纹。花期5月，球果9~10月成熟（图9-1-4）。

【产地分布】是我国特产树种，在山西、河北、陕西等地均有分布。内蒙古及辽宁、黑龙江、河南、北京等地均有栽培。

【主要习性】耐阴，耐寒，喜凉爽、湿润的气候。喜深厚、肥沃、排水良好的土壤，在中性及微酸性土壤中生长良好，在微碱性土壤中亦可生长，不耐积水。生长慢，寿命长。

【繁殖方法】播种繁殖，通常行春播。

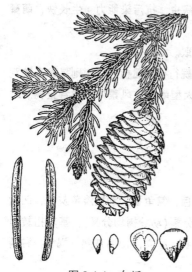

图9-1-4 白杄

【观赏应用】树形端正，枝叶茂密，最适孤植、列植或群植于街道、公园、庭院的绿地或草坪中。我国北方广泛应用于园林之中。常盆栽作室内装饰用。材质轻软，可供建筑及造纸等用。

6）青杄（刺儿松、魏氏云杉）

【学名】*Picea wilsonii* Mast.

【科属】松科，云杉属

【形态特征】常绿乔木，高达50m，胸径1.3m。树冠圆锥形。树皮灰色或暗灰色，成不规则小块片状脱落。一年生小枝多无毛，小枝基部宿存芽鳞紧贴小枝。叶较短，锥形，侧枝两侧和下侧叶向上生长。球果卵状圆柱形。花期5月，球果9~10月成熟（图9-1-5）。

【产地分布】中国特有树种。分布于河北、山西、甘肃中南部、陕西南部、湖北南部、青海东部及四川等地区。北京、太原、西安等地城市园林中常见栽培。

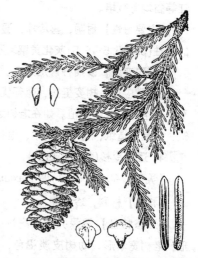

图9-1-5 青杄

【主要习性】耐阴，喜凉爽、湿润的气候，耐寒。喜排水良好、湿润的中性或微酸性土壤。生长缓慢，寿命长。

【繁殖方法】播种繁殖。

【观赏应用】树形端正，叶细密，为优美园林观赏树种。最适孤植、列植或群植在街道、公园、庭院的绿地或草坪中，也可盆栽作室内装饰用。材质轻软，可供建筑及造纸等用。

7）雪松

【学名】*Cedrus deodara* (Roxb.) G. Don

【科属】松科，雪松属

【形态特征】常绿乔木，高达50~70m，胸径3~4m。树冠塔形。树皮深灰色，不规则鳞片状剥裂。分枝低，大枝不规则轮生，平展，小枝细长，常下垂；一年生长枝淡黄褐色，有毛，短枝灰色。叶针状，灰绿色，针叶腹面两侧各有2~3条气孔线，背面4~6条，幼时被白粉，后渐脱落；簇生于短枝顶。雌雄异株，少数同株。球果椭圆状卵形，顶端圆钝，熟时栗褐色。种鳞阔扇状倒三角形，背面密被锈色短绒毛。种子三角状，种翅宽大。花期10~11月，球果翌年10月成熟(图9-1-6)。

【产地分布】原产于阿富汗至印度海拔1300~3300m的地带。我国西藏有少量天然林分布。长江流域各大城市中多有引种。青岛、大连、西安、昆明、北京、郑州等地均有栽培。

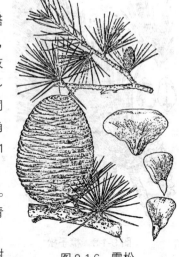

图9-1-6 雪松

【主要习性】喜光，有一定耐阴能力。喜温凉气候，有一定耐寒能力。喜土层深厚、肥沃、排水良好的沙壤土，能适应微酸性及微碱性土壤，忌地下水位过高或积水，耐旱力较强。根系浅，性畏烟，二氧化硫气体会使嫩叶迅速枯萎。抗风性差，北方冬春多风地区应注意防风。

【繁殖方法】可播种、扦插、组培繁殖。扦插宜采用5龄以内实生苗的侧生健壮枝；组培采用一年生实生苗的幼段最好。

【观赏应用】树形优美，潇洒飘逸，树体高大，为世界著名观赏树种之一。最宜孤植于草坪中央、建筑前庭的中心、广场中心或主要大建筑物的两旁及园门的入口等处。此外，列植于园路的两旁，形成甬道，景色壮观。木材可供建筑、造船、家具等用。

8) 油松(东北黑松)

【学名】*Pinus tabulaeformis* Carr.

【科属】松科，松属

【形态特征】常绿乔木，高25~30m，胸径1~1.8m。老年期树冠平顶，呈盘状或伞形。树皮灰褐色，鳞片状开裂。小枝粗壮，褐黄色。叶2针一束，叶鞘宿存。球果卵形，宿存于枝上达数年之久。种鳞的鳞背肥厚，横脊显著，鳞脐有刺。种子卵形，淡褐色，有斑纹。花期4~5月，球果次年9~10月成熟(图9-1-7)。

【产地分布】中国特有树种。分布于吉林、辽宁、内蒙古、河北、河南、陕西、山东、甘肃、宁夏、青海、四川北部等地。朝鲜亦有分布。

【主要习性】强阳性树；适干冷气候，耐寒。对土壤要求不严，能耐干旱、瘠薄，喜生于中性、微酸性土壤中，在低湿处及黏重土壤中生长不良，不耐盐碱。深根性树种，有根菌共生。寿命达数百年。易受松毛虫为害。

【繁殖方法】播种繁殖。

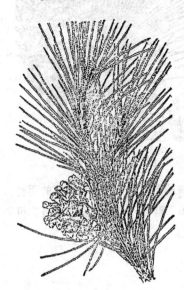

图9-1-7 油松

【观赏应用】树形优雅，四季常青，挺拔苍劲，可作行道树、庭

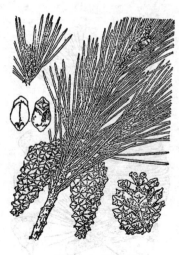

图9-1-8 樟子松

荫树和风景区绿化树种。适宜用于孤植、丛植、纯林群植和混交种植。

9) 樟子松

【学名】*Pinus sylvestris* var. *mongolica* Litvin.

【科属】松科,松属

【形态特征】常绿乔木,高达30m。树冠阔卵形。树干下部树皮灰褐色,上部棕色至黄色。叶2针一束,宽、短、扭曲,叶鞘宿存。球果长卵形,果柄下弯,鳞脐部分特别隆起并向后反曲,尤以球果下半部的种鳞明显。花期5～6月,球果次年10月成熟(图9-1-8)。

【产地分布】产于我国黑龙江大兴安岭及内蒙古呼伦贝尔盟海拉尔以西、以南地区。蒙古亦有分布。

【主要习性】强阳性树,极耐寒,适应干冷气候和瘠薄土壤;深根性,主侧根均发达,抗风沙。

【繁殖方法】播种繁殖。

【观赏应用】树干通直,姿态美观,适用于各类园林绿地中;又是优良的速生用材、防护林树种。

10) 华山松

【学名】*Pinus armandii* Franch.

【科属】松科,松属

【形态特征】常绿乔木,高达35m,胸径1m。树冠广圆锥形。小枝平滑无毛。幼树树皮灰绿色。叶5针一束,长8～15cm,质柔软,叶鞘早落。球果圆锥状长卵形,成熟时种鳞张开,种子脱落。种子无翅或近无翅。花期4～5月,球果次年9～10月成熟(图9-1-9)。

【产地分布】我国山西、陕西、甘肃、青海、河南、西藏、四川、湖北、云南、贵州、台湾等省区均有分布。

【主要习性】阳性树,喜温和凉爽、湿润气候,耐寒力强,可耐-31℃的绝对低温;不耐炎热。最宜深厚、疏松、湿润且排水良好的中性或微酸性壤土,不耐盐碱,较耐瘠薄。生长速度中等偏快,浅根性。对二氧化硫抗性较强。

【繁殖方法】播种繁殖。

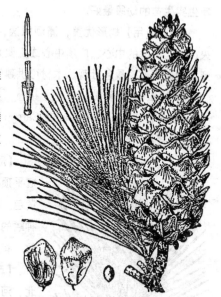

图9-1-9 华山松

【观赏应用】高大挺拔,针叶苍翠,冠形优美,生长较快,是优良的园林绿化树种和重要的用材树种。可作庭荫树、园景树、行道树,可营造风景林;宜孤植、丛植、群植和列植。材质优良,可作建筑、家具、枕木等用材;种子食用,又可榨油;针叶可提制芳香油。

11) 白皮松

【学名】*Pinus bungeana* Zucc. ex Endl.

【科属】松科,松属

【形态特征】常绿乔木，高达30m，有时呈多干式。树皮不规则鳞片状剥落后留下粉白相间的斑块。一年生小枝灰绿色，光滑无毛。叶3针一束，基部叶鞘早落。球果圆锥状卵形，鳞背宽阔而隆起，有横脊，鳞脐有刺。种子大，卵形褐色。花期5月，球果次年10月成熟(图9-1-10)。

【产地分布】中国特有树种。山东、山西、河北、陕西、河南、四川、湖北、甘肃等省均有分布。辽南、北京、曲阜、庐山、南京、苏州、上海、杭州、武汉、衡阳、昆明、西安等地均有栽培。

【主要习性】阳性树，幼树较耐阴；适应干冷气候，有较强的耐寒性。耐瘠薄、干旱和轻度盐碱。对SO_2气体及烟尘均有较强的抗性。深根性树种，生长速度中等，寿命可达千年。

【繁殖方法】播种繁殖。

【观赏应用】姿态优美，树皮色彩奇特，是珍贵的园林观赏树种。可植于公园、绿地和风景区中。可作建筑、家具、文具用材；种子可食用及榨油。

图9-1-10 白皮松

12) 马尾松

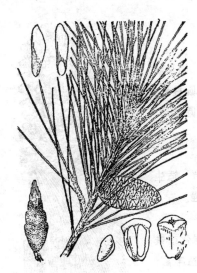

图9-1-11 马尾松

【学名】*Pinus massoniana* Lamb.

【科属】松科，松属

【形态特征】常绿乔木，高达45m，胸径1m。树冠在壮年期呈狭圆锥形，老年期内则开张如伞状。干皮红褐色，呈不规则裂片。一年生小枝淡黄褐色，轮生；冬芽圆柱形，端褐色。叶2针一束，罕3针一束，长12～20cm，质软，叶缘有细锯齿。树脂脂道4～8，边生。球果长卵形。花期4月，果次年10～12月成熟(图9-1-11)。

【产地分布】在我国分布极广，北自河南及山东南部，南至两广、台湾地区，东至沿海，西至四川中部及贵州。一般在长江下游海拔600～700m以下，中游约1200m以上，上游约1500m以下均有分布。

【主要习性】强阳性树，不耐阴；喜温暖、湿润的气候，耐寒性差。喜酸性黏质壤土，能耐干旱、瘠薄，不耐盐碱。寿命可达300年。

【繁殖方法】播种繁殖。

【观赏应用】树干较直；树皮深褐色，长纵裂，长片状剥落；木材纹理直，结构粗；含树脂，耐水湿。重要材用树种。树干可采割松脂，叶可提芳香油。是我国南部主要材用树种。经济价值高。

13) 黑松(白芽松、鳞毛松)

【学名】*Pinus thunbergii* Parl.

【科属】松科，松属

【形态特征】常绿乔木，高可达30m。树冠卵圆锥形或伞形。幼树树皮暗灰色，老树树皮灰

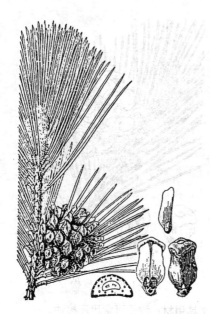

黑色且粗厚,裂成不规则鳞状厚片脱落。一年生枝淡褐黄色,无毛,无白粉,冬芽银白色,圆柱状。枝条横展,轮状排列。针叶2针一束,深绿色,粗硬。球果圆锥状卵形,有短柄,栗褐色。花期4~5月,种熟期翌年10月(图9-1-12)。

【产地分布】原产于日本、朝鲜。我国辽东半岛以南普遍栽培,黑龙江也有栽培。

【主要习性】喜光,喜温暖、湿润的海洋性气候。对土壤要求不严,适生于中性、石灰性及微酸性土壤,耐旱、耐瘠薄,不耐水涝,忌黏重。对有害气体有一定抗性。根系发达,抗风力强。

【繁殖方法】播种繁殖。

【观赏应用】树冠葱郁,干枝苍劲,针叶浓绿,树姿古雅,是珍贵的园林景观树种和优良海岸绿化树种。常与其他树种混植作背景,是制作树桩盆景的好材料。对二氧化硫和氯气抗性强,宜用于有污染的厂矿地区绿化。

图9-1-12 黑松

14)湿地松

【学名】Pinus elliotii Engelm.

【科属】松科,松属

【形态特征】常绿乔木,高达30m,径近1m。树皮紫褐色,鳞片状脱落,老树皮深裂。侧枝不甚开展,小枝粗壮,黄褐色;冬芽圆柱形,棕褐色。针叶2、3针一束并存,长20~30cm,深绿色。球果圆锥形,有梗。花期3月,种熟期翌年9~10月(图9-1-13)。

【产地分布】原产于美国。我国长江以南各省广为引种。

【主要习性】喜光,喜温暖、湿润的气候。对土壤要求不严,适生于酸性、黄沙壤,耐水湿。深根性,主侧根都很发达,抗风性强。

【繁殖方法】播种繁殖。

【观赏应用】树干端直,姿态苍劲,用于庭院观赏、城镇绿化或景区风景林等。宜丛植、群植或与其他阔叶树种混植。树脂含量丰富,可提取供化工、医药用。

15)日本五针松(五钗松、日本五须松、五针松)

【学名】Pinus parviflora Sieb. et Zucc.

【科属】松科,松属

【形态特征】常绿乔木,高可达35m,胸径1.5m。树冠圆锥形。幼树皮淡灰色,平滑,大树皮暗灰色,呈不规则鳞片状剥裂,内皮赤褐色。一年生枝黄褐色,密生淡黄色柔毛。叶5针一束,短,微弯,长3.5~5.5cm,径不到1mm,叶鞘早落。球果卵圆形,无梗,淡褐色。种子倒卵形,有黑色斑纹。

图9-1-13 湿地松

【变种与品种】

短叶五针松('Brevifolia'):直立窄冠型,枝少而短,叶细短,密生,盆景常用。

斑叶五针松('Variegafa'):斑叶中有部分黄白斑,也有全叶黄白色的。

【产地分布】原产于日本。我国长江流域城市及青岛等地有栽培，各地也常栽为盆景。

【主要习性】喜光，耐阴，幼苗喜阴。喜凉爽气候，忌阴湿，畏酷热，喜通风透光。喜土壤深厚、肥沃、排水良好之处，但不适于沙地生长。生长缓慢，寿命长，耐修剪。较抗海风。

【繁殖方法】播种、嫁接进行繁殖。嫁接繁殖时，砧木用3年生黑松实生苗。

【观赏应用】日本五针松为珍贵观赏树种之一，宜与山石配置形成园景，亦适作盆景、桩景。

16) 北美乔松（美国白松、美国五针松）

【学名】*Pinus strobes* L.

【科属】松科，松属

【形态特征】常绿乔木，高达50m。树冠阔圆头形。树皮深褐色，纵裂。小枝绿褐色，有毛，后脱落。叶5针一束，长约6～14cm，蓝绿色，细而柔软，不下垂，树脂道背部边生。球果窄圆柱形，种子具长翅（图9-1-14）。

【产地分布】原产于北美。大连、熊岳、南京、北京、沈阳等地有栽培。

【主要习性】喜光，稍耐阴；喜冷湿气候，抗寒。喜肥沃、潮湿、排水良好的土壤，耐旱、耐贫瘠，不耐盐碱土。对风很敏感，在强风雨下通常会折断枝条，极不耐空气污染（臭氧、硫）。有较强的抗病虫害能力。

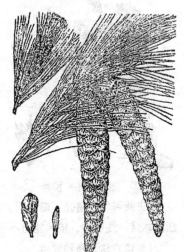

图9-1-14 北美乔松

【繁殖方法】播种繁殖。

【观赏应用】树形高大，针叶纤细柔美，是观赏价值较高的园林树种。宜植于公园、庭院及各类绿地中，也可配置于道路、广场中。

17) 红松（果松、海松）

【学名】*Pinus koraiensis* Sieb. et Zucc.

【科属】松科，松属

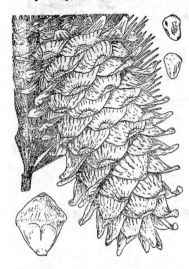

图9-1-15 红松

【形态特征】常绿乔木，高可达40m。树冠圆锥形。树皮红褐色，成块状脱落。一年生枝密生黄褐色柔毛，冬芽淡红褐色，圆柱状卵形。针叶5针一束，长6～12cm，粗硬，树脂道3个，叶鞘早落。球果圆锥状卵形，长9～14cm，径6～8cm。种子大，倒卵状三角形。花期6月，球果翌年9～10月成熟（图9-1-15）。

【产地分布】分布于我国东北小兴安岭一带，朝鲜、日本和俄罗斯也有分布。

【主要习性】喜光，喜凉爽、湿润的气候，耐寒。喜深厚、肥沃的酸性土壤，忌积水。深根性。寿命长达500年。

【繁殖方法】播种繁殖。

【观赏应用】树姿挺拔，干色暗红，是观赏价值较高的名贵树种。可作庭荫树、行道树、风景林等。材质优良，可用于建筑、航空、电杆、枕木、桥梁、车船、造纸等。树皮可制栲胶，根、叶中还可提取松节油、松针油、松香等工业原料；种子可食用，也可入药。

18) 柳杉(长叶柳杉、孔雀松、木沙椤树)

【学名】*Cryptomeria fortunei* Hooibrenk.

【科属】杉科，柳杉属

【形态特征】常绿乔木，高达40m，胸径达2m余。树冠塔圆锥形。树皮赤棕色，纤维状裂成长条片剥落，大枝斜展或平展，小枝常下垂，绿色。大树叶鳞状锥形，长3.5~6mm，幼树或萌生枝叶长6~14mm，微向内曲。雄球花黄色。球果熟时深褐色，径1.5~2.0cm。花期4月，果10~11月成熟(图9-1-16)。

【产地分布】产于浙江、福建海拔1100m以下地带，浙江、江苏南部、安徽南部、四川、贵州、云南、湖南、湖北、广东、广西及河南郑州等地有栽培。

图9-1-16 柳杉

【主要习性】喜光，略耐阴，亦略耐寒。喜深厚、肥沃、排水良好的沙质壤土，忌积水。能抗雪压及冰挂，浅根性，抗风能力不强。

【繁殖方法】播种繁殖。

【观赏应用】树形圆整而高大，树干粗壮，极为雄伟，最适孤植、对植，亦宜丛植或群植，亦宜作风景林栽植。在江南习俗中，自古以来用作墓道树。

19) 侧柏(扁柏、柏树)

【学名】*Platycladus orientalis* (L.) Franco.

【科属】柏科，侧柏属

【形态特征】常绿乔木，高达20m，胸径1m。树冠广圆形。树皮淡灰褐色，条片状纵裂。大枝开展，小枝扁平。全株为鳞叶，叶小，扁平，长1~3mm，两面均为绿色，交互对生，先端微钝，基部下延生长，背部有棱脊。雌雄同株，球花单生于枝顶。球果当年成熟，卵状椭圆形，成熟时褐色；种子长卵形。花期4~5月，球果10月成熟(图9-1-17)。

【变种与品种】千头柏('Sieboldii')：丛生灌木，无主干；枝密集，上伸；树冠宽卵形、圆锥形或椭圆状球形。

【产地分布】产于我国北部，为我国特产，除新疆、青海外广为分布。朝鲜也有分布。

图9-1-17 侧柏

【主要习性】喜光，适应于暖湿气候。在各类土壤中均能生长，在钙质土中生长良好，能耐干旱瘠薄。

【繁殖方法】播种繁殖。

【观赏应用】树干苍劲，气魄雄伟，肃静清幽。自古以来常栽植于寺院、陵墓地和庭园中。与圆柏混植能达到更好的风景艺术效果。又可作用材、香料和药用。

20) 香柏(美国侧柏、美国金种柏)

【学名】*Thuja occidentalis* L.

【科属】柏科，崖柏属

【形态特征】常绿乔木，在原产地高20m，胸径2m。树冠塔形。树皮红褐色或橘褐色，老树有板根。鳞叶有芳香，主枝上的叶有腺体，侧小枝上无腺体或很小形。当年生小枝扁平，3～4年生枝圆形。球果矩圆形或长卵形。花期4～6月，球果9～10月成熟(图9-1-18)。

图9-1-18 香柏

【变种与品种】

柱形香柏('Columna')：树冠柱形，高4～5m。

卵圆香柏('Hoveyi')：卵圆树冠，高1.5m。

【产地分布】原产于北美。我国早已引入栽培，在庐山等地生长良好，在北京亦可露地过冬。

【主要习性】喜光，耐阴，耐寒。不择土壤，耐瘠薄，能生长于潮湿的碱性土壤中。生长较慢，耐修剪。抗烟尘和有毒气体能力强。

【繁殖方法】播种、扦插、嫁接殖繁。

【观赏应用】树冠优美整齐，常作园景树点缀装饰树坛、风景小品或丛植于草坪一角。耐腐，有芳香，可作家具用。

21) 日本花柏(花柏)

【学名】*Chamaecyparis pisifera* (Sieb. et Zucc.) Endl.

【科属】柏科，扁柏属

【形态特征】常绿乔木，在原产地高达50m，胸径1m。树冠尖塔形。树皮红褐色，裂成薄片。鳞叶先端锐尖，略开展，侧面之叶较中间之叶稍长，表面暗绿色，下面有白色线纹。球果圆球形，径约6mm。种子三角状卵形，两侧有宽翅。花期4～5月，球果10月成熟(图9-1-19)。

图9-1-19 日本花柏

【变种与品种】

线柏('Filifera')：枝叶浓密，绿色或淡绿色，小枝线形、细长、下垂，鳞叶先端锐尖。

绒柏('Squarrosa')：大枝斜展，枝叶浓密，刺形叶柔软，轮生，下面中脉两侧有白粉带。

凤尾柏('Plumosa')：枝叶浓密，小枝羽状，鳞叶锥形，柔软开展，长3～4mm，扦插成活好。

卡柏('Squarrosa Lodermeia')：刺形叶，3叶轮生，细小柔软，白粉明显。

【产地分布】原产于日本。中国东部、中部及西南地区城市园林中有栽培。

【主要习性】喜光，较耐阴。喜温凉、湿润的气候；抗寒性差。喜湿润、肥沃、深厚的沙壤土。浅根性，耐修剪，生长较快，适应性强。

【繁殖方法】播种、扦插繁殖。扦插成活率很高，常用扦插繁殖。

【观赏应用】在园林中可孤植、丛植或作绿篱用。枝叶纤细，优美秀丽，特别是许多品种具有独特的姿态，观赏价值很高。也可作盆景、盆栽进行室内装饰。

22）日本扁柏

【学名】*Chamaecyparis oftusa* (Sieb. er Succ.) Endl.

【科属】柏科，扁柏属

【形态特征】常绿乔木，高达40m，干径1.5m。树冠尖塔形。树皮赤褐色，裂成薄片。鳞叶尖端较钝，肥厚。生鳞叶的小枝背面有白线或微被白粉。球果球形，径0.8～1cm；红褐色。花期4月；球果10～11月成熟(图9-1-20)。

【变种与品种】

云片柏('Breviramea')：小乔木，树冠窄塔形，生鳞叶的小枝有规则地排列成云片状。

撒金云片柏('Breviramea Aurea')：小枝延长而窄，顶端鳞片金黄色，余同云片柏。

孔雀柏('Filicoides')：丛生状，鳞叶小而厚，深亮绿色。

【产地分布】原产于日本。我国青岛、南京、上海、杭州、河南、江西、台湾、浙江、云南等地均有栽培。

【主要习性】较耐阴，喜凉爽而温暖、湿润的气候。喜肥，耐干旱瘠薄。适应性强。

【繁殖方法】播种繁殖。各栽培变种扦插繁殖为主，也可嫁接。

【观赏应用】树形及枝叶均美丽可观，许多品种具有特殊的枝形和树形，故常用于庭园配置。可作园景树、行道树、树丛、风景林及绿篱用。材质坚韧，耐腐，有芳香，宜供建筑及造纸用。

图9-1-20 日本扁柏

23）柏木(柳柏、璎珞柏)

【学名】*Cupressus funebris* Endl.

【科属】柏科，柏木属

【形态特征】常绿乔木，高达35m，胸径2m。树冠圆锥形。老树散顶，树皮淡褐灰色。生鳞叶的小枝扁平、下垂，排成平面，两面相似。鳞叶先端锐尖，中央之叶背面有条状腺点，偶有刺形叶。球果球形，径0.8～1.2cm。种子近圆形，淡褐色，有光泽。花期3～5月；球果翌年5～6月成熟(图9-1-21)。

【产地分布】我国特有树种，主要分布在长江流域及以南地区，四川、湖北、贵州最多。是长江以南石灰岩山地的造林树种。

【主要习性】喜光，稍耐侧阴。喜温暖、湿润的气候。对土壤适应性强，喜深厚、肥沃的钙质土壤，耐干旱、瘠薄，也耐水湿。抗有害气体能力强。寿命长。

图9-1-21 柏木

【繁殖方法】播种、扦插繁殖。种子沙藏后可以提高发芽率。扦插繁殖常在冬季进行。

【观赏应用】树冠浓密，枝叶纤细下垂，树体高耸，可以成丛、成片配置在风景区、森林公园等处，也可作甬道树或配置在纪念性建筑物周围，还可在门庭两边、道路入口对植。木材材质优良，纹理直，结构细，耐腐，可作建筑、车船和器具等用材。

24）圆柏(桧柏)

【学名】*Sabina chinensis* (L.) Ant.

图 9-1-22 圆柏

【科属】柏科,圆柏属

【形态特征】常绿乔木,高达 20m。树冠尖塔形或圆锥形,老树则成广卵形、球形或钟形。树皮深灰色或赤褐色,成窄条纵裂脱落,有时呈扭转状。老枝常呈扭曲状;小枝直立或斜生,亦有略下垂的。叶有二型,鳞叶交互对生,多见于老树或老枝上;刺叶常 3 枚轮生或交互对生,长 0.6~1.2cm,叶上面微凹。雌雄异株,极少同株。球果球形,径 6~8mm,次年成熟,熟时暗褐色,被白粉,果有 1~4 粒种子,卵圆形。花期 4 月下旬,果多次年 10~11 月成熟(图 9-1-22)。

【变种与品种】

偃柏 [var. *sargentii* (Henry.) Chen et L. K. Fu.]:匍匐灌木,小枝上升成密丛状;刺形叶常为 2 枚交互对生;球果蓝色。

垂枝圆柏 [f. *pendula* (Franh.) Cheng et W. T. Wang.]:枝条细长,小枝下垂,全具鳞片叶。

龙柏('Kaizuca'):枝条向上伸展或向一个方向扭转,形成柱状或尖塔形树冠;叶全为鳞形或在下部枝条上间有刺形叶,叶排列紧密,幼树叶为淡黄绿色,后变为翠绿色;球果蓝色,有白粉。

金叶桧('Aurea'):直立灌木,鳞叶初为金黄色,后渐变为绿色。

球柏('Globosa'):矮型丛生圆球形灌木,枝条密生;叶多为鳞叶,间有刺形叶。

金球桧('Aureoglobosa'):树形同球柏,但在幼枝中有金黄色的枝叶。

【产地分布】原产于我国中部,现广泛栽培。朝鲜、日本也有分布。欧美各国也有栽培。

【主要习性】喜光,有一定耐阴能力;喜温凉气候,耐寒,耐热。对土壤要求不严,能生于酸性、中性及石灰质土壤中,对土壤的干旱及潮湿均有一定的适应性,忌积水;但以中性、深厚而排水良好处生长为最佳。深根性,寿命长。耐修剪,易整形。对 SO_2、Cl_2、HF 等有毒气体有较强抗性。能吸收硫和汞。

【繁殖方法】播种繁殖。变种多采用扦插或嫁接繁殖。嫁接以侧柏或桧柏实生苗作砧木。

【观赏应用】树形优美,老树干枝扭曲,奇姿百态,自古以来多配植于庙宇陵墓作墓道树或柏林。耐阴性强且耐修剪,为优良的绿篱植物。材质致密,坚硬,桃红色,美观而有芳香,极耐久,故宜作文具、家具或建筑材料。种子可榨油或入药。

25) 北美圆柏(铅笔柏)

【学名】*Sabina virginiana* (L.) Ant.

【科属】柝科,圆柏属

【形态特征】常绿乔木,在原产地高达 30m,枝直立或斜展,圆锥状树冠。树皮红褐色,裂成长条片脱落。生鳞叶的小枝细,呈四棱形。鳞叶较疏,菱状卵形,先端急尖或渐尖,长约 1.5mm,背面中下部有下凹腺体;刺叶生于幼树或大树上,交互对生,被白粉;先端有硬尖头,上面凹,有白粉。雌雄异株。球果球形或卵形,蓝绿色,有白粉。种子褐色,卵圆形,长约 3mm。花期 3 月。球果 10~11 月成熟。

【产地分布】原产于北美。华东地区及华南地区普遍引种栽培。

【主要习性】阳性,适应性强,抗污染,能耐干旱,又耐低湿,既耐寒还能抗热,抗瘠薄,在各种土壤上均能生长。

【繁殖方法】播种、嫁接繁殖。嫁接繁殖时，侧柏或桧柏为砧木。

【观赏应用】可作园景树、行道树。性耐修剪又有很强的耐阴性，故作绿篱比侧柏优良。下枝不易枯，冬季颜色不变，褐色或黄色，且可植于建筑之北侧阴处。是园林绿化及观赏树种。木材可提炼高倍显微镜用油；是制铅笔杆及细木工板的优良用材。

26) 刺柏(刺松、山刺柏、短柏木)

【学名】*Juniperus formosana* Hayata.

【科属】柏科，刺柏属

【形态特征】常绿乔木，高达 12m。树冠狭圆锥形。树皮灰褐色，纵裂成长条薄片脱落。大枝斜展或直伸，小枝下垂，三棱形。叶全刺形，长 1.2～2.5cm，宽 1.2～2mm，条状披针形，先端渐尖，基部有关节，不下延，表面略凹。球果球形或宽卵圆形，径 6～10mm，熟时淡红褐色，有白粉，顶部略开裂。花期 4～5 月，球果 9～10 月成熟(图 9-1-23)。

【产地分布】产于我国长江以南各省、区。陕西和甘肃南部也有分布，北方地区可盆栽。

【主要习性】喜光，耐寒性强，喜温暖、湿润的环境。在自然界常散见于海拔 1300～3400m 的地区，但不成大片森林。

图 9-1-23 刺柏

【繁殖方法】播种或嫁接法繁殖，嫁接时以侧柏为砧木。

【观赏应用】株形丰满，枝叶紧凑，四季青翠、挺拔。宜于公园、绿地、道路孤植、丛植、群植或列植。材质致密而有芳香，宜作铅笔、家具、桥柱、木船等。

27) 杜松(萌松、棒松)

【学名】*Juniperus rigida* Sibe. et Zucc.

【科属】柏科，刺柏属

【形态特征】常绿乔木，高达 12m。树冠圆柱形，老则圆头状。大枝直立，小枝下垂。叶全为条状刺形，坚硬，先端渐尖，上面有深槽，内有一条白色气孔带，叶下有明显纵脊。球果球形或宽卵圆形，成熟时淡褐色或蓝黑色。花期 4 月，球果翌年 10 月成熟(图9-1-24)。

【产地分布】产于我国东北、华北、西北地区等省区。日本、朝鲜亦有分布。

【主要习性】喜光，耐阴，喜冷凉气候，耐寒。对土壤要求不严，但以湿润的沙质壤土为佳。深根性树种，主根长，侧根发达，抗风能力强。

【繁殖方法】播种、扦插繁殖。以扦插为主。

【观赏应用】枝叶浓密下垂，树姿优美。可丛植、列植，装饰建筑，点缀广场和草坪，可植于公园、建筑前，也可作绿篱。也可盆栽或制作盆景，供室内装饰。

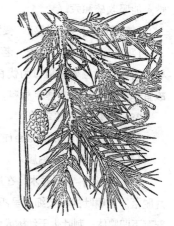

图 9-1-24 杜松

28) 罗汉松(土杉、罗汉杉)

【学名】*Podocarpus macrophyllus*(Thunb.)D. Don.

【科属】罗汉松科，罗汉松属

【形态特征】常绿乔木，树皮深灰色，成鳞片状开裂。叶螺旋状排列，条状披针形，长7～10cm，宽5～8mm，先端渐尖或钝尖，基部楔形，有短柄，中脉在两面均明显突起；正面暗绿色、有光泽，背面淡绿或灰绿色。种子卵圆形，径不足1cm，成熟时为紫色或紫红色，外被白粉，着生于肥厚肉质的种托上，种托红色或紫红色，有梗。花期5月，种子9～10月成熟(图9-1-25)。

【变种与品种】

短叶罗汉松(小叶罗汉松 var. maki Endl.)：小乔木或灌木，枝向上伸展。叶短而密生，长2.5～7cm，宽3～7mm，先端钝或圆。原产于日本，我国长江流域以南各地作庭院树。北方盆栽。

短小叶罗汉松(var. maki f. condensutus Makino)：叶短小，长在3.5cm以下。多用于盆景。

狭叶罗汉松(var. angustifolius Bl.)：原产于西南各省。

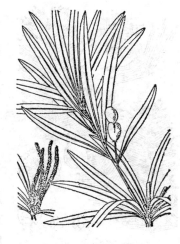

图9-1-25 罗汉松

【产地分布】原产于长江流域以南至广东、广西、云南、贵州海拔1000m以下的地区；日本也有分布。

【主要习性】喜光也耐阴，幼苗、幼树喜阴。喜温暖、湿润的气候，耐寒性略差。怕水涝和强光直射，要求肥沃、排水良好的沙壤土。生长慢，寿命长，萌芽力极强，耐修剪。病虫害少，抗有害气体能力强，并能吸收SO_2。

【繁殖方法】常用播种和扦插繁殖。播种，8月采种后即播，约10d后发芽。扦插，春秋两季进行，春季选休眠枝，秋季选半木质化嫩枝，约50～60d生根。

【观赏应用】树姿秀丽，枝叶稠密葱郁，夏、秋季果实累累，惹人喜爱。适用于小庭院门前对植和墙垣、山石旁配置，也可盆栽或制作树桩盆景供室内陈设。木材富油质，耐水湿，不易受虫蛀，可作家具用材；树皮能杀虫，治癣疥；种可入药。

29）竹柏(罗汉柴、大果竹柏、猪油木)

【学名】*Podocarpus nagi* (Thunb.) Zoll. et Mor.

【科属】罗汉松科，竹柏属

【形态特征】常绿乔木，高10m。树皮深灰色，成鳞片状开裂。单叶近对生，革质，形似竹叶，叶长5～7cm，宽1.5～2.8cm，顶端渐尖或钝尖，基部楔形，有短柄，中脉在两面均明显突起，全缘，叶浓绿色，叶正面及背面有光泽，无托叶。雌雄异株。种子球形，径1.2～1.5cm，成熟时为紫色或紫红色，外被白粉，着生于肥厚肉质的种托上，种托红色或紫红色，有梗。花期5月，种子9～10月成熟(图9-1-26)。

图9-1-26 竹柏

【产地分布】主要分布于我国的华东和华南地区。四川、云南等地也有分布。日本也有。

【主要习性】阴性树种，喜温热、湿润的气候，对土壤要求较严，不耐积水。在深厚、疏松、湿润、腐殖质层厚、呈酸性的沙壤土至轻黏土中均能生长，尤以在沙质壤土中生长迅速。

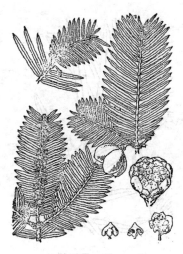

图9-1-27 粗榧

【繁殖方法】播种及扦插繁殖。

【观赏应用】竹柏的枝叶青翠而有光泽，浓绿洁净，树冠浓郁，树形美观，是南方的良好庭荫树和行道树，亦是"四旁"绿化的优秀树种。幼株极耐阴，盆栽为优雅之室内观姿植物。材质优良，可供建筑、家具、乐器、雕刻等用。种子可榨油，是著名的木本油料树种。

30）粗榧（粗榧杉、中国粗榧）

【学名】*Cephalotaxus sinensis* (Rehd. et Wils.) Li.

【科属】三尖杉科，三尖杉属

【形态特征】常绿小乔木，高达12m。树皮灰色或灰褐色，薄片状脱落。叶在小枝上排列紧密，条形，长2～5cm，宽约3mm，顶端有急尖或渐尖的短尖头，基部近圆形或圆楔形，几无柄。种子卵圆形、近圆形或椭圆状卵形，微扁，长1.8～2.5cm。花期4月，种子次年9～10月成熟(图9-1-27)。

【产地分布】我国特有树种，产于长江流域及以南地区，多生于海拔600～2200m的山地。河南南部、陕西南部和甘肃南部也有分布。北京也有栽培。

【主要习性】喜光，耐阴，较耐寒。喜生于富含有机质之壤土中。抗病虫害能力强，生长缓慢，但有较强的萌芽力，耐修剪，但不耐移植。

【繁殖方法】播种、扦插繁殖。播种繁殖时种子层积处理后进行春播。扦插繁殖多在夏季进行，插穗以选主枝梢者为最佳。

【观赏应用】粗榧通常多与其他树配置，作基础种植用，或植于草坪边缘大乔木之下。可作切花装饰材料。种子含油，可制肥皂、润滑油等；木材可作农具。

31）东北红豆杉（紫杉、赤柏松、米树）

【学名】*Taxus cuspidata* Sieb. et Zucc.

【科属】红豆杉科，红豆杉属

【形态特征】常绿乔木，高达20m。树皮红褐色，有浅裂纹。枝条平展或斜上直立，密生；小枝互生，基部有宿存芽鳞；一年生枝绿色，秋后呈淡红褐色，二、三年生枝红褐色或黄褐色。叶螺旋状着生，排成不规则的二列；条形，上面深绿色，有光泽，下面有两条灰绿色气孔带。种子紫红色，有光泽，卵圆形，假种皮红色。花期3～4月，种子9月份成熟(图9-1-28)。

【变种与品种】矮紫杉（'Nana'）：常绿灌木，植株较矮，枝密而宽。叶螺旋状着生，呈不规则两列，与小枝约成45°角斜展，条形，基部窄，有短柄，先端且凸尖，上面绿色有光泽，下面有两条灰绿色气孔线。种子坚果状，假种皮暗红色。

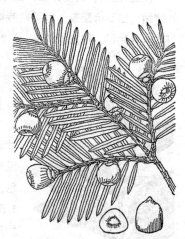

图9-1-28 东北红豆杉

【产地分布】产于我国黑龙江东南部，吉林及长白山区，日本、朝鲜、俄罗斯也有分布。北京、山东、江苏、江西等省有栽培。

【主要习性】喜光，耐阴，喜凉爽、湿润的气候，耐寒。喜富含有机质的酸性土壤，怕涝。生长迟缓，寿命长。

【繁殖方法】播种繁殖。

【观赏应用】树形端直，枝叶浓密，色泽苍翠，秋日红果在绿叶丛中辉映。宜在较阴的环境中孤植、丛植。矮紫杉姿态古拙，宜于高山园、岩石园栽植或作绿篱，也可作盆景。

32) 香榧(榧树、榧、玉榧)

【学名】*Torreya grandis* Fort.

【科属】红豆杉科，榧树属

【形态特征】常绿乔木，高达 25m，胸径 1m。树皮灰褐色，纵裂。小枝近对生或近轮生，一年生小枝绿色，2~3 年生小枝黄绿色，冬芽卵圆形、有光泽。叶螺旋状着生，条形，通常直，长 1.1~2.5cm，宽 2~4mm，先端突尖成刺状短尖头，上面光绿色，有两条稍明显的纵脊，下面黄绿色的气孔带与绿色中脉及边带等宽。种子椭圆形、倒卵形或卵圆形，假种皮淡紫红色。花期 4 月，种子翌年 10 月成熟(图 9-1-29)。

图 9-1-29 香榧

【产地分布】产于我国长江以南地区。浙江西天目山海拔 1000m 以下有野生大树。

【主要习性】喜光，能耐阴。喜温暖、湿润的环境，稍耐寒。土壤适应性较强，喜深厚、肥沃的酸性沙壤土，钙质土亦可以生长，忌积水。病虫害少。抗污染能力较强，适应城市生态环境。

【繁殖方法】嫁接、扦插、播种繁殖。扦插用一年生嫩枝发根强，嫁接用播种的实生苗作砧木。

【观赏应用】树冠整齐，枝叶浓郁，蔚然成荫。宜孤植作庭荫树或与石榴、海棠等花灌木配置；可在草坪边缘或建筑物周围丛植；大门入口对植；可用于工矿区绿化。种子可食用或榨油；假种皮可提取芳香油；木材可造船及建筑用。

9.1.2 常绿阔叶乔木

1) 木麻黄(驳骨松)

【学名】*Casuarina equisetifolia* L.

【科属】木麻黄科，麻黄属

【形态特征】常绿乔木，高达 40m，胸径 70cm。树皮暗褐色。小枝灰绿色，细长下垂，似松针，长 10~27cm，节间长 4~8mm，每节有退化鳞叶 7 枚，节间有纵沟 7 条，部分小枝冬季脱落。花单性同株，雄花成柔荑状花序生于小枝端；雌花成头状花序生于短枝端。果序近球形，苞片有毛，小坚果有翅。花期 4~5 月，果熟期 7~8 月(图 9-1-30)。

【产地分布】原产于大洋洲，华南沿海地区有栽培。

【主要习性】强阳性，喜炎热气候，不耐寒。耐干旱、耐盐碱、耐瘠薄及潮湿。根系发达，抗风能力强。生长快，寿命短，30~50 年即衰老。

【繁殖方法】播种繁殖，亦可用嫩枝扦插。

【观赏应用】防风固沙能力强，是热带沿海地区最适合的绿化造林树种之一。我国台湾、广州等地用作行道树，或与相思树等树

图 9-1-30 木麻黄

种混植作风景林；还可用作绿篱或海岸防护林。木材坚实，树皮含单宁。

2）杨梅（山杨梅、树梅）

图9-1-31 杨梅

【学名】*Myrica rubra* Sieb. et Zucc.

【科属】杨梅科，杨梅属

【形态特征】常绿乔木，高达12～15m，胸径60cm。树冠球形。树皮灰色，老时浅纵裂。嫩枝有油腺点。叶长倒卵形或倒披针形，长4～12cm，先端钝圆，基部狭楔形，背面有黄色树脂腺点，全缘或中部以上有锯齿，叶柄短。雌雄异株。雄花序紫红色，簇生于叶腋；雌花序单生于叶腋。核果球形，外果皮肉质，多汁液，味酸甜，深红或紫红色，径1cm以上。花期4月，果熟期6～7月（图9-1-31）。

【产地分布】产于我国长江流域以南各省，以浙江省栽培最多。

【主要习性】稍耐阴，不耐强烈的日照；喜温暖、湿润气候，不耐寒。喜排水良好的酸性沙壤土，稍耐瘠薄。深根性树种，萌芽力强，有菌根。对二氧化硫和氯气抗性较强。寿命可达200年。

【繁殖方法】播种繁殖。用实生苗作砧木嫁接优良品种，培育果树用。

【观赏应用】球形树冠整齐，枝叶茂密，四季常青，果色鲜艳，是园林绿化优良树种。可孤植、丛植于庭院、草坪中，或密植用来分隔空间或起遮蔽作用。杨梅是优良果树，果实可作食品加工，也可酿酒、入药。

3）青冈（青冈栎）

【学名】*Cyclobalanopsis glauca* (Thunb.) Qerst.

【科属】壳斗科，青冈属

【形态特征】常绿乔木，高达20m，胸径1m。树冠扁球形。树皮平滑不裂，小枝青褐色。叶革质，长椭圆形或倒卵状长椭圆形，长6～13cm；上半部有疏锯齿，中部以下全缘，背面灰绿色。总苞杯状，有5～8环带，上有薄毛。果椭圆形、无毛。花期4～5月，果10～11月成熟（图9-1-32）。

图9-1-32 青冈

【产地分布】是本属中分布最北且最广的一种。北起河南、陕西及甘肃南部，是长江流域及以南组成常绿阔叶与落叶阔叶混交林的主要树种。朝鲜、日本、印度也有分布。

【主要习性】喜光，较耐阴；喜温暖、多雨的气候。在深厚、肥沃、湿润的地方生长旺盛，在低酸性或石灰岩土壤中都能生长。深根性，萌芽力强，抗有害气体能力较强。

【繁殖方法】播种繁殖。

【观赏应用】树姿优美，枝叶茂密，树荫浓郁，终年常青，是很好的观赏及造林树种。宜作常绿基调树种，可丛植、群植或与其他常绿树混交成林，一般不孤植。也可作高墙绿篱，用于隔声、防有害气体，还可作防风林、防火林等。

4）榕树（细叶榕、小叶榕）

【学名】*Ficus microcarpa* L.

【科属】桑科，榕属

【形态特征】常绿乔木，高达 30m，胸径 2.8m。树冠广卵形，庞大。树干主枝下垂气生根。叶薄革质，椭圆形或倒卵状椭圆形，长 4~8cm；先端钝尖，基部楔形，全缘；羽状脉 5~6 对，无毛，叶柄短。隐花果腋生，扁球形，径约 8mm，黄色或淡红色，无柄。花期 5~6 月，果熟期 9~10 月（图 9-1-33）。

图 9-1-33　榕树

【产地分布】产于华南，印度及东南亚各国有分布。

【主要习性】喜暖热、多雨气候，不耐寒。喜酸性土壤。萌芽力强，深根性。抗污染，耐烟尘，病虫害少。生长快，寿命长。

【繁殖方法】播种或扦插繁殖，也可分蘖繁殖。

【观赏应用】树冠庞大圆整，枝叶稠密，浓荫覆地，独木成林，是华南地区园林绿化的特色树种。广州、福州等地栽作庭荫树、行道树；宜作盆景。

5）印度橡皮树(印度胶榕)

【学名】*Ficus elastica* Roxb.

【科属】桑科，榕属

【形态特征】常绿乔木，在原产地可高达 45m。树干有下垂的气生根，全体无毛，含乳汁。单叶互生，厚革质，长椭圆形，长 10~30cm；基部圆钝，全缘，深绿色，有光泽；羽状侧脉多而细，平行，叶柄粗短；托叶合生，红色，包被顶芽，脱落后枝上留有环状托叶痕。隐花果成对腋生。花期 5~6 月。

【变种与品种】斑叶胶榕('Variegata')：叶面有黄或黄白色斑。

三色胶榕('Tricolor')：绿叶上有黄白色和粉红色斑。

美丽胶榕('Decora')：叶宽而厚，幼叶背面中脉及叶柄为红色。

【产地分布】原产于印度及马来西亚。我国华南有栽培。长江流域及北方盆栽观赏。

【主要习性】喜光，也耐阴；喜高温多湿的环境，不耐寒。要求肥沃、排水良好的土壤。

【观赏应用】叶片宽大厚实，色彩浓绿，是应用较广的观叶树种。华南地区可露地栽植，作庭荫树及观赏树；长江流域及北方城市多盆栽观赏，室内越冬。

图 9-1-34　广玉兰

6）广玉兰(荷花玉兰、洋玉兰)

【学名】*Magnolia grandiflora* L.

【科属】木兰科，木兰属

【形态特征】常绿乔木，高达 30m。树冠阔圆锥形。树皮薄鳞状，淡褐色或灰褐色。小枝及芽被锈色绒毛。叶厚革质，椭圆形或倒卵状椭圆形，长 10~20cm；表面有光泽，背面密被锈色绒毛，叶缘反卷、波状。花单生于枝顶，形似荷花，径 15~20cm，白色芳香，花被 9~12 片，厚质。聚合果肉质，圆柱形，密被锈色绒毛。花期 5~6 月，果熟期 10 月（图 9-1-34）。

【变种与品种】狭叶广玉兰(var. *lanceolata* Ait.)。

【产地分布】原产于北美洲东南部，我国长江流域及以南广为栽培，山东、河南等地有引种。

【主要习性】喜光，幼时耐阴，喜温暖、湿润的气候，稍耐寒。对土壤要求不严，适生于湿润、肥沃的土壤中，不耐积水，在密实土壤中生长不良。根系深广，但不耐修剪。对二氧化硫等有害气体抗性较强，病虫害少，寿命长。

【繁殖方法】嫁接、压条、播种繁殖。嫁接用木兰作砧木。

【观赏应用】树姿优美，树荫浓郁，叶厚而有光泽，花大而幽香，蓇葖开裂，种子红艳，是观赏价值较高的园林绿化树种。适宜作庭荫树、园景树；可孤植于草坪，对植于门庭两侧，列植于园路或群植成片林，既可遮荫，又供观赏。花、叶、幼枝可提取芳香油，叶可入药，种子可榨油。

7) 白兰花(白兰)

【学名】*Magnolia grandiflora* L.

【科属】木兰科，含笑属

【形态特征】常绿乔木，高达 17m。干皮灰色，新枝及芽有白色绢毛。单叶互生，薄革质，长椭圆形或椭圆状披针形，长 10~25cm，全缘；托叶痕仅及叶柄长的 1/4~1/3。花单生于叶腋，白色，极芳香，长 3~4cm。花期 4~9 月，盛花期夏季。

【产地分布】原产于印度尼西亚，我国华南及云南广为栽培，长江流域及华北常温室盆栽。

【主要习性】喜光，不耐阴；喜暖热、多湿的气候，不耐寒。喜肥沃、疏松的酸性土壤，肉质根，怕积水。

【繁殖方法】可用扦插、压条或以木兰为砧木用靠接法繁殖。

【观赏应用】叶大荫浓，花色洁白，极具芳香，是名贵的香花树种。华南多作为庭荫树、行道树；花朵可熏制茶叶或作襟花佩带。

8) 八角(八角茴香、大茴香)

【学名】*Illicium verum* Hook. f.

【科属】八角科，八角属

图 9-1-35　八角

【形态特征】常绿乔木，高达 15~20m。树冠圆锥形。枝、叶均具香气。单叶互生，椭圆形或椭圆状倒卵形，长 5~14cm，全缘，革质，先端钝尖或渐短尖，基部楔形，表面有光泽和透明油点，背面有毛。花单生于叶腋，花梗长，花被 7~12 片，粉红色或深红色。聚合果具 8 个蓇葖，红褐色。种子褐色，有光泽。每年开花两次，第一次花期 2~3 月，果 8~9 月成熟；第二次花期 8~9 月，果次年 2~3 月成熟(图 9-1-35)。

【产地分布】原产于华南、西南等暖湿地区，主产于广西。

【主要习性】耐阴，喜冬季温暖、夏季凉爽的山区气候，不耐寒。喜深厚、肥沃、排水良好的酸性土。不耐干燥瘠薄，浅根性，枝脆，易风折，栽植时应避开风口。

【繁殖方法】播种繁殖。5~6 年可开花结果。可根据园林上不同的要求，培养乔木或灌木。移植应在雨季进行。

【观赏应用】树形整齐美观，叶丛茂密，亮绿光泽，花色艳丽，是园林观赏兼经济树种。适合作中、下层常绿基调树种；可作庭荫树或高篱。八角果是著名的调味香料和医药原料。

9) 樟树(香樟、小叶樟)

【学名】*Cinnamomum camphra* (L.)Presl.

【科属】樟科，樟属

【形态特征】常绿乔木，高达 30m，胸径 5m。树冠卵球形。树皮灰褐色，纵裂，小枝无毛。单叶互生，卵状椭圆形，长 5~8cm，先端尖，基部宽楔形，叶缘波状；背面灰绿色，薄革质，离基三出脉,脉腋有腺体。圆锥花序腋生,花小,黄绿色,6裂。果球形,径6mm,紫黑色。花期4~5月,果熟期9~11月(图9-1-36)。

【产地分布】我国长江以南有分布,以江西、浙江、福建、台湾最多。垂直分布多在海拔1000m以下。越南、朝鲜、日本也有分布。

【主要习性】喜光,稍耐阴。喜温暖、湿润的气候,耐寒性不强,南京的樟树常遭冻害。在深厚、肥沃、湿润的酸性或中性黄壤、红壤中生长良好,不耐干旱、瘠薄和盐碱土,耐湿。萌芽力强,耐修剪。抗二氧化硫、臭氧、烟尘污染能力强,能吸收多种有毒气体。较适应城市环境。深根性,生长快,寿命可达千年以上。是我国南方重要的园林绿化树种。

【繁殖方法】可用播种、扦插或萌芽更新等方法繁殖。以播种为主。

图9-1-36 樟树
1—果枝;2—花纵剖;3—雄蕊;
4—退化雌蕊;5—果;6—种子

【观赏应用】树姿雄伟,冠大荫浓,枝叶茂密,是城市绿化的优良树种和珍贵的造林树种。适宜栽作庭荫树、行道树、风景林、防风林。无论孤植于草坪、片植成林或与其他花灌木配置,均能形成优美景观和良好的生态效果。樟木是高档家具、雕刻、乐器的原料;可提取的樟脑油,是国防、化工、香料的原材料;根、皮、叶可入药。

10) 紫楠

【学名】*Phoebe sheareri* (Hemsl.) Gamble.

【科属】樟科,楠属

【形态特征】常绿乔木,高达15~20m,胸径50cm。树皮灰褐色,小枝密生褐色绒毛。叶倒卵状椭圆形,革质,长8~27cm,宽3.5~9cm,先端突短尖或尾尖;背面网脉隆起并密被褐色绒毛。花被片较大,卵状椭圆形,果梗较粗,种皮有黑斑。花期5~6月,果熟期10~11月(图9-1-37)。

【产地分布】我国长江流域以南及西南各省广泛分布。

【主要习性】耐阴,喜暖湿环境,有一定耐寒能力,在南京能正常生长。喜深厚、肥沃、湿润的酸性或中性壤土。深根性,萌芽力强,生长缓慢,寿命长。

图9-1-37 紫楠

【繁殖方法】播种、扦插繁殖。幼苗期防日灼,需搭棚遮荫。

【观赏应用】树姿优美,叶大荫浓,是有价值的观赏兼经济树种。宜作庭荫树、园景树;可孤植、丛植于草坪中;在广场或大型建筑物周围配植,则显得雄伟壮观。具有防风防火的功能,可作防护林带。木材坚硬耐腐,用途广泛珍贵。根、枝、叶可提炼芳香油,种子榨油。

11) 月桂(香叶树)

【学名】*Laurus nobilis* L.

【科属】樟科,月桂属

【形态特征】常绿小乔木,高12m。小枝绿色,有纵条纹。单叶互生,叶长椭圆形至披针形,长5~12cm,先端渐尖,基部楔形;叶缘细波状,革质,有光泽,无毛,叶柄紫褐色。花单性异株,腋生球状伞形花序,花小,黄色。果卵形,暗紫色。花期3~5月,果熟期6~9月(图9-1-38)。

【变种与品种】金叶月桂('Aurea'):叶片为黄色。

图 9-1-38 月桂

【产地分布】原产于地中海一带，我国华东、华南及西南地区有栽培。

【主要习性】喜光，稍耐阴。喜温暖、湿润的气候，可耐短期-8℃的低温。对土壤要求不严，喜肥沃、疏松、排水良好的微酸性土壤，耐旱。萌芽力强，耐修剪。对烟尘、有害气体有抗性。

【繁殖方法】扦插繁殖成活率高。

【观赏应用】树冠圆整，枝叶茂密，四季常青，春天黄花缀满枝头，是良好的庭园绿化和绿篱树种；可修剪成球形、柱体等各种造型。叶、果可提取芳香油，叶片还可作调味剂。

12）蚊母树

【学名】*Distylium racemosum* S. et Z.

【科属】金缕梅科，蚊母属

【形态特征】常绿乔木，高达 16m，栽培时常呈灌木状。树冠开展，呈球形。树皮暗灰色，粗糙。嫩枝端具星状毛。单叶互生，倒卵状长椭圆形，长 3~7cm，先端钝或稍圆，基部宽楔形；厚革质，全缘，无毛。总状花序，长约 2cm，花小而无花瓣，雄蕊红色。蒴果卵圆形，长 1cm，密生星状毛，顶端有宿存花柱。花期 4~5 月，果熟期 9 月。

【变种与品种】彩叶蚊母树（var. *variegatum* Br.）。

【产地分布】产于我国东南沿海各省，常生于海拔 150~800m 的常绿阔叶林中。长江流域城市园林中栽培较多。朝鲜、日本有分布。

【主要习性】喜光，耐阴。喜温暖、湿润的气候，耐寒性不强。对土壤要求不严，耐贫瘠。萌芽力强，耐修剪，多虫瘿。对有害气体、烟尘均有较强抗性。寿命长。

【繁殖方法】播种或扦插繁殖。

【观赏应用】树形齐整，枝叶繁茂，四季常青，春季小红花醒目；且抗性强，防尘、减噪效果好，是效果很好的城市观赏树种及工矿区绿化树种。可孤植、丛植、植篱墙或修剪造型，作其他花木背景配置，效果很好。木材坚硬，树皮含单宁。

13）枇杷

【学名】*Eriobotrya japonica*（Thunb.）Linl.

【科属】蔷薇科，枇杷属

【形态特征】常绿小乔木，高达 10m。小枝、叶背及花序均密生锈黄色绒毛。单叶互生，叶粗大、革质，倒披针形至椭圆形，长 12~30cm，锯齿粗钝，叶面褶皱、有光泽，羽状脉，侧脉直达齿尖。10~12 月开花，花白色，芳香，顶生圆锥花序。梨果球形，橙黄色，翌年 5~6 月成熟（图 9-1-39）。

【产地分布】原产于我国中西部地区，南方各地均有种植。日本、东南亚有分布。

图 9-1-39 枇杷

【主要习性】喜光，稍耐阴。喜温暖、湿润的气候，不耐寒。喜肥沃、湿润的土壤。不耐积水。抗二氧化硫及烟尘。深根性，生长慢，寿命长。

【繁殖方法】以播种、嫁接繁殖为主，亦可高枝压条。可用实生苗或石楠苗作砧木。

【观赏应用】树形整齐美观，叶大荫浓，常绿而有光泽，冬日白花盛开，初夏果实金黄，是重要的观赏兼经济树种。可植于庭院、公园，可孤植、列植或与花灌木配置。江南园林中，常配置于亭、台、院落之隅，点缀山石、花卉，富诗情画意。枇杷是著名果树，果实可鲜食、酿酒；叶可入药。

14）石楠（千年红）

【学名】*Photinia Serrulata* Lindi.

【科属】蔷薇科，石楠属

【形态特征】常绿小乔木，高 6～15m。树冠自然圆满。全株无毛、无刺，小枝褐灰色，鳞芽，冬芽鲜红色。叶革质，倒卵状椭圆形至矩圆形，长 8～20cm，缘有细锯齿，叶面光泽，新叶红色，叶柄长 2～4cm。花白色，径 6～8mm，成顶生复伞房花序。果球形，红色，径 5～6mm。花期 5～6 月，果期 10 月（图 9-1-40）。

【产地分布】产于我国华东、中南及西南地区，日本、印尼有分布。

【主要习性】喜光，稍耐阴。喜温湿气候，在西安、济南可露地越冬。喜排水良好的肥沃壤土，耐干旱瘠薄，不耐积水。萌芽力强，耐修剪，抗二氧化硫、氯气污染。

图 9-1-40　石楠

【繁殖方法】播种、扦插、压条繁殖。

【观赏应用】树冠圆满，树姿优美，嫩叶红艳，老枝浓绿光亮，秋果累累，是优良的观叶、观果树种。适宜孤植、丛植或基础种植；可作庭荫树、种植篱墙等；幼苗可作嫁接枇杷的砧木。木材坚硬致密，根、叶可入药。

15）台湾相思（相思树）

【学名】*Acacia confuse* Merr.

【科属】豆科，金合欢属

【形态特征】常绿乔木，高达 15m，小枝无刺、无毛。幼苗具羽状复叶，长大后小叶退化，仅存 1 叶状柄，狭披针形，长 6～10cm。花黄色，微香。荚果扁带状，长 5～10cm，种子间略缢缩。花期 4～6 月，果熟期 7～8 月（图 9-1-41）。

图 9-1-41　台湾相思

【产地分布】产于我国台湾，福建、广东、广西、云南等地有栽培。菲律宾、印尼有分布。

【主要习性】强喜光树种，不耐阴，喜暖热气候，不耐寒。喜酸性土壤，耐瘠薄，耐旱又耐湿。深根性且枝条坚韧，能耐 12 级台风。生长迅速，萌芽力强，根系发达，并具根瘤，固土能力极强。

【繁殖方法】播种繁殖。

【观赏应用】四季常青，生长迅速，适应性强，是华南沿海地区重要园林绿化树种及造林树种。广州等地常植作庭荫树、行道树；适作沿海防风林、水土保持林及荒山造林先锋树种；华南地区常用于公路两旁绿化。材质坚韧，树皮含单宁，花含芳香油。

16）红花羊蹄甲（紫荆花、洋紫荆）

【学名】*Bauhinia blakeana* L.

【科属】豆科，羊蹄甲属

【形态特征】常绿小乔木，高达 10m，树冠开展，干常弯曲。单叶互生，革质，阔心形，长 9～13cm，宽 9～14cm，端 2 裂，裂片约为全叶的 1/3。总状花序，花大，径达 15cm，花瓣 5 枚，艳紫

图9-1-42 红花羊蹄甲

红色,清香。发育雄蕊5枚,子房有柄,被黄色柔毛。雄蕊、雌蕊等长。雄蕊花丝紫红色,花药黄色,雌蕊黄色。花后无果实,花期11月至翌年4月(图9-1-42)。

【产地分布】有学者认为红花羊蹄甲是洋紫荆和羊蹄甲的杂交种,最早在广州发现,华南地区常见,香港广为栽培。

【主要习性】喜光,喜暖热、湿润的气候,不耐寒。喜酸性、肥沃的土壤。成活容易,生长快。

【繁殖方法】扦插或压条繁殖。

【观赏应用】具有花期长、花朵大、花形美、花色鲜、花香浓五大特点;是热带、亚热带观赏树种之佳品。宜作行道树、庭荫树和园景树。俗称"紫荆花",在香港广为栽培,1965年定为香港市花,1997年定为香港特别行政区区徽图案。

17) 柑橘(橘子)

【学名】*Citrus reticulate* Blanco.

【科属】芸香科,柑橘属

【形态特征】常绿小乔木,高3～5m。小枝无毛,常有短刺。叶卵形至披针形,先端渐尖而钝,基部楔形,全缘或细钝齿,叶柄的翅很窄或近无翅。花白色,芳香,单生或簇生于叶腋。果扁球形,径5～7cm,橙红色或橙黄色,果瓣10枚,果心中空。花期5月,果熟期10～12月。柑橘品种很多,在果树园艺上常分为柑类和橘类(图9-1-43)。

【产地分布】我国是柑橘的原产地,有四千多年的栽培历史,长江以南各省区广泛栽培。

【主要习性】喜光,喜温暖、湿润的气候,不耐寒,江苏南部生长良好。适生于疏松、肥沃、排水良好的沙壤土中,忌积水,有根菌共生。抗二氧化硫等有害气体能力强。耐修剪。

图9-1-43 柑橘

【繁殖方法】以嫁接为主,亦可播种或压条繁殖。嫁接用枸橘或实生苗作砧木。

【观赏应用】树形丰满,枝叶茂密,四季常青,春季白花芳香,秋冬黄果累累,是具有观赏价值的主要果树之一。可植于庭园、绿地及风景区造景,也可盆栽观赏。果皮、果核可入药。

18) 杧果(檬果)

【学名】*Mangifera indica* Linn.

【科属】漆树科,杧果属

【形态特征】常绿乔木,高达27m,树冠球形,小枝绿色。单叶互生,常集生于枝端,长椭圆状披针形,长20～30cm,先端渐尖或钝尖,基部楔形或近圆形,全缘,革质,叶柄基部膨大。圆锥花序长20～30cm,花淡黄色,芳香。核果长卵形微扁,长8～15cm,熟时橙黄色,芳香。花期2～4月,果熟期5～9月。

【产地分布】原产于印度、马来西亚。我国台湾、广东、广西、福建、海南和云南有栽培。

【主要习性】喜光,幼苗喜阴,喜温暖、耐高温,不耐寒。对土壤要求不严,以深厚肥沃、排水良好的壤土为最好。抗风,耐烟尘。生长迅速,结果早,寿命长。

【繁殖方法】播种、嫁接、压条繁殖。种子不耐贮藏，果肉剥离后应立即播种。

【观赏应用】嫩叶红紫鲜艳，老叶绿色浓郁，树冠端正，树荫浓密，花果都很美丽，是著名的果树，有热带"果王"之美称。宜作庭荫树遮荫、观花、观果，也可作行道树、公路树。也是"四旁"绿化树种。木材坚硬，可造舟、车，果皮可入药。

19）冬青

【学名】*Ilex chinensis* Sims(*I. purpurea* Hassk.)

【科属】冬青科，冬青属

【形态特征】常绿乔木，高达 13～20m。树皮灰青色，平滑不裂。单叶互生，叶薄革质，干后呈红褐色，长椭圆形至披针形，长 5～11cm，先端渐尖，基部下延成狭翅，疏生钝齿，叶柄常淡紫红色，表面深绿色，有光泽。雌雄异株。聚伞花序生于幼枝叶腋，花淡紫红色。核果椭圆形，长 8～12mm，深红色。花期 5～6 月，果熟期 10～11 月（图 9-1-44）。

【产地分布】产于我国长江流域及以南地区，常生于山坡杂林中。

图 9-1-44 冬青

【主要习性】喜光，稍耐阴，喜温暖气候，不耐寒。喜肥沃的酸性土，不耐积水。深根性，抗风能力强，萌芽力强，耐修剪。对有害气体有一定的抗性。

【繁殖方法】播种繁殖，但种子有隔年发芽之特性，故要低温湿沙层积一年后再播种。亦可扦插，但生长较慢。

【观赏应用】树冠高大，四季常青，红果累累，经冬不落，是重要园林绿化树种。宜作庭荫树、园景树；可孤植于草坪，列植于墙际、甬道；可作绿篱，盆景，果枝可插瓶观赏。

20）大叶冬青(波罗树、苦丁茶)

【学名】*Ilex latifolia* Thunb.

【科属】冬青科，冬青属

【形态特征】常绿乔木，高达 20m，树冠卵形。小枝粗壮、有棱。叶厚革质，长椭圆形，长 8～24cm，缘有细尖锯齿，基部宽楔形或圆形。聚伞花序生于二年生枝叶腋，花淡绿色。核果球形，熟时深红色。花期 4～5 月，果熟期 11 月。

【产地分布】产于我国长江流域、华南、西南地区。日本有分布。

【主要习性】喜光，亦耐阴，喜暖湿气候，耐寒性不强，上海可正常生长。喜深厚、肥沃的土壤，不耐积水。生长缓慢，适应性较强。

【繁殖方法】播种或扦插繁殖。

【观赏应用】冠大荫浓，枝叶亮泽，红果艳丽，是有价值的园林绿化树种。可孤植于庭园、草坪，列植于门庭、墙际、甬道；作基础种植或与其他花木配置，均能取得上好观赏效果。嫩叶可代茶(苦丁茶)、入药。

21）马拉巴栗(发财树、瓜栗)

【学名】*Pachira macrocarpa*

【科属】木棉科，瓜栗属

【形态特征】半常绿乔木，高可达 15m。主干直立，枝条轮生，茎基常膨大，有疏生栓质皮刺。掌状复叶，互生，小叶 4～7 片，长椭圆形，长 9～20cm，小叶具柄，叶具 10～18cm 的长柄，两端

稍膨大。花大,两性,单生于叶腋,粉红色。果卵状椭圆形,种子四棱状楔形。花期5~6月,果期9~11月(图9-1-45)。

【产地分布】原产于墨西哥,我国广东、海南、台湾等地大量种植,已成为全球最大的生产与供应中心。

【变种与品种】花叶马拉巴栗(var. variegata):叶面有黄白色斑纹。

【主要习性】喜光,耐阴;喜高温、高湿环境,不畏炎热,稍耐寒。喜肥沃、疏松、排水良好的微酸性沙质壤土,忌积水,较耐旱。生长速度快,耐移植。

【繁殖方法】用播种或扦插繁殖。播种宜随采随播,新鲜种子播种,保持室温20~25℃,一般3~5d即可发芽。马拉巴栗为多胚植物,每粒种子可出苗1~4棵,20~30d幼苗就可移植盆栽。扦插苗茎基常不膨大,观赏效果差。

【观赏应用】叶形优美,叶色翠绿,适应力强,是重要的观赏树种。盆栽可用于室内绿化美化;在适种地区,也可作庭荫树和行道树栽培。

图9-1-45 马拉巴栗

22)厚皮香

【学名】*Ternstroemia gymnanthera*(Wightet Arn.)Sprague.

【科属】山茶科,厚皮香属

【形态特征】常绿小乔木或灌木,高3~8m。近轮状分枝,枝叶无毛,牙鳞多数。单叶互生,叶革质,深绿色,有光泽,倒卵状椭圆形,长5~10cm,先端钝,基部窄楔形,下延,中脉显著凹下,侧脉不明显,叶柄短而呈红色。花单生于叶腋,黄色,径约2cm。果球形,宿存花柱及萼片。花期7~8月,果熟期10月。

【产地分布】产于我国南部及西南地区。越南、柬埔寨、印度也有分布。

【主要习性】喜光,较耐阴,耐寒。喜湿润、肥沃、排水良好的酸性土壤,亦能适应中性、偏碱性土壤。根系发达,抗风力强。病虫害较少,对有害气体抗性强。生长缓慢,寿命长。

【繁殖方法】播种、扦插繁殖。移植,容易成活,不耐强度修剪。

【观赏应用】树冠整齐,枝叶繁茂,叶色光亮,可用于居民区、街道、厂矿、庭院绿化。可孤植、丛植或作下木配置。种子可榨油,树皮可提栲胶。

23)大叶桉(桉树、大叶有加力)

【学名】*Eucalyptus robusta* Smith.

【科属】姚金娘科,桉属

【形态特征】常绿乔木,高达30m。树皮暗褐色,粗糙纵裂、不剥落。单叶互生,卵状长椭圆形或广披针形,长8~18cm,先端渐尖或渐长尖,基部楔形或近圆形,全缘,革质,背面有白粉。伞状花序腋生,花白色。蒴果碗状,花期4~5月和8~9月。花后约3个月果熟(图9-1-46)。

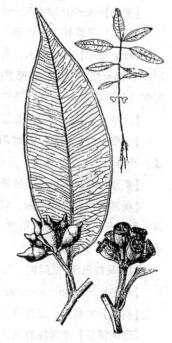

图9-1-46 大叶桉

【产地分布】原产于澳大利亚，我国长江流域以南及西南地区有栽培，引种最北地区是陕西汉中。

【主要习性】强喜光，喜暖热、湿润的气候，不耐寒。喜深厚、湿润的土壤，极耐水湿。干燥贫瘠地生长不良。枝叶有杀菌、净化空气的功能。萌芽力强，生长较快，寿命长约900年。

【繁殖方法】播种繁殖，也可以扦插繁殖。种子细小，撒播后覆盖松针或稻草，5～7d出芽。

【观赏应用】树干挺直，树冠庞大，枝叶芳香，具杀菌、洁净空气之效，生长迅速。在适生地区适宜作行道树及公路、铁路两侧的遮荫树，也可作庭荫树。与其他树种配置，宜作上层树种。是沿海低湿地区优良的防风林树种。枝叶提炼的桉油是香料、医药的原料，树皮可提栲胶。

24）鹅掌柴（鸭脚木）

【学名】*Schefflera octophylla*（Lour.）H.

【科属】五加科，鹅掌柴属

【形态特征】常绿乔木或灌木。掌状复叶互生，小叶6～9枚，革质，长卵圆形或长椭圆形，长9～17cm，宽3～6cm；全缘，总叶柄长达30cm，基部膨大并包茎，小叶柄长2～5cm。花白色，有芳香，伞形花序又结成大圆锥花，顶生，长25cm；萼5～6裂；花瓣5枚，肉质，花柱极短。果球形，径3～4cm。花期在冬季（图9-1-47）。

图9-1-47 鹅掌柴

【产地分布】分布于我国台湾、广东、福建等地，在中国东南部地区有栽培。日本、印度、越南有分布。

【主要习性】喜光，喜暖热、湿润的气候，喜深厚、肥沃的酸性土。生长快。

【繁殖方法】播种繁殖。

【观赏应用】植株紧密，树冠整齐，叶片别致优美。可植于公园、庭院、绿地观赏，或作障景树种使用。材质轻软致密，可供手工业作原料。根皮可泡酒药用。

25）女贞

【学名】*Ligustrum lucidum* Ait.

【科属】木犀科，女贞属

【形态特征】常绿乔木，高达15m。树皮灰色，平滑不裂。枝开展，无毛，皮孔明显。单叶互生，革质，卵状披针形，长6～12cm，先端渐尖，基部近圆形，全缘，无毛。顶生圆锥花序，长10～20cm，花白色，芳香，花冠裂片与花冠筒近等长。核果椭圆形，蓝黑色，有白粉。花期6～7月，果熟期11～12月（图9-1-48）。

【产地分布】产于我国长江流域及以南地区，各地有栽培；朝鲜、日本也有分布。

【主要习性】喜光，稍耐阴，耐寒性不强，淮河以北冬季常落叶。喜深厚、肥沃、湿润的土壤，较耐湿，不耐干旱瘠薄。深根性，须根发达。生长快，萌蘖性、萌芽力都强，耐修剪，耐烟尘，

图9-1-48 女贞

对二氧化硫、氯化氢等有害气体有一定的抗性。

【繁殖方法】播种为主，亦可扦插或压条繁殖。

【观赏应用】四季常青，枝叶繁密而秀丽，夏日白花缀满枝头，是重要的园林绿化树种。适宜作庭荫树、园景树、园路树栽植。成都市在较窄道路处作行道树；可密植成绿篱、绿墙，起分隔空间、遮挡或防尘、隔声之用。是木犀科树种嫁接繁殖的砧木。树皮、果实、根、叶可入药，种子可榨油。

26）油橄榄（齐墩果）

【学名】*Olea europaea* L.

【科属】木犀科，木犀榄属

【形态特征】常绿小乔木，高 10m。树皮粗糙，老时深纵裂并生有树瘤，嫩枝四棱形。叶对生，披针形至长椭圆形，长 2～5cm，先端稍钝，具小凸头，革质，全缘，表面深绿，背面密被银白色皮屑状鳞毛，中脉两面隆起。圆锥花序腋生，长 2～6cm；花冠白色，芳香，裂片长于筒部；花萼钟状。核果椭圆形至近球形，黑色光亮。花期 4～5 月，果熟期 10～12 月。

【产地分布】原产于地中海区域，我国引种至长江流域及以南地区栽培。

【主要习性】喜光，喜温暖，稍耐寒。对土壤适应性强，最宜土层深厚、排水良好的沙壤土，稍耐干旱，对盐分有较强的抵抗力，不耐积水。侧根发达，发枝力强，寿命长。

【繁殖方法】播种、嫁接、扦插繁殖。

【观赏应用】枝叶茂密，叶面深绿，叶背银白色，秋季果实紫红色，有光泽，是良好的观叶观果树种。在园林绿化中，可孤植、丛植，亦可作高篱或修剪成球形供观赏。

27）巨丝兰（象腿丝兰、荷兰铁）

【学名】*Yucca elephantipes*

【科属】龙舌兰科，丝兰属

【形态特征】常绿乔木，高达 10m。茎粗壮，少分枝，表皮粗糙，褐色或灰褐色。叶螺旋状聚生于茎顶，无柄，厚革质，剑状披针形，长 40～60cm 或更长，先端渐尖，具刺状尖头，无中脉，纵向平行脉不明显，缘有细锯齿，叶基有褐色的鳞叶（图 9-1-49）。

【产地分布】原产于墨西哥、危地马拉，我国广东、福建等地有栽培。

【主要习性】喜光，也耐半阴，怕烈日暴晒。要求较高的温度，喜通风而稍干爽的环境。喜疏松、肥沃、排水良好的轻壤土。

【观赏应用】株形优美，叶色浓绿，刚劲有力，层次分明，是优良的观赏植物。盆栽可用于室内装饰美化；在温暖地区也可布置于庭园中。

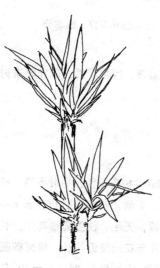

图 9-1-49 巨丝兰

28）香龙血树（巴西木、巴西铁树）

【学名】*Dracaena fragrans* (L.) Ker-Gawl.

【科属】龙舌兰科，龙血树属

【形态特征】常绿小乔木，茎秆直立，偶有分枝，高可达 6m。叶簇生于茎端，椭圆状披针形或宽条形，长 40～90cm，宽 8～10cm，叶片向下弧形弯曲，基部渐狭呈鞘状，绿色。圆锥花序顶生，

30～45cm，花 1～3 簇生于花轴上，花小、淡黄色，两性，芳香（图9-1-50）。

【变种与品种】金边香龙血树(金边巴西木)('Victoriae')：叶片中间有黄色条纹。

【产地分布】原产于非洲几内亚和阿尔及利亚，我国南方地区广泛栽培。

【主要习性】喜散射光，耐阴，忌烈日暴晒；喜高温、多湿的环境，需要较高温度，湿度过低叶尖易枯，不耐寒。需要肥沃、疏松、排水良好的土壤。

【繁殖方法】常用扦插繁殖。老茎、嫩枝均可扦插，插穗长短不限。幼茎剪成长5～10cm 的插穗，平放于沙床中，保持湿润，在25～30℃条件下，约30d 生根。也可在茎秆上的新芽长出3～4片叶时，剪下重新扦插。

图 9-1-50　香龙血树

【观赏应用】植株挺拔、秀丽，耐阴性强，叶姿优美，栽培管理容易，是重要的室内观叶植物。是布置会场、办公室、宾馆酒楼和家居客厅的好材料；叶片可作插花素材。

29) 蒲葵(葵树)

【学名】*Liuistona chinensis* (Jacq.) R. Br.

【科属】棕榈科，蒲葵属

【形态特征】常绿乔木，高达 20m，茎不分枝，胸径 15～30cm。树冠密实近球形，冠幅可达 8m。叶达 1m 以上，叶柄长 1.3～5m。叶掌状浅裂，裂片先端 2 裂、下垂。肉穗花序腋生，排成圆锥花序式，长 1m；花小，长约2mm，两性，通常 4 朵集生。核果熟时椭圆形、黑色、蓝黑色。花期4月，果熟期 10月(图9-1-51)。

【产地分布】原产于华南，我国广东、广西、福建、台湾栽培普遍，江西、湖南、四川、云南等地引种栽培。

【主要习性】喜光，耐半阴，幼苗喜阴；喜暖热多湿气候，不耐寒。在杭州的小气候良好的地方可露地栽培，冬季稍加保护。

图 9-1-51　蒲葵

上海、南京及北方盆栽。喜湿润、肥沃的黏壤土，耐旱，耐短期水淹。须根发达，抗风力强，能在海滨、河滩生长，很少受风害。病虫害较少。抗氮气、二氧化硫等有毒气体能力强。生长速度中等，寿命较长。

【繁殖方法】播种繁殖。

【观赏应用】树形美观，绿冠如伞，是著名的观赏树种。宜作庭荫树、行道树及"四旁"绿化树种；可孤植、丛植或列植，可盆栽、桶栽供宾馆、酒店等作室内装饰。嫩叶制蒲扇，果实、根、叶均可入药。

30) 棕榈(棕树、山棕)

【学名】*Trachycarpus fortunei* (Hook. f.) H. Wendl.

【科属】棕榈科，棕榈属

【形态特征】常绿乔木，直立不分枝，高达 10m。树干圆柱形，直径24cm。叶簇生于树干顶端，径50～70cm，掌状深裂至中下部，有30～60狭长裂片，各裂片有中脉，叶柄长0.5～1m，基部有褐色纤维状叶鞘包裹树干。雌雄异株，圆锥状肉穗花序腋生，花小，黄色。核果径约8mm，褐色、稍有白粉。花期4～5月，果熟期10～11月(图9-1-52)。

【产地分布】原产于中国，主要分布在秦岭以南、长江中下游地区。印度、缅甸、日本也有分布。

【主要习性】喜光，耐阴，幼树、幼苗喜阴，不耐寒。对土壤适应性强，耐湿，稍耐盐碱，喜肥。须根发达，无主根，易被风吹倒。耐烟尘，抗大气污染。生长缓慢，寿命长。

【繁殖方法】播种繁殖。园林上亦常利用母树下自播苗培育苗木。

【观赏应用】树干挺直，叶大如扇，极具南国风光，为著名的观赏树种。可作行道树，也可丛植、片植以反映热带风光，但不宜与其他冠形的树种配置。北方常桶栽用以布置公园、装饰大型会场。

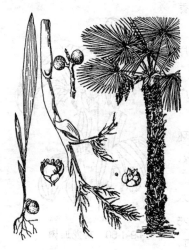

图9-1-52 棕榈

31) 鱼尾葵(假桄榔)

【学名】*Caryota ochlandra* Hance.

【科属】棕榈科，鱼尾葵属

【形态特征】常绿乔木，高达20m。叶二回羽状全裂，长2～3m，羽片14～20对，长15～20cm，厚革质，半菱形而似鱼尾，内缘有锯齿，外缘延长而成尖尾状。叶柄短，叶鞘巨大，抱茎。圆锥状肉穗花序，长约1.5～3m，下垂，花绿色或紫色。果球形，粉红色。花期7月(图9-1-53)。

【产地分布】产于我国广东、广西、云南、福建、贵州、海南等省区。

【主要习性】喜光，亦耐阴；不耐寒。在广西桂林以北须盆栽，入冬进温室。喜湿润的酸性土。

【繁殖方法】播种繁殖。自播能力很强。可移植自播苗进行培育。

【观赏应用】树姿优美，叶形有特色，为著名的观赏树种。宜作行道树、庭荫树；可盆栽供室内装饰。

32) 椰子(椰树)

【学名】*Cocos nucifera* L.

【科属】棕榈科，椰子属

【形态特征】常绿乔木，高15～35m。单干粗壮，叶痕环状。羽状复叶集生于干端，叶长3～7m，全裂，裂片外向褶叠，叶柄粗壮，长1m余，基部有网状褐色棕皮。肉穗花序腋生，长1.5～2m，总苞舟形，花单性同序。雄花扁三角状卵形，长1～1.5cm；雌花扁圆球形，横径2.4～2.6cm。坚果大，径约25cm，每10～20聚为一束。全年开花，7～9月果熟(图9-1-54)。

【产地分布】产于亚洲热带海滨、岛屿，我国海南、台湾和云南南部有栽培。

【主要习性】在高温、湿润、阳光充足的海边生长发育良好。喜海滨和河岸深厚的冲积土，次为沙壤土，要求排水良好。抗风力强。

【繁殖方法】播种繁殖，要选良种。

【观赏应用】苍翠挺拔，在热带和南亚热带地区的风景区，尤其是海滨区，为主要的园林绿化树种。可作行道树，或丛植、片植。

图9-1-53 鱼尾葵

图9-1-54 椰子

9.2 落叶乔木

1) 池杉(池柏、沼落羽松)

【学名】*Taxodium ascndens* Brongn.

【科属】杉科，落羽杉属

【形态特征】落叶乔木，在原产地高达25m。树干基部膨大，常有屈膝状的吐吸根，在低湿地生长的"膝根"尤为显著。树皮褐色，纵裂，成长条片脱落。枝向上展，树冠常较窄，呈尖塔形。当年生小枝绿色，常略向下弯垂，二年生小枝褐红色，细长。叶锥形、柔软、螺旋状排列。球果近圆球形，有短梗，深褐色。花期3~4月，球果10~11月成熟(图9-2-1)。

【产地分布】原产于美国东南部。我国江苏、浙江、河南南部、湖北、广西等地有栽培。

【主要习性】属速生树种，喜光，喜温暖、湿润的气候，不耐寒。在土层深厚、肥沃、疏松、湿润的酸性土壤中生长最

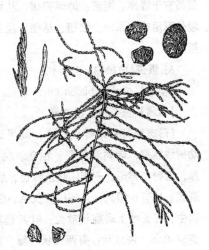
图9-2-1 池杉

快，在pH7.5以上的土壤中，幼树期叶有黄化现象，大树能正常生长。极耐水淹，在低洼湿地生长良好。

【繁殖方法】用播种或扦插繁殖。

【观赏应用】树干挺直，姿态秀美，乃林木中最耐水湿者，宜在公园、水滨、桥头、低湿草坪上列植、对植、群植、丛植。可与各种常绿树配植作背景，景色宜人。是长江中下游湖网地区水库附近、农村"四旁"、风景区重要的绿化树种。

2) 水杉(水桫)

【学名】*Metaseguoia glyptostroboides* Hu. et Cheng.

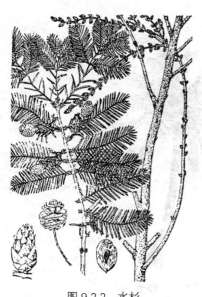

【科属】杉科，水杉属

【形态特征】落叶乔木，高达35m。干基部膨大。树冠塔形。大枝斜展，不规则轮生；小枝下垂，对生或近对生；具长枝及脱落性短枝。叶条形，扁平，交互对生，基部扭转，成2列。球果深褐色，下垂，近圆球形，有长梗。种子倒卵形，扁平，周围有窄翅。花期4月，球果10月成熟(图9-2-2)。

【产地分布】为我国特产的稀有树种。原产于湖北利川、四川石柱、湖南龙山。北起延安、北京、辽宁南部，南至广州；东起沿海，西至成都、陕西武功等地均有栽培。国外约有50个国家和地区引种栽培。

【主要习性】喜光，能耐侧阴。喜温暖、湿润的气候，耐低温，喜湿，怕水涝，不耐干旱、瘠薄；适于肥沃、深厚、湿润、排水良好的沙壤土。在酸性黄壤、石灰性黄土、含盐量0.15%以下的轻盐碱土中都能生长。

图9-2-2 水杉

【繁殖方法】用播种或扦插繁殖。

【观赏应用】树形姿态优美，叶色秀丽，秋叶转为棕褐色，甚为美观，为优美的园林观赏树种。最适宜于堤岸、湖滨、池畔列植、丛植、群植成林带或片林。在公园、学校、机关、庭院等单位围墙处列植或在草坪上散植、丛植，观赏效果俱佳。也可用于风景绿化。可作建筑、造纸、家具、造船用材。

3）银杏(白果树、公孙树)

【学名】*Ginkgo biloba* Linn.

【科属】银杏科，银杏属

【形态特征】落叶大乔木，高可达40m。树皮灰褐色，幼树浅纵裂，老树深纵裂，粗糙。树冠幼时及壮年为圆锥形，老树广卵形。一年生枝淡绿色，后转灰白色，并有细纵裂纹。枝有长短之分，短枝黑灰色，密被叶痕。叶在短枝上簇生，在长枝上螺旋状散生；叶片扇形，长3～8cm，上缘宽5～8cm，浅波状；有两叉状叶脉，顶端常二裂，有长柄。雄树大枝耸立，雌树枝条开展。雌雄异株，稀同株。球花着生于短枝，花期4～5月。种子核果状，椭圆形至近球形，外种皮肉质，有白粉。果熟期10～11月，熟时淡黄或橙黄色，有臭味(图9-2-3)。

【产地分布】我国特产，浙江天目山海拔1000m以下的地带，有野生状态银杏。甘肃南部、四川、云南也有分布。

图9-2-3 银杏

沈阳以南、广州以北各地均有栽培，而以江南一带较多。日本、朝鲜及欧美庭园中都有栽培。

【主要习性】喜阳光，忌蔽荫。喜温暖、湿润的环境，能耐寒。深根性，忌水涝。在酸性、中性、碱性土壤中都能生长，适生于肥沃、疏松、排水良好的沙质土壤中，不耐瘠薄与干旱。萌蘖力强，病虫害少，对大气污染有一定的抗性。寿命长，有千年大树，是现存种子植物中最古老的孑遗植物，为国家重点保护植物之一。

【繁殖方法】以播种繁殖为主，也可进行扦插、分株繁殖。

【观赏应用】树干端直，树姿雄伟，叶形奇特，黄绿色的春叶与金黄色的秋叶都十分美丽，为著名的观赏树种。宜作行道树、庭荫树，可配置于广场、大型建筑物周围和庭园入口等处，孤植、对植、丛植均可。木材可供建筑、家具等用。叶及果实可供药用。

4) 金钱松(金松)

【学名】*Pseudolarix Kaempferi*(Lindl.)Gord.

【科属】松科，金钱松属

【形态特征】落叶乔木，高达40m，胸径1.5m，树干通直。树皮灰褐色，呈狭长鳞片状剥离。树冠阔塔形。大枝不规则轮生，平展，一年生长枝黄褐或赤褐色，无毛。冬芽卵形，锐尖，芽鳞先端长尖。叶条形，在长枝上互生，在短枝上15～30枚轮状簇生，叶长2～5.5cm，宽1.5～4mm。球花数个簇生于短枝顶部，有柄，雌球花单生于短枝顶部。球果卵形或倒卵形，有短柄，当年成熟，淡红褐色。种子卵形，白色，种翅连同种子几乎与种鳞等长。花期4～5月；果10～11月上旬成熟(图9-2-4)。

【产地分布】为中国所特产。分布于华东、湖南、湖北、四川，生于海拔1500m以下的针叶和常绿、落叶阔叶混交林中。为国家二级保护稀有物种。

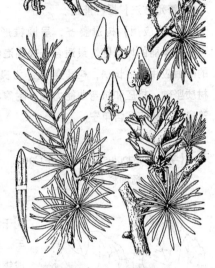

图9-2-4 金钱松

【主要习性】喜光，不耐阴，喜温暖、湿润的气候，不耐干旱、瘠薄。喜深厚、肥沃、疏松、排水良好的酸性土，在中性土壤中也可正常生长。深根性，有菌根。抗风，抗雪压。

【繁殖方法】播种繁殖，移植或定植树木，应在发芽前进行，否则不易成活。

【观赏应用】树姿优美，秋叶金黄，为珍贵的观赏树木之一。与南洋杉、雪松、日本金松和巨杉合称为"世界五大公园树"。可孤植或丛植于草坪一角或池边、溪边、瀑口，也可列植于路边。幼树可作盆景。

5) 华北落叶松(红杆、黄杆)

【学名】*Larix principis-rupprechtii* Mayr.

【科属】松科，落叶松属

【形态特征】落叶乔木，高达30m，胸径1m。树冠圆锥形。树皮灰褐色或棕褐色，呈不规则鳞状裂开。大枝平展，小枝不下垂或枝梢略垂；当年生枝淡黄褐色，初有毛，后脱落，有白粉。叶披针形至线形，先端尖或钝尖，叶面平，于当年生枝上螺旋排列，于短枝上簇生，叶长2～3cm。雌雄同株。花单性。球果长卵形或卵圆形，长约2～4cm，径约2cm。种子灰白色，有褐色斑纹，有长翅(图9-2-5)。

【产地分布】产于河北、山西；北京百花山、灵山及河北小五台山海拔2000～2500m，河北围场、承德、雾灵山等海拔1400～1800m，山西五台山、恒山海拔1800～2800m等高山地带。此外，辽宁、内蒙古、山东、甘肃、宁夏、新疆等地区有引种栽培。

【主要习性】强阳性树，喜光，极耐寒。在年平均-2℃、极端最低-40℃气候条件下能正常生长。根系发达，抗风能力强。对土壤的适应性强，喜深厚、湿润而排水良好的酸性或中性土壤。忌密实、盐碱及排水不良的土壤和炎热干燥的气候环境。耐干旱、瘠薄，寿命较长，可达200年以上。

【繁殖方法】播种繁殖。

【观赏应用】树冠整齐，呈圆锥形，叶轻柔而潇洒，可形成美丽的风景区。最适合于较高海拔和较高纬度地区的配置应用。生长快，树干笔直，为良好的水源涵养林。材质坚硬，抗压和抗弯曲能力强，耐腐朽，耐水湿，是建筑良材。树皮富含单宁。

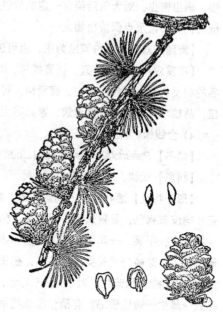

图 9-2-5 华北落叶松

6）毛白杨

【学名】*Populus tomentosa* Carr.

【科属】杨柳科，杨属

【形态特征】落叶乔木，高达40m，胸径1.5m。树冠卵圆形。树干通直，树皮灰绿色至暗灰色，皮孔菱形。嫩枝、幼芽有绒毛。单叶互生，三角状卵形，先端渐尖，基部心形，缘波状缺刻或锯齿，表面光滑或稍有毛，叶背密生白绒毛，后渐脱落；叶柄扁平，先端常具腺体。雌株大枝较为平展，花芽小而稀疏；雄株大枝则多斜生，花芽大而密集。蒴果小，花期3~4月，叶前开花，果熟期4月下旬(图9-2-6)。

【产地分布】原产于我国，主要分布在黄河流域，北起辽宁南部，南至江苏、浙江，西至甘肃东部，以至云南均有分布。

【主要习性】喜光，喜温暖、凉爽气候，耐寒。喜深厚、肥沃的壤土、沙壤土，对土壤要求不严。耐烟尘，抗污染。深根性，根系发达，萌芽力强，生长较快，寿命是杨属中最长的树种，长达200年。

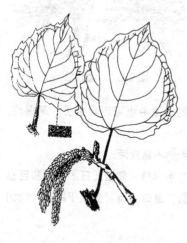

图 9-2-6 毛白杨

【繁殖方法】以无性繁殖为主，多用埋条、留根、压条、嫁接、分蘖繁殖。

【观赏应用】树体高大雄伟，干灰绿而端直，叶深绿而有光泽，具有遮荫、防尘、隔声等多项功能，适应性强，是城乡优秀的绿化树种。可用作行道树、庭荫树或营造防护林；可孤植、丛植、列植或群植。是工矿区绿化、"四旁"绿化及防护林、用材林树种。

7）银白杨

【学名】*Populus alba* L.

【科属】杨柳科，杨属

【形态特征】落叶乔木，高达30m。树冠广卵形或圆球形。树皮灰白色。幼枝、叶及芽密被白色

图 9-2-7 银白杨

绒毛。单叶互生,长枝之叶三角状卵形,常掌状 3～5 浅裂,裂片先端钝尖,缘有粗齿或缺刻,叶基截形或近心形;短枝之叶较小,卵形或椭圆状卵形,缘有不规则波状钝齿;叶柄微扁,无腺体,老叶背面及叶柄密被白色绒毛。花期 3～4 月,果熟期 4～5 月(图 9-2-7)。

【产地分布】原产于欧洲、北非及亚洲西部;我国西北、华北、辽宁南部及西藏有栽培。

【主要习性】喜光,不耐阴;适于寒冷干燥的大陆性气候,但不耐湿热。耐土壤贫瘠和轻度盐碱,忌黏重土壤。深根性,根萌蘖能力强,寿命达 90 年以上。

【繁殖方法】播种、分蘖、扦插繁殖。苗木侧枝多,生长期应注意及时修枝、摘芽,以提高苗木质量。

【观赏应用】树形高大,银白色的叶片具有独到的观赏效果。宜作庭荫树、行道树,可孤植、丛植于各类绿地中。是我国西北、华北地区防风固沙、固岸护堤、保土及荒沙造林树种。木材可供建筑、家具、造纸等用;树皮含单宁,可提制栲胶。

8) 新疆杨

【学名】*Populus alba* L. var. *pyramidalis* Bge.

【科属】杨柳科,杨属

【形态特征】落叶乔木,高达 30m,胸径 1m。树冠圆柱形。树皮灰绿色,光滑,老时灰色。短枝上的叶初有白绒毛,后脱落。叶广椭圆形,基部平截,缘有粗钝锯齿;长枝上的叶常 5～7 掌状深裂,边缘有不规则粗锯齿,基部平截,表面光滑或局部有毛,背面有白色绒毛。雄花花序长达 5cm,苞片膜质,红褐色,雄蕊 6～8,花药圆形,紫红色。

【产地分布】产于我国新疆、内蒙古及俄罗斯南部地区,陕西、甘肃、宁夏、北京等各地均有引种栽培,生长良好。

【主要习性】喜光,耐严寒,不耐湿热。耐干旱,耐盐碱。生长快,深根性,萌芽力强。病虫害少,对烟尘有一定抗性。寿命达 80 年以上。

【繁殖方法】扦插、埋条繁殖。嫁接用胡杨作砧木。

【观赏应用】树姿挺拔,是优美的行道树、风景树及居住区绿化树种,也是"四旁"绿化、防风固沙优良树种。

9) 加杨(加拿大杨)

【学名】*Populus canadensis* Moench.

【科属】杨柳科,杨属

【形态特征】落叶乔木,高达 30m,胸径 1m。树冠开展呈卵圆形。树干通直,树皮纵裂。小枝无毛,芽长圆锥形,先端反曲、渐尖,富含胶质。叶近三角形,先端渐尖,基部平截或宽楔形;锯齿钝圆,叶面绿色,光滑,两面无毛,具黏液,叶柄长约 10cm。花期 4 月,果熟期 5～6 月(图 9-2-8)。

【产地分布】加杨是美洲黑杨(*P. deltoides* Marsh.)与欧洲黑杨(*P. nigra* L.)的杂交种,杂交优势明显，有许多栽培品种，广植于欧、亚、美各洲。我国19世纪中叶引入，哈尔滨以南均有栽培，尤以东北、华北及长江流域为多。

【主要习性】喜光，耐寒，亦适应暖热气候。喜肥沃、湿润的土壤及沙壤土，对水涝、盐碱和瘠薄土地均有一定耐性。萌芽力、萌蘖性较强，生长快。病虫害较多，寿命较短。

【繁殖方法】扦插育苗成活率较高。

【观赏应用】树体高大，冠幅宽阔，叶片大而有光泽，宜作行道树、庭荫树、公路树及防护林等。是华北及江淮平原常见的绿化树种。木材轻软，可供建筑、造纸等用。

图9-2-8 加杨

10) 小叶杨

【学名】*Populus simonii* Carr.

【科属】杨柳科，杨属

【形态特征】落叶乔木，高达20m，胸径50cm。树冠广卵形。树皮灰褐色，老树变粗糙，纵裂。小枝光滑，幼树小枝及萌枝具棱，芽褐色，有黏胶。叶呈菱状倒卵形、菱状卵圆形或菱状椭圆形，长3~12cm，宽2~8cm，两面无毛；叶柄圆形，常带红色。花期3~4月，果熟期4~5月。

【变种与品种】塔形小叶杨、垂枝小叶杨。

【产地分布】产于我国，北至哈尔滨，南达长江流域，西至青海、四川等地均有分布。垂直分布于华北1000m以下、四川2300m以下的地区。朝鲜也有分布。

【主要习性】喜光，耐寒，也耐热。喜肥沃、湿润的土壤，对贫瘠、轻度盐碱土壤也能适应，耐旱。根系发达，萌芽力强。生长快，寿命短。

【繁殖方法】采用播种、扦插、埋条繁殖。

【观赏应用】小叶杨是优良的园林绿化树种。宜作行道树或绿地配置；是良好防护林树种，可用于防风固沙、保持水土及固岸护堤。

11) 青杨(家白杨)

【学名】*Populus cathayana* Rehd.

【科属】杨柳科，杨属

【形态特征】落叶乔木，高达30m，胸径1m。树冠宽卵形。树皮光滑，灰绿色。小枝圆柱形，枝叶均无毛。叶卵形或卵状椭圆形，长5~10cm，先端渐尖，基部圆或近心形，叶缘具细钝锯齿，背面绿白色；叶柄圆而较细长。花期4~5月，果熟期5~6月。

【产地分布】产于我国东北、华北、西北和西南各省区，垂直分布在华北海拔800~3200m的地区。

【主要习性】喜光，喜温凉气候，耐严寒。适生于土层深厚、肥沃湿润、排水良好的沙壤土。忌低洼积水，耐干旱，不耐盐碱。根系发达，生长快，萌蘖性强。

【繁殖方法】扦插、播种繁殖。枝条较软，顶枝易弯，故育苗时宜留竞争枝以保护其生长。

【观赏应用】展叶早，新叶嫩绿光亮，是西北高寒荒漠地区重要的庭荫树、行道树；可用于河滩绿化、防风固沙、固堤的防护林。

12) 旱柳(柳树、立柳)

【学名】*Sali matsudana* koidz.

【科属】杨柳科,柳属

【形态特征】落叶乔木,高达 20m,胸径 80cm。树冠倒卵形。小枝直立或斜展,黄绿色。叶披针形或条状披针形,先端渐长尖,基部窄圆或楔形,背面带白色,细锯齿,叶柄短。雄蕊 2,花丝分离,基部有长柔毛,腺体 2;雌花腺体 2。花期 4 月,果熟期 4~5 月。

【变种与品种】

龙爪柳 [f. *tortuosa*(Vilm.)Rehd.] 小乔木,枝扭曲而生。

馒头柳(f. *umbraculi fera* Rehd.)树冠半圆形,馒头状。

绦柳(f. *pendula* Schneid.)小枝细长,下垂。

【产地分布】原产于我国,在东北、华北、西北广为分布,是我国北方地区乡土树种之一。淮河流域等地有栽培。俄罗斯、朝鲜、日本也有分布。

【主要习性】喜光,耐寒。对土壤要求不严,耐水湿,耐干旱,在干瘠沙土、低湿河滩、弱盐碱地均能生长;在深厚、排水良好的沙壤中生长最好。深根性,萌芽力强,生长快。固土、抗风、抗污染能力强。虫害较多。

【繁殖方法】扦插极易成活。亦可播种繁殖。

【观赏应用】旱柳冠形丰满,枝条柔软,发芽早,落叶迟,适应性强,是我国北方常用的园林绿化树种。最宜于河湖岸边及低湿处栽植,宜作庭荫树、行道树,亦用作公路树、防护林、沙荒造林及农村"四旁"绿化等。但春季有柳絮飘扬,以种植雄株为宜。木材可用于建筑、造纸;是早春蜜源树种。

13) 垂柳(水柳、柳树、倒杨柳)

【学名】*Salix babylonica* L.

【科属】杨柳科,柳属

【形态特征】落叶乔木,高达 18m,胸径 80cm。树冠倒广卵形。小枝细长下垂,褐色、淡黄褐色。叶披针形或条状披针形,先端渐长尖,基部楔形;无毛或幼叶微有毛,细锯齿;托叶披针形;叶柄 5~15mm,比旱柳长。雄蕊 2,花丝分离,花药黄色,腺体 2;雌花子房无柄,腺体 1。花期 3~4 月,果熟期 4~5 月(图 9-2-9)。

【产地分布】产于我国,长江流域及华北、东北、广东、四川广泛栽培。亚洲、欧洲及美洲许多国家都有分布。

【主要习性】喜光,喜温暖、湿润的气候,耐寒性不及旱柳。喜深厚、潮湿的土壤,亦能适应土壤深厚、高燥的地区;耐水淹,树干在水中能生出大量不定根。吸收二氧化硫能力强。发芽早、落叶迟,绿色期长。生长快,萌芽力强,根系发达。

【繁殖方法】以扦插繁殖为主。

【观赏应用】枝条细长柔垂,随风飘逸,最宜配置在河岸、湖岸水池边,是点缀春景和水景的特色树种之一。是庭院树、行道树和固堤护岸的重要树种;由于对有害气体抗性较强,也是工矿区重要

图 9-2-9 垂柳

的绿化树种。

14）胡桃(核桃)

【学名】*Juglans regia* L.

【科属】胡桃科，胡桃属

【形态特征】落叶乔木，高达 25m，胸径 1m。树冠广卵形至扁球形。树皮灰色，老时浅纵裂。新枝绿色，无毛。奇数羽状复叶，小叶 5～9 枚，长椭圆形至倒卵形，长 6～12cm，先端钝圆或微尖，侧脉通常 15 对以下，全缘，下面脉腋簇生淡褐色毛，近无柄。雌花 1～3 朵集生枝顶，总苞有白色腺毛。核果球形，径 4～5cm，外果皮薄，中果皮肉质，内果皮骨质。花期 4～5 月，果熟期 9～11 月（图 9-2-10）。

【产地分布】原产于波斯(伊朗)一带。史料记载，由汉朝张骞从西域传入内地。我国已有两千多年的栽培史。现我国东北南部以南均有栽培，以北方为多。

【主要习性】喜光，耐寒，喜干燥气候，不耐湿热。喜深厚、肥沃、湿润而排水良好的中性土壤，不耐干旱瘠薄，不耐盐碱。深根性，萌蘖性强，肉质根粗大，不耐移植。生长尚快，寿命可达 300 年以上。

图 9-2-10 胡桃

【繁殖方法】播种、嫁接或分蘖繁殖。砧木北方用核桃楸，南方用枫杨或化香。

【观赏应用】冠幅宽大开展，枝叶稠密，绿荫如盖，秋叶金黄色，是重要的园林兼经济树种。宜作庭荫树、行道树，亦可作风景林，装点秋色。可于庭院、草坪、池畔、建筑旁、孤植、丛植或列植。木材可供雕刻，种仁可制高级油漆，树皮可提栲胶。

15）枫杨(元宝树、秤柳)

【学名】*Pterocarya stenoptera* C. DC.

【科属】胡桃科，枫杨属

【形态特征】落叶乔木，高达 30m，胸径 1m 以上。树冠广卵形。裸芽有褐色毛，侧芽叠生。羽状复叶互生，叶轴有翼，幼叶上面有腺鳞，沿脉有毛；小叶 9～23 片，长椭圆形，长 5～10cm，缘有细锯齿，叶柄有柔毛。果序下垂，长 20～30cm，坚果近球形，果翅椭圆形。花期 4～5 月；果熟期 8～9 月（图 9-2-11）。

【产地分布】产于我国华北、华中、华南和西南等地，黄河、淮河、长江流域最常见。多生于海拔 1500m 以下溪水河滩及低湿地。辽宁南部、东部有栽培。

【主要习性】喜光，稍耐阴，喜温暖、湿润的气候。在北京应种植在背风向阳处，幼树须防寒。对土壤要求不严，耐水湿、耐瘠薄，稍耐干旱。深根性，主根明显，侧根发达。萌芽力强，萌蘖性强，不耐修剪，耐烟尘。

图 9-2-11 枫杨

【繁殖方法】播种繁殖。移植时，随起随栽，不宜假植过冬。

【观赏应用】树冠宽广，适应性强，常用作庭荫树、行道树。但因其不耐修剪，在空中多线路的城市须慎用。是黄河、长江流域及以南地区"四旁"绿化、平原造林、固堤护岸的优良速生树种。可作嫁接胡桃的砧木；树叶有毒，可作杀虫剂；树皮可入药。

16）白桦（桦木、粉桦）

【学名】*Betula platyphylla* Suk.

【科属】桦木科，桦木属

【形态特征】落叶乔木，高达 20～25m，胸径 50cm。树冠卵圆形。树皮白色，纸质分层剥离。小枝红褐色，外有白色蜡层。单叶互生，叶菱状三角形，先端尾尖或渐尖，基部平截或宽楔形，侧脉 5～8 对，背面具油腺点，叶缘具重锯齿。果序单生，下垂，圆柱形；坚果小，果翅宽。花期 5～6 月，果熟期 8～10 月（图 9-2-12）。

【产地分布】产于我国东北大、小兴安岭、长白山及我国华北、西北、西南、青海、西藏等地的 700m 以上的高海拔地区。在平原及低海拔地区生长不良。

【主要习性】喜光，不耐阴，耐严寒。对土壤适应性强，喜 pH 为 5～6 的酸性土。深根性，耐瘠薄，萌芽强，寿命较短。

图 9-2-12　白桦

【繁殖方法】播种繁殖或萌芽更新。

【观赏应用】树姿优美，树干修直，洁白雅致，秋叶金黄，别具观赏风格。适宜于寒温带公园、庭园及风景区内配置。可孤植、丛植于草坪、湖滨之畔，列植于道路两侧，片植于坡地之上或混交营造风景林，均能取得独到的景观效果。

17）桤木（水冬瓜、水青冈）

【学名】*Alnus cremastogyne* Burkill.

【科属】桦木科，桤木属

【形态特征】落叶乔木，高达 25m，胸径 1m。树皮灰褐色，鳞状开裂。芽有短柄，小枝较细，无树脂点。叶倒卵形至倒卵状椭圆形，长 6～15cm，先端突短尖或钝尖，基部楔形或近圆形，背面密被树脂点，中脉下凹，侧脉 8～16 对，锯齿疏细。雄花序单生。果序生于叶腋或小枝近基部，长圆形，果梗细长，果苞顶端 5 浅裂，小坚果倒卵形。花期 2～3 月，果熟期 8～11 月（图 9-2-13）。

【产地分布】分布于四川、贵州、甘肃、陕西等地。

【主要习性】喜光，喜温湿气候。喜水湿，多生于溪边河滩低湿地，在深厚、肥沃、湿润的土壤中生长良好，对土壤适应性强，耐贫瘠。根系发达，有根瘤，固氮能力强，速生。

【繁殖方法】播种繁殖。采种宜选 10～15 年母株。荒山、河滩天然更新良好。

【观赏应用】适于公园、庭园的低湿地、池畔种植，或与马尾松、柳杉等混交植片林、风景林。是优良的护岸固堤及速生用材树种。其

图 9-2-13　桤木

木材可制家具、胶合板,树皮可制栲胶,叶片嫩芽可入药。

18) 鹅耳枥(千金榆)

【学名】*Carpinus turczaninowii* Hance.

【科属】桦木科,鹅耳枥属

【形态特征】落叶乔木,高达 15m。树冠紧密而不整齐。树皮褐灰色,浅裂。小枝有绒毛,冬芽褐色。单叶互生,叶卵形,先端渐尖,基部圆形或近心形,叶缘具重锯齿,表面光亮,侧脉 10~12 对,背脉有长毛;叶柄有毛。果穗稀疏,下垂;果苞叶状,扁长圆形,一边全缘,一边有齿,坚果卵圆形,有肋条,疏生油腺点。花期 4~5 月,果熟期 9~10 月(图9-2-14)。

图 9-2-14　鹅耳枥
1—果枝;2—花枝;3—果苞及果

【产地分布】产于我国东北南部、华北、西南各省,垂直分布于 500~2000m 的地区。

【主要习性】稍耐阴,耐寒,喜肥沃、湿润的石灰质土壤,耐干旱、瘠薄。萌芽力强。

【繁殖方法】播种繁殖或萌芽更新。移植容易成活。

【观赏应用】枝叶茂密,叶形秀丽,果穗奇特。可孤植于庭院、草坪,也可路边列植或与其他树种混交成林,景观自然幽美。亦可作桩景材料。种子可榨油,树皮、叶可提制栲胶。

19) 板栗(栗子、毛板栗)

【学名】*Castanea mollissima* Bl.

【科属】壳斗科,栗属

【形态特征】落叶乔木,高达 15m,胸径 1m。树冠扁球形。树皮灰褐色。幼枝有灰褐色绒毛,无顶芽。叶椭圆形或椭圆状披针形,长 9~18cm,先端渐尖,基部圆形或宽楔形,有锯齿。雄花序直立,总苞球形,径 6~8cm,密被长针刺,内含坚果 1~3。花期 4~6 月,果熟期 9~10 月(图 9-2-15)。

【产地分布】中国特产树种,产于我国辽宁以南各地,华北和长江流域各地栽培最多,其中河北省是板栗著名的产区。

【主要习性】喜光,南方品种耐湿热,北方品种耐寒、耐旱。对土壤要求不严,喜肥沃、湿润、排水良好的沙壤土,忌积水与土壤黏重。对有害气体抗性强。深根性,根系发达,萌芽力强,耐修剪,寿命可达 300 年以上。

【繁殖方法】播种或嫁接繁殖。实生苗 6 年左右开始开花结果,生产上常用 2~3 龄的实生苗作砧木,在展叶前后嫁接。

【观赏应用】树冠开阔,树荫浓郁,果实有特色,是观赏兼经济树种。适宜在公园、庭园作庭荫树,可孤植、丛植于草坪、坡地,或点缀风景林。适用于"四旁"绿化、工矿污染区绿化;适于营造山区水土保持防护林。树皮可提制栲胶或入药。

图 9-2-15　板栗

20) 栓皮栎(软木栎)

【学名】*Quercus variabilis* Bl.

【科属】壳斗科,栎属

【形态特征】落叶乔木,高达 25~30m,胸径 1m。树冠广卵形。干皮灰褐色,树皮软,木栓层发达。小枝无毛。叶长椭圆形或长椭圆状披针形,长 8~15cm;先端渐尖,基部楔形,具刺芒状锯齿;叶背具灰白色毛。总苞杯状,小苞片反卷。花期 5 月,果翌年 9~10 月成熟(图 9-2-16)。

【产地分布】原产于中国,从辽宁到两广、云南、四川、贵州均有分布,而以鄂西、秦岭、大别山区为其分布中心。朝鲜、日本亦有分布。

【主要习性】喜光,幼苗耐阴,能耐 -20℃ 的低温。对土壤适应性强,在 pH 为 4~8 的土壤中均能生长;耐旱,不耐积水。主根发达,萌芽力强。

图 9-2-16 栓皮栎

【繁殖方法】播种繁殖。

【观赏应用】枝叶茂密,浓荫如盖,秋叶红褐色,季相变化明显,是有特色的观赏树种。适宜孤植、丛植或与其他树种混交成林;可作庭荫树、行道树。亦适合营造防风林、防火林及水源涵养林。是建筑、车船、化工、家具制造的原料;种子可酿酒。

21) 麻栎(栎树、橡树、柞树)

【学名】*Querous acutissima* Carr.

图 9-2-17 麻栎

【科属】壳斗科,栎属

【形态特征】落叶乔木,高达 25~30m,胸径 1m。树皮黑灰色,有交错深纵裂。小枝黄褐色,幼时有柔毛,后脱落。叶长椭圆状披针形,长 8~19cm;先端渐尖,基部近圆形或宽楔形,具刺芒状锯齿;叶被淡绿色,无毛或略有毛。坚果球形,总苞碗状,小苞片木质刺状,反卷。花期 5 月,果翌年 9~10 月成熟(图 9-2-17)。

【产地分布】原产于中国,自东北南部至两广、甘肃、四川、云南均有分布。日本、朝鲜也有分布。

【主要习性】喜光,喜湿润气候,较耐寒。对土壤要求不严,耐干旱,但不耐盐碱,在深厚、肥沃、排水良好的中性至微酸性沙壤土中生长最好。深根性,萌芽力强。抗污染、抗烟尘、抗风能力都较强。

【繁殖方法】播种繁殖。种子发芽力可保持一年。

【观赏应用】树干通直,枝叶茂密,绿叶鲜亮,秋叶橙褐色,季相变化明显,是有特色的绿化观赏树种。可作庭荫树、行道树,适合营造防风林、防火林。

22) 槲栎(细皮青冈、细皮栎、波罗)

【学名】*Querous aliena* Bl.

【科属】壳斗科,栎属

【形态特征】落叶乔木,高达 20~25m,胸径 1m。树冠广卵形。小枝无毛。叶长椭圆状倒卵形或倒卵形,长 15～25cm;先端微钝或短渐尖,基部窄楔形或圆形,有波状钝齿,背面密生细绒毛。侧脉 10～15 对,叶柄长 1～3cm。总苞杯状,小苞片鳞片状,排列紧密,有灰白色柔毛。花期 4～5 月,果熟期 10 月(图 9-2-18)。

【产地分布】产于华北、华南、西南等地,鄂西常见大树,多生于阳坡、山谷及荒地。

【主要习性】喜光,耐寒。对土壤适应性强,耐干旱瘠薄。萌芽力强,耐烟尘,对有害气体抗性强,抗风性强。

【繁殖方法】播种繁殖或萌芽更新。

【观赏应用】冠形宽阔,枝叶茂盛,叶形美观,秋叶转为红色,是适应性较强的园林绿化树种。宜作庭荫树或与其他树种混交成风景林。可用于工矿区绿化。

图 9-2-18 槲栎

23) 榆树(家榆、白榆)

【学名】*Ulmus pumila* L.

【科属】榆科,榆属

【形态特征】落叶乔木,高达 20～25m,胸径 1m。树冠圆球形。树皮黑灰色,小枝灰色,两列状。叶椭圆状卵形或椭圆状披针形,长 2～6cm;先端尖或渐尖,基部一边楔形,一边近圆形,叶缘有不规则单锯齿。花簇生于去年枝叶腋。翅果近圆形,1～2cm,果核位于翅果中部。花期 3～4 月,早春叶前开放,果熟期 4～6 月(图 9-2-19)。

【变种品种】龙爪榆(var. *pendula* Rehd.)

【产地分布】产于我国东北、华北、西北及华东地区。朝鲜、蒙古、俄罗斯亦有分布。

【主要习性】喜光,耐寒,可耐 -40℃ 低温。喜深厚、排水良好的土壤,抗旱,耐盐碱,不耐水湿。生长快,萌芽力强,耐修剪。根系发达,抗风、保持水土能力强。对烟尘或有毒气体抗性强。寿命可达百年以上。

图 9-2-19 榆树

【繁殖方法】播种繁殖,种子随采随播。

【观赏应用】树体高大,冠大荫浓,生长快,适应性强。宜作庭荫树、行道树或栽植绿篱;是北方地区防风固沙、水土保持、盐碱地造林及"四旁"绿化的重要树种。木材坚韧,是建筑、家具原料,幼叶、嫩果、树皮可食,种子可榨油。

24) 裂叶榆(青榆)

【学名】*Ulmus laciniata* Trautv. Mayr.

【科属】榆科,榆属

【形态特征】落叶乔木,高达 15～25m。树皮不规则片状剥落。叶倒卵形,长 5～14cm,先端 3～5 裂,基部歪斜,边缘具重锯齿;表面粗糙,散生硬毛,背面有短柔毛。聚伞花序,花被钟状,5 浅裂。花期 4～5 月,果期 5～6 月(图 9-2-20)。

【产地分布】产于我国东北、华北及陕西等地。朝鲜、俄罗斯远东、日本有分布。

【主要习性】喜光，耐寒。喜肥沃、湿润而排水良好的土壤，耐干旱，在沙地或轻盐碱地上也能生长。抗病虫能力较强。

【繁殖方法】播种或嫁接繁殖。

【观赏应用】树姿优美，冠大荫浓，适应性强，是优良的园林绿化树种。宜作庭荫树、行道树，也可作防护林等。

25) 大果榆（黄榆）

【学名】*Ulmus macrocarpa* Hance.

【科属】榆科，榆属

【形态特征】落叶乔木，高达 10m，胸径 30cm。树冠扁球形。树皮灰黑色，小枝常有两条规则的木栓翅。叶倒卵形或椭圆形，长 5～9cm，有重锯齿，质地粗厚，有短硬毛。翅果大，径 2.5～3.5cm，具红褐色长毛。花期 3～4 月，果熟期 5～6 月。

图 9-2-20　裂叶榆

【产地分布】产于我国东北、华北和西北海拔 1800m 以下地区。朝鲜、俄罗斯亦有分布。

【主要习性】喜光，耐寒。稍耐盐碱，耐干旱、瘠薄的土壤。根系发达，萌蘖能力强，寿命较长。

【繁殖方法】播种或分株繁殖。

【观赏应用】秋天叶为红褐色，点缀山林，颇为美观，是北方观叶树种之一。材质较榆树好，可作建筑、家具原料。

26) 榔榆（秋榆）

【学名】*Ulmus parvifolia* Jacq.

【科属】榆科，榆属

【形态特征】落叶或半常绿乔木，高达 25m，胸径 1m。树冠扁球形至卵圆形。树皮绿褐色或黄褐色，不规则片状脱落，小枝深褐色，幼时有毛。单叶互生，小而质厚，长椭圆形至卵状椭圆形，长 2～5cm；先端尖，基部歪斜，缘具单锯齿。花 2～6 朵簇生于叶腋，翅果椭圆形至卵形，长 0.8～1cm。花期 8～9 月，果期 10～11 月（图 9-2-21）。

【产地分布】主产于我国长江流域及其以南各省，陕西、山西、河南、山东有分布，北京等地有栽培。日本、朝鲜亦有分布。

【主要习性】喜光，稍耐阴；喜温暖、湿润的气候。对土壤适应性强，耐干旱、瘠薄、耐湿。萌芽力强，耐修剪，生长速度中等。耐烟尘，对二氧化硫等有害气体抗性强。寿命长。

图 9-2-21　榔榆

【繁殖方法】播种繁殖。

【观赏应用】树姿优美，枝叶细小茂密，干皮斑驳，秋叶转红，具较高的观赏价值，是长江流域常用园林树种。适于庭院孤植、丛植或与山石亭榭配置。老根枯干仍萌芽力强，是制作树桩盆景的优良材料。木材坚韧，经久耐用；树皮、根皮、叶均可入药。

27) 榉树(大叶榉)

【学名】 Zelkova schneideriana Hand. -Mazz.

【科属】榆科，榉属

【形态特征】落叶乔木，高达 25m。树冠倒卵状伞形。树皮深灰色，不裂，老时片状剥落后，仍光滑。一年生枝红褐色，密生柔毛。叶卵状椭圆形，2～8cm；先端尖，基部宽楔形，锯齿排列整齐，侧脉 10～14 对，背面密生灰色柔毛。坚果小，径 2.5～4mm，无翅，歪斜且有皱纹。花期 3～4 月，果熟期 10～11 月(图 9-2-22)。

【产地分布】产于我国淮河及秦岭以南，长江流域下游至华南、西南各省区。垂直分布一般在海拔 500m 以下。

【主要习性】喜光，略耐阴，喜温暖气候。喜肥沃、湿润的土壤，耐轻度盐碱，不耐干旱、瘠薄。深根性，抗风强。耐烟尘，抗污染。寿命长。

【繁殖方法】播种繁殖。种子发芽率较低，清水浸种有利于发芽。

【观赏应用】树体高大雄伟，绿荫浓密，秋叶红艳，观赏价值高于榆树。可作庭荫树、行道树，孤植、丛植、列植皆宜。是长江中下游各地的造林树种，也是制作树桩盆景的好材料。木材赤褐色，有光泽，是建筑、家具贵重用材。

图 9-2-22 榉树
1—果枝(新枝)；2—花枝；
3—雄花；4—雌花；5—果

28) 朴树(沙朴)

【学名】 Celtis sinensis Pers.

【科属】榆科，朴属

【形态特征】落叶乔木，高达 20m，胸径 1m。树冠扁球形。幼枝有短柔毛，后脱落。叶卵形或卵状椭圆形，长 4～8cm；先端短渐尖，基部全缘，稍歪斜，中部以上有浅钝齿，侧脉不伸入齿端，背脉隆起并有疏毛。核果球形，黄色或橙红色，果梗与叶柄近等长。花期 4 月，果熟期 9～10 月(图 9-2-23)。

【产地分布】产于我国淮河流域、秦岭，经长江中下游至华南各地。日本、朝鲜有分布。

【主要习性】喜光，稍耐阴，喜温暖气候。喜肥沃、湿润、疏松的中性土壤，耐干旱、瘠薄，耐轻度盐碱，耐水湿。深根性，萌芽力强，抗风。耐烟尘，抗污染。生长较快，寿命长。

【繁殖方法】播种繁殖。育苗期要注意整形修剪。

【观赏应用】冠形圆满宽广，树荫浓郁，是重要园林绿化树种。适合作庭荫树、行道树；是"四旁"绿化、河网区固岸护堤的树种。可作桩景材料。

图 9-2-23 朴树

29) 糙叶树(糙叶榆、牛筋树)

【学名】*Aphananthe aspera* (Thunb.) Planch.

【科属】榆科,糙叶树属

【形态特征】落叶乔木,高达 20m,胸径 1m。树冠球形。树皮不易开裂。单叶互生,卵形或椭圆形,长 5～12cm;三出脉,侧脉直达齿端,叶面粗糙,有硬毛。核果球形,黑色,径约 8cm。花期 4～5 月,果期 9～10 月。

【产地分布】产于亚洲东南部。我国东南及南部地区有分布。

【主要习性】喜温暖、湿润的气候。喜肥沃、湿润而排水良好的酸性土壤。寿命长。

【繁殖方法】播种繁殖。种子采后要堆放至熟,洗去外果皮,阴干,秋播或沙藏至翌年春播。

【观赏应用】枝叶茂密,树姿挺拔,是优良的园林绿化树种。宜作庭荫树,配景树,可孤植、丛植于草坪、溪边或谷地。亦可用于工矿区绿化。

30) 青檀(翼朴)

【学名】*Pteroceltis tatarinowii* Maxim.

【科属】榆科,青檀属

【形态特征】落叶乔木,高达 20m,胸径 1m。树皮薄片状剥落。单叶互生,卵形,长 3.5～13cm,三出脉,侧脉不达齿端,基部全缘,先端有锯齿,背面脉腋有簇生毛。花单性同株,小坚果周围有薄翅。花期 4 月,果熟期 8～9 月。

【产地分布】主产于我国黄河流域以南。西南地区亦有分布。

【主要习性】喜光,稍耐阴,耐寒。对土壤要求不严,耐干旱、瘠薄,亦耐湿。根系发达,萌芽力强,寿命长。

【繁殖方法】播种繁殖。

【观赏应用】树体高大,树冠开阔,宜作庭荫树、行道树。可孤植、丛植,适合用于石灰岩山地绿化造林。木材坚硬,是建筑、家具原材料;树皮是制造宣纸的原料。

31) 桑树(家桑)

【学名】*Morus alba* Linn.

【科属】桑科,桑属

【形态特征】落叶乔木,高达 15m,胸径 1m。树冠倒广卵形。小枝褐黄色。单叶互生,卵形或宽卵形,长 6～15cm;先端尖,基部圆或心形,锯齿粗钝;幼树之叶常有裂,表面有光泽,背面脉腋有簇毛。雌雄异株,花柱极短,柱头 2,宿存。聚花果(桑椹)紫黑色、淡红色或白色,多汁味甜。花期 4 月,果熟期 5～7 月(图 9-2-24)。

【变种与品种】

龙爪桑('Tortuosa'):枝条自然扭曲。

垂枝桑('Pendula'):枝条下垂。

【产地分布】原产于我国中部,栽培范围广泛,以黄河流域、长江中下游各地最多。朝鲜、蒙古、日本、中亚及欧洲也有分布。

【主要习性】喜光,耐寒。喜深厚、肥沃的疏松土壤,对土壤适应性很强。耐干旱,耐轻度盐碱,不耐水湿。根系发达,生长快,

图 9-2-24 桑树

萌芽力强，耐修剪。抗风，耐烟尘，抗有毒气体。寿命长，一般可达数百年。

【繁殖方法】播种、扦插、分根、嫁接繁殖皆可。

【观赏应用】树冠丰满，枝叶茂密，秋叶金黄，适生性强，是城市绿化的好树种，也是"四旁"绿化的主要树种。宜孤植作庭荫树，可与耐阴花灌木配植成树丛，或与其他树种混交成林。叶饲蚕，木材是家具、雕刻、乐器原料，果、叶、枝、根皮可入药。

32）构树（楮树）

【学名】*Broussonetia papyrifera*（L.）L'Her. ex Vent.

【科属】桑科，构树属

【形态特征】落叶乔木，高达16m，胸径60cm。树皮浅灰色，小枝密被丝状刚毛。单叶互生，稀对生，卵形，长7～20cm；缘具粗齿，两面密生柔毛。花单性异株。聚花果圆球形，橙红色。花期4～5月，果熟期7～8月（图9-2-25）。

【产地分布】我国黄河流域至华南、西南各省都有分布。

【主要习性】喜光，对气候适应性强。耐干旱、瘠薄，亦耐湿。生长快，病虫害少，根系浅，侧根发达，根蘖性强，对烟尘及多种有毒气体抗性强。

【繁殖方法】埋根、扦插、分蘖繁殖。

【观赏应用】枝叶茂密，适应性强，可作庭荫树及防护林树种，是工矿区绿化的优良树种。在城市行人较多处宜种植雄株，以免果实污染。果、根皮可入药。

图9-2-25 构树

33）柘树（柘刺、柘桑）

【学名】*Cudrania tricuspidata*（Carr.）Bur.

【科属】桑科，柘属

【形态特征】落叶小乔木，高10m，常呈灌木状。树皮灰褐色，薄片状剥落。小枝有枝刺。叶卵形或倒卵形，长3.5～11cm，全缘，有时3裂。聚花果近球形，径约2.5cm，熟时橘红色，肉质。花期5～6月，果熟期9～10月。

【产地分布】主产于我国华东、中南及西南各地，华北除内蒙古外都有分布。

【主要习性】喜光亦耐阴，耐寒。喜钙土树种，耐干旱、瘠薄，适生性很强。根系发达，生长较慢。

【繁殖方法】播种或扦插繁殖。

【观赏应用】适应性强，可作绿篱、刺篱。是绿化荒山、荒滩、保持水土的先锋树种。叶可饲蚕，果可食或酿酒，根皮可入药。

34）无花果（蜜果、映日果）

【学名】*Ficus carica* L.

【科属】桑科，榕属

【形态特征】落叶小乔木，高达12m，常呈灌木状。小枝粗壮。叶广卵形至近圆形，长10～20cm，基部心形或截形，3～5裂，锯齿粗钝或波状缺刻，叶正面有短硬毛，粗糙，背面有绒毛。隐花果梨形，径约

图9-2-26 无花果

5～8cm，绿黄色，熟后黑紫色，味甜有香气，可食。一年可多次开花结果(图9-2-26)。

【产地分布】原产于地中海沿岸，我国引种历史悠久，长江流域及以南较多，新疆南部有栽培。

【主要习性】喜光，耐阴；喜温暖气候，不耐寒。对土壤适应性强，喜深厚、肥沃、湿润的土壤，耐干旱、瘠薄。耐修剪，2～3年开始结果，6～7年进入盛果期，抗污染，耐烟尘。根系发达，生长快，病虫少，寿命可达百年以上。

【繁殖方法】扦插、分蘖、压条繁殖极易成活。

【观赏应用】枝叶美观，栽培容易，常植于庭院及公共绿地中，华北多盆栽观赏；是园林结合生产的理想树种。果、根、叶可入药。

35) 黄葛树(黄桷树、大叶榕)

【学名】*Ficus virens* Ait. var. *sublanceolata* (Miq.) Corner.

【科属】桑科，榕属

【形态特征】落叶乔木，高15～26m，胸径3～5m。树冠广卵形。单叶互生，叶薄革质，长椭圆形或卵状椭圆形，长8～16cm；全缘；叶面光滑，无毛，有光泽。隐花果近球形，径5～8cm，熟时黄色或红色。花期5～6月，果期10～11月(图9-2-27)。

【产地分布】产于我国华南、西南。

【主要习性】强阳性树种，耐干旱瘠薄。根系发达。

【繁殖方法】播种或扦插繁殖。

【观赏应用】树大荫浓，枝叶美观，宜作庭荫树、行道树、风景树，也是岸边绿化树种。是重庆市市树。

图9-2-27 黄葛树

36) 玉兰(白玉兰、望春花)

【学名】*Magnolia denudate* Desr.

【科属】木兰科，木兰属

【形态特征】落叶乔木，高达15～20m。树冠卵圆形。树皮深灰色，老时粗糙开裂。花芽大而显著，被密毛。单叶互生，宽倒卵形，长10～15cm，先端突尖，幼时背面有毛。花先叶开放，花大，单生于枝顶，径12～16cm，白色，芳香，花萼、花被相似，共9片。聚合蓇葖果圆柱形，长8～12cm，种子有红色假种皮。花期3～4月，果熟期9～10月(图9-2-28)。

【变种与品种】紫花玉兰('Purpurescens')。

【产地分布】产于我国安徽、浙江、江西、湖南、广东各省。北京、大连等城市有栽植。玉兰是上海市花。

图9-2-28 玉兰

【主要习性】喜光，稍耐阴；喜温暖气候，较耐寒，能耐-20℃低温。喜肥沃、湿润及排水良好的微酸性土壤，中性、微碱土亦能适应。根系肉质，忌积水低洼处。不耐移植，不耐修剪，抗二氧化硫等有害气体能力较强。生长缓慢，寿命长。花期对温度敏感，广州2月，上海3月下旬，北京则要4月中旬才开放。

【繁殖方法】播种、嫁接或压条繁殖。种子须及时搓去红色假种皮后沙藏。嫁接繁殖用紫玉兰作砧木。

【观赏应用】花洁白而清香，树姿亭亭玉立，为名贵早春花木。我国传统宅院树木配植讲究"玉堂春富贵"，意寓吉祥如意。其中"玉"指玉兰，最宜列植于堂前。园林中常丛植于草坪、路边、亭台前后，或与常绿树、花灌木配置成景。花枝可瓶插，种子可榨油，树皮可入药。

37) 鹅掌楸(马褂木)

【学名】*Liriodendron chinense* (Hemsl.) Sarg.

【科属】木兰科，鹅掌楸属

【形态特征】落叶乔木，高达 30~40m，胸径 1m 以上。树冠阔卵形。干皮灰白光滑。单叶互生，叶马褂形，长 12~15cm；叶背密生乳头状白粉点，长叶柄。花杯状，黄绿色。花被 9 片，长 2~4cm，清香。聚合果纺锤形，翅状小坚果钝尖。花期 5~6 月，果熟期 10~11 月(图 9-2-29)。

【产地分布】产于我国长江流域以南各省区，垂直分布于海拔为 500~1700m 的地区。

【主要习性】喜光，喜温暖、湿润的气候，可耐-15℃的低温。在湿润、肥沃、疏松的酸性、微酸性土中生长良好，不耐干旱、瘠薄、忌积水。对二氧化硫有一定抗性。

【繁殖方法】播种、扦插繁殖。

图 9-2-29 鹅掌楸

【观赏应用】叶形奇特，花大而美，秋叶金黄，树形端正挺拔，是珍贵的观赏树种。宜作庭荫树、行道树及园景树，宜孤植、丛植于草坪或与其他树种混交成林。木材淡红色，是建筑、家具原料；叶、树皮入药。

38) 北美鹅掌楸

【学名】*Liriodendron tulipifera* L.

【科属】木兰科，鹅掌楸属

【形态特征】落叶大乔木，高达 60m，胸径 3m。树冠广圆锥形。干皮灰褐色，纵裂较粗。叶较宽短，长 7~12cm，鹅掌形，两侧各有 1~3 裂，侧裂较浅，叶端常凹入，幼叶背面有细毛。花被长 4~5cm，浅黄绿色，在内侧近基部有橙黄色斑。花丝较长，聚合带翅坚果。花期 5~6 月，果熟期 10 月。

【产地分布】原产于北美。我国青岛、南京、上海等地有引种。

【主要习性】较鹅掌楸耐寒，生长快，寿命长，适应能力较强。其与鹅掌楸的杂交种——杂种鹅掌楸，生长势、适应能力皆强于双亲。

39) 枫香(枫树)

【学名】*Liquidambar formosana* Hance.

【科属】金缕梅科，枫香属

图 9-2-30 枫香

【形态特征】落叶乔木，高达 30～40m，胸径 1～1.5m。树冠广卵形或略扁平。树皮灰色，浅纵裂。单叶互生，掌状三裂，长 6～12cm，裂片先端尾尖，基部心形，幼叶有柔毛，后脱落，叶缘有锯齿。果序较大，径 3～4cm，有花柱和刺状萼片宿存。种子多角形，种皮坚硬，褐色。花期 3～4 月，果熟期 10 月(图 9-2-30)。

【变种与品种】光叶枫香(var. *monticola* Rehd. et Wils.)。

【产地分布】产于我国秦岭、淮河以南地区，生于海拔 1000m 以上。越南北部、老挝、朝鲜有分布。

【主要习性】喜光，喜温暖、潮湿的气候。喜深厚、肥沃的土壤，耐干旱、瘠薄，不耐湿。抗风，对二氧化硫、氯气抗性较强，萌芽性强，生长快，寿命长。

【繁殖方法】以播种繁殖为主，也可扦插或压条繁殖。

【观赏应用】树体高大雄伟，冠幅宽阔，秋叶红艳，是南方著名的观赏树种。适宜用于我国南方低山、丘陵地带营造风景林。城市园林中可作庭荫树、园景树或与其他树混植；孤植、丛植、群植均相宜。因不耐修剪，一般不作行道树。根、叶、果均可入药。

40) 杜仲

【学名】*Eucommia ulmoides* Oliv.

【科属】杜仲科，杜仲属

【形态特征】落叶乔木，高达 20m，胸径 1m。树冠球形或卵形。体内有丝状胶质。单叶互生，椭圆形，长 7～14cm；叶脉下陷，叶面皱，无毛，有锯齿。花单性异株，无花被。翅果扁平矩圆形。花期 4 月，叶前开放或与叶同放，果熟期 10 月(图 9-2-31)。

【产地分布】原产于我国中西部地区，各省区有栽培，垂直分布于海拔 1300～1500m 的地区。主产区为湖北西部、四川东部、陕西、湖南和贵州北部等地。

【主要习性】喜光，耐寒，适应性强，可在 -20℃ 低温下生长。喜深厚、肥沃、湿润、排水良好的土壤，在酸性、中性及微碱性土壤中均能生长，并有一定抗盐碱能力，在过干、过湿、过贫瘠的土壤中生长不良。生长较快，萌芽力强。

图 9-2-31　杜仲

【繁殖方法】以播种为主，亦可扦插、压条、分蘖、根插繁殖。

【观赏应用】树冠圆满，叶绿荫浓，在园林中宜作庭荫树、行道树、风景林；孤植、丛植、列植、群植都可以。是农村、山区绿化造林、发展多种经营的重要树种。木材坚实细致，是建筑、家具原料；树体各部分可提炼硬橡胶；树皮可入药。

41) 二球悬铃木(英国梧桐)

【学名】*Platanus acerifolia* Willd.

【科属】悬铃木科，悬铃木属

【形态特征】落叶乔木，高达 30～35m，胸径 1m。树冠广卵圆形。树皮灰绿色，薄片状脱落，内皮淡黄白色。嫩枝密生星状毛。叶近三角形，长 9～15cm，3～5 掌状裂，疏生锯齿，幼叶有星状毛。果球常 2 个生于总柄，花柱刺状。花期 4～5 月，果熟期 9～10 月(图 9-2-32)。

图 9-2-32　二球悬铃木

【产地分布】本种是三球悬铃木与一球悬铃木的杂交种,1646年在英国伦敦育成,广泛种植于世界各地。我国引入栽培百余年,北自大连、北京、河北,西至陕西、甘肃,西南至四川、云南,南至两广及东部沿海各省都有栽培。

【主要习性】喜光,不耐阴,喜温暖、湿润的气候。北京幼树易受冻害,须防寒。对土壤要求不严,耐干旱、瘠薄,亦耐湿。根系浅,易风倒,萌芽力强,耐修剪。抗烟尘、硫化氢等有害气体。生长迅速,成荫快。

【繁殖方法】扦插繁殖,亦可播种繁殖。实生苗根系比扦插苗发达,抗风强,但扦插苗树皮较光滑悦目。

【观赏应用】树形优美,冠大荫浓,栽培容易,是世界著名的四大行道树种之一。宜作庭荫树、行道树、园景树;可孤植、丛植。但其枝叶幼时具有大量星状毛,尤其是聚合果成熟后散落的褐色长毛,在空气中随风漂浮,污染环境,故在幼儿园、精密仪器车间等处不宜栽种。果有疗效。

42) 山楂

【学名】*Crataegus pinnatifida* Bge.

【科属】蔷薇科,山楂属

【形态特征】落叶小乔木,高6m。叶宽卵形至三角状卵形,两侧各有3~5羽状深裂,基部1对裂片分裂较深,缘有不规则锐齿,背面沿脉疏生毛,托叶大而有齿。复伞房花序有长柔毛,后渐落。果球形,深红色,有白色或褐色皮孔,径1~1.5cm。花期5~6月,果熟期9~10月(图9-2-33)。

【变种与品种】山里红(var. *major* N. E. Br)。

【产地分布】产于我国东北、华北至江苏、浙江;朝鲜、俄罗斯有分布。

【主要习性】喜光,喜干冷气候,耐寒。在排水良好、湿润、肥沃的沙壤土中生长最好,耐旱。根系发达,萌蘖性强,抗氯气、氟化氢污染。

图9-2-33 山楂

【繁殖方法】播种、嫁接、分株繁殖。种核坚硬,需沙藏层积两冬一夏才能萌发。常用根蘖苗作砧木嫁接山里红。

【观赏应用】树冠圆满,叶形秀丽,白花繁茂,红果艳丽,是观果、观花、园林结合生产的优良树种;也是优美的庭荫树,可孤植或丛植,可作刺篱或基础种植材料。

43) 木瓜

【学名】*Chaenomeles sinensis* (Thouin.) Koehne.

【科属】蔷薇科,木瓜属

【形态特征】落叶小乔木,高5~10m。树皮呈薄片状剥落。嫩枝有毛,枝无刺。叶卵状椭圆形,长5~8cm,先端急尖,革质,缘有芒状锐齿,叶柄有腺齿;托叶卵状披针形。花单生于叶腋,粉红色,径2.5~3cm,叶后开放。果椭圆形,长12~15cm,暗黄色、木质、芳香。花期4~5月,果熟期8~10月(图9-2-34)。

图9-2-34 木瓜

【产地分布】产于我国山东、安徽、浙江、江苏、江西、河南、湖北、广东、广西、陕西等省区。

【主要习性】喜光，稍耐阴，耐寒性不强。喜肥沃、排水良好的轻壤土，不耐积水或盐碱。

【繁殖方法】用楸桲、野海棠等作砧木嫁接繁殖，亦可播种繁殖。

【观赏应用】花色艳丽，果实芳香，树皮斑驳秀丽，是观赏兼经济树种。常孤植、丛植于庭园、草坪，或与其他花木混植。果实可入药。

44）苹果

【学名】*Malus pumila* Mill.

【科属】蔷薇科，苹果属

【形态特征】落叶乔木，高达 15m。小枝幼时密生绒毛，紫褐色。叶椭圆形至卵形，长 5～10cm，先端尖，锯齿圆钝，背面有毛。花白色带红晕，径 3～4cm。花梗与萼片均具灰白色绒毛，萼片长尖，宿存，花柱5。果扁球形，径5cm以上，两端凹陷。花期4～5月，果熟期7～11月（图9-2-35）。

【产地分布】原产于欧洲东南部及亚洲中西部，现东北南部及华北、西北广为栽培。

【主要习性】喜光，喜冷凉干燥气候，耐寒，不耐湿热。对土壤要求不严，在肥沃、深厚而排水良好的土壤中生长最好，不耐瘠薄。对有害气体有一定的抗性。树龄可达百年以上。

【繁殖方法】嫁接繁殖，北方常用山荆子为砧木，华东则以湖北海棠为主。

图9-2-35 苹果

【观赏应用】春季观花，白润晕红，秋时赏果，丰满色艳，是观赏结合食用的优良树种。可种植于各类园林绿地中，孤植、丛植、列植或群植皆宜。作为重要果树，苹果具有 1000 以上的品种。

45）海棠花

【学名】*Malus spectabilis* Borkh.

【科属】蔷薇科，苹果属

【形态特征】落叶小乔木，高达 8m，小枝红褐色。叶椭圆形至长椭圆形，长5～8cm，叶基部广楔形或近圆形，缘具紧贴细锯齿，叶柄长1～2.5cm，背面幼时有柔毛。花蕾色红颜，开放后呈淡粉红色，萼片较萼筒短或等长，三角状卵形，宿存。果近球形，黄色，基部无凹陷，径2cm。花期4～5月，果熟期9月。

【变种与品种】

重瓣粉海棠（'Riversii'）：叶宽大，花重瓣，粉红色。

重瓣白海棠（'Albi-plena'）：花白色，重瓣。

【产地分布】原产于我国北方，是华北、华东常见的观赏树种。

【主要习性】喜光，不耐阴，耐寒。耐旱，亦耐盐碱，不耐湿，萌蘖性强。

【繁殖方法】播种、分株、嫁接繁殖。砧木以山荆子为主。

【观赏应用】花枝繁茂，美丽动人，是著名的观赏花木。宜配植于门庭入口两旁，亦可植于院落角隅、堂前、草坪、池畔，或与其他树种配置成景。亦可作盆景或切花材料。

46）西府海棠（小果海棠）

【学名】 Malus micromaius Mak.

【科属】 蔷薇科，苹果属

【形态特征】 落叶小乔木，高5m，树姿峭立。枝直立，小枝紫褐色，有柔毛，后脱落。叶长椭圆形，长5～10cm，先端渐尖，基部楔形，锯齿尖，嫩叶背面有柔毛，叶柄长2～2.5cm。花粉红色，花梗短，花序不下垂；花梗、萼筒、萼片绿色，有白色绒毛。果近球形，基部有凹陷，径1～1.5cm，红色。花期4月，果熟期8～9月（图9-2-36）。

【产地分布】 原产于我国中部，为山荆子与海棠花的杂交种，各地有栽培。

【主要习性】 喜光，耐寒。喜肥沃、排水良好的沙壤土，对土壤适应力强，抗干旱，较耐盐碱。

图9-2-36 西府海棠

【繁殖方法】 嫁接、压条繁殖。砧木用山荆子或海棠。

【观赏应用】 春花艳丽，秋果红艳，是花果并茂的庭园观赏树种。可作嫁接苹果的砧木。

47）垂丝海棠

【学名】 Malus halliana (Voss.) Koehne.

【科属】 蔷薇科，苹果属

【形态特征】 落叶小乔木，高5m，树冠开展，嫩枝紫色。叶卵形至长卵形，长3.5～8cm，基部楔形，锯齿细钝，叶柄及中肋常带紫红色。花4～7朵簇生于小枝顶端，粉红色，有紫晕，花柱4～5，花梗细长下垂，花萼紫红色，萼片比萼筒短。果径6～8mm，紫色。花期4月，果熟期9～10月（图9-2-37）。

【变种与品种】

白花垂丝海棠（var. spontanea Koidz.）：花小，近白色，花梗较短。

重瓣垂丝海棠（'Parkmanii'）：花半重瓣，花梗深红色。

垂枝垂丝海棠（'Pendula'）：小枝下垂。

斑叶垂丝海棠（'Variegata'）：叶面有白斑。

【产地分布】 原产于我国华东、华中、西南地区，野生于山坡丛林中，长江流域至西南各地多有栽培。

【主要习性】 喜光，耐阴，喜暖湿气候，耐寒。北京须小气候条件好的地方才能露地栽培。喜肥沃、湿润的土壤，耐旱

图9-2-37 垂丝海棠

能力较差，稍耐湿，耐修剪，对有害气体抗性较强。

【繁殖方法】 嫁接繁殖，常用湖北海棠作砧木，也可扦插或压条。

【观赏应用】 春日繁花满树，娇艳美丽，是点缀春景的主要花木，常作庭园的主景树种。花枝可切花插瓶，树桩可制作盆景。

48）白梨

【学名】*Pyrus bretschneidei* Rehd.

【科属】蔷薇科，梨属

【形态特征】落叶小乔木，高5~8m。小枝粗壮，幼时有毛。叶卵形或卵状椭圆形，长5~11cm，有刺芒状尖锯齿，齿端微向内曲。花白色。果卵形或近球形，黄白色。花期4月，果熟期8~9月（图9-2-38）。

【产地分布】原产于我国北部，栽培遍及华北、东北南部、西北及江苏北部、四川等地。

【主要习性】喜光，喜干冷气候，耐寒。对土壤要求不严，耐干旱瘠薄。

【繁殖方法】嫁接繁殖为主，砧木常用杜梨。

【观赏应用】春季时节"千树万树梨花开"，一片雪白，是园林结合生产的好树种。宜成片栽成观果园，可列植于道路两侧，亦可丛植于居民区、街头绿地。

图9-2-38 白梨

49）杜梨（棠梨）

【学名】*Pyrus betulaefolia* Bunge.

【科属】蔷薇科，梨属

【形态特征】落叶乔木，高达10m。小枝常棘刺状，幼时密生灰白色绒毛。叶菱状卵形或长圆形，长4~8cm，缘有粗尖齿，幼叶两面具灰白色绒毛，老时仅背面有毛。花白色。果实小，径1cm，褐色。花期4~5月，果熟期8~9月。

【产地分布】主产于我国北部，长江流域亦有。

【主要习性】喜光，稍耐阴，耐寒。对土壤要求不严，耐干旱瘠薄，耐盐碱。抗病虫害能力强。深根性树种，生长较慢，寿命长。

【繁殖方法】播种繁殖。

【观赏应用】春季白花繁茂、美丽，可丛植、列植于庭园观赏。宜种植于盐碱干旱地区，是华北、西北防护林及沙荒造林树种。可作栽培梨的砧木。

50）红叶李（紫叶李）

【学名】*Prunus cerasifera* Ehrh. cv. Atropurpurea

【科属】蔷薇科，李属

【形态特征】落叶小乔木，高8m。枝、叶、花萼、花梗都呈紫红色。叶卵形或倒卵形，长3~4.5cm，具尖细重锯齿，背面中脉基部密生柔毛。花单生于叶腋，淡粉红色，径约2.5cm，与叶同放，花梗长1~2cm。果球形，暗红色。花期4~5月，果熟期7~8月。

【产地分布】是樱李（*P. cerasifera*）的栽培变种。原产于亚洲西南部，各地广泛栽培。

【主要习性】喜光，喜温暖、湿润的气候，较耐寒。对土壤要求不严，可在黏质土壤中生长，根系较浅，生长旺盛，萌芽力强。

【繁殖方法】嫁接繁殖，用桃、李、杏、梅或山桃作砧木。

【观赏应用】叶色红紫，是重要的观叶树种。适宜孤植、丛植，与绿叶树种配置，会起到"万绿丛中一点红"的效果。

51) 杏(杏树)

【学名】 *Prunus armeniaca* L.

【科属】蔷薇科，李属

【形态特征】落叶乔木，高达15m，树冠圆形，小枝红褐色。叶广卵形至圆卵形，长5~8cm，先端急尖，基部近圆形，锯齿圆钝，背面中脉疏生柔毛。花两性，单生，白色至淡粉红色，径约2.5cm，近无梗，花萼5枚，紫红色。果球形，杏黄色，径2~3cm，有沟槽及细柔毛。果肉离核，核扁，平滑。花期3~4月，果熟期6~7月(图9-2-39)。

【变种与品种】

山杏(var. *ansu* Maxim.)：花2朵并生，果红色，密生绒毛。

垂枝杏(var. *pendula* Jager.)：枝下垂，叶、果较小。

【产地分布】我国东北、华北、西北、西南及长江中下游有分布，是北方常见的果树。

【主要习性】喜光，耐寒。对土壤要求不严，喜深厚、排水良好的沙壤土，耐盐碱，耐干旱、瘠薄，忌水湿。根系发达，寿命长达300年。

【繁殖方法】播种繁殖。优良品种要用实生苗或李、桃等作砧木嫁接繁殖。

【观赏应用】早春开花，有"南梅、北杏"之誉，是我国北方主要的早春花木。宜孤植、丛植于草坪、院落，群植或片植于山坡。可作北方荒山造林树种。

图9-2-39 杏

52) 梅(梅花)

【学名】 *Prunus mume* Sie. et Zucc.

【科属】蔷薇科，李属

【形态特征】落叶乔木，高达15m。树皮灰褐色，小枝绿色。叶卵形至椭圆形，先端尾尖，基部宽楔形至近圆形，锯齿细尖，无毛。花单生或2朵并生，先叶开放，白色、红色、粉红色，芳香，近无梗。果球形，一侧有浅沟槽，径2~3cm，绿黄色，密生细毛，果肉黏核，味酸。果核球形略扁，有蜂窝状穴孔。花期11月至次年3月，果熟期5~6月(图9-2-40)。

【变种与品种】梅花品种达323种，根据陈俊愉教授对梅花品种的分类，新修正的中国梅花分为三系五类十八型。三系分别是：

真梅种系(Ture Mume Branch)：具梅的典型枝、叶；开典型梅花。

杏梅种系(Apricot Mei Branch)：与杏(*P. armeniaca*)或

图9-2-40 梅

山杏(*P. sibirica*)的天然杂交种。枝、叶居于梅、杏之间,叶绿色,花托肿大,花不香或微香。

樱李梅种系(*Blireiana* Branch):与紫叶李的杂交种。枝、叶似紫叶李,叶常年呈紫红色;花托不肿大,有花梗。

【产地分布】原产于我国西南地区,秦岭以南至南岭各地都有分布。北方盆栽,温室越冬。耐寒品种在北京可露地栽培。梅花是南京、武汉等城市的市花。

【主要习性】喜光,稍耐阴,喜温暖、湿润的气候,有一定的耐寒能力。对土壤要求不严,耐干旱瘠薄,喜排水良好,忌积水。萌芽力强,耐修剪。寿命可长达千年。

【繁殖方法】以嫁接为主,亦可扦插、播种繁殖,山桃、杏、桃、梅均可作砧木。

【观赏应用】梅树色香俱佳,苍劲典雅,有 2500 年以上的栽培历史,蕴含着丰富的民族文化,位于十大名花前列。梅花品种繁多,用途广泛。可孤植、丛植于庭园,也可群植成"梅坞"、"梅园"、"梅溪"、"梅岭"专类景观,或与松、竹配植成"岁寒三友"的佳景;还可盆栽于室内,制作树桩盆景或瓶插花枝观赏。

53) 桃(桃花)

【学名】*Prunus persica* (L.) Batsch.

【科属】蔷薇科,李属

【形态特征】落叶小乔木,高 8m。小枝无毛,芽有毛。叶椭圆状披针形,中部以上最宽,先端渐尖,基部宽楔形,缘有细锯齿,叶柄较粗,顶端有腺体;托叶线形,有腺齿。花单生,先叶开放,粉红色,近无柄,花萼密生绒毛。果卵球形,径 5~7cm,表面密生绒毛,肉质多汁。花期 3~4 月,果熟期 6~8 月(图9-2-41)。

【变种与品种】桃树品种多达 3000 种以上,我国约有 1000 个品种。观赏桃常见品种有:

碧桃(f. *duplex* Rehd.):花粉红色,重瓣。

白碧桃(f. *albo-plena* Schneid.):花白色,重瓣。

红碧桃(f. *rubro-plena* Schneid.):花深红色,重瓣。

寿星桃(f. *densa* Mak.):树形矮小,节间短,花有红、白两个重瓣品种。

图 9-2-41 桃

垂枝桃(f. *pendula* Dipp.):枝下垂,花重瓣,有白、红、粉、洒金等品种。

紫叶桃(f. *atrdpurpurea* Schneid.):叶紫红色,花淡红,单瓣或重瓣。

洒金碧桃(二乔碧桃 f. *versicolor* Voss.):花红、白两色或同株红、白两色花,重瓣。

【产地分布】原产于我国,自东北南部至华南,西至甘肃、四川、云南普遍栽培。

【主要习性】喜光,不耐阴,有一定的耐寒力。耐干旱,喜排水良好的沙壤土,不耐水湿,碱性土及黏重土均不适宜。根系较浅,根蘖性强,生长快。寿命短,一般为 30~50 年。

【繁殖方法】繁殖以嫁接为主,北方多用山桃作砧木,南方多用毛桃。

【观赏应用】桃花妩媚烂漫,品种繁多,是园林中重要的春季花木。可孤植、丛植、列植与群植。桃花也可盆栽、制作桩景或切花观赏。

图9-2-42 山桃
1—花枝；2—花纵剖；3—花瓣；
4—果枝；5—果核

54) 山桃

【学名】Prunus davidiana (Carr.) Franch.

【科属】蔷薇科，李属

【形态特征】落叶小乔木，高达10m。干皮紫褐色，有光泽，常具横向环纹。叶狭卵状披针形，长6~10cm，中下部最宽，锯齿细尖，叶柄较细。花淡粉红色或白色，萼片无毛。果球形，径3cm，肉薄而干燥。花期3~4月，果熟期7月（图9-2-42）。

【产地分布】主要分布于我国黄河流域、东北南部，西北也有分布。

【主要习性】喜光，耐寒，对土壤适应性强，耐干旱、瘠薄，怕涝。

【繁殖方法】播种繁殖。

【观赏应用】花期早，花繁茂，是北方早春重要的观花树种，常植于庭园、草坪、山坡、岸边。是华北桃树的砧木。

55) 樱桃

【学名】Prunus pseudocensus Lindl.

【科属】蔷薇科，李属

【形态特征】落叶小乔木，高8m。叶卵形至卵状椭圆形，长7~12cm，先端锐尖，缘有重锯齿，齿尖有腺点，叶背有毛。花白色，3~6朵成总状花序，径1.5~2.5cm。核果球形，无沟槽，径1~1.5cm，红色，果肉较厚。花期4月，果熟期5~6月（图9-2-43）。

【产地分布】原产于我国中部，为温带、亚热带树种。

【主要习性】喜光，耐寒，耐旱。萌蘖性强，生长迅速。

【繁殖方法】分株、扦插或嫁接繁殖。

【观赏应用】花如云霞，果若珊瑚，是有特色的观赏兼食用树种。可孤植、列植、丛植于草坪、林缘、路旁。若与芭蕉配置，"红了樱桃，绿了芭蕉"，更具诗情画意。

图9-2-43 樱桃

56) 樱花

【学名】Prunus serrulata Lindl.

【科属】蔷薇科，李属

【形态特征】落叶乔木，高达15m。树皮栗褐色，光滑，小枝赤褐色，无毛，有锈色唇形皮孔。叶卵形至卵状椭圆形，长6~12cm，先端尾尖，缘具芒状单或重锯齿，两面无毛，叶柄端有2~4腺体。花3~5朵成短伞房总状花序，花白色或淡红色，单瓣，花梗与萼无毛。果卵形，由红变紫褐色。花期4月，与叶同放，果熟期7月。不耐修剪。

【变种与品种】

重瓣白樱花(f. albo-plena Schneid.)：花白色，重瓣。

垂枝樱(f. pendula Bean.)：枝开展而下垂，花粉红色，重瓣。

重瓣红樱花(f. *rosea* Wils.)：花粉红色，重瓣。

瑰丽樱花(f. *superba* Wils.)：花淡红色，重瓣，花形大，有长梗。

【产地分布】产于我国长江流域，东北南部亦有，朝鲜、日本有分布(为日本国花)。

【主要习性】喜光，稍耐阴，耐寒，不耐炎热。喜深厚、肥沃、排水良好的土壤，过湿、过黏处不易种植，不耐旱，不耐盐碱。根系浅，不耐移植，不耐修剪。

【繁殖方法】播种、扦插繁殖，以嫁接为主，砧木用樱桃、桃、杏和其实生苗。移植要带土球，因其根系浅不能栽种得太深，否则不利根系生长。种植地一定要排水良好，可选择坡地种植。若地下水位高，可考虑堆土种植。一般不修剪，中耕除草时注意勿伤根系。对部分农药，如乐果等较敏感，易造成落叶，要慎用。

【观赏应用】春日繁花满树，色彩娇艳，是重要的观花树种，也是日本樱花亲本之一。可成片群植或散植，皆具观赏效果；花枝可作切花欣赏。

57) 东京樱花(日本樱花)

【学名】*Prunus yedoensis* Matsum

【科属】蔷薇科，李属

【形态特征】落叶乔木，高达 16m。树皮灰褐色，光滑。叶椭圆状卵形或倒卵形，长 5～12cm，先端渐尖或尾尖，基部圆形，具细尖重锯齿，背面沿脉有疏柔毛。伞形总状花序，有花 3～4，先叶开放；花粉红色或白色，花梗被短柔毛，萼筒管状，被疏柔毛。果近球形，黑色。花期 3～4 月，果期 5 月(图 9-2-44)。

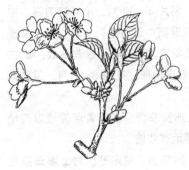

图 9-2-44 东京樱花

【变种与品种】

垂枝东京樱花(f. *perpends* Wilson)：小枝下垂。

翠绿东京樱花(var. *nikaii* Honda)：新叶、花萼、花柄均绿色，花纯白色。

【产地分布】原产于日本，我国各地有栽培，主要以华北及长江流域为多。

【主要习性】喜光，较耐寒。生长快，寿命较短。

【繁殖方法】嫁接繁殖，樱桃、山樱花可作砧木。

【观赏应用】树体高大，早春开花，花密而繁盛，是著名的观花树种。常作园景树、行道树、庭荫树等；可孤植、列植、群植或片植，也可与常绿树配置。

58) 稠李(臭李子)

【学名】*Prunus padus* L.

【科属】蔷薇科，李属

【形态特征】落叶乔木，高达 15m。叶椭圆形或倒卵状圆形，长 5～12cm，先端尾尖，基部圆形或宽楔形，具细锐锯齿，两面无毛，托叶与叶柄近等长。总状花序，有花 20 余朵，基部有小叶 1～4，花白色；雄蕊比花柱短近一半，花梗长 1～1.5cm。果卵球形，红褐色至黑色。花期 4～6 月，果期 8～9 月(图 9-2-45)。

【产地分布】产于我国东北、华北、西北及山东、河南等地。

图 9-2-45 稠李

北欧、俄罗斯、日本、朝鲜也有分布。

【主要习性】喜光，稍耐阴，较耐寒。喜肥沃、湿润、排水良好的沙壤土。忌积水，不耐干旱瘠薄。根系发达，抗病虫害能力较强。

【繁殖方法】播种、分蘖繁殖。

【观赏应用】花序长而美丽，秋叶黄红色，果熟时亮黑色。适应性强，是北方颇具价值的观赏树种。可孤植、丛植或与其他树种配置成景。稠李是蜜源树种，叶可入药。

59）合欢（绒花树、夜合树、马缨花）

【学名】*Albizzia julibrissin* Durazz.

【科属】豆科，合欢属

【形态特征】落叶乔木，高达16m。树冠伞形。小枝有棱无毛。二回羽状复叶，羽片4～12对，小叶镰刀形，中脉明显偏上缘，仅叶缘及背面中脉有毛。头状花序，总梗细长，排成伞房状，萼及花冠均黄绿色。雄蕊多数，长25～40mm，伸出花冠。荚果扁条形。花期6～7月，果熟期9～10月（图9-2-46）。

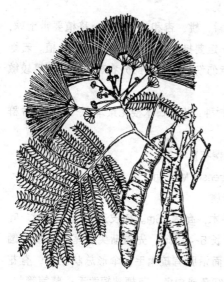

图9-2-46 合欢

【产地分布】产于亚洲及非洲，我国黄河流域以南地区有分布，大连、北京等地有栽培。

【主要习性】喜光，耐侧阴，稍耐寒。对土壤适应性强，喜排水良好的肥沃土壤，耐干旱、瘠薄，不耐积水。浅根性，有根瘤菌，抗污染能力强，不耐修剪，生长快。

【繁殖方法】播种繁殖。

【观赏应用】树冠开阔，树形优美，羽叶绒花典雅秀丽，是优良的观赏树种。宜作行道树、庭荫树、园景树；孤植、丛植、群植皆相宜。是"四旁"绿化、工矿区绿化适宜树种，可作江河两岸固岸护堤防护林。合欢木材经久耐用，树皮、花可入药。

60）楹树

【学名】*Albizzia chinensis* (Osbeck) Brain.

【科属】豆科，合欢属

【形态特征】落叶乔木，高达20～30m，木枝有灰黄色柔毛，皮孔大而明显。叶柄基部及总轴有腺体，复叶羽片6～18对，小叶20～40对，小叶长6～8mm，背面被疏毛，托叶大，早落。花丝粉红或黄白色，头状花序呈圆锥状，顶生或腋生。荚果带状。花期5月，果期6～8月。

【产地分布】产于亚洲南部，我国福建、广东、湖南、广西、云南、台湾等省有栽培。

【主要习性】喜高温高湿气候。喜潮湿低地，耐水淹，也耐干旱瘠薄。生长快。

【繁殖方法】播种繁殖。

【观赏应用】树冠宽广，生长迅速，适应性强，耐水湿，是华南低湿地及荒山造林速生树种。可作行道树和庭荫树，可孤植、丛植或群植。树皮含单宁。

61）紫荆（满条红）

【学名】*Cercis chinensis* Bunge.

【科属】豆科，紫荆属

【形态特征】落叶乔木或灌木，高达15m，胸径50cm。小枝"之"形，密生皮孔，单叶互生，叶近圆形，先端骤尖，基部心形，全缘，两面无毛。花簇生于二年生以上的老枝上，萼红色，花冠紫红色。荚果扁，腹缝线有窄翅，网脉明显。花期4月，果熟期9～10月（图9-2-47）。

【变种与品种】白花紫荆（var. alba Hsu.）。

【产地分布】产于我国黄河流域及其以南各地。

【主要习性】喜光，稍耐侧阴。有一定的耐寒性，京、津地区需栽植在背风向阳处。对土壤要求不严，耐干旱瘠薄，忌涝。萌蘖性强，深根性，耐修剪，对烟尘、有害气体抗性强。

【繁殖方法】播种繁殖为主，亦可分株、压条、扦插繁殖。

图9-2-47 紫荆

【观赏应用】花早春叶前开放，满枝嫣红，枝、叶形态别致，是重要观赏花木。适宜在庭园及各类绿地丛植，也可与常绿松柏或其他花灌木配置，亦可植成花篱等。树皮、花梗可入药。

62）凤凰木（红楹、金凤花、火树）

【学名】*Delonix regia*（Bojer）Raf.

【科属】豆科，凤凰木属

【形态特征】落叶乔木，高达20m。树冠伞形。二回羽状复叶，羽片10～24对，小叶20～40对，近矩圆形，长5～8mm，宽2～3mm，先端钝圆，基部歪斜，表面中脉下陷，两面均有毛。花萼绿色，花冠鲜红色，上部的花瓣有黄色条纹。荚果木质，花期5～8月（图9-2-48）。

图9-2-48 凤凰木

【产地分布】原产于马达加斯加及热带非洲，我国广东、广西、台湾、云南、福建有栽培。是汕头市的市花，厦门市的市树。

【主要习性】喜光，喜暖热、湿润的气候，不耐寒。对土壤要求不严，根系发达，生长快。不耐烟尘，对病虫害抗性较强。

【繁殖方法】播种繁殖。种子成熟后干藏至翌年春播。播前须浸种。若培育大苗，可采取截干的方法。

【观赏应用】树冠开阔，绿荫覆地，叶形似羽毛，秀丽柔美，花大而色艳，初夏开放，如火如荼，与绿叶相映更显灿烂。宜在华南地区作行道树、庭荫树。

63）皂荚（皂角）

【学名】*Gleditsia sinesis* Lam.

【科属】豆科，皂荚属

【形态特征】落叶乔木，高达30m，树冠扁球形。枝刺圆而有分枝。一回羽状复叶，小叶3～7对，卵形至卵状长椭圆形，长3～8cm，先端钝，有短尖头，锯齿细钝，中脉有毛，叶轴与小叶柄有柔毛。总状花序腋生，萼、瓣各为4枚。荚果扁平肥厚，直而不扭转，长12～30cm，经冬不落。花期4～5月，果熟期10月(图9-2-49)。

【产地分布】产于我国黄河流域及其以南地区，多生于低山丘陵及平原地区。

【主要习性】喜光，稍耐阴，喜温暖、湿润的气候，较耐寒。喜深厚而肥沃的土壤，在石灰质及盐碱性土壤中也能正常生长，不适应干旱、瘠薄。深根性，生长慢，寿命较长。

【繁殖方法】播种繁殖。播种前须浸种，然后湿沙层积催芽。

【观赏应用】树冠圆满宽阔，浓荫蔽日，适宜作庭荫树、行道树，也可作"四旁"绿化树种。木材坚硬，耐腐耐磨；果荚富含胰皂质，可用于洗涤；果、枝刺、种子可入药；叶、荚煮水可杀红蜘蛛。

图9-2-49 皂荚

64) 黄檀(不知春)

【学名】*Dalbergia hupeana* Hance.

【科属】豆科，黄檀属

【形态特征】落叶乔木，高达20m。树皮呈窄条状剥落。奇数羽状复叶，小叶互生，7～11枚，卵状长椭圆形至长圆形，长3～6cm，叶端钝或微凹，叶基圆形。花黄白色，雄蕊2体。荚果扁平，长圆形，种子1～3粒。花期5～6月(图9-2-50)。

【产地分布】我国秦岭、淮河以南有分布。

【主要习性】喜光，较耐寒。对土壤要求不严，耐干旱、瘠薄，稍耐湿。生长慢，叶萌发晚，上海一般5月始萌叶，根系发达。

【繁殖方法】播种繁殖。

【观赏应用】树冠开阔，树荫如盖，宜作庭荫树，可孤植或丛植于各类绿地中；也是荒山绿化的先锋树种。木材坚韧，用途广泛，可制车轴、滑轮及军工品。

图9-2-50 黄檀

65) 龙牙花(美洲刺桐)

【学名】*Erythrina corallodendron* L.

【科属】豆科，刺桐属

【形态特征】落叶小乔木，高3～5m。干有粗刺，小叶3枚，长5～10cm，阔卵形，叶端尖，无毛，有时柄上及中脉上有刺。总状花序腋生，长达30cm，花深红色，长4～6cm，花冠狭而近于闭合。荚果圆柱形，长约10cm，种子深红色。花期6月(图9-2-51)。

【产地分布】原产于美洲热带地区，我国华南地区有引种栽培。

【主要习性】喜光，喜暖热、湿润的气候，不耐寒，在上海、杭州等地可露地栽培，能正常开花，呈亚灌木状。对土壤要求不严，耐旱、耐湿，亦耐瘠薄。生长迅速，萌芽力强。

【繁殖方法】播种、扦插繁殖。

【观赏应用】叶色鲜绿，花开繁盛，色艳丽，花期较长，是华南地区常见观赏树种。可孤植、丛植于庭院及各类绿地中，北方有盆栽观赏。

图9-2-51 龙牙花

66) 刺槐(洋槐)

【学名】*Robinia pseudoacacia* L.

【科属】豆科，刺槐属

【形态特征】落叶乔木，高达 25m，胸径 80cm。树冠椭圆状倒卵形，树皮深纵裂，枝具托叶刺。羽状复叶互生，小叶 7~19 枚，椭圆形至卵状长圆形，先端圆或微凹，有小芒尖，基部圆。总状花序下垂，花白色、芳香。荚果扁平，条状。花期4~5月，果熟期9~10月(图 9-2-52)。

【变种与品种】

红花刺槐 [f. *decaisneana* (Carr) Voss.]：花冠红色，南京、济南有栽培。

无刺槐 [f. *inermis* (Mirbel) Rehd.]：无托叶刺，树形美观，可作庭荫树、行道树。

图 9-2-52 刺槐

【产地分布】原产于北美，现遍布全国，以黄河、淮河流域最为普遍。

【主要习性】强喜光，不耐阴，喜干燥而凉爽的气候，不耐湿热气候。对土壤适应性强，耐干旱瘠薄，忌低洼积水。浅根性，萌芽力、萌蘖力强，抗烟尘。

【繁殖方法】播种繁殖，也可分蘖或插根繁殖。

【观赏应用】树姿优美，枝叶茂盛，白花素雅，芳香宜人。宜作庭荫树、行道树、工矿区绿化树种及荒地绿化的先锋树种。木材坚实而有弹性，耐湿耐腐，用途广泛；是良好蜜源植物。

67) 国槐(槐树)

【学名】*Sophora japonica* L.

【科属】豆科，槐属

【形态特征】落叶乔木，高达 25m。树冠圆形。树皮灰黑色，小枝绿色，皮孔明显。奇数羽状复叶互生，小叶 7~17 枚，卵状椭圆形，先端尖，基部圆或宽楔形，全缘，背面有白粉及柔毛。圆锥花序，花浅黄绿色，荚果肉质，串珠状。花期6~8月，果熟期9~10月(图 9-2-53)。

【变种与品种】

龙爪槐(var. *pendula* Loud.)：小枝屈曲下垂，树冠如伞。

紫花槐(var. *violacea* Carr.)：花呈玫瑰紫色，花期较迟。

五叶槐(var. *oligophylla* Franch.)：3~5小叶簇生状，顶生小叶常3裂。

金枝槐：枝条金黄色，冬季效果更为明显。

图 9-2-53 国槐

【产地分布】原产于我国北方，各地都有栽培，是华北平原、黄土高原常见树种，是北京市的市树。日本、朝鲜有分布。

【主要习性】喜光，稍耐阴，喜干冷气候。喜肥沃、深厚、湿润、排水良好的沙壤土。稍耐盐碱，抗烟尘及二氧化硫等有害气体能力强。深根性，根系发达，萌芽力强，耐修剪，寿命长。

【繁殖方法】播种繁殖，龙爪槐等变种须嫁接繁殖，用实生苗作砧木。

【观赏应用】冠幅宽广，枝叶茂密，浓荫如盖，适应性强，是北方城市中主要的行道树、庭荫树，在园林绿化中具有重要地位。龙爪槐、紫花槐、五叶槐皆为重要变种。木材坚韧，用途广泛；花蕾、果实、树皮、枝叶均可入药；花蕾可制染料。

68) 花椒

【学名】Zantho xylum bungeanum Maxim.

【科属】芸香科，花椒属

【形态特征】落叶小乔木或灌木，高 7m。枝具皮刺。奇数羽状复叶互生，小叶 5～11 枚，卵状椭圆形，先端尖，基部近圆或宽楔形，缘有细钝齿，背面中脉基部两侧有褐色簇毛。聚伞状圆锥花序顶生，花小，单性。蓇葖果红色或紫红色。花期 3～4 月，果熟期 7～10 月（图9-2-54）。

图 9-2-54 花椒

【产地分布】我国辽宁南部、华北至华南、西北南部、西南均有分布。

【主要习性】喜光，不耐严寒。喜深厚、肥沃、湿润土壤，对土壤 pH 值要求不严。土壤过干旱瘠薄，生长不良，忌积水。根系发达，萌芽力强，耐修剪，寿命长。

【繁殖方法】播种繁殖。种子宜室内晾干，切勿暴晒。

【观赏应用】花椒是重要的香料树种，枝叶茂密，红果美丽，兼观赏、绿化功能、经济价值于一身。各类绿地，"四旁"绿化，荒山、荒滩造林，都可以种植，也可以作刺篱。种皮、种子是调味香料，亦可入药。

69) 臭椿(樗树、椿树)

【学名】Ailanthusa altissima Swingle.

【科属】苦木科，臭椿属

【形态特征】落叶乔木，高达 30m。树皮较平滑，不开裂。小枝粗壮，无顶芽，叶痕大，有 7～9 个维管束痕。奇数羽状复叶互生，小叶 13～25 枚，卵状披针形，先端渐长尖，基部具 1～2 对粗齿，齿端有臭腺点，中上部全缘；叶背面稍有白粉，无毛或仅沿中脉有毛。顶生圆锥花序，长 10～30cm。翅果淡褐色，纺锤形。花期 4～5 月，果熟期 9～10 月（图 9-2-55）。

【变种与品种】千头臭椿('Qiantou')：树冠圆形，整齐美观，是北方推广的行道树种。

【产地分布】原产于我国辽宁、华北、西北至长江流域各地。朝鲜、日本也有分布。

图 9-2-55 臭椿

【主要习性】喜光，耐寒。耐土壤干旱、瘠薄及盐碱，不耐水湿。抗有害气体能力强，耐烟尘。深根性，根萌蘖性强，生长快。寿命可达 200 年。

【繁殖方法】播种、分蘖或插根繁殖。

【观赏应用】树干通直高大，树冠开阔，叶大荫浓，枝叶整齐，秋季翅果红褐，是重要的园林绿化树种。宜作庭荫树、行道树，欧美大城市街头常见。是工矿区绿化树种，山地造林的先锋树种；

可用于盐碱地水土保持与改良。木材用于建筑、家具、造纸；种子榨油；根皮入药。

70）楝树(苦楝、紫花树)

【学名】*Melia azedarach* Linn.

【科属】楝科，楝属

【形态特征】落叶乔木，高达 20m。树冠平顶形。小枝皮孔明显，幼枝具星状毛。2～3 回奇数羽状复叶互生，小叶卵形至卵状椭圆形，长 3～7cm，先端渐尖，基部楔形或圆形，缘有钝齿或裂。腋生圆锥状复聚伞花序，长 25～30cm，花淡紫色，芳香。核果球形，径 1～1.5cm，熟时黄色，宿存。花期 4～5 月，果熟期 10～11 月 (图9-2-56)。

【产地分布】分布于我国山西、河南、河北南部、山东、陕西、甘肃南部、西南和长江流域及以南各地。印度、巴基斯坦、缅甸也有分布。

【主要习性】喜光，喜温暖、湿润的气候，耐寒性不强。对土壤要求不严，在酸性、轻盐碱地均能生长。耐烟尘，对二氧化硫抗性强。浅根性，侧根发达，萌芽力强，生长快。寿命短，达 30～40 年。

图 9-2-56　楝树

【繁殖方法】播种繁殖，也可插根育苗。

【观赏应用】羽叶秀丽，紫花芳香，树形优美。是优良的庭荫树、行道树，可孤植、列植或丛植。是江南地区"四旁"常用绿化树种、速生用材树种。木材可用于建筑、家具、乐器制作；种子可榨油；树皮、叶、果实可入药。

71）香椿

【学名】*Toona Sinensis* (A. Juss) Rocm.

【科属】楝科，香椿属

【形态特征】落叶乔木，高达 25m，树冠宽卵形。树皮暗褐色，条片状剥落。小枝粗壮，叶痕扁圆形，内有 5 个维管束痕。偶数羽状复叶，有香气。小叶 10～20 枚，长椭圆形至广披针形，长 8～15cm，先端渐长尖，基部歪斜。花白色，子房和花盘均无毛。蒴果长椭圆形。种子红褐色，上端具翅。花期 6 月，果熟期 10～11 月(图9-2-57)。

【产地分布】产于我国中部，现辽宁南部、华北至东南和西南各地均有栽培。

【主要习性】喜光，有一定的耐寒性，幼树在河北地区易受冻害。对土壤要求不严，稍耐盐碱，耐水湿。对有害气体抗性强。深根性，萌蘖性、萌芽力都强，耐修剪。

图 9-2-57　香椿

【繁殖方法】播种为主，也可分蘖或插根繁殖。可根据用途培育成通直主干，供园林绿化用；或灌木状以利采摘嫩叶。

【观赏应用】树干通直，树冠开阔，枝叶浓密，嫩叶红艳。常用作庭荫树、行道树；或配置疏林，作上层骨干树种，其下栽耐阴花木。香椿是华北、华东、华中平原或低山丘陵地区的重要用材树种和"四旁"绿化树种。它也是建筑、家具、造船的优质木材；嫩芽、嫩叶可食用；种子榨油；根皮与果有药效。

72) 重阳木(端阳木)

【学名】*Bischoffia polycarpa* (Lévl.) Airy-Shaw

【科属】大戟科，重阳木属

【形态特征】落叶乔木，高达15m，树冠伞形。树皮褐色，纵裂。三出复叶互生，小叶卵形至长椭圆形，长5~11cm，先端突尖或突渐尖，基部圆或近心形，缘有细钝齿，两面无毛。花小，单性异株，呈总状花序，无花瓣，雌花有2个花柱。浆果球形，径5~7mm，熟时红褐色。花期4~5月，与叶同放，果熟期10~11月(图9-2-58)。

【产地分布】产于我国秦岭、淮河流域以南至两广北部，长江流域中、下游平原常见。

【主要习性】喜光，略耐阴。喜温暖气候，耐寒性差。对土壤要求不严，耐水湿，在湿润、肥沃的沙壤土中生长快。根系发达，抗风强。

图9-2-58 重阳木

【繁殖方法】播种繁殖。果熟采收，用水浸泡后搓掉果皮，淘出种子，晾干后袋中室内贮藏。早春2、3月间播种，20d后幼苗出土，发芽率40%~80%。

【观赏应用】枝叶茂密，树姿优美，秋叶红艳。宜作行道树、庭荫树，可与其他树配置秋景，也可作固岸护堤树种。木材红褐色，可用于建筑、木器制作等；种子可榨工业用油；根、叶可入药。

73) 油桐(桐油树)

【学名】*Aleuorites forclii* Hemsl.

【科属】大戟科，油桐属

【形态特征】落叶乔木，高达12m。树冠扁球形。树皮灰褐色，小枝粗壮。叶卵形、长7~18cm，全缘，有时3浅裂，叶基具2紫红色扁平腺体。雌雄同株，花大，径约3cm，花瓣白色，基部有淡红褐色条纹。核果球形，径4~6cm，表面平滑，种子3~5粒。花期3~4月，果熟期10月(图9-2-59)。

【产地分布】分布于我国长江流域及以南地区，而以川东、湘西及鄂西南为集中产区。越南也有分布。

【主要习性】喜光，亦耐阴，喜温暖、湿润的气候，不耐寒。喜肥沃、排水良好的土壤，不耐干旱、瘠薄及水湿。不耐移植，对二氧化硫污染极为敏感。根系浅，生长快，树龄可达百年。

图9-2-59 油桐

【繁殖方法】播种繁殖。种子采收后贮藏至翌年春播，播前须用温水浸种催芽。

【观赏应用】油桐是我国特产油料树种，冠幅宽广，叶大荫浓，花大而秀丽。宜作庭荫树、行道树，若植于草坪、坡地，亦别具特色。

74) 乌桕(蜡子树、木油树)

【学名】*Sapium sebiferum* Roxb.

图9-2-60 乌桕

【科属】大戟科，乌桕属

【形态特征】落叶乔木，高达15m。树冠近球形。小枝纤细。单叶互生，叶菱形、菱状广卵形，长5～9cm，先端尾尖，基部宽楔形，全缘，两面无毛。叶柄细长，顶端有2腺体。顶生穗状花序，上部雄花，下部雌花；花单性，无花瓣。蒴果3瓣裂，扁球形，熟时开裂。种子黑色，外被白蜡，宿存在果轴上经冬不落。花期5～7月，果熟期10～11月(图9-2-60)。

【产地分布】产于我国长江流域及珠江流域，主要栽培区在浙江、湖北、四川、贵州、安徽、云南、江西、福建等省。印度、日本也有分布。

【主要习性】喜光，喜温暖气候，耐寒性不强。喜深厚、湿润、肥沃的土壤，能耐短期积水，亦耐旱。抗二氧化硫和氯化氢的污染能力强。深根性，抗风，寿命长。

【繁殖方法】播种繁殖，种子脱蜡后须催芽，优良品种用嫁接繁殖。

【观赏应用】树冠整齐，叶形秀丽，秋叶红色，娇艳夺目；落叶后满树白色种子似小白花，经冬不落，是长江流域主要的秋景树种。宜作庭荫树、行道树，或与常绿树种、其他秋叶树种配置秋景；是固岸护堤树种。乌桕是我国重要的工业油料树种，木材致密，是家具、雕刻用材；根皮、叶入药。

75）黄连木(楷木)

【学名】*Pistacia chinensis* Bunge.

【科属】漆树科，黄连木属

【形态特征】落叶乔木，高达30m。树冠近圆球形。树皮片状剥落，小枝有柔毛，冬芽红褐色。偶数羽状复叶互生，小叶10～14枚，披针形或卵状披针形，全缘，先端渐尖，基部歪斜。雌雄异株，雌花腋生，圆锥花序，紫红色；雄花呈总状花序，淡绿色。核果紫蓝色或红色。花期3～4月，先叶开放，果熟期9～11月(图9-2-61)。

【产地分布】我国黄河流域以南均有分布，散生于低山丘陵及平原。

【主要习性】喜光，幼时耐阴，不耐严寒。对土壤要求不严，耐干旱瘠薄。病虫害少，抗污染，耐烟尘。深根性，抗风力强，生长较慢，寿命长。

【繁殖方法】播种繁殖。播种用紫蓝色果内的种子(红果是空粒)。种子须沙藏3个月以上或秋播。

【观赏应用】树干通直，树冠开阔，春秋两季红叶。常用作庭荫树、行道树；亦可与常绿树或槭类等色叶树配置成景。是"四旁"绿化或低山造林

图9-2-61 黄连木

树种。木材致密，黄色，耐腐，是建筑、家具、雕刻用材；树皮、叶入药。

76）火炬树(鹿角漆)

【学名】*Rhus typhina* Linn.

【科属】漆树科，漆树属

【形态特征】落叶小乔木，高达 8m。小枝粗壮，分枝少，密生绒毛。奇数羽状复叶，小叶 11～23 枚，长椭圆状披针形，长 5～13cm，缘有锯齿，先端长渐尖，背面有白粉，叶轴无翅。雌雄异株，圆锥花序顶生，密生绒毛，花淡绿色。核果红色，花柱宿存，密集成红色火炬形。花期 5～7 月，果熟期 9 月。

【产地分布】原产于北美，我国山东、河北、山西、陕西、宁夏、北京、上海等省市栽植。

【主要习性】喜光，耐寒。对土壤适应性强，耐干旱瘠薄，耐水湿，耐盐碱。根系发达，萌蘖性强。浅根性，生长快，寿命短。

【繁殖方法】分株、播种繁殖。

【观赏应用】果序红色，形似火炬，秋叶红艳，是颇具特色的秋色叶树种。宜丛植于绿地观赏或点缀山林秋色。是水土保持及固沙树种。种子榨油，树皮、根皮入药。

77）丝棉木(明开夜合、白杜、华北卫矛)

【学名】*Euonymus bungeana* Maxim.

【科属】卫矛科，卫矛属

【形态特征】落叶小乔木，高达 8m。树冠卵圆形。树皮灰色，幼时光滑，老时浅纵裂。小枝细长，绿色光滑。单叶对生，卵状至椭圆状披针形，长 5～10cm，先端长渐尖，基部阔楔形或近圆形，缘有细齿，无毛，叶柄长 1～3cm。聚伞花序腋生，花淡黄绿色。蒴果粉红色，4 裂。种子具红色假种皮。花期 5～6 月，果熟期 10 月。

【产地分布】产于我国北部、中部及东部各省区，甘肃、山西、陕西、四川有分布。朝鲜、俄罗斯东部也有分布。

【主要习性】喜光，稍耐阴，耐寒。对土壤要求不严。耐干旱，也耐水湿。根系深而发达，萌蘖性强。对有害气体有一定的抗性。

【繁殖方法】播种繁殖，亦可分株、扦插繁殖。

【观赏应用】枝叶秀丽，是优良的园林绿化树种。宜植于草坪、坡地、林缘观赏，也可植于湖畔、溪边，构成水景，是嫁接大叶黄杨的砧木。树皮、根皮含硬橡胶，种子可榨油。

78）元宝枫(平基槭)

【学名】*Acer truncatum* Bunge.

【科属】槭树科，槭树属

【形态特征】落叶小乔木，高 13m。树冠伞形或倒广卵形。树皮深灰色，浅纵裂。单叶互生，叶掌状 5 裂，长 5～10cm，中裂片，有时又 3 小裂，基部截形或稀心形，两面无毛，叶柄细长。花序顶生，花小，黄绿色。翅果扁平，与果核近等长，形似元宝。花期 5 月，果熟期 9 月（图 9-2-62）。

【产地分布】主要分布于我国黄河中下游各省及辽宁、内蒙

图 9-2-62 元宝枫

古、安徽与江苏北部等地。

【主要习性】弱阳性，喜侧阴，喜凉爽、湿润的气候，耐寒，亦耐干燥气候，喜湿润、肥沃、排水良好的土壤，耐旱，不耐积水。抗风雪，耐烟尘及有害气体。深根性，寿命长。

【繁殖方法】播种繁殖。

【观赏应用】枝叶丰满，冠幅宽大，叶形别致，秋叶黄色或红色，是我国北方著名的园林绿化树种。宜作庭荫树、行道树，或配置于各类绿地中观赏。木材坚韧细致，是建筑、家具、雕刻用材；种子榨油。

79) 五角枫(色木、地锦槭)

【学名】*Acer mono* Maxim.

【科属】槭树科，槭树属

【形态特征】落叶乔木，高达 20m。树冠广卵形。叶掌状 5 裂，裂片全缘，基部心形，叶面无毛或仅背面脉腋簇生毛。花杂性，黄绿色，呈顶生伞房花序。果翅展开呈钝角，长约果核的 2 倍。花期 4 月，果熟期 9~10 月 (图9-2-63)。

图 9-2-63　五角枫

【产地分布】是我国槭树科中分布最广的一种，东北、华北及长江流域均有分布。西伯利亚东部、蒙古、朝鲜、日本也有分布。

【主要习性】喜侧阴，耐寒，喜凉爽、湿润的气候，过于干冷及高温生长不良。对土壤要求不严，稍耐湿。深根性，生长速度中等，寿命长。

【繁殖方法】播种繁殖。

【观赏应用】树形优美，叶形别致，秋天转为红色或黄色，是秋叶观赏树种。宜作庭荫树、行道树，可与其他秋叶树种、常绿树种配置。木材坚韧细致，可作家具；种子可榨油。

80) 三角枫(丫枫、鸡枫树)

【学名】*Acer buergerianum* Miq.

图 9-2-64　三角枫

【科属】槭树科，槭树属

【形态特征】落叶乔木，高达 20m。树皮灰褐色，条片状剥落。叶常 3 浅裂或不裂，长 4~10cm，先端渐尖，基部圆或宽楔形，3 主脉，裂片全缘或略有浅齿。花黄绿色，伞房花序顶生。果翅呈锐角。花期 4~5 月，果熟期 9~10 月(图 9-2-64)。

【产地分布】原产于我国秦岭以南陕西、甘肃、山东、江苏、安徽、浙江、江西、台湾、湖南、湖北、广东等地，常生于山坡、路旁、山谷及溪沟两边。日本也有分布。

【主要习性】喜光，耐侧阴。喜温暖、湿润的气候，有一定耐寒性，北京可露地越冬。幼苗喜阴湿。喜深厚、肥沃、湿润的土壤，耐水湿，萌芽力强，耐修剪。根系发达，生长尚快，寿命达100年左右。

【繁殖方法】播种繁殖。

【观赏应用】冠幅宽大，树姿优美，秋叶转为深红色，是秋色叶观赏树种。常用作庭荫树、行道树；可与常绿树或观叶树种配置风景林；幼树可作植篱，枝条连接年久成绿墙；老桩作盆景。根系发达，耐水湿，是固岸护堤树种。

81）鸡爪槭（青枫）

【学名】*Acer palmatum* Thunb.

【科属】槭树科，槭树属

【形态特征】落叶小乔木，高8m。枝开张，细长光滑。叶柄、花梗及子房均光滑无毛。叶掌状，5～9深裂，基部心形，裂片卵状长椭圆形至披针形，先端锐尖，缘有重锯齿，背面脉腋有白色簇毛。伞房花序顶生，花小、紫色。果翅成钝角。花期4～5月，果熟期10月（图9-2-65）。

图9-2-65 鸡爪槭

【变种与品种】

红枫 [f. *atropurpureum* (Vanh.) Schwer.]：叶常年红色、紫红色。

红细叶鸡爪槭(f. *ornatum* Andre.)：叶紫红色，又名红羽毛枫、红塔枫。

深裂鸡爪槭(var. *thunbergh* Pax.)：较小，掌状7裂，裂片长尖。

细叶鸡爪槭 [var. *dissectum* (Thunb.) Maxim.]：叶掌状、近全裂，裂片长羽裂。

【产地分布】主产于我国长江中下游，山东、河南有栽培。日本、朝鲜有分布。

【主要习性】喜半阴，忌烈日直射，喜温暖、湿润的气候，稍耐寒。喜湿润、肥沃、排水良好的土壤，不耐湿，稍耐干旱，不耐海潮风。

【繁殖方法】播种繁殖，各变种品种须嫁接繁殖。嫁接时用2～3年生实生苗作砧木。定植须有遮荫条件，否则夏季易日灼。

【观赏应用】树姿优美，叶形别致，秋叶红艳，有多种园林品种，是珍贵的观叶树种。最宜植于草坪、坡地、水池边，点缀于亭廊、山石之间，或与常绿树种配置；可盆栽作室内装饰或制作树桩盆景。枝、叶可药用。

82）复叶槭（羽叶槭、梣叶槭）

【学名】*Acer negundo* L.

【科属】槭树科，槭树属

【形态特征】落叶乔木，高达20m。树冠圆球形。小枝无毛，有白粉。奇数羽状复叶对生，小叶3～5片，卵形或长椭圆状披针形，长5～10cm，缘有缺刻，顶生小叶有时3裂。雌雄异株，雄花伞房花序，雌花总状花序，均下垂。翅果呈锐角。花期3～4月，叶前开放；果熟期9月。

【产地分布】原产于北美，我国东北、华北、内蒙古、新疆有栽培。

【主要习性】喜光，喜干冷气候，暖湿地区生长不良，耐寒。对土壤要求不严，耐干旱，稍耐湿，耐烟尘能力强。生长较快，寿命短。

【繁殖方法】播种繁殖为主。

【观赏应用】树姿优美,枝叶秀丽,秋叶黄色,是秋叶观赏树种。宜作庭荫树、行道树,丛植或与其他观叶树种、常绿树种配置。北方常作为"四旁"绿化树种用。树液可制糖,树皮可药用。

83) 七叶树(枝罗树、婆罗树)

【学名】Aesculus chinensis Bunge.

【科属】七叶树科,七叶树属

【形态特征】落叶乔木,高达25m。小枝无毛。掌状复叶对生,小叶5~7片,倒卵状长椭圆形至长椭圆状倒披针形,长8~20cm,先端渐尖,基部楔形,缘有细齿,背脉有疏毛,小叶柄长5~17mm。顶生圆锥花序,长20~35cm,花小,白色,花瓣4枚。蒴果球形,黄褐色。花期5~7月,果熟期9~10月(图9-2-66)。

【产地分布】产于我国黄河流域各省,江苏、浙江、北京等地有栽培。

【主要习性】喜光,耐半阴,易受日灼。喜温暖气候,较耐寒。喜肥沃、湿润、排水良好的土壤,不耐干旱。深根性,不耐移植。萌芽力不强,生长缓慢,寿命长。

图 9-2-66 七叶树

【繁殖方法】播种繁殖。种子不耐贮藏,应采后即播,亦可以贮藏至翌年春播。

【观赏应用】冠幅开阔,树形整齐,叶大形美,花序洁白,是世界著名的四大行道树种之一,也可作庭荫树、园景树。在傍山近水处生长良好,北京、杭州的古寺庙常有七叶树大树,雄伟壮观。种子可入药。

84) 栾树(灯笼花)

【学名】Koelreuteria paniculata Laxm.

【科属】无患子科,栾树属

【形态特征】落叶乔木,高达15m,树冠近圆球形。树皮浅褐色,细纵裂。一回羽状复叶或部分小叶深裂而成不完全的二回羽状复叶,小叶7~15片,卵形或卵状椭圆形,先端尖或渐尖,近基部常有深裂,缘有不规则粗齿,背脉有毛。顶生圆锥花序,花黄色。蒴果三角状卵形,先端尖,黄褐色或红褐色。花期6~7月,果熟期9~10月(图9-2-67)。

【产地分布】产于我国黄河流域,北至东北南部,西至甘肃东南部、四川中部,南至长江流域各地及福建省。朝鲜、日本也有分布。

【主要习性】喜光,耐半阴,耐寒。喜石灰性土壤,耐干旱瘠薄,耐轻微盐碱及短期水淹。深根性,萌芽力强,生长速度中等,耐烟尘及有害气体。

【繁殖方法】播种繁殖为主,亦可分蘖或插根繁殖。

【观赏应用】树冠开展,枝叶茂密,春天嫩叶红艳,夏季黄花满树,秋叶金黄,果似灯笼,绚丽多姿,季相变化大,是北方理想的观赏树种。常作庭荫树、行道树;可丛

图 9-2-67 栾树

植、孤植，亦可作防护林、水土保持林及荒山绿化、"四旁"绿化树种。叶可提炼栲胶；花可制染料；种子可榨油。

85）无患子（四皂角、皮皂子）

【学名】Sapindus mukorossi Gaertn.

【科属】无患子科，无患子属

【形态特征】落叶乔木，高达20～25m，树冠广卵形或扁球形。树皮灰白色，光滑不裂。偶数羽状复叶，互生，小叶8～14，卵状长椭圆形至卵状披针形，长7～15cm，先端尖，基部歪斜，全缘，薄革质，无毛。顶生圆锥花序，花黄白色或淡紫色。核果球形，熟时褐黄色，有光泽，中果皮肉质。花期5～6月，果熟期9～10月（图9-2-68）。

【产地分布】产于我国长江流域以南各地，越南、老挝、印度、日本有分布。

【主要习性】喜光，稍耐阴，喜温暖、湿润的气候，稍耐寒。对土壤要求不严，在深厚、肥沃、排水良好的土壤中生长较快，稍耐湿。对二氧化硫抗性强。深根性，不耐修剪，寿命长。

【繁殖方法】播种繁殖。

图9-2-68 无患子

【观赏应用】树形高大，枝叶茂密，绿荫如盖，秋叶转黄色。宜作庭荫树、行道树；可孤植、丛植或配置其他树种点缀秋景。果肉含皂素，可用于洗涤；种子可榨油；根、果可入药。

86）枳椇（拐枣、鸡爪梨）

【学名】Hovenia acerba Lindl.

【科属】鼠李科，枳椇属

【形态特征】落叶乔木，高达15～25m。树皮灰褐色，幼枝红褐色。单叶互生，叶宽卵形，长8～16cm，先端渐尖，基部圆形，缘有细锯齿，基部三出脉，叶柄及主脉常带红晕。复聚伞花序顶生或腋生，花两性，浅黄绿色。果熟时黄褐色，果梗肥大肉质，成熟后可食。花期6月，果熟期9～10月（图9-2-69）。

【产地分布】我国长江流域及华南、西南、陕西和甘肃南部有分布。

【主要习性】喜光，有一定的耐寒能力，喜温暖气候。对土壤要求不严，耐旱，耐湿。深根性，萌芽力强。

【繁殖方法】播种、扦插、分蘖繁殖。

图9-2-69 枳椇

【观赏应用】树姿优美，枝繁叶茂，叶大荫浓，适应性强，宜作庭荫树、行道树及"四旁"绿化树种。可作建筑、家具、工艺美术用材；果梗可熬糖、酿酒；果实、树皮、叶可入药。

87）枣树

【学名】Zizyphus jujuba Mill.

【科属】鼠李科，枣属

【形态特征】落叶乔木，高 10m。小枝红褐色，光滑，呈"之"字形曲折，常具有托叶刺；当年生枝常簇生于短枝上，冬季与叶同落。单叶互生，卵状椭圆形至披针形，先端钝尖，基部宽楔形，缘有细锯齿，基三出脉。花小，两性，淡黄色，有香气。核果椭圆形，熟时红褐色，具光泽，味甜，核坚硬，两头锐尖。花期 5～6 月，果熟期 8～10 月(图 9-2-70)。

【变种与品种】品种多，主要是果树的优良品种，约近 500 种，园林上常见的有：

龙爪枣('Tortuosa')：枝、叶柄卷曲，生长缓慢，以园林观赏为主。

酸枣(var. *spinosa* Hu)：常呈灌木状，托叶刺明显，叶较小，核果小，近球形，味酸。

图 9-2-70　枣树

【产地分布】我国东北南部、西北、华北、华南、西南均有分布，以黄河中下游及华北地区栽培最为普遍。伊朗、俄罗斯中亚地区、蒙古、日本也有分布。

【主要习性】喜光，耐寒，耐热，耐干旱气候，空气湿度大的地区病虫害较多。对土壤适应性强，耐瘠薄、干旱、水湿，耐烟尘及有害气体。根系发达，根蘖性强，抗风沙。栽后十几年达盛果期，延续 50 年左右，寿命长约二三百年。

【繁殖方法】分蘖、根插、嫁接繁殖。嫁接时用酸枣或实生苗作砧木。

【观赏应用】枣叶垂荫，红果挂枝，老树干枝屈曲古朴，是我国栽培历史悠久的果树。可作庭荫树、园路树，是园林结合生产的好树种。果实富含维生素 C 和多种营养成分，可食用或入药；是良好蜜源植物。

88) 糠椴(大叶椴)

【学名】*Tilia mandshurica* Rupr. et Maxim.

【科属】椴树科，椴树属

【形态特征】落叶乔木，高达 20m，胸径 50cm。树冠广卵形、扁球形。干皮暗灰色。一年生小枝黄绿色，星状毛。叶卵圆形，基部歪斜，长 7～15cm，先端渐长尖或上部有浅裂，缘具粗锯齿，叶背面密生灰色星状毛，叶柄有毛。聚伞花序有 7～12 朵花，花黄色，芳香，苞片倒披针形。果球形或椭球形，长 7～9mm，密生灰褐色星状毛，有不明显 5 纵脊，果皮较厚。花期 7～8 月，果熟期 9～10 月(图 9-2-71)。

【产地分布】产于我国东北、华北、山东等地。俄罗斯、朝鲜有分布。

【主要习性】喜光，能耐阴。耐寒，喜湿润气候。适生于深厚、肥沃、湿润的土壤，不耐干旱瘠薄，不耐盐碱。萌蘖力强，耐烟尘及有毒气体。深根性，寿命长达 200 年。

【繁殖方法】播种繁殖，种子须沙藏一年，幼苗须遮荫，亦可分株繁殖。

图 9-2-71　糠椴

图9-2-72 木棉

【观赏应用】树姿优美,枝叶茂密,夏日黄花满树,浓荫铺地,是很好的庭荫树、行道树,北方园林多有应用。是优良的蜜源树种;种子榨油;花入药。

89)木棉(攀枝花)

【学名】*Gossampinus malabarica* (DC.) Merr.

【科属】木棉科,木棉属

【形态特征】落叶大乔木,高可达30~40m,胸径1m。树干端直,大枝轮生平展,枝干具圆锥形刺。掌状复叶互生,小叶5~7片,长椭圆形,长10~20cm,先端尾尖,基部楔形,小叶有柄,全缘,无毛。花红色,簇生于枝顶,径约10cm,花萼厚,杯状,5浅裂。蒴果大,内有棉毛,种子光滑。花期2~3月,果熟期6~7月(图9-2-72)。

【产地分布】原产于我国海南岛和福建、广东、四川、贵州、云南各省南部。木棉花是广州市的市花。

【主要习性】喜光,喜温暖气候,不耐寒。喜深厚、肥沃的土壤,耐干旱,稍耐湿,忌积水,在贫瘠地生长不良。萌芽力强,深根性。抗风力强,抗污染能力强。生长快,寿命长。

【繁殖方法】播种繁殖,也可分蘖或扦插繁殖。蒴果成熟后易爆裂,种子随棉絮飞散,故要在果实开裂前采收,须随采随播。

【观赏应用】树体高大雄伟,先花后叶,如火如荼,花大红艳,是华南地区主要的园林树种。宜作庭荫树、行道树、园景树;是华南干热地区造林和"四旁"绿化的主要树种。木材轻软,耐水湿,可制炊具、板料;花、根、皮可入药。

90)梧桐(青桐)

【学名】*Firmiana simplex* W. F. Wight.

【科属】梧桐科,梧桐属

【形态特征】落叶乔木,高达15~20m,胸径50cm。主干通直,树皮青绿色,平滑。小枝粗壮,主枝轮生状。单叶互生,掌状3~5裂,长15~20cm,基部心形,裂片全缘,背面密生或疏生星状毛,叶柄与叶片近相长。顶生圆锥花序,花单性同株,无花瓣,萼片5枚,淡黄色。花谢后心皮分离成5个蓇葖果,蓇葖开裂成舟形,网脉明显,有星状毛。花期6~7月,果熟期9~10月(图9-2-73)。

【产地分布】产于我国黄河流域以南,北京、河北、山西有栽培。

图9-2-73 梧桐

【主要习性】喜光,耐侧阴,喜温暖气候,耐寒,在北京可露地栽培。喜肥沃、湿润的钙质土,在酸性土、中性土中亦能生长。不耐盐碱,忌低洼积水。深根性,顶芽发达,侧芽萌发力弱,故不宜短截,对有害气体有较强的抗性。每年萌发迟,落叶早,生长快,寿命不长。

【繁殖方法】播种繁殖，亦可扦插或分根繁殖。

【观赏应用】绿干端直，叶大荫浓，光洁清丽，正所谓"皮青如翠，叶缺如花，妍雅华净，赏心悦目"。是著名的园林绿化树种。宜作庭荫树、行道树，或配置于建筑前。"屋前栽桐，屋后种竹"，是我国传统的种植方法。校园、居住区及各类绿地中皆宜种植。木材纹理美观，可用于家具、乐器制作；种子炒食或榨油；叶、花、种子、树皮入药。

91) 柽柳

【学名】*Tamarix chinensis* Lour.

【科属】柽柳科，柽柳属

【形态特征】落叶小乔木或灌木，高2~5m。树皮红褐色，小枝细长下垂。叶互生，鳞片状，蓝绿色，长1~3mm。花小，5基数，粉红色，花盘10裂或5裂；春季至秋季均可开花，春季总状花序侧生于去年生枝上，夏、秋季总状花序生于当年枝条上，常呈顶生圆锥花序。果熟期10月(图9-2-74)。

【产地分布】产于我国，黄河流域至长江流域、华南、西南地区均有分布，多生于平原沙地及盐碱地。

图9-2-74 柽柳

【主要习性】喜光，略耐阴，耐烈日暴晒，耐寒。对土壤适应性强，根系发达，耐干旱，耐沙荒，耐盐碱土。抗风强，生长快，萌芽力强。

【繁殖方法】播种、扦插繁殖，扦插容易成活。

【观赏应用】枝条纤细，叶蓝绿清雅，夏秋季花色红艳。最适宜用在沿海风景区营造防护林及用在沙荒地、盐碱地营造风景林、防风固沙林。树皮可制栲胶，嫩枝、叶入药。

92) 沙枣(桂香柳)

【学名】*Elaeagnus angustifolia* Linn.

【科属】胡颓子科，胡颓子属

【形态特征】落叶乔木，高达15m，常呈小乔木、灌木状。小枝银白色，有时具枝刺。单叶互生，椭圆状披针形，基部楔形，背面或两面有白色鳞片。花1~3朵腋生，无花瓣，萼筒4裂，外面银白色，内黄色，芳香。果椭圆形，熟时黄色，果肉粉质，香甜可食。花期5~6月，果熟期9~10月(图9-2-75)。

【产地分布】原产于亚洲中西部，我国主要分布于西北，华北、东北南部有栽培。

【主要习性】喜光，耐干冷气候。对土壤适应性强，在干旱、盐碱、瘠薄的沙荒土壤中均能生长。根系深而发达，有根瘤菌。萌芽力强，耐修剪，生长较快，寿命可达60~80年。

图9-2-75 沙枣

【繁殖方法】播种为主，亦可扦插或分株繁殖。

【观赏应用】花香似桂，叶似柳，果如枣，是西北沙荒、盐碱地区防护林及城镇绿化的主要树种，常作行道树，可作植篱。花枝可切花插瓶；是优良蜜源植物，果肉可酿酒。

93）珙桐（鸽子树）

【学名】*Davidia involucrate* Baill.

【科属】珙桐科，珙桐属

【形态特征】落叶乔木，高达20m。树冠圆锥形。树皮灰色薄片状脱落。冬芽紫色。单叶互生，广卵形，长7～16cm，先端渐长尖，基部心形，缘有粗尖齿，背面密生绒毛。花杂性同株，由多数雄花和1朵两性花组成顶生头状花序。花序下有2片白色叶状大苞片，长8～15cm，常下垂，花后脱落。核果，椭球形，青紫色。花期4～5月，果熟期10月（图9-2-76）。

【产地分布】中国特产，产于湖北西部、四川中部及南部、贵州东北部、云南北部。19世纪末引入欧美；现在高纬度之西欧、北美已引种成功，作行道树，生长良好，开花繁盛。

【主要习性】喜半阴，喜温暖、凉爽及湿润的气候；不耐干燥、多风及日光直射之处；有一定耐寒力。喜深厚、肥沃、湿润、排水良好的土壤，忌碱性和干燥土壤。浅根性，侧根发达，萌芽力较强。

【繁殖方法】播种繁殖。播种前应除去果肉，春播后之翌年春天始能发芽。出苗后应搭荫棚。

【观赏应用】树形高大端整，开花时，白色苞片如群鸽栖于枝头，绚丽无比，蔚为奇观，是世界著名的珍贵树种，已被定为国家一级重点保护植物。宜于开阔场景种植观赏，并有象征和平的含义。

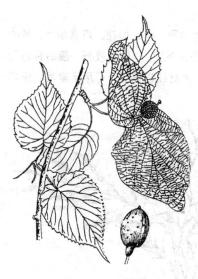

图9-2-76 珙桐

94）喜树（旱莲木）

【学名】*Camptotheca acuminate* Decne.

【科属】珙桐科，喜树属

【形态特征】落叶乔木，高达30m。树干通直，树皮灰色，浅纵裂。小枝绿色。单叶互生，卵状椭圆形，长8～22cm，先端突渐尖，基部圆或宽楔形，全缘，羽状脉深凹，叶柄及背脉常带红晕。头状花序，具长柄，雌花序顶生，雄花序腋生；花瓣5裂，淡绿色。坚果香蕉形，有窄翅。花期5～7月，果熟期9～11月（图9-2-77）。

【产地分布】产于我国长江流域及以南各省区，垂直分布在海拔1000m以下的地区。

【主要习性】喜光，喜温暖、湿润的气候，不耐寒。喜肥沃、湿润的土壤，不耐干旱、瘠薄，较耐水湿。浅根性，萌芽力强，生长较快，病虫害较少，不耐烟尘，对二氧化硫抗性强。

图9-2-77 喜树

【繁殖方法】播种繁殖，也可利用萌芽更新。

【观赏应用】主干端直，树荫浓郁，花朵清雅。宜作庭荫树及行道树，可用于公园、庭园、居住区绿化美化及"四旁"绿化。木材可造纸；果实、根、叶、皮含喜树碱，可供药用。

95）刺楸（刺桐、棘楸）

【学名】*Kalopanax septemlobus* (Thunb.) Koidz.

【科属】五加科，刺楸属

【形态特征】落叶乔木，高达 20～30m。树皮灰黑色，纵裂。有长短枝，小枝及树干均生皮刺。单叶，在长枝上互生，在短枝上簇生；叶近圆形，5～7 掌状裂，先端渐尖，基部心形，裂片三角状卵形，缘有细齿，无毛；叶柄长于叶片。伞形花序顶生，花小、白色。核果熟时黑色、近球形，花柱宿存。花期 7～8 月，果熟期 9～10 月（图9-2-78）。

【产地分布】产于亚洲东部，我国北自辽宁南部，南至两广，西至四川、云南都有分布。

【主要习性】喜光，对气候适应性强。喜深厚、肥沃的土壤，耐旱，忌低洼积水。深根性，生长快，寿命长。

【繁殖方法】播种或分根繁殖。小苗须遮荫。

【观赏应用】干端直，冠伞形，粗枝大叶，树形壮观。宜作庭荫树，可孤植或丛植；是低山区的重要造林树种；枝叶不易引火，适宜在油库或加油站周围种植以绿化、美化环境。木材供建筑、家具等用；根皮、枝入药。

图 9-2-78 刺楸

96）灯台树（瑞木）

【学名】*Cornus controversa* Hemsl.

【科属】山茱萸科，梾木属

【形态特征】落叶乔木，高达 20m。树冠圆锥状。树皮暗灰色，老时浅纵裂。侧枝轮状着生，层次明显，枝紫红色，无毛。叶互生，常集生于枝梢，卵状椭圆形至广椭圆形，先端突渐尖，基部圆形，侧脉 6～9 对，背面灰绿色。伞房状聚伞花序顶生，花小、白色。核果球形，紫红至蓝黑色。花期 5～6 月，果熟期 9～10 月（图9-2-79）。

【产地分布】产于我国辽宁、西北、华北至华南、西南各省区，朝鲜、日本、印度、尼泊尔也有分布。

【主要习性】喜光，稍耐侧阴。喜温暖、湿润的环境，耐热，耐寒，北京地区若种植在风口处易枯枝。喜肥沃、湿润、排水良好的土壤。适应性强。

【繁殖方法】播种、扦插繁殖。以播种为主。

【观赏应用】树形整齐，侧枝层次明显似灯台，花色洁白、美丽，是优良的园景树、庭荫树、行道树；可孤植或列植。木材材质好，可供建筑、雕刻、文具用；种子榨油。

图 9-2-79 灯台树

97）柿树

【学名】*Diospyros kaki* L. f.

【科属】柿树科，柿树属

【形态特征】落叶乔木，高达15m。树冠半圆形。树皮深灰色，呈长方块状开裂。幼枝、嫩叶密生褐色毛，冬芽先端钝。单叶互生，卵状椭圆形，长6～18cm，全缘，革质，先端渐尖，基部宽楔形，叶表面深绿色有光泽，背面浅绿色，叶柄多毛。花冠钟状，黄白色。浆果扁球形，径3～8cm，熟时橙红色。花期5～6月，果熟期9～10月（图9-2-80）。

【产地分布】产于我国，分布极广，东北南部、黄河流域、长江流域及以南各地均有分布；是我国北方主要的果树之一。

【主要习性】喜光，耐寒。喜土壤深厚、肥沃，耐干旱、瘠薄，不耐盐碱。对二氧化硫等有害气体抗性较强。深根性，根系发达。萌芽力强，寿命长。

图9-2-80 柿树

【繁殖方法】嫁接繁殖。北方用君迁子，南方用野柿、油柿、老雅柿作砧木。

【观赏应用】叶色浓绿而有光泽，浓荫似盖，秋季叶色红艳，果实累累，是观果、观叶、遮荫俱佳的园林植物。可孤植作庭荫树，可配植于风景林中；栽植于居住区、机关单位、宾馆中都适合。果实脱涩后可食用、酿酒；果蒂、根、叶入药。

98）君迁子（黑枣、软枣）

【学名】*Diospyros loeus* L.

【科属】柿树科，柿树属

【形态特征】落叶乔木，高达14m。干皮灰色，呈方块状深裂。小枝具灰色毛，后脱落，冬芽先端尖，线形皮孔明显。单叶互生，薄革质，椭圆形或长椭圆形，长6～12cm，全缘，具波状起伏，叶面无光泽，背面灰绿色。花单性异株，淡黄至红色。浆果小，近球形，径1.2～2cm，初为橙色，熟时蓝黑色，外被白粉。花期5月，果熟期10～11月（图9-2-81）。

【产地分布】同柿树。

【主要习性】喜光，耐半阴，耐寒。喜深厚、肥沃的土壤，耐瘠薄、干旱，较适应石灰质土壤。其适应性较柿树更强。寿命长，生长迅速，对二氧化硫有较强的抗性。

图9-2-81 君迁子

【繁殖方法】播种繁殖。

【观赏应用】树干挺直，树冠圆整，适应性强；可用于园林绿化，常用作嫁接柿树的砧木。果实脱涩后可食用、酿酒；种子入药；木材制家具、文具；枝、叶提取栲胶。

99）油柿

【学名】*Diospyros oleifera* Cheng.

【科属】柿树科，柿树属

【形态特征】落叶乔木，高 5～10m，树冠圆形。干皮灰白色，片状剥落，内皮白色，光滑，新梢密生褐色绒毛。叶较薄，长圆形至圆状倒卵形，长 7～16cm，两面密生灰白色绒毛，先端渐尖，基部阔楔形。花雌雄同株或异株。雌花单生或与雄花生于同一花序上，位于花序的中央；雄花序有花 1～4 朵。浆果扁球形或卵圆形，径 4cm，果面有黏液浸出，故称油柿。花期 9 月，果期 10～11 月。

【产地分布】主要分布于安徽南部、江苏、浙江、江西、福建等地。

【主要习性】适应性强，较耐水湿，但不如君迁子耐寒。

【繁殖方法】播种繁殖。

【观赏应用】枝叶茂密，绿荫浓郁，暗灰色的树皮与剥落后的白色内皮相间，颇有观赏价值，可作庭荫树及行道树。通常在南方作柿树的砧木。

100) 白蜡树(梣、白荆树)

【学名】*Fraxinus chinensis* Roxb.

【科属】木犀科，白蜡属

【形态特征】落叶乔木，高达 15m。树冠卵圆形。树皮黄褐色。小枝光滑无毛。奇数羽状复叶，小叶通常 7(5～9)枚，卵圆形或卵状椭圆形，长 3～10cm，先端渐尖，基部窄，不对称，缘有钝齿。圆锥花序顶生或侧生于当年枝上，长 8～15cm；无花瓣，花萼钟形，不规则缺裂。翅果倒披针形，长 3～4cm。花期3～5 月，果熟期 9～10 月(图 9-2-82)。

【变种与品种】大叶白蜡 [var. *rhynchophylla* (Hance.) Hemsl.]：小叶通常 5(3～7)，宽卵形或倒卵形，长 4～16cm，先端小叶宽大，基部 1 对较小，齿粗钝或波状，背面沿中脉和花轴节上有锈色柔毛。

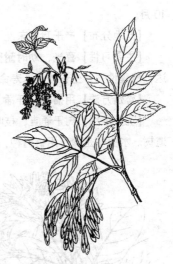

图 9-2-82　白蜡树

【产地分布】我国东北、华北、西北至长江流域均有分布。

【主要习性】喜光，稍耐阴。喜温暖的气候，也耐寒。喜深厚、肥沃的土壤，对土壤适应性强，耐水湿。对烟尘及有害气体抗性强。根系发达，萌蘖力强，生长快，寿命长。

【繁殖方法】扦插繁殖为主。种子发芽率很低，生产上很少播种繁殖。

【观赏应用】树形端直，枝繁叶茂，绿荫浓郁，秋叶黄色。宜作行道树、庭荫树，可配置风景林，也可绿化山坡和堤岸。材质优良，北方农村多用白蜡秆作农具；枝叶用于放养白蜡虫，制取白蜡。

101) 绒毛白蜡(津白蜡)

【学名】*Fraxinus velutina* Torr.

【科属】木犀科，白蜡属

【形态特征】落叶乔木，高达 18m。树皮灰褐色，浅纵裂。幼枝、冬芽上均具绒毛。奇数羽状复叶，小叶通常以 5 枚为多，顶生小叶较大，狭卵形，长 3～8cm，叶缘有锯齿，叶背有绒毛。圆锥花序生于二年生枝上，无花瓣。翅果长圆形，果比翅长或与翅等长。花期 4 月，果熟期 10 月。

【产地分布】原产于北美，我国华北、内蒙古南部、辽宁南部、长江下游均有栽培。

【主要习性】喜光，耐寒。对土壤适应性强，耐盐碱，耐干旱、瘠薄，也耐水涝。病虫害较少，耐修剪，对烟尘及有害气体抗性强。

【繁殖方法】播种繁殖。

【观赏应用】冠大荫浓，对城市环境适应性强，尤其是土壤含盐量高的沿海城市绿化的优良树种。常作行道树、庭荫树及防护林，是工矿区绿化树种。

102) 水曲柳

【学名】*Fraxinus mandshurica* Rupr.

【科属】木犀科，白蜡属

【形态特征】落叶乔木，高达30m。树干通直，小枝略呈四棱形。小叶7～13枚，无柄，叶轴具狭翅，椭圆状披针形或卵状披针形，长8～16cm，缘有细尖锯齿，端长渐尖，基部连叶轴处密生黄褐色绒毛。圆锥花序腋生于去年生小枝上，雌雄异株，无花被。翅果扭曲。花期5～6月，果熟期10月。

【产地分布】产于我国东北、华北，以小兴安岭为最多。朝鲜、日本、俄罗斯也有分布。

【主要习性】喜光，幼时耐阴，耐严寒。喜肥沃的土壤，稍耐盐碱，不耐水涝。主根浅，侧根发达，萌蘖性强，生长较快，寿命较长。

【繁殖方法】用播种、扦插、萌蘖等方法繁殖。

【观赏应用】树干通直，枝叶茂密，绿荫浓郁，适应性强，宜在东北、华北园林中作庭荫树、行道树。水曲柳是珍贵用材树种，木材是建筑、家具、军工等原料。

103) 流苏树(白花茶)

【学名】*Chionanthus retusa* Lindl. et Paxt.

【科属】木犀科，流苏树属

【形态特征】落叶乔木或灌木，高达20m。树皮灰色，大枝皮常纸质剥裂，嫩枝有短柔毛。叶革质，卵形、倒卵状椭圆形，长3～10cm，先端钝圆，基部楔形或圆，全缘(幼树叶缘有细锯齿)，叶柄基部带紫色，叶背脉上密生短柔毛，后脱落。圆锥花序顶生，花白色、芳香，花冠筒短，裂片狭长，单性异株。核果椭圆形，蓝黑色。花期4～5月，果熟期7～8月(图9-2-83)。

【产地分布】分布于我国黄河流域及以南地区，各地均有栽种。

【主要习性】喜光，耐阴，耐寒。对土壤适应性强，喜湿润、肥沃的沙壤土，耐旱，不耐涝。生长较慢，寿命长。

图9-2-83 流苏树

【繁殖方法】播种、扦插或嫁接繁殖。用白蜡属树种作砧木嫁接容易成活。

【观赏应用】株形优美，枝繁叶茂，遮荫效果好，盛花如雪，花冠裂片细长，清秀典雅，是优美的观赏树种。宜作庭荫树或配植于各类绿地中。嫩叶可代茶。

104) 毛泡桐(紫花泡桐)

【学名】*Paulownia tomentosa* (Thunb.)Steud.

【科属】玄参科，泡桐属

【形态特征】落叶乔木，高达15m。树冠宽圆形。小枝皮孔明显，嫩枝常有黏质短腺毛，后渐光滑。单叶对生，叶阔卵形或卵形，长20~29cm，先端渐尖或锐尖，基部心形，全缘或3~5裂，叶表面有毛，背面密被白色柔毛。圆锥状复聚伞花序宽大、顶生，总梗明显，花蕾近圆形，密被黄色毛，花冠漏斗状，鲜紫色或蓝紫色，花萼裂至中部或过中部，外面绒毛不脱落。蒴果卵形，长3~4cm，宿存萼不反卷。花期4~5月，果熟期8~9月(图9-2-84)。

【产地分布】产于我国辽宁南部、黄河流域至淮河流域，分布较泡桐偏北。朝鲜、日本也有分布。

【主要习性】喜光，不耐阴，对温度适应范围较宽，耐寒能力强。在深厚、肥沃、湿润、疏松的土壤中，生长迅速，耐干旱，不耐积水。对二氧化硫等有害气体抗性强。丛枝病虫害较严重。

【繁殖方法】埋根及播种繁殖。

图9-2-84 毛泡桐

【观赏应用】树姿挺拔，叶大荫浓，花紫色，大而艳丽，抗寒性强，是北方重要的园林树种。宜作行道树、庭荫树，也是"四旁"绿化及速生用材树种。材质好，是制作乐器、模型的良材；叶、花、种子可入药。

105) 泡桐(白花泡桐)

【学名】*Paulownia fortunei* (Seem.) Hemsl.

【科属】玄参科，泡桐属

【形态特征】落叶乔木，高达27m。树冠宽卵形或圆形。小枝粗壮，灰褐色，中空，幼时有毛，后渐光滑。单叶对生，叶卵形，长15~25cm，先端渐尖，基部心形，全缘，稀浅裂，叶表面光滑，背面疏被白毛。圆锥状复聚伞花序狭窄顶生，花冠漏斗状，白色有紫斑，萼浅裂，约为萼长的1/4~1/3。蒴果椭圆形，长6~11cm，果皮木质较厚。花期3~4月，先叶开放，果熟期9~10月(图9-2-85)。

图9-2-85 泡桐

【产地分布】主产于我国长江流域及以南地区，河南、山东等地有栽培。

【主要习性】喜光，喜温暖的气候，耐寒性不强。喜深厚、肥沃、湿润的沙壤土，耐干旱，稍耐盐碱，忌积水和地下水位过高。吸收烟尘，抗有毒气体能力强。根系发达，生长快，7~8年即可成材，但寿命不长。

【繁殖方法】埋根及播种繁殖。

【观赏应用】树荫浓密，树干端直，早春白花满树，常用作庭荫树、行道树、公路树。也是居住区、厂矿、郊区"四旁"绿化的重要树种。

106) 梓树

【学名】*Catalpa ovata* D. Don.

【科属】紫葳科，梓树属

【形态特征】落叶乔木，高达10~20m。树冠宽阔。枝条开展，树皮纵裂。单叶对生或3叶轮生，叶广卵形或近圆形，长10~30cm，常3~5浅裂，有毛，叶背脉腋有紫斑。圆锥花序顶

生，花冠淡黄色，长约2cm，内有黄色条纹及紫色斑点。蒴果细长，长20～30cm。种子有毛。花期5月，果熟期11月（图9-2-86）。

【产地分布】产于我国，以黄河中下游为分布中心，东北亦有，较楸树分布偏北。

【主要习性】喜光，稍耐阴。耐寒能力强，在暖热气候下生长差，对土壤要求不严，耐轻度盐碱，不耐干旱、瘠薄。深根性，对烟尘及有害气体抗性较强。

【繁殖方法】播种为主，亦可扦插、分蘖繁殖。

【观赏应用】树荫浓密，花果秀丽、奇特，是传统的庭院绿化、"四旁"绿化树种。宜作行道树、庭荫树。木材可供建筑、家具、乐器制作等用。

图9-2-86 梓树

107）楸树（梓桐、金丝楸）

【学名】*Catalpa bungi* C. A. Mey.

【科属】紫葳科，梓树属

【形态特征】落叶乔木，高达30m。树冠倒卵形。树干耸直，主枝开阔伸展。树皮灰褐色，浅纵裂。小枝灰绿色，无毛。单叶对生，叶三角状卵形，长6～16cm，先端长尖，基部截形或心形，全缘，有时近基部3～5对尖齿，两面无毛，背面脉腋有紫色腺斑。总状花序伞房状排列，顶生，花冠浅粉色，内面有紫色斑点，长2～3.5cm；花萼裂片顶端2尖裂。蒴果长25～50cm，径0.5～0.6cm，种子扁平。花期4～5月，果熟期8～10月（图9-2-87）。

【产地分布】主产于我国黄河流域以南至长江流域，河北、内蒙古亦有分布。

图9-2-87 楸树

【主要习性】喜光，幼苗耐阴，喜温暖、湿润的气候，较耐寒。喜深厚、肥沃、湿润的土壤，不耐干旱、积水，忌地下水位过高，稍耐盐碱。萌蘖性强，侧根发达。耐烟尘、抗有害气体能力强。幼树生长慢，10年以后生长加快，寿命长。

【繁殖方法】常用分根、插根繁殖，亦可用梓树、黄金树的实生苗作砧木嫁接繁殖。一般不用播种，因往往开花不结籽。

【观赏应用】树姿挺拔，叶大荫浓，花朵美丽，是优良的园林树种。宜作庭荫树、行道树，可与其他树种配置风景林。材质优良，可用于建筑、家具等。

108）黄金树

【学名】*Catalpa speciosa* Ward.

【科属】紫葳科，梓树属

【形态特征】落叶乔木，高达15m。树冠开展。树皮灰色，鳞片状开裂。小枝粗壮。叶宽卵形至卵状圆形，长15～30cm，先端长渐尖，基部截形或心形，背面有柔毛，全缘或偶有1、2浅裂，叶背脉腋有绿色斑点。圆锥花序顶生，花冠白色，花萼顶端不裂。蒴果较粗，长20～45cm，径1～1.8cm。花期5～6月。

【产地分布】原产于美国,我国南北各地有栽培。耐寒性不及楸树。可作庭荫树、行道树。

【繁殖方法】播种繁殖。

【观赏应用】树形优美,枝叶茂密,叶大荫浓,花果别致,是很好的园林绿化树种。宜作行道树、庭荫树。

9.3 常绿灌木

1) 沙地柏(叉子圆柏、新疆圆柏、天山圆柏)

【学名】*Sabina vulgaris* Ant.

【科属】柏科,圆柏属

【形态特征】常绿灌木,枝密,斜上展,小枝细。具二型叶,鳞叶交互对生,斜方形或菱状卵形,腺槽位于叶下面中部;刺形叶3叶轮生,生长于幼龄树上。雌雄异株,球果倒卵圆形,熟时暗褐紫色,被白粉。花期4～5月,果熟期9～10月(图9-3-1)。

【产地分布】产于我国西北及内蒙古地区。北方城市常见有引种栽培。

【主要习性】喜光,喜温凉、干燥的气候。耐寒,耐旱,耐瘠薄,对土壤要求不严,不耐涝。适应性强,生长较快。

【繁殖方法】播种、扦插,也可压条繁殖。

【观赏应用】匍匐有姿,是良好的地被或障景树种。常配置于庭园一角或草坪边缘。可作为护坡、固沙树种。是华北、西北地区优良的绿化树种及水土保持、防风固沙的优良树种。

图 9-3-1 沙地柏

图 9-3-2 铺地柏

2) 铺地柏(爬地柏)

【学名】*Sabina procumbens* (Endl.)

【科属】柏科,圆柏属

【形态特征】常绿匍匐灌木,枝条沿地面铺展,稍向上斜展。叶3枚轮生,条状披针形,深绿色,长6～8mm,先端渐尖,上面凹,有两条气孔带,绿色中脉不达先端,下面沿中脉有细纵槽,基部有2个白点。雌雄异株,球果近球形,熟时蓝色,被白粉。花期4～5月,果熟期9～10月(图9-3-2)。

【产地分布】原产于日本。我国各地有栽培。

【主要习性】喜光,适应性强,在北京、大连露地可以安全越冬。能在干燥的沙地上生长良好,忌低洼潮湿地区。喜肥沃的钙质土壤。生长缓慢,耐修剪,易整形。

【繁殖方法】播种、扦插,也可压条繁殖。

【观赏应用】匍匐有姿,色彩苍翠葱茏,是良好的地被或障景树种。点缀于山石、悬崖、峭壁、斜坡，或镶嵌在湖岸岩边，生意盎然。是优良的盆景树种或盆栽作室内装饰。

3）阔叶十大功劳(土黄柏)

【学名】*Mahonia bealei* (Fort.) Carr.

【科属】小檗科，十大功劳属

【形态特征】常绿灌木，高2～4m。奇数羽状复叶互生，小叶9～15枚，卵状椭圆形，长5～12cm，每边有2～5枚刺齿；厚革质而硬，表面灰绿色有光泽，背面苍白色，边缘反卷，顶生小叶较宽，卵形。花黄色有香气，总状花序直立，6～9条簇生。果卵圆形。花期9月至翌年3月，果熟期3～4月(图9-3-3)。

图9-3-3　阔叶十大功劳

【产地分布】产于我国长江流域及以南地区，各地多栽培。

【主要习性】较耐阴，喜温暖、湿润的气候，不耐寒。喜深厚、肥沃的土壤，一般土壤也能适应，耐干旱，稍耐湿。萌蘖性强。

【繁殖方法】播种、分株、扦插繁殖。

【观赏应用】叶形奇特，是观叶树木中的珍品。常配置在建筑的门口、庭院中，可装点山石，也可作冬季切花。根、茎可入药。

4）南天竹(天竺)

【学名】*Nandina domestica* Thunb.

【科属】小檗科，南天竹属

【形态特征】常绿灌木，丛生而少分枝，高2m。二至三回羽状复叶，互生，总叶柄基部有褐色抱茎的鞘，小叶椭圆状披针形，长3～10cm；全缘革质，无毛。花小白色，圆锥花序，顶生，花序13～25cm。浆果球形，熟时红色。花期5～7月，果熟期9～10月。

【变种与品种】

玉果南天竹('Leucocarpa')：果黄色，叶子冬天不变红。

橙果南天竹('Aurentiaca')：果熟时橙色。

细叶南天竹('Capillaris')：植株较矮小，叶形狭窄。

【产地分布】产于我国及日本，陕西、江苏、安徽、湖北、湖南、四川、江西、浙江、福建、广西等省区皆有分布。

【主要习性】喜半阴，喜温暖气候，不耐严寒，黄河流域以南可露地种植。喜肥沃、湿润、排水良好的土壤，耐微碱性土壤，是钙质土的指示植物。生长较慢，实生苗3～4年开花。萌芽力强，萌蘖性强，寿命长。

【繁殖方法】分株，亦可播种繁殖。

【观赏应用】枝叶扶疏，叶形秀丽，秋冬叶色红艳，红果累累，经久不落。丛植于墙前、石旁、草坪边皆相宜。可盆栽或制作盆景；枝叶、果序可插瓶观赏；根、叶、果均可入药。

5）含笑(香蕉花)

【学名】*Magnolia figo* (Lour.) Spreng.

【科属】木兰科，含笑属

【形态特征】常绿灌木或小乔木，高3～5m。树皮灰褐色，分枝密。芽、小枝、叶柄、花梗都有锈色绒毛。叶革质，倒卵状椭圆形，长4～10cm，叶柄短，长为2～4mm，托叶痕达叶柄顶端。花单生于叶腋，淡黄色，边缘常紫红色，芳香，花径2～3cm。蓇葖果卵圆形，先端喙状。花期3～5月，果熟期7～8月(图9-3-4)。

【产地分布】产于我国华南，长江流域及以南各地普遍露地栽培。

【主要习性】喜半阴及温暖、多湿的气候，不耐干燥和曝晒，有一定的耐寒力。喜酸性土壤，不耐石灰质土壤，不耐干旱、瘠薄，忌积水。耐修剪。对氯气有较强的抗性。

【繁殖方法】扦插、压条、嫁接或播种繁殖均可。

【观赏应用】树冠圆满，四季常青，黄花淡雅芳香，花期长，是著名的香花树种。常配置于公园、庭院、各类绿地中。花可熏茶，叶提取芳香油。

图9-3-4 含笑

6) 海桐(海桐花)

【学名】*Pittosporum tobira* (Thunb.) Ait.

【科属】海桐科，海桐属

【形态特征】常绿灌木，高2～6m。小枝幼时有褐色柔毛，分枝低。叶革质，长倒卵形，长5～12cm；全缘，先端圆钝，基部楔形，边缘反卷，叶面有光泽。伞房花序，顶生，花白色后变黄色，芳香，径约1cm。蒴果熟时三瓣裂，种子鲜红色。花期4～5月，果熟期10月(图9-3-5)。

【变种与品种】银边海桐('Variegatum')。

【产地分布】产于我国东南部地区。长江流域及以南地区有栽培。朝鲜、日本有分布。

图9-3-5 海桐

【主要习性】喜光，耐阴能力强。喜温暖、湿润的气候，不耐寒。对土壤适应性强，黏土、沙质土壤都能生长，耐盐碱。萌芽力强，耐修剪。抗风性强，抗二氧化硫污染，耐烟尘。

【繁殖方法】播种、扦插繁殖。

【观赏应用】株形齐整，叶片青翠，白花清香，种子红艳，是观花、赏叶、闻香树种。宜于公园、庭院、绿地中作下层常绿基调树种或绿篱，可孤植、丛植或列植。可作海岸防护林、防潮林及厂矿区绿化树种。北方则盆栽观赏。木材可作器具；叶可代矾染色。

7) 檵木(檵花、木莲子)

【学名】*Loropetalum chinense* (R. Br.) Oliv.

【科属】金缕梅科，檵木属

【形态特征】常绿灌木或小乔木，高达10m。树皮暗灰色，小枝、嫩叶及花萼都有锈色星状短柔毛。叶革质，卵形或椭圆形，长2～5cm，先端锐尖，基部歪斜，全缘，背面密生星状柔毛。花白色，3～8朵簇生，花瓣4枚，长1～2cm，带状条形。蒴果褐色，近卵形。花期4～5月，果熟期8月(图9-3-6)。

【变种与品种】红花檵木(var. *rubrum* Yieh.)：叶色暗紫，花色紫红，是株洲市的市花。

【产地分布】产于我国华东、华南、西南各地，多生于低山、丘陵、荒坡、灌木丛中。日本、印度有分布。

【主要习性】喜光，耐阴，喜温暖气候及酸性土壤，不耐寒。耐旱，不耐瘠薄，发枝力强，耐修剪。

【繁殖方法】播种或嫁接繁殖。

【观赏应用】枝叶茂盛，白花如雪，颇为美丽。宜丛植观赏，可与其他花木配置成景，或作风景林下木，亦可植花篱。檵木是制作盆景的优良材料。根、叶、花、果均可入药。

8) 火棘(火把果)

【学名】*Pyracantha fortuneane* (Maxim.) Li.

【科属】蔷薇科，火棘属

【形态特征】常绿灌木，高3m。有枝刺，嫩枝有锈色柔毛。叶倒卵形或倒卵状长圆形，先端圆钝或微凹，基部渐狭延至叶柄，叶缘细钝锯齿。花白色，径约1cm，心皮5，每室胚珠2，呈复伞房花序。果红色，径约5mm。花期3~5月，果熟期8~11月(图9-3-7)。

图9-3-6　檵木

【产地分布】产于我国江苏、浙江、福建、广西、湖南、湖北、四川、贵州、云南、西藏、甘肃南部等省区。

【主要习性】喜光，不耐寒。对土壤要求不严，但需排水良好。耐干旱瘠薄，山地平原都能适应，萌芽力强，耐修剪。

【繁殖方法】扦插、播种繁殖。种子须沙藏处理。

【观赏应用】株形别致，初夏白花繁密，入秋红果满树，经久不落，是优良的观果树种。宜孤植、丛植，宜作绿篱或基础种植，亦宜作盆景。

图9-3-7　火棘

9) 月季(月季花)

【学名】*Rosa chinensis* Jacg.

【科属】蔷薇科，蔷薇属

【形态特征】常绿或半常绿灌木，直立，高达2m。小枝无毛，具钩状皮刺。小叶3~5(7)枚，卵状椭圆形，长3~6cm，叶面有光泽、无毛，缘有锯齿，托叶边缘有腺毛。花单生或数朵集生成伞房状，径4~6cm，有紫、红、粉等色，芳香；花柱离生，长约雄蕊之半。花期4~10月(图9-3-8)。

【变种与品种】

月月红(var. *semperflorens* Koehne.)：茎纤细，小叶略带红晕；花多单生，紫色至深粉红色，花梗细长而下垂。

小月季(var. *minima* Voss.)：植株矮小，多分枝；叶小而窄，花小，玫瑰红色，单瓣或重瓣。

图9-3-8　月季

变色月季(f. *mutabilis* Rehd.)：花初开时黄色，继变红色，最后暗红色；单瓣。

【产地分布】原产于我国，18世纪传入欧洲。现世界各地普遍栽培，品种已达万种以上。

【主要习性】喜光，喜温暖、湿润的气候。华北地区需重剪、灌水等保护越冬。对土壤要求不严，喜肥沃、排水良好的土壤，耐旱，怕涝。耐修剪。在生长季节可多次开花，春、秋两季开花多而质量好。

【繁殖方法】扦插、嫁接繁殖。砧木为蔷薇。

【观赏应用】枝叶茂密，品种繁多，花色、花型丰富，花期长，是重要的观花树种。宜作花坛、花境、花篱或作基础种植，可辟专类园，也可盆栽或作切花观赏。

10) 红背桂(青紫木)

【学名】*Excoecaria cochinchinensis* Lour.

【科属】大戟科，土沉香属

【形态特征】常绿灌木，高1~2m，全体无毛。单叶对生，长椭圆形，长6~12cm，先端尖，基部楔形，缘有细浅齿，表面深绿色，背面紫红色，有短柄。花单性异株，穗状花序腋生。蒴果球形，由3个小干果合成，红色，径约1cm。花期6~7月。

【变种与品种】变种绿背桂(var. *viridis* Merr.)：叶背浅绿色，叶片稍宽。

【产地分布】产于我国广东、广西南部，越南也有分布。

【主要习性】耐半阴，喜温暖的气候，不耐寒。喜排水良好的沙质土壤，忌涝。

【繁殖方法】扦插繁殖。

【观赏应用】枝叶茂密，叶表深绿，叶背紫红色，果球红色，颇为美观。华南常于庭园栽培，北方多温室盆栽，布置厅堂、会场。

11) 变叶木(洒金榕)

【学名】*Codiaeum variegatum* (L.)Bl. var. *pictum* Muell.-Arg.

【科属】大戟科，变叶木属

【形态特征】常绿灌木或小乔木，高0.5~2m，枝上有大而明显的圆叶痕。叶片变化极大，形状有矩圆形、线形、戟形、全缘或分裂的；大小8~25cm；颜色有绿色、红色、褐色、黄色或杂色，常有斑点；叶厚、光滑，有叶柄。花小，单性同株，总状花序腋生。花期3月。

【变种与品种】

戟叶变叶木(f. *lobatum*)：叶片宽大，常具三裂片，似戟形。

阔叶变叶木(f. *platyphyllum*)：叶片卵圆形，叶长5~20cm，宽3~10cm。

螺旋叶变叶木(f. *crispum*)：叶片波浪起伏，呈不规则的扭曲与旋卷。

长叶变叶木(f. *ambiguum*)：叶片长披针形，长约20cm。

细叶变叶木(f. *taenisum*)：叶带状，宽仅为叶长的1/10。

【产地分布】原产于南洋群岛及澳洲，华南可露地栽培，其他各地常见温室盆栽。

【主要习性】喜强光及高温、湿润的气候。喜肥沃、湿润及排水良好的土壤。

【繁殖方法】常用扦插繁殖，也可压条繁殖。

【观赏应用】变种与品种繁多，叶形、叶色、叶斑变化万千，是著名的观叶植物。华南可植于庭院，其他地区盆栽，用于布置客厅与会场。叶片是插花的良好材料。

12) 锦熟黄杨

【学名】*Buxus sempervirens* L.

【科属】黄杨科，黄杨属

【形态特征】常绿灌木或小乔木，高达6m。小枝密集，四棱形。叶椭圆形至卵状长椭圆形，最宽部在中部或中部以下，长1.5~3cm，先端钝或微凹，叶柄很短，有毛。花簇生于叶腋。蒴果三角鼎状。花期4月，果熟期7月。

【变种与品种】在欧洲园林中应用普遍，栽培变种十分丰富，有金边、斑叶、金尖、垂枝、长叶等。

【产地分布】原产于南欧、北非及西亚，我国华北园林有栽培。

【主要习性】较耐阴，喜温暖、湿润的气候，较黄杨耐寒能力强，北京能露地种植。喜肥沃、湿润、排水良好的土壤，耐干旱，不耐水湿。耐修剪，生长慢。

【繁殖方法】播种或扦插繁殖。

【观赏应用】枝叶茂密，四季常青，是应用广泛的有价值树种。可孤植、丛植、列植或作基础种植，可作绿篱或色块，也可盆栽及作盆景材料。

图9-3-9 黄杨

13）黄杨(瓜子黄杨、小叶黄杨)

【学名】*Buxus sinica* (Rehd. et Wils.) Cheng.

【科属】黄杨科，黄杨属

【形态特征】常绿灌木或小乔木，高达7m。枝叶较疏散，小枝有四棱，浅灰色，与冬芽外鳞均有短柔毛。叶倒卵形、倒卵状椭圆形至广卵形，中部以上最宽，长2~3.5cm，先端钝圆或微凹，基部楔形，叶柄及叶背中脉基部有毛。花簇生于叶腋或枝端，黄绿色。蒴果卵圆形，长约1cm，花柱宿存。花期4月，果熟期7月(图9-3-9)。

【变种与品种】小叶黄杨(var. *parvifalia* M. Cheng.)：分枝密集，小枝节间短。叶椭圆形，长不及1cm，宽不及5mm，基部宽楔形。可制作盆景。

【产地分布】产于我国中部，长江流域及以南地区有栽培。

【主要习性】喜半阴，喜温暖、湿润的气候，稍耐寒。在上海栽培，冬天叶易受冻变红，华北地区南部尚可栽种。喜肥沃、湿润、排水良好的土壤，耐旱，稍耐湿，忌积水。耐修剪，抗烟尘及有害气体。浅根性树种，生长慢，寿命长。

【繁殖方法】播种、扦插繁殖。

【观赏应用】青翠靓丽，多用作绿篱、基础种植或修剪整形后孤植、丛植，可盆栽用于室内装饰或制作盆景。木材坚实致密，可用于雕刻；根、枝、叶药用。

14）雀舌黄杨(细叶黄杨)

【学名】*Buxus bodinieri* Lerl.

【科属】黄杨科，黄杨属

【形态特征】常绿小灌木，高不及1m。分枝多而密集。叶狭长，倒披针形至倒卵状长椭圆形，长2~4cm，先端钝圆或微凹，革质，两面中脉均明显隆起，叶柄极短。花黄绿色。蒴果卵圆形。花期4月，果熟期7月。

【产地分布】产于我国华南。

【主要习性】喜光，耐阴，喜温暖、湿润的气候，不耐寒。喜肥沃、湿润、排水良好的土壤。浅根性，萌蘖力强，生长慢，耐修剪。

【繁殖方法】扦插繁殖。

【观赏应用】植株低矮，枝叶茂密，耐修剪，是优良的矮绿篱材料。最宜用于布置模纹图案、种于花坛边缘，可丛植或与其他植物材料配置，也可盆栽或制作盆景观赏。

15）枸骨(鸟不宿、猫儿刺)

【学名】*Ilex cornuta* Lindl.

【科属】冬青科，冬青属

【形态特征】常绿灌木或小乔木，高3～4m。树皮灰白色，平滑不裂。叶硬革质，矩圆形，长4～8cm，先端具3枚尖硬刺齿，基部平截，两侧各有1～2枚尖硬刺齿，表面深绿色，有光泽。雌雄异株，花小，黄绿色，簇生于二年生枝叶腋。核果球形，径8～10mm，鲜红色。花期4～5月，果熟期9月(图9-3-10)。

【变种与品种】

黄果枸骨('Luteocarpa')：核果熟时暗黄色。

无刺枸骨[var. *fortunei* (Lindl.) S. Y. Hu.]：叶全缘，仅先端1枚刺齿。

【产地分布】产于我国长江中下游各省，山东青岛、济南有栽培。朝鲜有分布。

【主要习性】喜光，稍耐阴。喜温暖、湿润的气候，耐寒性不强。喜肥沃、深厚、排水良好的酸性土。耐烟尘，抗二氧化硫和氯气。深根性，萌芽力强，耐修剪。生长缓慢。

【繁殖方法】播种繁殖，也可扦插繁殖。

【观赏应用】叶形奇特，浓绿光亮，红果鲜艳，是优良的观叶、观果树种。可孤植、丛植；可作刺篱，也可修剪造型；可盆栽用于室内装饰，叶、果枝可插花，老桩可作盆景。树皮、果实、枝叶可入药；种子可榨油。

图9-3-10 枸骨

16）大叶黄杨(冬青卫矛、正木)

【学名】*Euonymus japonica* Thunb.

【科属】卫矛科，卫矛属

【形态特征】常绿灌木或小乔木，高5～8m。小枝绿色，近四棱形。叶倒卵形至椭圆形，长3～6cm，先端尖或钝，基部楔形，缘有细钝齿，革质而有光泽。聚伞花序腋生，花绿白色，4基数。蒴果近球形，熟时四瓣裂，假种皮橘红色。花期6～7月，果熟期10月(图9-3-11)。

【变种与品种】

银边大叶黄杨('Aalbo-marginatus')：叶缘白色。

图9-3-11 大叶黄杨

金边大叶黄杨('Aureo-marginatus')：叶缘黄色。

金心大叶黄杨('Aaureo-variegalus')：叶中脉部分黄色。

金斑大叶黄杨('Aureo-varietatus')：叶较大，卵形，有黄边及黄斑。

【产地分布】原产于日本南部。我国南北各地均有栽培，长江流域各城市尤多。

【主要习性】喜光，亦耐阴，喜温暖的气候，稍耐寒。北京幼苗、幼树冬季须防寒。对土壤要求不严，耐干旱、瘠薄，亦耐湿。抗各种有毒气体，耐烟尘。萌芽力强，耐修剪整形，生长慢，寿命长。

【繁殖方法】扦插极易成活，亦可播种繁殖。

【观赏应用】株形紧凑，叶片秀美，四季常青，是美丽的观叶树种。主要用作绿篱或基础种植，也可修剪造型或盆栽。木材可供雕刻；树皮、根入药。

17) 扶桑(朱槿)

【学名】*Hibiscus rosa-sinensis* L.

【科属】锦葵科，木槿属

【形态特征】常绿灌木，高可达 2～5m。全株无毛，分枝多。叶广卵形至卵形，长 4～9cm，缘有粗齿，基部全缘，表面深绿有光泽。花单生于叶腋，径 10～18cm，花冠通常鲜红色，雄蕊柱超出花冠外，花梗长而无毛；夏、秋开花。

【产地分布】产于我国，分布于长江以南各省区，各地广为栽种。印度有分布。

【主要习性】喜光照充足，喜暖热、湿润的气候，很不耐寒；长江流域仍需温室越冬。适宜肥沃而排水良好的微酸性土壤。

【繁殖方法】扦插、播种或嫁接繁殖。

【观赏应用】花色鲜艳，花期长，是北方重要的盆栽花卉之一，在温室内冬、春也能开花，常用于布置花坛、会场。在华南多露地栽培，配置绿地，适于布置花墙、花篱等。

图 9-3-12　山茶花

18) 山茶花(山茶)

【学名】*Camellia japonica* L.

【科属】山茶科，山茶属

【形态特征】常绿灌木或小乔木，高可达 15m。全株无毛。叶革质，卵形至椭圆形，长 5～12cm，先端渐尖，基部楔形，缘有细齿，正面暗绿色，有光泽，背面淡绿色。花单生于叶腋或枝顶，无梗，通常红色，花瓣 5～7，近圆形，顶端微凹。萼密生短毛，花径 6～12cm。蒴果近球形，无毛。种子有棱。花期 2～4 月，果熟期 10～11 月(图 9-3-12)。

【变种与品种】品种多达 15000 个，我国约有 300 个。品种分类主要以花型为依据，参考花色等条件，习惯上分为单瓣型、半文瓣型、全文瓣型、托桂型、武瓣型五种。

【产地分布】产于我国，山东沿海一带有分布。秦岭、淮河以南常露地栽培。是重庆、宁波、衡阳、青岛等城市的市花。日本也有分布。

【主要习性】喜半阴，喜温暖、湿润的气候；严寒、炎热、干燥气候都不适宜生长。喜肥沃、湿润、排水良好的酸性沙壤土，pH 值为 5～6.5 最好。不耐碱性土，土壤黏重或过湿会烂根。抗氯气、二氧化碳等有害气体能力较强。对海潮风有一定抗性。不耐修剪,寿命长。

【繁殖方法】播种、扦插、嫁接繁殖。种子多油脂,不易久藏,应随采随播。园艺品种以嫁接或扦插繁殖为主,嫁接用实生苗或扦插容易成活的品种作砧木。

【观赏应用】树姿优美,四季常青,花大色艳,花期长久,有"世界名花"的美称,是冬末春初装饰园林的名贵花木。在我国北方常盆栽置于室内观赏,花枝可作切花插瓶或作襟花。种子榨油,花入药。

19) 金花茶(金茶花、黄茶花)

【学名】 *Camellia chrysantha* (Hu.) Tnyama.

【科属】山茶科,山茶属

【形态特征】常绿灌木,高2~6m,冠幅1~2m。树皮灰黄至黄褐色,嫩枝淡紫色。单叶互生,椭圆形至长椭圆形,稀为倒披针状椭圆形,长8~18cm,革质,锯齿端有黑褐色腺点,正面深绿色,有光泽;背面黄绿色,散生褐色腺点。花单生于叶腋或近顶生,花梗长约1cm,下弯;花金黄色,茎3~5.5cm,花瓣肉质,具蜡质光泽,蒴果。花期11月至翌年3月,果熟期10~12月(图9-3-13)。

【产地分布】20世纪30年代初在我国广西西南部发现,20世纪70年代初引种至云南成功。现上海、广州、长沙、成都等城市均有引种栽培,是培育黄色山茶新品种的理想亲本,是我国一类保护植物。

图9-3-13 金花茶

【主要习性】喜半阴,喜温暖、湿润的气候,喜肥沃的微酸性至中性土壤,耐湿、耐瘠薄,主根发达,侧根少,长江流域以南可露地栽植。

【繁殖方法】可用播种、扦插及嫁接方法繁殖。

【观赏应用】山茶类是世界著名花木。各国园艺界把获取山茶黄色种类作为梦寐以求的最高目标。金花茶具有重要的应用前景和巨大的市场潜力。

20) 金丝桃(金丝海棠)

【学名】 *Hypericum chinense* L.

【科属】藤黄科,金丝桃属

【形态特征】半常绿灌木,高1m。全株光滑、无毛,小枝圆柱形,红褐色。单叶对生,长椭圆形,长4~8cm,先端钝尖,基部渐狭、稍抱茎,无叶柄,叶面绿色,背面灰绿色,全缘,侧脉7~8对。顶生聚伞花序,花鲜黄色,径约5cm,花瓣5枚,花丝多而细长(与花瓣等长),金黄色,花柱细长,顶端5裂。花期6~7月,果熟期8~9月(图9-3-14)。

【产地分布】产于我国长江流域及以南地区,在长江流域以北呈落叶状。

【主要习性】喜光,耐半阴,耐寒性不强。对土壤适应性强,耐旱、耐瘠薄,忌低洼积水。根系发达,萌芽力强,耐修剪。

图9-3-14 金丝桃

【繁殖方法】播种、扦插或分株繁殖。种子细小，播种时覆土要薄，注意保湿。

【观赏应用】枝叶清秀，花色鹅黄，形似桃花，雄蕊纤细，灿若金丝，是重要的夏季观花树种。北方盆栽观赏，也可作切花材料。果、根入药。

21) 金丝梅

【学名】*Hypericum patulum* Thunb.

【科属】藤黄科，金丝桃属

【形态特征】半常绿灌木，高不及 1m。小枝拱曲。单叶对生，卵形至卵状披针形，长 2.5～5cm，基部近圆形，近无柄。花常单生于枝端，金黄色，径 4～6cm，雄蕊 5 束，短于花瓣。花期 4～8 月，果熟期 6～10 月（图 9-3-15）。

【产地分布】我国长江流域及以南有分布。

【主要习性】喜光，耐半阴，耐寒性不及金丝桃。花期较早，但不及金丝桃繁盛，生长不及金丝桃强健。

图 9-3-15 金丝梅

【繁殖方法】多用分株法繁殖，播种、扦插繁殖也可。

【观赏应用】园林应用同金丝桃，根可入药。

22) 瑞香

【学名】*Daphne odora* Thunb.

【科属】瑞香科，瑞香属

【形态特征】常绿灌木，高 1～2m。小枝无毛，细长。单叶互生，叶长椭圆形至倒披针形，长 5～8cm，先端钝或短尖，全缘，质较厚，表面深绿，有光泽，叶柄粗短。顶生头状花序，有总梗，花无瓣。花萼筒状，先端 4 裂，花瓣状，白色至淡紫色，浓香。花期 3～4 月（图 9-3-16）。

【变种与品种】金边瑞香（var. *marginata* Thunb.）：叶缘金黄色，不耐寒，是南昌市的市花。

【产地分布】产于我国长江流域，南方省区有分布。

【主要习性】喜阴，忌阳光直射，不耐寒，北方盆栽须温室过冬。喜肥沃、排水良好的酸性土。萌芽力强，耐修剪。

【繁殖方法】通常用压条或扦插繁殖。

【观赏应用】株形矮小秀丽，花浓香，四季常青，是著名的花灌木。丛植于庭前、林下、路边皆宜，北方常盆栽供室内观赏。根可入药；花可提制芳香油。

图 9-3-16 瑞香

23) 胡颓子

【学名】*Elaeagnus pungens* Thunb.

【科属】胡颓子科，胡颓子属

【形态特征】常绿灌木，高 3～4m。枝条开展，有枝刺，小枝有褐色鳞片。单叶互生，叶椭圆形至长椭圆形，长5~7cm，全缘，常波状，革质，有光泽，表面初有鳞片，背面银白色。花1~3朵腋生，无花瓣，萼筒4裂，银白色，芳香。果椭圆形，有褐色鳞片，熟时红色。花期9~10月，翌年5月果熟。

【变种与品种】

金边胡颓子(var. *aurea* Serv.)：叶缘深黄色。

金心胡颓子(var. *frederici* Bean.)：叶中央深黄色。

银边胡颓子(var. *variegata* Rehd.)：叶缘黄白色。

【产地分布】原产于我国长江中下游及其以南各省区，日本也有分布。

【主要习性】喜光，能耐半阴，喜温暖的气候。对土壤要求不严，耐干旱，耐水湿，有根瘤菌。对有害气体、烟尘抗性较强，耐修剪，寿命较长。

【繁殖方法】播种、扦插繁殖。

【观赏应用】枝叶茂密，花香果红，双色叶在阳光下闪闪发光，是公园、街头绿地、庭院中常用的灌木。可作刺篱，可修剪成球形孤植、丛植；也可盆栽或制作盆景观赏。茎皮纤维可造纸；果酿酒；根、叶、果入药。

24) 八角金盘

【学名】*Fatsia japonica* (Thunb.) Decne. et Planch.

【科属】五加科，八角金盘属

【形态特征】常绿灌木或小乔木，高5m，常呈丛生状。单叶互生，近圆形，叶大，宽12~30cm，掌状，7~11深裂，裂片有锯齿，革质，叶面深绿，光亮，两面无毛，叶柄长。花小，白色，伞形花序再集成大型圆锥花序，顶生。浆果球形，黑色。花期9~11月，果熟期翌年4~5月(图9-3-17)。

【产地分布】原产于我国台湾和日本，我国长江流域以南栽培，华北地区温室盆栽。

【主要习性】喜半阴环境，喜温暖的气候，不耐寒。要求土壤肥沃、排水良好。萌蘖性强，耐烟尘等有害气体，抗二氧化硫能力强。

【繁殖方法】播种或扦插繁殖，亦可分株繁殖。

【观赏应用】绿叶扶疏，形似金盘，是优美的观叶树种。

图9-3-17 八角金盘

极耐阴，被誉为"下木之王"。宜植于庭院、公园、绿地的背阴面、树丛下。北方地区可作室内装饰、盆栽观赏。

25) 白花杜鹃(毛白杜鹃)

【学名】*Rhododendron mucronatum* G. Don.

【科属】杜鹃花科，杜鹃花属

【形态特征】半常绿灌木，高1~2m。分枝密，枝叶密生灰柔毛及黏质腺毛。叶长椭圆形，长3~6cm。花白色，径5cm，1~3朵簇生于枝顶。花期4~5月(图9-3-18)。

【产地分布】产于我国中部。

【观赏应用】花色洁白，性强健，宜庭园栽种，亦是杜鹃花属树种嫁接繁殖常用的砧木。

图9-3-18 白花杜鹃

图9-3-19 云锦杜鹃

26）云锦杜鹃（天目杜鹃）

【学名】*Rhododendron fortunei* Lindl.

【科属】杜鹃花科，杜鹃花属

【形态特征】常绿灌木或小乔木，高3～6m。叶厚革质，簇生于枝顶，长椭圆形，长10～20cm，全缘，叶背有白粉，枝叶均无毛。花大而芳香，粉红色，6～19朵排成顶生伞形总状花序，花冠7裂，花萼小，有腺体。蒴果长圆形。花期5月（图9-3-19）。

【产地分布】分布于我国浙江、江西、安徽、湖南等山区。

【观赏应用】喜湿润的气候，是常绿杜鹃中较耐寒且较适宜平原地区栽培的树种。

27）桂花（木犀、岩桂）

【学名】*Osmanthus fragrans*（Thunb.）Lour.

【科属】木犀科，木犀属

【形态特征】常绿灌木至小乔木，高达12m。树皮灰色，不裂。侧芽叠生。单叶对生，叶长椭圆形，长5～12cm，先端渐尖，基部楔形，革质，全缘或上部生细齿，叶柄长0.5～1.5cm。花簇生于叶腋或呈聚伞状，花小，黄白色，浓香。核果椭圆形，紫黑色。花期9～10月，果翌年成熟（图9-3-20）。

【变种与品种】

丹桂（var. *aurantiacus* Mak.）：花橙红色，较香。

金桂（var. *thunbergii* Mak.）：花金黄色，香味最浓，花期较早。

银桂（var. *latifolius* Mak.）：花白色，香味宜人。

四季桂（var. *semperflorens* Hort.）花白、淡黄色，淡香，一年多次开花。

【产地分布】产于我国西南部，长江流域及以南各省有栽培。是杭州、苏州、桂林等城市的市花。华北盆栽。

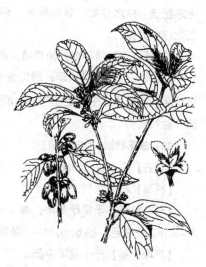
图9-3-20 桂花

【主要习性】喜光，稍耐阴，喜温暖、湿润的气候。喜肥沃、排水良好的中性或微酸性的沙壤土，碱性土、重黏土或洼地都不宜种植。对有毒气体有一定的抗性，但不耐烟尘。根系发达，萌芽力强，寿命长。

【繁殖方法】扦插、嫁接或压条繁殖。春插用一年生发育充实的枝条，夏插用当年生的嫩枝。嫁接用女贞、流苏或小叶女贞作砧木，接口要低。

【观赏应用】赏花闻香，树姿丰满，四季常青，是我国珍贵的传统香花树种。可孤植、丛植；庭前对植是传统的配置手法，即所谓"两桂当庭"。广西桂林用桂花作行道树，还可栽植成专类园。长江以北地区宜盆栽观赏。花枝可切花插瓶；花粉可制香精，是食品、化妆品的优质原料。

28）刺桂（柊树）

【学名】*Osmanthus heterophyllus* (G. Don.) P. S. Green.

【科属】木犀科，木犀属

【形态特征】常绿灌木或小乔木，高 6m。单叶对生，叶硬革质，卵形至长椭圆形，长 3～6cm，缘有 1～4 对刺状锯齿，很少全缘。花簇生于叶腋，白色，芳香。核果卵形。花期 10～11 月，果翌年成熟（图 9-3-21）。

图 9-3-21　刺桂

【产地分布】产于我国台湾，长江以南城市有栽培。日本也有分布。

【观赏应用】枝叶密生，四季浓郁，花白色而芳香，有金边、银斑、黄斑等品种。为我国长江以南地区庭院观赏树种。

29）云南黄馨（南迎春）

【学名】*Jasminum mesnyi* Hance.

【科属】木犀科，茉莉属

【形态特征】半常绿灌木，高达 3m。小枝绿色，细长拱形，有四棱。三出复叶对生，小叶纸质，椭圆状披针形，叶面光滑无毛。花黄色，单生于具总苞状单叶的小枝端，花冠常复瓣。花期 3～4 月。

【产地分布】产于我国云南，长江流域以南各地多栽培。

【主要习性】喜光，稍耐阴，喜温暖、湿润的气候，稍耐寒，在上海呈半常绿状。对土壤适应性强，耐湿，萌蘖性强，耐修剪，耐烟尘及有害气体。

【繁殖方法】扦插为主，亦可分株、压条繁殖。

【观赏应用】树冠圆整，四季常青，小枝柔软下垂，别具风姿。是南方园林中常见的观赏灌木，北方温室盆栽。

30）探春（迎夏）

【学名】*Jasminum floridum* Bunge.

【科属】木犀科，茉莉属

【形态特征】半常绿灌木，高 1～3m。小枝绿色，有棱，枝叶光滑无毛。奇数羽状复叶互生，小叶 3～5。聚伞花序顶生，花黄色。花期 5～6 月（图 9-3-22）。

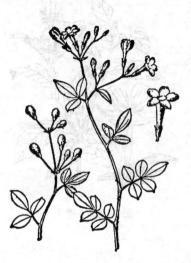

图 9-3-22　探春

【观赏应用】产于我国中部,耐寒性不如迎春。花期较晚,春末夏初开放,各地庭院栽培或盆栽观赏。宜与同属的迎春、云南黄馨等配置,使整体花期从迎春开花的2月起,持续到夏季探春的花谢,可长达数月。

31) 夹竹桃(柳叶桃)

【学名】 *Nerium indicum* Mill.

【科属】夹竹桃科,夹竹桃属

【形态特征】常绿大灌木,高5m。枝条灰绿色,嫩枝具棱,被微毛。三叶轮生,枝条下部对生,窄披针形,长10~16cm,宽1.5~2.5cm,全缘,硬革质,先端渐尖,侧脉纤细平行,叶柄粗短。聚伞花序顶生,花桃红色、粉红色,常重瓣,花径3~5cm,裂片5,芳香。蓇葖果细长。花期6~10月(图9-3-23)。

【变种与品种】白花夹竹桃('Baihua'):花白色。较原种耐寒性稍强。

【产地分布】原产于地中海、伊朗等地,传入我国已有悠久的历史,各地广泛栽植。

【主要习性】喜光,能耐阴;喜温暖的气候,耐寒性不强,在南京栽植受冻害。对土壤适应性强,耐旱,耐碱,较耐湿,喜肥沃、疏松的土壤。生长快,萌蘖性强。抗烟尘及有毒气体能力极强,病虫害少。

图9-3-23 夹竹桃

【繁殖方法】扦插繁殖为主,发根容易,成活率高。播种在春末进行,温度保持在18~21℃可以发芽。

【观赏应用】花色娇艳,花期长,适应性强,是净化环境的优良花灌木,可植于各类绿地观赏或用于工矿区绿化。北方盆栽。花枝可切花插瓶。夹竹桃全株有毒,在幼儿活动场所须慎用。

32) 栀子(山栀子、黄栀子)

【学名】 *Gardenia jasminoides* Ellis.

【科属】茜草科,栀子属

【形态特征】常绿灌木,高1~3m。小枝绿色,有垢状毛。单叶对生或三叶轮生,倒卵状长椭圆形,长6~12cm,先端渐尖,基部楔形,全缘,革质,无毛而有光泽,托叶膜质,鞘状。花单生于枝端或叶腋,白色,浓香,花冠高脚碟状。浆果具6条纵棱,橙黄色,萼片宿存。花期6~7月,果熟期8~10月(图9-3-24)。

【变种与品种】

大花栀子(f. *grandiflora* Mak.):叶大,花大,重瓣,浓香。

雀舌栀子[var. *radicana* (Thunb.) Mak.]:匍匐状小灌木,花小。

图9-3-24 栀子

【产地分布】产于我国中部及东南部地区。

【主要习性】喜光,耐阴;喜温暖、湿润的气候,不耐寒。喜肥沃、耐湿的中性至酸性沙壤土,不耐干旱瘠薄，不耐盐碱。萌芽力强，抗大气污染。

【繁殖方法】扦插、压条、分株、播种繁殖。扦插苗通常2年后开花。种子发芽缓慢，需1年左右成苗，3~4年后始开花。

【观赏应用】四季常青，盛夏开花，洁白如玉，芳香浓郁，是著名的香花树种。植于庭院房前、草坪边缘、道路拐角皆宜；可植花篱或与其他花灌木配置；也可盆栽、制作盆景或切花插瓶。栀子鲜花可提取芳香油浸膏，是提取高级化妆品的香精原料；花、果可入药，还可提取黄色染料。

33) 六月雪(满天星、白马骨)

【学名】*Serissa foetida* Comm.

【科属】茜草科，六月雪属

【形态特征】常绿或半常绿小灌木，高不及1m，丛生。分枝密，嫩枝有微毛。单叶对生或簇生，长椭圆形、椭圆状披针形，长7~15mm，全缘，两面叶脉、叶缘被白色毛，近无柄；托叶宿存。花单生或数朵簇生，花冠漏斗状，白色或淡粉紫色，花小，花丝极短。核果小，球形。花期5~6月。

【变种与品种】

金边六月雪(var. *aureo-marginata* Hort.)：叶缘金黄色。

重瓣六月雪(var. *oleniflora* Makino.)：花重瓣，白色。

【产地分布】原产于中国和日本，我国长江流域及以南有分布。

【主要习性】喜半阴，喜温暖、湿润的气候，不耐寒，在上海、南京等地呈半常绿状。喜肥沃、湿润的沙壤土，忌积水，萌芽力、萌蘖性都强，耐修剪。

【繁殖方法】扦插或分株繁殖。

【观赏应用】株形纤细，枝叶秀丽，夏季满树白花，宛若雪花。宜植自然式花篱或作下木，布置花坛或花境，也可制作盆景。全株可入药。

34) 珊瑚树(法国冬青)

【学名】*Viburnum awabuki* K. Koch.

【科属】忍冬科，荚蒾属

【形态特征】常绿灌木或小乔木，高达10m。全体无毛，树皮灰色，枝有瘤状突起的皮孔。单叶对生，长椭圆形，基部宽楔形，全缘或波状钝齿，革质，表面深绿有光泽，侧脉4~5对，叶柄褐色。圆锥状聚伞花序顶生，长5~10cm，花冠辐射状，白色，芳香。核果红色，后黑。花期5~6月，果熟期8~9月(图9-3-25)。

【产地分布】产于我国华南、华东、西南等地，长江流域广为栽培。日本、印度有分布。

【主要习性】喜光，亦耐阴。喜温暖、湿润的气候，不耐严寒。喜深厚、肥沃的土壤。根系发达，萌芽力强，耐修剪，生长较快。抗潮风，耐烟尘，吸收有毒气体能力强。

【繁殖方法】以扦插繁殖为主，梅雨季节随剪随插，成活率高。

图9-3-25 珊瑚树

【观赏应用】枝叶茂密，四季常青，碧绿光亮，果实鲜红。宜作绿篱、绿墙或基础种植；可将树冠修剪成几何形体，孤植、丛植于庭院、公园及绿地中；有隔声、防火、净化空气等多种功能，可在工矿区、油库周围作防护隔离绿墙。

35）木绣球(斗球、绣球荚蒾)

【学名】 *Viburnum macrocephalum* Fort.

【科属】忍冬科，荚蒾属

【形态特征】常绿灌木，高4m。裸芽，枝、叶背、叶柄及花序都有灰白色星状毛。叶卵形、卵状椭圆形，先端钝圆，基部圆或微心形，缘有细齿，无托叶。聚伞花序，径10～20cm，全为不孕花，花冠辐射状，始绿色，后变为白色。花期4～5月，不结果(图9-3-26)。

【变种与品种】琼花 [f. *keteleeri* (Carr.) Nichols.]：花序边缘是不孕花，中间是孕花。核果椭圆形、红色。为扬州市的市花。

【产地分布】产于我国长江流域，山东、河南也有分布。

图9-3-26 木绣球

【主要习性】喜光，稍耐阴。耐寒性不强，喜肥沃、湿润、排水良好的土壤，稍耐湿。萌蘖性强，病虫害少。

【繁殖方法】扦插、压条与分株繁殖。插穗应选幼龄树，插后应遮荫。

【观赏应用】株形开展圆整，繁花锦簇，洁白清雅。常见于江南公园、庭院及绿地中，孤植、丛植、列植皆宜。

36）凤尾兰(菠萝花)

【学名】 *Yucca gloriosa* Linn.

【科属】龙舌兰科，丝兰属

【形态特征】常绿灌木或小乔木，干短，高达5m。叶剑形，硬直，长60～80cm，顶端硬尖，全缘，略有白粉，老叶边缘有时具丝状纤维。圆锥花序长1～2m，花杯状下垂，乳白色，常有红晕，2次开花。蒴果椭圆状卵形，不开裂。花期5～10月(图9-3-27)。

【产地分布】原产于北美。我国长江流域及各地普遍栽植。

【主要习性】喜光，耐阴，耐寒冷，北京可露地栽培。对土壤适应性较强，耐干旱、瘠薄、耐湿。生长快，耐烟尘，对多种有害气体抗性强。

【繁殖方法】扦插或分株繁殖。

图9-3-27 凤尾兰

【观赏应用】四季常绿，株形挺拔，叶形似剑，白色花茎高耸，有较高的观赏价值。可丛植、孤植以点缀草坪或配植于绿地中；可作厂矿污染区常用的绿化树种；还可盆栽，茎可切块水养，供室内观赏。

37）富贵竹(仙达龙血树)

【学名】 *Dracaena sanderiana* Sander.

【科属】龙舌兰科，龙血树属

图 9-3-28　富贵竹

【形态特征】常绿灌木，高达 2m，直立不分枝。单叶互生，长披针形，薄革质，长 15～25cm，边缘白色或黄色；叶柄鞘状，长约 10cm（图 9-3-28）。

【产地分布】原产于非洲西部的喀麦隆及刚果一带。

【主要习性】喜高温、多湿和阳光充足的环境。不耐寒，耐水湿。喜疏松、肥沃、排水良好的轻壤土。冬季注意保温和提高空气湿度，避免叶尖干枯。

【繁殖方法】扦插或分株繁殖。

【观赏应用】茎秆可塑性强，可以根据人们的需要单枝弯曲造型，也可以切段组合造型。切段组合的"富贵塔"形似我国古代宝塔，人们常把它作为吉祥物摆放室内，象征吉祥富贵。

38）朱蕉（红叶铁树）

【学名】*Cordyline terminalis* L.

【科属】龙舌兰科，朱蕉属

【形态特征】常绿灌木，高可达 4～5m。单干或少有分枝，茎秆直立细长，节明显。单叶互生，聚生于茎顶，绿色或紫红色，披针状长椭圆形，长 30～50cm，中脉明显，侧脉羽状平行，顶端渐尖，基部楔形；叶柄长，腹面具宽槽，抱茎。总状花序组成顶生圆锥花序，花被管状，淡红色至青紫色；雄蕊 6，子房 3 室，每室 4 至多胚珠。花期 5～6 月（图 9-3-29）。

【变种与品种】

亮叶朱蕉（'Aichiaka'）：叶阔披针形，新叶亮红色，成叶颜色多样。

三色朱蕉（'Tricolour'）：叶箭形，叶面纵生绿、黄、红三色条纹。

图 9-3-29　朱蕉

五彩朱蕉（'Goshikiba'）：叶椭圆形，有不规则红色斑，叶缘红色。

【产地分布】分布于我国华南，各地广泛栽培。印度东部及南洋群岛也有分布。

【主要习性】喜光，叶片带色彩的品种相对较耐阴。喜高温、湿润的环境，稍耐寒。基质要求排水良好。

【繁殖方法】可用播种、扦插及压条繁殖。

【观赏应用】栽培品种丰富，叶形、叶色富于变化，且适应性强，是优良的观叶植物。在温暖地区可用于布置庭园；北方可盆栽供室内观赏。

39）棕竹（筋头竹）

【学名】*Rhapis excelsa*（Thumb.）Henry. ex Rehd.

【科属】棕榈科，棕竹属

【形态特征】常绿丛生灌木，高 2～3m。叶集生于枝顶，叶径 30～50cm，掌状 5～10 深裂，裂片条状披针形，长达 30cm，有 5～7 平行脉，先端缺齿不规则，边缘有细齿，横脉多而明显。肉质花序多分枝，雄花序纤细，雄花小，淡黄色，无梗；雌花序较粗壮。浆果近圆形，黄褐色。花期 4～5

月(图9-3-30)。

【产地分布】产于我国华南、西南地区，日本也有分布。

【主要习性】耐阴，忌烈日直晒，喜生长在湿润、通风良好的环境中，不耐寒。在华东地区须盆栽室内越冬。喜肥沃、湿润的酸性沙壤土，不耐旱，生长缓慢。

【繁殖方法】播种或分株繁殖。华东地区分株应在清明以后，分株栽植后应置在半阴处。播种应在4～5月进行，种子用35℃温水浸种1d。

【观赏应用】株丛饱满，枝叶繁密，青翠秀丽，长势强健，是优良的观叶树种。可丛植于绿地林荫处；适宜作宾馆、大酒店等室内绿化装饰；可盆栽、桶栽或制盆景。根、叶鞘纤维入药。

图9-3-30 棕竹

图9-3-31 袖珍椰子

40) 袖珍椰子

【学名】*Chamaedorea elegans* Wart.

【科属】棕榈科，墨西哥棕属

【形态特征】常绿灌木，高达1.8m。单茎，细长如竹。羽状复叶，深绿色，叶轴两边各具小叶11～13枚，条形至狭披针形，长达20cm，宽约1.8cm。花小，单性，黄白色，花序直立，具长梗。果球形，径约6mm，黑色(图9-3-31)。

【产地分布】原产于墨西哥、危地马拉，世界各地普遍栽培，我国有引种。

【主要习性】耐阴性较强，不耐寒。

【观赏应用】植株矮小，树形清秀，叶色浓绿。宜配植于庭园或室内盆栽观赏。叶片可作插花素材。

41) 散尾葵(黄椰子)

【学名】*Chrysalidocarpus lutescens* H. Wend.

【科属】棕榈科，散尾葵属

【形态特征】常绿丛生灌木，高7～8m。干嫩时被蜡粉，鞘痕环状。羽状复叶，长约1m，羽状全裂，裂片条状披针形，长达50cm，先端渐尖，常为2短裂，背面光滑；叶柄、叶轴呈淡黄绿色，上面有槽；叶鞘圆筒形，光滑，抱茎。肉穗花序长约40cm，雄花卵形，黄绿色。果近圆形，橙黄色。种子卵形至阔椭圆形，腹面平坦，面具纵向深槽。花期5～6月，果期翌年8～9月。

【产地分布】原产于马达加斯加。我国福建、台湾、广东、海南、广西、云南等地有栽培。

【主要习性】耐阴性较强，喜高温。

【繁殖方法】通常分株繁殖，也可播种。

【观赏应用】株形优美，枝叶茂密，叶色四季翠绿，华南等地常植于庭院中；长江流域及北方城市常盆栽供室内观赏。

9.4 落叶灌木

1) 银芽柳(棉花柳)

【学名】*Alix leucopithecia* Kimura.

【科属】杨柳科,柳属

【形态特征】落叶灌木,高约 2~3cm。分枝少,小枝绿褐色,冬芽红紫色。叶长椭圆形,缘具细锯齿,叶背面密被白毛,半革质。雄花序椭圆状圆柱形,长 3~6cm,早春叶前开放(图9-4-1)。

【产地分布】原产于日本,我国江南一带有栽培。

【主要习性】喜光,喜湿润,较耐寒,在北京可露地过冬。

【繁殖方法】择雄株扦插繁殖,栽培后每年须重剪,以促其萌发更多的开花枝条。

【观赏应用】雄花盛开时,花序密被银白色绢毛,颇为美观,是重要的切花材料。

2) 牡丹(富贵花、洛阳花、木芍药)

【学名】*Paeonia suffruticosa* Andr.

【科属】毛茛科,芍药属

图 9-4-1 银芽柳

【形态特征】落叶灌木,高达 2m。枝条粗壮。二回三出羽状复叶,小叶阔卵形至卵状长椭圆形,先端 3~5 裂,长 4.5~8cm,基部全缘,背面有白粉,平滑无毛。花单生于枝顶,大型,径 10~30cm,花型有单瓣和重瓣,花色丰富,有紫、深红、粉红、白、黄、豆绿等色;雄蕊多数,心皮 5 枚,有毛,其周围为花盘所包。花期 4 月下旬至 5 月,9 月果熟(图9-4-2)。

【变种与品种】矮牡丹(var. *Spontanea* Rehd)、紫斑牡丹(var. *papaveracea* Baily.)

牡丹品种极为丰富,有记载者约 300 多种。根据花瓣数量和雄蕊瓣化程度作为牡丹花型分类的第一级标准,形成 3 类 11 个花型。

【产地分布】产于我国西部及北部,栽培历史悠久。目前以山东菏泽、河南洛阳、北京等地最为著名;秦岭、嵩山等地有野生。

【主要习性】喜光,稍遮荫生长最好,忌夏季曝晒。较耐寒,喜凉爽,不耐湿热。根系发达,肉质肥大,喜深厚、肥沃而排水良好的沙质壤土,在黏重、积水或排水不良处易烂根,较耐盐碱。寿命较长,50~100 年以上大株各地均有发现。开花时间约 10d 左右。

图 9-4-2 牡丹

【繁殖方法】牡丹繁殖主要采用分株、嫁接、播种方式。

播种繁殖主要为繁育新品种。9 月种子成熟时采下即播。秋播当年只生根,第二年才出苗且发芽整齐,如管理得当 4~5 年生可开花。牡丹分株繁殖最宜于 9 月至 10 月进行。在土壤封冻以前或早春分株会造成生长不良或使成活率降低。名贵品种大量繁殖时常用嫁接繁殖。砧木通常用牡丹和芍药的肉质根，根砧选粗约2cm、长15～20cm且带有须根的肉质根为好。嫁接一般都在分株、移栽和采根时进行，即9月至10月上旬。粗根多用嵌接法，细根宜用劈接法。

【观赏应用】牡丹花姿秀美，雍容华贵，被列为中国十大名花前位，被誉为"国色天香"、"花中王"，是国花强有力的候选树种。在园林中常用于专类园，供重点美化区应用，又可植于花台、花池观赏。而自然式孤植或丛植于岩坡、草地边缘或庭院等处点缀，常又获得良好的观赏效果。此外，还可盆栽作室内观赏和切花插瓶等用。牡丹根皮叫"丹皮"，药用。

3）日本小檗(小檗)

【学名】*Berberis thunbergii* DC.

【科属】小檗科，小檗属

【形态特征】落叶灌木，高2～3m。枝紫红色，刺细小、常不分叉。叶倒卵形或匙形，长0.5～1.8cm；全缘，常簇生，表面暗绿色，两面叶脉不明显。伞形花序簇生状，花黄色，花冠边缘有红晕。浆果红色，花柱宿存。种子1～2。花期5月，果熟期9月(图9-4-3)。

【变种与品种】紫叶小檗(var. *atropurpurea* Chenault.)。

【产地分布】原产于日本、中国，我国各大城市有栽培。

【主要习性】喜光，略耐阴。喜温暖、湿润的气候，耐寒。对土壤要求不严，喜深厚、肥沃、排水良好的土壤，耐旱。萌芽力强，耐修剪。

【繁殖方法】分株、播种或扦插繁殖。

【观赏应用】春日黄花簇簇，秋日红果满枝，是良好的观果、观叶和刺篱材料。在北方城市紫叶小檗常与金叶女贞、黄杨组成色块。其根、茎可提取生物碱；根、茎、叶均可入药。

图9-4-3 日本小檗

4）紫玉兰(辛夷、木笔、木兰)

【学名】*Magnolia liliflora* Desr.

【科属】木兰科，木兰属

【形态特征】落叶大灌木，高3～5m。小枝紫褐色，无毛。叶椭圆形或倒卵状椭圆形，长10～18cm，先端渐尖，基部楔形，全缘。花大，花被6片，外面紫色，内面白色，叶前开放；花萼小，3枚，绿色披针形，为花瓣1/3。花期3～4月，果熟期9～10月(图9-4-4)。

【产地分布】产于我国湖北、四川、云南，现长江流域各省广为栽培。北京小气候条件适宜处可露地种植。

【主要习性】喜光，幼时稍耐阴，不耐严寒。在肥沃、湿润的微酸性和中性壤土中生长最盛。根系发达，萌蘖力强，较玉兰耐湿能力强。

【繁殖方法】扦插、压条、分株或播种繁殖。

【观赏应用】花大而艳，花蕾形似笔头，故有"木笔"

图9-4-4 紫玉兰

之称，是我国传统名贵的春季花木。最宜配置在庭园的窗前和门厅两旁，丛植于草坪边缘，或与常绿乔、灌木配置。可作嫁接玉兰、二乔玉兰的砧木。花蕾、树皮入药；花可提芳香浸膏。

5) 蜡梅(黄梅花)

【学名】*Chimonanthus praecox* (L.) Link.

【科属】蜡梅科，蜡梅属

【形态特征】落叶灌木，高3～4m。小枝皮孔明显，有纵棱。单叶对生，卵状椭圆形至蜡质卵状披针形，长7～15cm；半革质，叶面有光泽，有粗糙硬毛，背面光滑无毛，全缘。花被片黄色，内层花被片有紫色条纹，浓香，叶前开放。聚合果紫褐色。花期11月至翌年2月，果熟期翌年6月(图9-4-5)。

【变种与品种】

素心蜡梅(var. *concolor* Mak.)：花大，花瓣先端略尖，纯黄色，香气较淡。

磬口蜡梅(var. *grandiflorus* Mak.)：叶大，花瓣圆形，边缘有紫色条纹，香味最浓。

狗蝇蜡梅(var. *intermedius* Mak.)：花瓣狭长，暗黄色带紫纹，是半野生品种。

图9-4-5 蜡梅

小花蜡梅(var. *parviflorus* Turrill.)：花小，内轮花被片有红紫色条纹，外轮黄白色。

【产地分布】产于我国陕西、湖北。黄河流域至长江流域广泛栽培。

【主要习性】喜光，略耐侧阴，耐寒，北京在背风向阳处可露地种植。在肥沃、排水良好的轻壤土中生长最好，耐干旱，忌水湿，在碱土、重黏土中生长不良。发枝力强，耐修剪。抗氯气、二氧化硫污染能力强，病虫害少。寿命可达百年以上。

【繁殖方法】以嫁接为主，亦可分株繁殖，用狗蝇蜡梅作砧木。

【观赏应用】蜡梅花开放在寒月早春，色黄如蜡，香气四溢，是冬季主要花灌木。常成丛、成片种植于庭园中。北方盆栽观赏，也可制作桩景，是春节传统的插瓶材料。蜡梅花可提取香精；花、茎、根入药。

6) 太平花(京山梅花)

【学名】*Philadelphus pekinensis* Rupr.

【科属】虎耳草科，山梅花属

【形态特征】落叶灌木，丛生，高2～3m。树皮褐色，薄片状剥落，幼枝无毛，紫褐色。叶卵状椭圆形，长3～6cm，先端长渐尖，基部宽楔形或近圆形；有疏齿，无毛或背面脉腋簇生毛，三出脉，叶柄带紫色。花5～9朵组成总状花序，乳白色，微香。蒴果近球形。花期6月，果熟期8～9月(图9-4-6)。

【产地分布】产于我国辽宁、华北、四川等省区。多生于海拔800m以下的山坡疏林地和阴坡灌木丛中。

【主要习性】喜光，耐寒。喜肥沃、排水良好的土壤，耐旱，

图9-4-6 太平花

不耐积水。耐修剪，寿命长。

【繁殖方法】播种、扦插、分株繁殖。

【观赏应用】花清香秀丽，花期较长，是北方初夏优良的花灌木。在我国栽培历史悠久，可丛植或片植于草坪、林缘，可栽植成花篱、花境。花枝可切花插瓶。

7) 西洋山梅花

【学名】*Philadelphus coronaries* L.

【科属】虎耳草科，山梅花属

【形态特征】落叶灌木，高2～3m。树皮片状剥落，小枝光滑、无毛，柄下芽。叶卵形至卵状长椭圆形，长4～8cm，3～5主脉，缘具疏齿，叶光滑，仅叶背脉腋有毛。花纯白色，芳香，总状花序。花期5～6月，果熟期9～10月。

【变种与品种】有矮生（'Nanus'）、金叶（'Aureus'）、斑叶（'Variegatus'）、重瓣（'Deutziflorus'）等品种。

【产地分布】原产于南亚及小亚细亚一带。我国上海、南京等地常见栽培。

【主要习性】习性与太平花相似，但生长旺盛，花朵较大，色香均较太平花为好。

8) 溲疏

【学名】*Deutzia scabra* Thunb.

【科属】虎耳草科，溲疏属

【形态特征】落叶灌木，高2～3m。树皮剥落，小枝淡褐色。叶卵状椭圆形至长椭圆形，长3～8cm，先端渐尖，锯齿细密，两面有星状毛，叶柄短。圆锥花序，花白色或略带粉红色，花梗、花萼密生锈褐色星状毛。蒴果半球形。花期5～6月（图9-4-7）。

【变种与品种】重瓣溲疏（var. *scabra* Thunb.）。

【产地分布】产于我国浙江、江苏、江西、安徽、山东、四川等省。日本有分布。

【主要习性】喜光，略耐阴。喜温暖、湿润的气候，耐寒。对土壤要求不严，耐旱，喜肥。萌蘖力强，耐修剪。

【繁殖方法】扦插、播种、压条、分株繁殖。

【观赏应用】初夏白花繁密，素雅，花期较长，宜丛植于草坪、林缘、山坡，也可植花篱或作基础种植。花枝可切花插瓶。叶、根、果入药。

图9-4-7 溲疏

9) 大花溲疏

【学名】*Deutzia grandiflora* Bunge.

【科属】虎耳草科，溲疏属

【形态特征】落叶灌木，高2～3m。叶卵形，长2～5cm，先端急尖或短渐尖，基部圆形；缘有小齿，表面散生星状毛，背面密被白色星状毛。花叶前开放，白色，径2.5～3.5cm，1～3朵聚伞状。花期4月下旬，果熟期6月。

【产地分布】产于我国北部，湖北、山东、河南、河北、内蒙古、辽宁等省区有分布，多生于丘陵或低山坡灌木丛中。朝鲜也有分布。

【主要习性】喜光，略耐阴，喜温暖、湿润的气候，较瘦疏耐寒。对土壤要求不严，耐旱。萌蘖力强。

【繁殖方法】播种、分株繁殖。

【观赏应用】白花叶前开放，满树雪白，是本属中花最大和开花最早的品种。宜植于庭园及各类绿地中，也可作为坡地水土保持树种。

10) 八仙花(绣球花)

【学名】*Hydrangea macrophylla* (Thunb.) Saringe.

【科属】虎耳草科，八仙花属

【形态特征】落叶灌木，高3～4m。小枝粗壮，皮孔明显。叶宽卵形或倒卵形，长8～15cm；大而有光泽，有粗锯齿，先端短尖，基部宽楔形，叶柄粗。花序伞房状，顶生，径可达15～20cm，多为辐射状，花白色、蓝色或粉红色。花期6～7月(图9-4-8)。

【变种与品种】

大八仙花(var. *hortensis* Rehd.)：花序球形，初白色，后变蓝色或粉红色。

银边八仙花(var. *maculata* Wils.)：叶缘白色，宜盆栽，可观花观叶。

图9-4-8　八仙花

【产地分布】产于我国长江流域及华南各省，长江以北盆栽。日本、朝鲜有分布。

【主要习性】喜阴，亦可光照充足。喜温暖、湿润，不耐寒，在上海呈亚灌木状，需防寒。喜腐殖质丰富、排水良好的疏松土壤，耐湿。八仙花在微酸性土中呈蓝色，在碱性土中则以粉红色为主。萌蘖力强，抗二氧化硫等有毒气体能力强，病虫害少。

【繁殖方法】扦插、压条繁殖。

【观赏应用】花序大而美丽，花期长，品种丰富，耐阴性强，是我国南方常见的观赏花木。宜植于林下、建筑物北侧，也可盆栽布置于室内。北方只能盆栽并于温室内越冬。八仙花根、花入药。

11) 香茶藨子(黄丁香、野芹菜)

【学名】*Ribes odoratum* H. Wendl.

【科属】虎耳草科，茶藨子属

【形态特征】落叶灌木，直立丛生，高1～2m。小枝有毛。叶卵圆形至圆肾形，掌状3～5裂，裂片有粗齿。花萼黄色，萼筒管状，长1.2～1.5cm；花瓣5枚，长约2mm，紫红色，与萼片互生，花芳香。浆果黑色、紫黑色。花期4月，果熟期6～7月。

【产地分布】原产于美国中部，我国东北、华北及山东等地有栽培。

【主要习性】喜光，稍耐阴，耐寒。喜肥沃、排水良好的土壤，不耐涝，耐干旱、瘠薄，萌蘖力强，耐修剪。

【繁殖方法】分株、播种繁殖。

【观赏应用】春季黄花繁密而芳香，颇似丁香，故有"黄丁香"之称，是良好的观赏树种，宜丛植于草坪、林缘、坡地或庭院观赏。

12) 李叶绣线菊(笑靥花)

【学名】*Spiraea prunifolia* Sieb. et Zucc.

【科属】蔷薇科,绣线菊属

【形态特征】落叶灌木,高3m。叶小,椭圆形至卵形,长2.5～5cm,基部全缘,中部以上有锐锯齿,叶背有细短柔毛或光滑。3～6朵花组成伞形花序,无总梗,基部具少数叶状苞,花白色、重瓣,花朵平展,花径约1cm,花梗细长。花期4～5月。

【变种与品种】单瓣笑靥花(f. simpliciflora Nakai.)。

【产地分布】产于我国长江流域,日本、朝鲜亦有。

【主要习性】喜光,稍耐阴。对土壤要求不严,在肥沃、湿润的土壤中生长最为茂盛,耐旱,耐瘠薄,亦耐湿。萌蘖性、萌芽力强,耐修剪。

【繁殖方法】扦插或分株繁殖。

【观赏应用】春天开花,色洁白,重瓣,花容圆润丰满,如笑靥。多作基础种植,丛植、群植都能取得很好的观赏效果。

13) 麻叶绣线菊(麻叶绣球)

【学名】*Spiraea cantoniensis* Lour.

【科属】蔷薇科,绣线菊属

【形态特征】落叶灌木,高1.5m。枝细长、拱形。叶菱状披针形或椭圆形,长3～5cm,叶端急尖,缘有缺刻状锯齿,羽状脉,两面无毛。花白色,伞形花序有总梗,基部常有叶。花期4～5月,果熟期10～11月(图9-4-9)。

【变种与品种】重瓣麻叶绣线菊('Lanceata')。

【产地分布】产于我国东部及南部地区,黄河中下游及以南各省有栽培。

【主要习性】喜光,耐阴,喜温暖、湿润的气候。对土壤适应性强,耐瘠薄,萌芽力强,耐修剪。

【繁殖方法】扦插、分株繁殖为主,亦可播种繁殖。

【观赏应用】花洁白而繁密,叶秀丽。可丛植、群植、植花篱或点缀花坛。

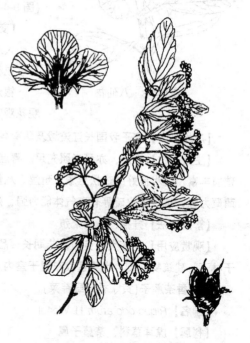

图9-4-9 麻叶绣线菊

14) 三桠绣线菊(三裂绣线菊)

【学名】*Spiraeat trilobata* Linn.

【科属】蔷薇科,绣线菊属

【形态特征】落叶灌木,高达2m,小枝细而开展。叶先端圆钝,近圆形,长1.5～3cm,基部近圆形,常3裂,具掌状脉,3～5出。伞形花序有总梗,基部常有叶,花小,白色。花期5～6月。

【产地分布】产于亚洲中部至东部,我国东北及华北各省有分布。

【主要习性】喜光,稍耐阴,耐严寒,对土壤要求不严,耐旱,耐修剪。性强健,生长迅速,栽培容易。

【繁殖方法】播种、分株、扦插繁殖。

【观赏应用】晚春白花翠叶,是东北、华北庭园常见的花灌木,可植于山坡、路旁,亦可作基础种植。

15) 粉花绣线菊(日本绣线菊)

【学名】*Spiraea japonica* Linn. f.

【科属】蔷薇科，绣线菊属

【形态特征】落叶灌木，高 1.5m。叶卵形至卵状长椭圆形，长 2～8cm，先端尖，缘有缺刻状重锯齿，叶脉上常有短柔毛。花粉红色，复伞房花序。花期 6～7 月。

【产地分布】原产于日本、朝鲜，我国华东地区有栽培。

【主要习性】喜光，耐阴，喜湿润的环境，耐寒。对土壤要求不严，耐旱，耐瘠薄，分蘖能力强。

【繁殖方法】分株、扦插或播种繁殖。

【观赏应用】花期正值少花的春末夏初，花色娇艳夺目，花量密集，品种多样。宜作基础种植，丛植、群植皆宜，也可布置花坛、花境或作植篱。

图 9-4-10　珍珠梅

16) 珍珠梅(吉氏珍珠梅)

【学名】*Sorbaria kirilowii* (Regel.) Maxim.

【科属】蔷薇科，珍珠梅属

【形态特征】落叶灌木，高 2～3m。奇数羽状复叶，小叶 13～21 枚，卵状披针形，缘有重锯齿，有托叶。顶生大型圆锥花序，长 15～20cm，花小，白色，雄蕊 20，短于花瓣或与其等长；心皮 5，基部合生。蓇葖果成熟时腹缝线开裂，果矩圆形。花期 6～8 月，果熟期 9～10 月(图 9-4-10)。

【产地分布】分布于我国晋、冀、鲁、豫、陕、甘、青、蒙等省区。

【主要习性】喜光，耐阴，耐寒。对土壤要求不严。生长快，萌蘖力强，耐修剪，花期长。

【繁殖方法】分株、扦插为主，较少用播种繁殖。

【观赏应用】枝叶秀丽，花蕾似珍珠，花期长，可在背阴处栽植，是北方夏季少花季节重要的花灌木。

17) 平枝栒子(铺地蜈蚣)

【学名】*Cotoneaster horizontalis* Decne.

【科属】蔷薇科，栒子属

【形态特征】落叶或半常绿匍匐灌木，高不超过 50cm。枝水平开展成整齐的两列。叶近圆形或宽椭圆形，长 0.5～1.5(2)cm，先端急尖，全缘，背面有柔毛。花粉红色，1～2 朵并生，径约 5～7mm，花瓣直立，倒卵形。果近球形，鲜红色，径 4～7mm，常含 3 核。花期 5～6 月，果熟期 9～10 月(图 9-4-11)。

【产地分布】产于我国湘、鄂、陕、甘、川、滇、黔等省，多生于海拔 1000～3500m 的灌木丛中。

【主要习性】喜光，耐干旱、瘠薄，在石灰质土壤中也能生长。不耐水涝，华北地区栽培宜避风或盆栽。

【繁殖方法】扦插、播种繁殖为主，亦可秋季压条。

图 9-4-11 平枝栒子

【观赏应用】树姿低矮,春天粉红色小花星星点点嵌于墨绿色叶之中,入秋红果累累,经冬不落。最适宜作基础种植材料或地面覆盖材料,常丛植或散植,是山石盆景的优良材料。全株可入药。

18) 水栒子(多花栒子)

【学名】*Cotoneaster multiflora* Bunge.

【科属】蔷薇科,栒子属

【形态特征】落叶灌木,高3～5m。小枝细长、拱形,幼时有毛,紫色。叶卵形,长2～5cm,幼时叶背有柔毛。花白色,径1～1.2cm,花瓣5,开展,6～21朵成聚伞花序。果近球形,径约8mm,红色,常仅1核。花期5月,果熟期9月。

【产地分布】分布于我国东北、华北、西北和西南地区。亚洲中部与西部有分布。

【主要习性】喜光,稍耐阴,耐寒。对土壤要求不严,极耐干旱和瘠薄,萌芽力强,耐修剪。

【繁殖方法】播种、扦插繁殖。

【观赏应用】夏季白花朵朵,秋季红果累累,是北方地区常见的观花、观果树种。宜丛植观赏。

19) 贴梗海棠(贴梗木瓜、铁角海棠)

【学名】*Chaenomeles speciosa* (Sweet) Nakai.

【科属】蔷薇科,木瓜属

【形态特征】落叶灌木,高2m。小枝开展,无毛,有枝刺。单叶互生,叶卵形至椭圆形,长3～8cm,先端尖,缘有锐齿,两面无毛,有光泽;托叶肾状半圆形。花红色、淡红色、白色,3～5朵簇生于二年生枝上。花柱基部无毛或稍有柔毛,萼筒钟状,萼片直立。果近球形,径4～6cm,黄色,芳香,近无梗。花期3～5月,叶前开放,果熟期9～10月(图9-4-12)。

【产地分布】产于我国东部、中部至西南部,各地均有栽培,缅甸有分布。

【主要习性】喜光,耐阴,耐寒,北京小气候良好处可露地越冬。适应性强,喜排水良好的肥沃壤土,耐旱、耐瘠薄,不耐水涝。耐修剪。

图 9-4-12 贴梗海棠

【繁殖方法】扦插、压条或分株繁殖。实生苗4～5年后开花。

【观赏应用】早春开花,鲜艳夺目,是观花、观果的常用花木。宜孤植、丛植或作植篱,可作基础种植材料;是制作盆景的好材料。果可药用。

20) 蔷薇(野蔷薇、多花蔷薇)

【学名】*Rosa multiflora* Thunb.

图9-4-13 蔷薇

【科属】蔷薇科，蔷薇属

【形态特征】落叶灌木，高达3m。枝细长，蔓性，多皮刺，无毛。小叶5~9枚，倒卵状椭圆形，缘有尖锯齿，两面有短柔毛；托叶与叶轴基部合生，篦齿状，有腺毛。圆锥状伞房花序，花白色或微有红晕，单瓣，芳香，径2~3cm。果球形，暗红色，径约6mm。花期5~7月，果熟期9~10月。

【变种与品种】粉团蔷薇(红刺玫 var. *cathayensis* Rehd. et Wils.)(图9-4-13)、十姊妹(七姊妹 var. *platyphylla* Thory.)

【产地分布】产于我国黄河流域及以南地区，全国普遍栽培。朝鲜、日本有分布。

【主要习性】喜光，耐半阴，耐寒。对土壤要求不严，喜肥，耐瘠薄，耐旱，耐湿。萌蘖性强，耐修剪，抗污染。

【繁殖方法】扦插、分株、压条或播种繁殖。

【观赏应用】白花繁密、芳香，树性强健。多用于垂直绿化，布置花篱、花墙，装饰建筑，覆盖坡岸等。是嫁接月季、蔷薇类的砧木。花、果、根入药；花可提取芳香油。

21) 玫瑰(徘徊花)

【学名】*Rosa rugosa* Thunb.

【科属】蔷薇科，蔷薇属

【形态特征】落叶灌木，直立丛生，高达2m。枝粗壮，密生皮刺及刚毛。小叶5~9，椭圆形至倒卵状椭圆形，长2~5cm，锯齿钝，叶质厚，叶面皱褶，背面有柔毛及刺毛；托叶与叶轴基部合生，两面有绒毛。花单生或3~6朵集生，花常为玫瑰红色，径6~8cm，芳香。果扁球形，径2~2.5cm，红色。花期5~9月，果熟期9~10月。

【变种与品种】

白玫瑰(var. *alba* W. Robins.)：花白色。

紫玫瑰(var. *typical* Reg.)：花玫瑰紫色。

红玫瑰(var. *rosea* Rehd.)：花玫瑰红色。

重瓣玫瑰(var. *plena* Reg.)：花重瓣，紫色，浓香。

重瓣白玫瑰(var. *alba plena* Rehd.)：花白色，重瓣。

【产地分布】产于我国北部，日本、朝鲜有分布，现国内外广泛栽培。以山东、北京、河北、河南、陕西、新疆、江苏、浙江、四川、广东最多。很多城市将其作为市花，如沈阳、银川、拉萨、兰州、乌鲁木齐等。

【主要习性】喜光，不耐阴，耐寒。喜肥沃、排水良好的中性或微酸性土壤，耐旱，忌地下水位过高或低洼地。萌蘖性强，生长快。

【繁殖方法】分株、扦插、嫁接繁殖。砧木用多花蔷薇较好。

【观赏应用】花色艳而香浓，适应性强，是著名的观花闻香花木，在北方园林中应用广泛。宜作花篱、花坛、花境、地被，或丛植于各类园林绿地中，布置专类园。玫瑰花可作香料和提取芳香油；花蕾、根入药。

22) 黄刺玫

【学名】*Rosa xanthina* Lindl.

【科属】蔷薇科，蔷薇属

【形态特征】落叶灌木，丛生，高达 2～3m。小枝褐色，细长，有皮刺，无刺毛。小叶 7～13，卵形或近圆形，先端钝或微凹，锯齿钝，叶背幼时稍有柔毛。花黄色，单生于枝顶，半重瓣或单瓣，花径约 4cm。果红褐色，径约 1cm。花期 4～6 月，果熟期 7～9 月（图9-4-14）。

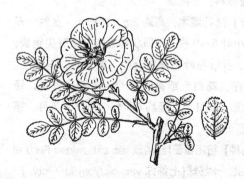

图 9-4-14　黄刺玫

【产地分布】产于我国东北、华北及西北。现栽培较广泛。

【主要习性】喜光，耐寒。对土壤要求不严，耐旱，耐瘠薄，忌涝，病虫害少。

【繁殖方法】扦插、分株、压条繁殖。

【观赏应用】花色金黄，花量繁密，花期较长，是北方地区主要的早春花灌木。适宜于草坪、林缘、路边丛植，亦可作花篱及基础种植。

23) 棣棠

【学名】*Kerria japonica* (L.) DC.

【科属】蔷薇科，棣棠属

【形态特征】落叶小灌木，丛生，高 1.5～2m。小枝绿色，光滑。单叶互生，卵状椭圆形，长 4～8cm，先端长尖，基部近圆形，缘有尖锐重锯齿，背面略被柔毛。花单生于侧枝顶端，金黄色，径 3～4.5cm，萼片、花瓣各 5 枚。瘦果黑褐色，萼片宿存。花期 4～5 月，果熟期 7～8 月（图9-4-15）。

【变种与品种】重瓣棣棠（var. *pleniflora* Witte.）。

【产地分布】产于我国黄河流域至华南、西南地区，各地有栽培。日本有分布。

【主要习性】喜光，耐半阴，忌炎日直射；喜温暖、湿润的气候，不耐严寒，华北地区须选背风向阳处栽植。对土壤要求不严，耐湿，萌蘖力强，病虫害少。

图 9-4-15　棣棠

【繁殖方法】分株、扦插或播种繁殖。

【观赏应用】枝叶鲜绿，花色鲜黄，花期长，是有特色的观赏灌木。适宜作花境、花篱和基础种植，可丛植于池畔、坡地、草坪、林缘等处。

24) 鸡麻

【学名】*Rhodotypos scandens* (Thunb.) Makino.

【科属】蔷薇科，鸡麻属

【形态特征】落叶灌木，高 2～3m。小枝细，无毛，紫褐色。单叶对生，卵状椭圆形，长 4～8cm，缘有锐重锯齿，叶面皱，背面幼时有柔毛。花白色，单生于新枝顶端，萼片、花瓣各 4 枚，副萼披针形。核果 4，亮黑色。花期 4～5 月，果熟期 9～10 月。

【产地分布】产于我国辽宁以南各地,日本和朝鲜有分布。
【主要习性】喜光,耐寒。喜湿润、肥沃的壤土,耐旱,耐瘠薄。
【繁殖方法】分株、扦插、压条或播种繁殖。
【观赏应用】花洁白美丽,适应性强,宜丛植于庭院及各类绿地中,可作花境、花篱等用。果、根可药用。

25) 榆叶梅(小桃红、山枝桃)

【学名】Prunus triloba Lindl.

【科属】蔷薇科,李属

【形态特征】落叶灌木,高达 5m。小枝紫褐色,无毛或幼时有毛。叶宽椭圆形倒卵形,先端渐尖,常3浅裂,粗重锯齿,背面疏生短毛。花1~2朵腋生,先叶开放,粉红色,径2~3cm。果球形,径1~1.5cm,有长柔毛,果肉薄。花期4~6月,果熟期6~7月(图9-4-16)。

【变种与品种】

鸾枝榆叶梅(var. atropurpurea Hort.):花紫红色,重瓣为多。

重瓣榆叶梅(f. plena Dipp.):花重瓣,粉红色。

复瓣榆叶梅(f. multiplex Rehd.):花复瓣,粉红色。

红花重瓣榆叶梅('Roseo-plena'):花玫瑰红色,重瓣,花期晚。

【产地分布】产于我国华北及东北,南北各地都有栽培。

图9-4-16 榆叶梅

【主要习性】喜光,耐寒。耐土壤瘠薄,耐旱,不耐积水,稍耐盐碱。根系发达,萌芽力强,耐修剪。

【繁殖方法】播种、嫁接繁殖,用桃、山桃或播种实生苗作砧木。

【观赏应用】花团锦簇,鲜艳夺目,是北方春天的重要花木。常植于公园、庭院、街头绿地及各类绿地中。可作盆花、切花。

26) 郁李

【学名】Prunus japonica Thunb.

【科属】蔷薇科,李属

【形态特征】落叶灌木,高1.5m。小枝细密无毛。叶卵形或卵状椭圆形,先端渐尖,基部圆形,缘有锐重锯齿,背脉有短柔毛,托叶条形、有腺齿。花单生或2~3朵簇生,粉红色或白色,径1.5~2cm,花梗长5~10mm。果近球形,深红色,径约1cm。花期4~5月,果熟期6月(图9-4-17)。

【变种与品种】重瓣郁李(南郁李 var. kerii Koehn.)、

图9-4-17 郁李

北郁李(var. *engleri* Koehn.)。

【产地分布】产于我国华北、华中、华南，各地都有栽培。日本、朝鲜有分布。

【主要习性】喜光，耐寒。对土壤要求不严，耐旱、耐瘠薄、耐湿。萌蘖性、萌芽力强。

【繁殖方法】播种、嫁接、分株或扦插繁殖。重瓣郁李常用桃作砧木嫁接。

【观赏应用】枝叶细密，花果美丽，适应性强，是常见的观花灌木。常植于庭园观赏，或成片置于草坪、坡地、水畔及各类绿地中，或作花篱、花境。可盆栽、制作桩景、切花观赏。郁李果实可食，果仁可药用。

27) 紫穗槐(紫花槐、棉槐)

【学名】*Amorpha fruticosa* L.

【科属】豆科，紫穗槐属

【形态特征】落叶灌木，常丛生，高2～4m。嫩枝密生柔毛，芽叠生。奇数羽状复叶互生，小叶11～25枚，长椭圆形，先端圆或微凹，有芒尖，幼叶有毛，叶片上有小透明点。顶生穗状花序，花瓣退化仅剩旗瓣，蓝紫色。荚果短镰形，内生1种子，不开裂，有瘤状腺体。花期5～7月，果熟期9～10月(图9-4-18)。

【产地分布】原产于北美，20世纪初引入我国，长春以南各地广泛栽培。

【主要习性】喜光，耐干冷气候，适应性强。耐干旱瘠薄，耐盐碱，耐涝。根系发达，能固氮，生长迅速，萌芽力强，具有一定抗大气污染能力。

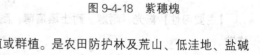

图9-4-18 紫穗槐

【繁殖方法】播种繁殖，亦可分株或扦插繁殖。

【观赏应用】枝叶茂密，开花紫色，园林中宜丛植或群植。是农田防护林及荒山、低洼地、盐碱地、沙荒地的主要造林树种，也是良好的蜜源树种。

28) 毛刺槐(江南槐)

【学名】*Robinia hispida* L.

【科属】豆科，刺槐属

【形态特征】落叶灌木，高达2m。茎、枝、叶柄、花梗均密生红色刺毛。羽状复叶互生，小叶7～13枚，椭圆形至近圆形，无毛。总状花序，花粉红色或紫红色。花期5～6月，很少结果。

【产地分布】原产于北美，我国北方常见栽培。

【主要习性】喜光，较耐寒，北京地区常栽于背风向阳处。喜排水良好的土壤。耐瘠薄。萌蘖性强。

【繁殖方法】嫁接繁殖，以刺槐作砧木。

【观赏应用】花色红艳，是庭园、街头绿地的常见树种，或作基础种植。可高接在刺槐上成小乔木状，拓宽应用范围。

29) 锦鸡儿

【学名】*Caragana sinica* Rehd.

【科属】豆科，锦鸡儿属

【形态特征】落叶灌木，丛生，高1.5m。枝细长，有棱脊线。托叶针刺状，小叶4枚，羽状排列，叶轴先端具刺。花单生，红黄色，长2.5～3cm，下垂。花期4～5月，果熟期10月。

【产地分布】主产于我国北部及中部，西南也有分布，各地有栽培。

【主要习性】喜光，稍耐阴，喜温暖的气候，较耐寒。对土壤要求不严，耐干旱瘠薄，亦耐湿。萌芽力强，耐修剪。

【繁殖方法】播种、分株、压条繁殖。

【观赏应用】叶色秀丽，花形美，花色艳，可作观花刺篱和树桩盆景。

30) 胡枝子(山扫帚)

【学名】*Lespedeza bicolor* Turcz.

【科属】豆科，胡枝子属

【形态特征】落叶灌木，常丛生状，高3m。分枝细，嫩枝有柔毛。3小叶复叶，卵状椭圆形，先端圆钝或凹，有小尖头，两面疏生平伏毛，叶柄密生柔毛，花紫红色。荚果斜卵形，长1cm，有柔毛。花期7～8月，果熟期9～10月(图9-4-19)。

【产地分布】产于我国东北、华北、西北地区及浙江、安徽、湖北等省。俄罗斯、朝鲜、日本有分布。

【主要习性】喜光，稍耐阴，耐寒。对土壤要求不严，耐旱，耐瘠薄。根系发达，生长快，萌芽力强。

【繁殖方法】播种、分株繁殖。

图9-4-19 胡枝子

【观赏应用】枝叶繁茂，花色鲜艳，花量繁多，可配置于园林绿地中，是优良的水土保持树种和改良土壤树种。嫩叶可代茶，根入药。

31) 枸橘(枳)

【学名】*Poncirus trifoliate*(L.)Raf.

【科属】芸香科，枸橘属

【形态特征】落叶灌木或小乔木，高7m。小枝稍扁、有棱，绿色，有枝刺。3小叶复叶，小叶椭圆形或倒卵形，叶缘有波状浅齿，近革质。花单生于叶腋，叶前开放，白色，芳香。果熟时黄色，径3～5cm。花期4月，果熟期10月(图9-4-20)。

【产地分布】产于我国中部，现黄河流域以南地区有栽培。

【主要习性】喜光，耐阴，喜温暖的气候，较耐寒，北京可露地栽培。略耐盐碱，在土壤干旱瘠薄、低洼积水处生长不良。深根性，发枝力强，耐修剪，主根浅，须根多，对有害气体抗性强。

【繁殖方法】以播种繁殖为主，也可扦插繁殖，种子须同果肉一起贮藏。

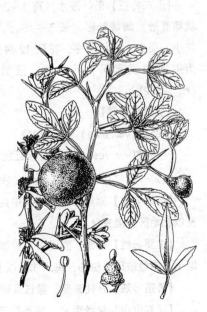

图9-4-20 枸橘

【观赏应用】枝条绿色、多刺，春闻香花，秋赏黄果，是集观枝、观花、观果于一身的观赏灌木。宜作刺篱及屏障树，亦可修剪造型，公园、庭院、居民区、工厂、街头绿地都可应用。是嫁接柑橘类的砧木。果可入药。

32) 山麻杆(桂圆树、大叶泡)

【学名】*Alchornea davidii* Franch.

【科属】大戟科，山麻杆属

【形态特征】落叶灌木，丛生，高1~2m。茎直立而少分枝，常紫红色，有柔毛。单叶互生，叶圆形至宽卵形，长7~17cm，基部心形，缘有粗齿，两面有毛，幼叶红色。穗状花序，雌雄同株，花无瓣。蒴果扁球形，密生毛。花期4~5月，果熟期6~8月(图9-4-21)。

【产地分布】我国长江流域及以南都有分布。生于低山区、河谷两岸、山野阳坡灌木丛中。

图9-4-21 山麻杆

【主要习性】喜光，耐阴，抗寒性差。对土壤适应性强，喜湿润、肥沃的土壤。萌蘖性强，易更新，生长强健。

【繁殖方法】分株、扦插、播种繁殖。

【观赏应用】嫩枝、新叶常呈红褐色，美观醒目，是极佳的观叶树种。宜丛植于庭院、公园及各类绿地中观赏。茎皮是造纸原料；种子可榨油；叶药用。

33) 一品红(象牙红、圣诞红)

【学名】*Euphorbia pulcherrima* Willd. ex Klotzsch.

【科属】大戟科，大戟属

【形态特征】落叶灌木，高1~3m，茎光滑，含汁液。单叶互生，卵状椭圆形至阔披针形，长7~15cm，全缘、浅波状至浅裂，背被柔毛。花小，顶生，杯状花序，花期12月至翌年2月。着生于枝顶的总苞片为主要观赏部分，叶片状，披针形，绿色，开花时转为朱红色(图9-4-22)。

【变种与品种】

一品白(var. *alba*)：苞片白色。

一品粉(var. *rosea*)：苞片粉红色。

图9-4-22 一品红

重瓣一品红(var. *plenissima*)：总苞片变色似花瓣，小花变成花瓣状。

【产地分布】原产于墨西哥及中美洲，我国云南、广东、广西可露地栽培成小乔木状，长江流域及以北地区多温室盆栽。

【主要习性】喜光，喜温暖、湿润的气候，不耐寒。对土壤要求不严，喜肥沃、排水良好的沙质壤土。典型短日照植物，每天12h以上黑暗花芽便开始分化。

【繁殖方法】扦插繁殖，嫩枝及硬枝均可利用。

【观赏应用】盆栽观赏，是圣诞节、新年前后的重要盆花，也常用作切花，暖地可用以布置花坛、花篱或作基础栽植。

34) 铁海棠(麒麟刺、虎刺梅)

【学名】*Euphorbia milii* Desmoul. (Crown-of-thorns)

【科属】大戟科，大戟属

【形态特征】直立或攀缘状灌木，高达 1m。茎有纵棱，多锥状硬尖刺，刺长 1～2.5cm，成 5 行排列在茎的纵棱上。单叶互生，长倒卵形至匙形，长 3～5cm，先端近圆形而有小尖头，基部渐狭，全缘，无叶柄。杯状花序 2～4 个生于枝端，排成二歧聚伞花序，总苞钟形，腺体 4，总苞基部有鲜红色肾形苞片 2 枚。花期全年，但多数在秋、冬季(图 9-4-23)。

【产地分布】原产于非洲马达加斯加。我国各地常见于温室盆栽观赏。

【主要习性】喜光，耐旱，不耐寒。花期较长，以春季开花较多。

【繁殖方法】扦插繁殖。

【观赏应用】扎缚造型或盆花观赏。

图 9-4-23 铁海棠

35) 佛肚树(玉树珊瑚、珊瑚桐)

【学名】*Jatropha podagrica* Hook. (Tartogo)

【科属】大戟科，麻风树属

【形态特征】多肉亚灌木，高达 1m。茎秆粗壮，肉质，中部膨大。茎皮粗糙，小枝红色。单叶互生，掌状 3～5 裂，裂片全缘，光滑无毛，叶柄盾状着生。花小，橘红色；顶生聚伞花序，花序分枝也为红色，状如珊瑚，有长总梗(图 9-4-24)。

【产地分布】原产于西印度群岛、哥伦比亚一带。我国有栽培。

【繁殖方法】以播种繁殖为主，5～6 月份，在 25～30℃ 的室温下盆播，3～4 周发芽。

【观赏应用】干形奇特，叶片光亮，花及花序红色鲜艳且花期长，是良好的温室观赏植物。

图 9-4-24 佛肚树

36) 黄栌(红叶树、栌木)

【学名】*Cotinus coggygria* Scop.

【科属】漆树科，黄栌属

【形态特征】落叶灌木或小乔木，高达 8m。树冠圆形。树皮暗灰褐色，嫩枝红褐色，被蜡粉。单叶互生，倒卵形，长 3～8cm，先端圆或微凹，全缘，叶柄细长，顶生圆锥花序，花小，黄绿色。果序长 5～20cm，不孕花的花梗宿存，呈羽毛状，核果肾形。花期 4～5 月，果熟期 6～7 月(图9-4-25)。

【产地分布】产于我国山东、河北、河南、湖北、湖南、浙江、四川等省，多生于海拔 600～1500m 的向阳山林中。南欧、南亚也有分布。

【主要习性】喜光，耐侧阴，耐寒。对土壤要求不

图 9-4-25 黄栌

严,耐干旱、瘠薄,耐轻度盐碱,不耐水湿及黏土。对二氧化硫有较强的抗性,滞尘能力强。萌蘖性强,耐修剪,根系发达,生长快。秋季温度降至5℃、日温差在10℃以上时,4~5d叶可转红。在低海拔平原地区,因温差不够,秋叶难以转红变艳。

【繁殖方法】常用播种繁殖,亦可压条、分株或插根繁殖。

【观赏应用】秋叶红艳,是北方著名的秋色叶树种。初夏开花后,宿存羽毛状粉红色花梗笼罩树间,宛如炊烟万缕,引人入胜。宜植片林或丛植,是荒山造林的先锋树种。木材可制家具、雕刻;树皮、叶提制栲胶;枝、叶入药。

37) 卫矛(鬼箭羽、四棱树)

【学名】*Euonymus alatus*(Thunb.)Sieb.

【科属】卫矛科,卫矛属

【形态特征】落叶灌木,高达3m。小枝有2~4条木栓质翅。叶对生,倒卵状长椭圆形,长3~5cm,先端尖,基部楔形,近无柄,缘有细齿。花黄绿色。蒴果紫色,1~4瓣深裂,假种皮橘红色。花期5~6月,果熟期9~10月(图9-4-26)。

【产地分布】产于我国东北、华北、华中、华东、西北地区。日本、朝鲜也有分布。

【主要习性】喜光,能耐阴,耐寒。对土壤适应性强,耐干旱瘠薄。萌芽力强,耐修剪,抗二氧化硫污染。

【繁殖方法】播种、扦插繁殖。

【观赏应用】早春嫩叶及秋叶均红艳,枝翅奇特,是优美的观果、观叶、观枝树种。可丛植,亦可作植篱或与其他树种配置成景,也可制作成盆景。枝上木栓翅可

图9-4-26 卫矛

药用,种子榨油工业用。

38) 文冠果(文官果、木瓜)

【学名】*Xanthoceras sorbifolia* Bunge.

【科属】无患子科,文冠果属

【形态特征】落叶灌木或小乔木,高达8m。树皮灰褐色,粗糙。奇数羽状复叶互生,小叶9~19对,长椭圆形至披针形,长3~5cm,先端尖,基部楔形,缘有锯齿。总状花序,花杂性,整齐,花径约2cm。花瓣5枚,白色,基部有由黄变红之斑晕。花盘5裂,裂片背面各有一橙黄色角状附属物。花期4~5月,果熟期8~9月(图9-4-27)。

【产地分布】产于我国北部,河北、山东、山西、陕西、河南、甘肃、内蒙古均有分布。

【主要习性】喜光,耐半阴,耐寒。对土壤适应性强,耐干旱瘠薄,耐盐碱,怕涝。根系发达,萌蘖性强,生长较快,3~4年生即可开花结果。

图9-4-27 文冠果

【繁殖方法】播种、分蘖繁殖。

【观赏应用】枝叶细密，春天白花满树，花序大而花秀丽，是珍贵的观赏兼木本油料树种。宜配置于建筑旁及各类绿地中，也适于大面积绿化造林。果仁含油50%～70%，油质好，供食用和医药、化工用；木材坚实致密，可制作家具；花为蜜源；嫩叶代茶。

39）扁担杆

【学名】*Grewia biloba* G. Don.

【科属】椴树科，扁担杆属

【形态特征】落叶灌木，高3m。小枝有星状毛。叶狭菱状卵形，长4～10cm，先端尖，基部三出脉，广楔形至近圆形，缘有细重锯齿，表面几无毛，背面疏生星状毛。花序与叶对生，花绿黄色，径不足1cm。果橙黄至橙红色，径约1cm，无毛，2裂。花期6～7月，果熟期9～10月（图9-4-28）。

图9-4-28 扁担杆

【变种与品种】扁担木（娃娃拳头 var. *parviflora* Hand.-Mazz.）：叶较宽大，两面均有星状短柔毛，叶背毛更甚。花径约2cm。主产于我国北部，华东、西南亦有。

【产地分布】产于我国长江流域及以南各地，常生于平原、丘陵或低山灌木丛中。

【主要习性】喜光，稍耐阴，较耐寒。对土壤适应性强，耐干旱、瘠薄，萌芽力较强。

【繁殖方法】播种或分株繁殖。

【观赏应用】枝叶茂密，果实鲜艳，宿存于枝头，是很好的观果树种。宜丛植于庭院、公园及绿地中，可作植篱。茎皮纤维可用于纺织；枝叶药用。

40）木槿

【学名】*Hibiscus syriacus* Linn.

【科属】锦葵科，木槿属

图9-4-29 木槿

【形态特征】落叶灌木或小乔木，高2～6m。有长短枝，短枝密生绒毛，后脱落。单叶互生，叶菱状卵形，长3～6cm，基部楔形，3主脉，叶先端常3浅裂，叶缘有钝齿，下部全缘，背面脉上稍有毛。花单生于叶腋，红、白、淡紫色，单瓣或重瓣。花期6～9月，果熟期9～11月（图9-4-29）。

【产地分布】产于我国中部，东北南部以南各省区都有栽培。

【主要习性】喜光，略耐阴，耐寒。对土壤适应性强，耐干旱瘠薄，亦耐湿。萌蘖性强，耐修剪，耐烟尘，抗污染。

【繁殖方法】插条极易成活，也可播种繁殖。

【观赏应用】株形紧凑，花色、花型丰富，花期长，是北方夏秋主要的花灌木。宜植于庭院、公园及各类绿地中，适合作花篱及基础种植。茎皮纤维可造纸；全株可入药。

图 9-4-30 木芙蓉

41) 木芙蓉(醉芙蓉、芙蓉花)

【学名】*Hibiscus mutabilis* Linn.

【科属】锦葵科,木槿属

【形态特征】落叶灌木或小乔木,高 2～5m。茎、叶、花梗、小苞片上均有星状毛及短柔毛。叶卵圆形,掌状 3～7 裂,基部心形,缘有浅钝齿,两面有星状毛。花大,径约 8cm,单生于枝端叶腋,白色或淡红色,后变深红色,单瓣或重瓣。蒴果扁球形,径 2.5～3.0cm,果瓣 5 枚,有黄色刚毛及绵毛。种子肾形,有长毛。花期 8～10 月,果熟期 11～12 月(图 9-4-30)。

【产地分布】产于我国,黄河流域以南各地广为栽培,四川省成都地区栽培最盛。

【主要习性】喜光,略耐阴,喜温暖,耐寒性差。上海、南京以北地区都呈亚灌木状丛生。喜肥沃、湿润、排水良好的土壤;耐干旱、水湿、耐瘠薄。生长快,萌蘖性强,耐修剪,耐烟尘及有害气体。

【繁殖方法】以扦插为主,也可分株、压条或播种繁殖。

【观赏应用】树姿优美,花大艳丽,品种多样,是著名观花灌木。宜配置于庭院、公园及绿地中,丛植于草坪、池畔,列植于道路两侧皆宜。北方可盆栽。茎皮纤维可供纺织、造纸;花、叶、根皮入药。

42) 结香(打结树、黄瑞香)

【学名】*Edgeworthia chrysantha* Lindl.

【科属】瑞香科,结香属

【形态特征】落叶灌木,高 1～2m。枝常三叉分枝,棕红色,有叶枕,枝条柔韧、易弯曲打结。单叶互生,长椭圆形至倒披针形,长 6～15cm,先端急尖,基部楔形,全缘,背面有长硬毛。头状花序下垂,腋生枝端,花黄白色,芳香,花萼通常筒状,外有绢状长柔毛。花期 3～4 月,先叶开放,果熟期 9～10 月(图9-4-31)。

【产地分布】产于我国中部、西部地区,栽培地区广泛。

【主要习性】喜半阴,光照强亦能生长,喜温暖的气候,耐寒性不强。喜湿润、肥沃、排水良好的沙壤土。肉质根,过于干旱或积水,生长都不良。萌蘖性强,不耐修剪。

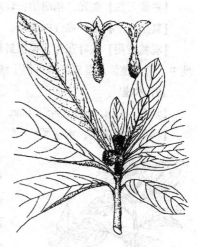

图 9-4-31 结香

【繁殖方法】扦插或分株繁殖。

【观赏应用】花繁香浓,多栽种于庭院观赏,枝条可打结整形;北方则盆栽,室内观赏。

43) 沙棘(醋柳、酸刺)

【学名】*Hippohae rhamnoides* Linn.

【科属】胡颓子科,胡颓子属

【形态特征】落叶灌木或小乔木,高 10m。枝有刺。单叶互生,线形或线状披针形,长 3～9cm,基部最宽,叶背密被银白色鳞片,无侧脉,近无柄。花单性异株,总状花序,花小,先叶开放,淡黄色。果球形,长0.6～0.8cm。花期3～4月,果熟期9～10月(图9-4-32)。

【产地分布】产于欧洲及亚洲中西部,我国华北、西北、西南各省区有分布。

【主要习性】喜光,耐寒,耐酷热,耐风沙及干旱气候。对土壤适应性强,耐旱,耐湿,耐瘠薄及盐碱,但在黏重土壤中生长不良。根系发达,萌蘖性强,生长快,有根瘤菌,可改良土壤。

【繁殖方法】播种、扦插、压条及分蘖繁殖。

【观赏应用】枝叶繁茂,抗性强,具有防风固沙、保持水土、改良土壤的功能,是干旱风沙地区绿化的先锋树种。园林中宜作刺篱、果篱,果枝可插瓶观赏。果味酸,富含维生素,可酿酒、制饮料、入药;种子榨油供食用;树皮、叶、果含单宁,可制鞣料。

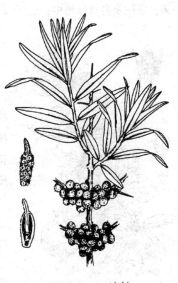

图9-4-32 沙棘

44) 紫薇(百日红、痒痒树)

【学名】 *Lagerstroemia indica* L.

【科属】千屈菜科,紫薇属

【形态特征】落叶灌木或小乔木,高8m。树干多扭曲。树皮不规则薄片脱落,内皮光滑,淡棕色。小枝四棱形。叶在小枝基部对生,在小枝顶端常互生,椭圆形、倒卵状椭圆形,长3～7cm,先端钝或钝圆,基部楔形或圆,全缘,叶柄短。圆锥花序顶生,花瓣6枚,形皱褶,深红、粉红或白色,径3～4cm。蒴果木质,近球形,6瓣裂,基部花萼宿存。花期6～9月,果熟期10～11月(图9-4-33)。

【变种与品种】

银薇('Alba'):花白色,叶色淡绿。

粉薇('Rosea'):花粉红色。

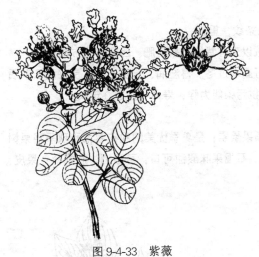

图9-4-33 紫薇

蓝薇('Caerulea'):花天蓝色。

矮生('Nana'):株形低矮。

【产地分布】产于我国华东、华中、华南和西南各省区,各地区多有栽培。朝鲜、日本、越南、菲律宾等国也有分布。

【主要习性】喜光,亦耐半阴,喜温暖、湿润的气候,有一定的耐寒力。在北京等华北地区可露地栽培,安全越冬,很少枯梢。喜肥沃、深厚、排水良好的土壤,耐旱、怕涝。萌芽力、萌蘖性都强,耐修剪,易整形。耐烟尘及有害气体。生长缓慢,开花早,寿命长。

【繁殖方法】播种、扦插、压条、分株繁殖,播种苗初期应当遮荫,华北地区冬季幼苗需培土防寒。

【观赏应用】树姿古朴、典雅、优美,花色艳丽,花期长,是盛夏极好的观花树种。适宜配置于公园、庭院及各类绿地中；还可以盆栽观赏或制作桩景。根、枝、叶入药。

45) 石榴(安石榴、海石榴)

【学名】*Punica granatum* Linn.

【科属】石榴科，石榴属

图9-4-34 石榴

【形态特征】落叶灌木或小乔木，高2～7m。树冠常不整齐，枝有刺。叶长椭圆状倒披针形，长3～6cm，在长枝上对生，在短枝上簇生；全缘，柄短。花红色或淡黄色，有短梗，单生于枝端；花萼钟状，红紫色。浆果近球形，红色、淡黄色，径5～12cm，果皮厚。花期5～7月，果熟期9～10月(图9-4-34)。

【变种与品种】

月季石榴(var. *nana* Pers.)：矮灌木，高约1m，花红色，又称四季石榴。

白石榴(var. *albeseeens* DC.)：花白色，单瓣。

黄石榴(var. *flavescens* Sweet.)：花黄色，单瓣。

千瓣白(var. *multiplex* Sweet.)：花白色，重瓣。

千瓣红(var. *pleniflorum* Hayne.)：花红色，重瓣。

玛瑙石榴(var. *legelliae* Vanh.)：花红色有黄白色条纹，重瓣。

【产地分布】原产于伊朗、阿富汗等地。黄河流域以南有栽培，是合肥、西安市的市花。

【主要习性】喜光，较耐寒，北京在背风向阳处可露地过冬。喜湿润、肥沃、排水良好的石灰质壤土、沙壤土。耐旱，稍耐湿，萌芽力强，耐修剪，抗污染能力强，寿命可达200年以上。

【繁殖方法】压条、分株、播种繁殖。

【观赏应用】树干苍劲，绿叶繁茂，花红似火，硕果累累；是夏季优美的观花灌木和秋季观果树种。常配置于公园、庭院中，可盆栽或制作盆景观赏。石榴果味酸甜可口，可酿酒，制饮料；果皮、树皮制鞣料；果皮、根入药。

46) 红瑞木(凉子木)

【学名】*Cornus alba* L.

【科属】山茱萸科，梾木属

【形态特征】落叶灌木，高3m。树皮暗红色。小枝红色，常被白粉，无毛。单叶对生，卵形或椭圆形，长4～9cm，先端尖，基部楔形，背面粉绿色，侧脉4～6对，脉下凹。花小、黄白色。核果白色或稍带浅蓝色。花期5～6月，果熟期8～9月(图9-4-35)。

【变种与品种】

银边红瑞木('Argenteo-marginata')：叶边缘白色。

花叶红瑞木('GonchanItii')：叶黄白色或有粉红色斑。

金边红瑞木('Spaethii')：叶边缘黄色。

图9-4-35 红瑞木

【产地分布】产于我国东北、华北、西北地区，各地有栽培。朝鲜、俄罗斯也有分布。

【主要习性】喜光，耐半阴，耐寒，耐湿。喜湿润、肥沃的土壤，耐干旱。根系发达，萌蘖性强，病虫害少。

【繁殖方法】播种、扦插、压条、分株繁殖，生长2年即可定植。

【观赏应用】枝条红艳，秋叶变红，果实白色，是有特色的观赏树种。宜丛植于草坪、坡地、水畔、建筑物前，或与绿枝树种、常绿树种配置，冬季衬以白雪，更为美观。种子可榨油。

47）四照花（小荔枝、小车轴木）

【学名】*Dendrobenthamia japonica* var. *chinensis*(Osborn.)Fang.

【科属】山茱萸科，四照花属

【形态特征】落叶灌木或小乔木，高8m。嫩枝有白色柔毛，后脱落。单叶对生，厚纸质，叶卵形、卵状椭圆形，先端渐尖，基部宽楔形或圆形，背面粉绿色，有柔毛，侧脉4～5对，弧形弯曲，脉腋有淡褐色毛。20～30朵黄色小花聚成头状花序，花序基部有4枚白色花瓣状总苞片。聚花果球形，肉质，橙红色或紫红色。花期5～6月，果熟期9～10月(图9-4-36)。

图9-4-36 四照花

【产地分布】产于我国长江流域各省及河南、陕西、甘肃。

【主要习性】喜光，稍耐阴，喜温暖、湿润的气候，有一定耐寒性。在北京背风向阳处可露地种植。喜湿润、肥沃、排水良好的土壤。萌芽力差，不耐重修剪。

【繁殖方法】播种繁殖为主，亦可扦插或用棶木作砧木嫁接繁殖。

【观赏应用】树形整齐，初夏时节，苞片大而洁白，覆盖满树；秋叶红艳，果色紫红，是观赏价值很高的庭院树种。可孤植、丛植或以常绿树种为背景配置。果实可酿酒。

48）山茱萸（萸肉、药枣）

【学名】*Macrocarpium officinale*(Sieb. et Zucc.)Nakai.

【科属】山茱萸科，山茱萸属

【形态特征】落叶灌木或小乔木，高达10m。树皮片状剥落，老枝黑褐色，嫩枝绿色。单叶对生，纸质，卵状椭圆形，长5～12m，先端渐尖或尾尖，基部圆形，全缘，两面有毛，弧形侧脉6～8对，脉腋有黄色簇毛。伞形头状花序腋生，先叶开放，花序下有4枚小型总苞片，卵圆形，褐色；花小，黄色，花瓣4枚，花萼4裂，子房下位。核果椭圆形，红色。花期3～4月，果熟期8～10月(图9-4-37)。

图9-4-37 山茱萸

【产地分布】产于我国长江流域及河南、陕西等省，各地有栽培。朝鲜、日本也有分布。

【主要习性】喜光，喜温暖的气候，稍耐寒。喜肥沃、湿润的沙质壤土，能耐旱，在瘠薄、过酸或过碱的土壤中都生长不良。

【繁殖方法】播种、扦插繁殖。

【观赏应用】早春黄色小花开满枝头，深秋叶色艳丽，红果经冬不落，均美丽可观，是很好的观赏树种。宜植于庭院、公园、绿地及自然风景区内，或作盆栽、盆景材料。果实入药。

图9-4-38 杜鹃

49）杜鹃(映山红)

【学名】Rhododendron simsii Planch.

【科属】杜鹃花科，杜鹃花属

【形态特征】落叶或半常绿灌木，高1～3m。枝叶、花萼及花梗均密被黄褐色糙伏毛，分枝多，枝细而直。单叶互生，卵状椭圆形或椭圆状披针形，长3～5cm，先端锐尖，基部楔形；纸质、全缘。花合瓣，2～6朵簇生于枝端；粉红色、鲜红色及深红色，有紫斑，径约4cm；雄蕊10枚，花药紫色，花萼小，5深裂。蒴果密被糙伏毛，卵形。种子细小。花期4～6月，果熟期10月(图9-4-38)。

【变种与品种】

白花杜鹃(var. *eriocar* Hort.)：花白色或浅粉色。

紫斑杜鹃(var. *mesembrinum* Rehd.)：花较小，有白色或紫色斑点。

彩纹杜鹃(var. *vittatum* Wils.)：花有白色或紫色条纹。

【产地分布】分布于我国长江流域及以南各省区山地，各地有栽培，在华北温室过冬。

【主要习性】喜半阴，喜凉爽、湿润的气候，不耐寒。喜酸性土壤，pH值为4.5～6.0左右最好，是酸性土壤的指示树种。喜土壤疏松、排水良好，耐瘠薄干燥，忌石灰质土壤和黏重过湿的土壤。萌芽力不强，根系浅、纤细，有菌根。

【繁殖方法】扦插为主，亦可播种、嫁接、压条、分株繁殖。扦插后要立架、盖塑料薄膜，以保持空气相对湿度，并搭棚遮荫。

【观赏应用】花繁色艳，盛开时漫山遍野，鲜艳夺目。种类繁多，花型、花色、花期变异广泛，可满足不同观赏需要。园林中常设专类园，或与其他植物配植点缀景色，也可盆栽、制作盆景观赏。全株入药。

50）雪柳(五谷柳、过街柳)

【学名】Fontanesia fortunei Carr.

【科属】木犀科，雪柳属

【形态特征】落叶灌木或小乔木，高达5m。树皮灰黄色，小枝细长，四棱形。单叶对生，披针形或卵状披针形，先端渐尖，基部楔形，全缘，叶柄短。圆锥花序顶生，花绿白色，微香。翅果小，倒卵形。花期5～6月，果熟期9～10月(图9-4-39)。

【产地分布】分布于我国中部至东部，江苏、浙江一带最普遍，广东、辽宁等地有栽培。

【主要习性】喜光，稍耐阴；喜温暖的气候，较耐寒。喜肥沃、排水良好的土壤，亦耐干旱，对土壤适应性较强。萌芽力强，生长快，耐烟尘及有害气体能力较强，防风能力强，虫害较多。

【繁殖方法】扦插为主，亦可播种或压条。

图9-4-39 雪柳

【观赏应用】枝叶密生，繁花似雪，枝条柔软、易弯曲，耐修剪。宜丛植、群植，可植绿篱、作防风林下木及隔尘林带。是优良的蜜源植物。

51）连翘

【学名】*Forsythia suspense*(Thumb.)Vahl.

【科属】木犀科，连翘属

【形态特征】落叶灌木，高达3m。干丛生，枝条开展，小枝稍有四棱，皮孔明显，髓心中空。单叶或3小叶，对生，卵形、宽卵形或长椭圆状卵形，长3～10cm，先端尖，基部圆形或宽楔形，缘有粗锯齿。花先叶开放，色金黄，常单生于叶腋，裂片4。蒴果卵圆形，表面散生疣点。花期4月，果熟期7～9月（图9-4-40）。

【产地分布】产于我国北部、中部及东北各省，各地有栽培。

【主要习性】喜光，略耐阴，耐寒。对土壤适应性强，喜肥，耐瘠薄，耐干旱，忌积水。对烟尘及有害气体抗性强。根系发达，生长快，萌蘖性强，病虫害少。

【繁殖方法】扦插、压条、分株、播种繁殖。

图9-4-40 连翘

【观赏应用】早春开花，花色金黄，是北方主要观花灌木之一。宜丛植或群植，常与紫荆、榆叶梅等花灌木配植点缀春景。根系发达，可固堤护岸。果实是重要中药材。

52）紫丁香（华北紫丁香）

【学名】*Syringa oblate* Lindl.

【科属】木犀科，丁香属

【形态特征】落叶灌木或小乔木，高达5m。小枝粗壮，无毛，灰色。单叶对生，广卵形，通常宽度大于长度，宽5～10cm，先端锐尖，基部心形至截形，全缘，两面无毛。圆锥花序长6～15cm，花萼钟形，有4齿；花冠紫色，4裂开展，芳香。果椭圆状稍扁，先端尖。花期4～5月，果熟期9～10月（图9-4-41）。

【变种与品种】

白丁香（var. *alba* Rehd.）：叶较小，花白色、芳香、单瓣。

佛手丁香（var. *plena* Hort.）：花白色、重瓣。

紫萼丁香（var. *giraldii* Rehd.）：花萼、花瓣轴都为紫色。

图9-4-41 紫丁香

【产地分布】分布于我国东北南部、华北、西北及四川省。

【主要习性】喜光，稍耐阴，耐寒。喜肥沃、湿润、排水良好的土壤，耐干旱，忌低洼地栽种。对有害气体有一定的抗性。

【繁殖方法】播种、分株、压条、扦插、嫁接繁殖。砧木用女贞、小叶女贞、流苏等。春季枝接、夏季芽接均可。

【观赏应用】叶形秀丽，花繁密、淡雅、清香，是北方常用的春季花木之一。常丛植或与其他花灌木配置，可与各种丁香配置成专类园，还可盆栽观赏或作切花。种子入药，嫩叶代茶。

53) 暴马丁香(暴马子)

【学名】*Syringa amurensis* Rupr.

【科属】木犀科，丁香属

【形态特征】落叶灌木或小乔木，高 8m。枝上皮孔明显，小枝较细。单叶对生，叶卵形至卵圆形，长 5～10cm，全缘，先端尖，基部圆形或心形，叶背网脉隆起。圆锥花序大而疏散，长 10～15cm，花冠白色，筒短，花丝细长，为花冠裂片的 2 倍。蒴果矩圆形，长 1～1.3cm，先端钝。花期 5～6 月(图 9-4-42)。

【产地分布】分布于我国东北、华北地区。朝鲜、日本、俄罗斯也有分布。

【主要习性】喜光，喜湿润土壤，适应性强。

【繁殖方法】播种繁殖。

图 9-4-42 暴马丁香

【观赏应用】花期较晚，花有异香，常植于庭院观赏，也可与各种丁香配植，以延长整体花期；是北方丁香嫁接繁殖的砧木。

54) 北京丁香

【学名】*Syringa pekinensis* Rupr.

【科属】木犀科，丁香属

【形态特征】落叶灌木或小乔木，高达 5m。小枝较细，褐红色。叶卵形至卵状披针形，长 5～10cm，先端尖，基部楔形，两面光滑无毛，侧脉在背面不隆起或略隆起。圆锥花序，长 8～15cm，花黄白色，雄蕊比花冠裂片短或等长。蒴果长，先端尖。花期 5～6 月；果熟期 10 月。

【变种与品种】垂枝品种('Pendula')。

【产地分布】产于我国北部地区，河北、河南、北京等地有分布。

【主要习性】喜光，较耐阴，建筑物北侧及庇荫下均能正常生长。耐寒性强。适应城市土壤，耐旱，耐碱。较耐烟尘，对二氧化硫抗性较强。

【繁殖方法】播种繁殖。

【观赏应用】枝叶繁茂，花色秀丽，花期 5～6 月，正值初夏少花时节，适合城市环境。宜植于庭院、公园、道路及各类绿地中，可用于工矿区绿化。

55) 小叶女贞

【学名】*Ligustrum quihoui* Carr.

【科属】木犀科，女贞属

图 9-4-43 小叶女贞

【形态特征】落叶或半常绿灌木，高2～3m。小枝具短柔毛。叶倒卵状椭圆形，长1.5～5cm，无毛，半革质，叶柄具短柔毛。圆锥花序，长7～20cm，花白色，无梗，花冠裂片与花冠筒等长。花期7～8月，果熟期11月(图9-4-43)。

【产地分布】产于我国中部、东部及西南部。

【主要习性】喜光，稍耐阴，耐寒，北京可露地栽培。萌枝力强，叶再生能力强，耐修剪。对二氧化硫、氟化氢等有毒气体抗性强。

【观赏应用】小叶女贞枝叶繁密，主要用作绿篱，或修剪成各种造型。是优良的抗污树种。

56) 迎春

【学名】*Jasminum nudiflorum* Lindl.

【科属】木犀科，茉莉属

【形态特征】落叶灌木，高达2～3m。小枝细长、拱形、绿色，有四棱。叶对生，小叶3枚，卵状椭圆形，长1～3cm，先端急尖，表面有基部突起的短刺毛。花先叶开放，黄色，单生于叶腋，花冠常6裂，花萼5～6裂片。花期2～4月，一般不结果(图9-4-44)。

图9-4-44 迎春

【产地分布】产于我国北部、西北和西南地区，各地有栽培。

【主要习性】喜光，耐阴，喜温暖的气候，耐寒。喜湿润、肥沃的土壤，耐盐碱，耐干旱，忌积水。生长较快，萌芽力强，耐修剪，易整形。对烟尘及有害气体抗性强。

【繁殖方法】分株、扦插、压条繁殖。

【观赏应用】枝条鲜绿，早春黄花先叶开放，悦目宜人，是早春观花灌木。宜于庭院、坡地、岸边丛植，或作花篱，可盆栽或作盆景，花枝可作切花瓶插。花、叶、嫩枝均可入药。

57) 醉鱼草(闹鱼花)

【学名】*Buddieja lindleyana* Fort.

【科属】马钱科，醉鱼草属

【形态特征】落叶灌木，高达2m。小枝四棱而略有翅，嫩枝、叶背及花序均有褐色星状毛片。单叶对生，卵状长椭圆形，长5～10cm，先端渐尖，基部楔形，全缘或疏生波状齿。穗状花序顶生，长15～20cm，扭向一侧，稍下垂；花冠紫色，筒长1.5～2cm。蒴果长圆形，种子无翅。花期6～8月，果熟期10月(图9-4-45)。

【产地分布】产于我国长江流域及以南各省区。

【主要习性】喜光，耐阴；耐寒性不强。对土壤适应性强，耐旱，稍耐湿，萌蘖性、萌芽力都强。

【繁殖方法】播种、分株、扦插繁殖均可。

【观赏应用】枝叶繁茂，花期夏季，花序紫色，优美别致。宜丛植于草坪、路旁、坡地，亦可植自然式花篱。花、叶可药用。有毒，不宜栽植养鱼池边。

图9-4-45 醉鱼草

58）海州常山（臭梧桐）

【学名】*Clerodendron trichato* Thunb.

【科属】马鞭草科，赪桐属

【形态特征】落叶灌木或小乔木，高达8m。幼枝、叶柄、花序轴有黄褐色柔毛，枝的髓中有淡黄色片状横隔。单叶对生，阔卵形至三角状卵形，长5～16cm，先端渐尖，基部截形，全缘或波状齿。伞房状聚伞花序，长8～18cm，花萼紫红色，宿存；花冠白色带粉红色，筒细长，顶端5裂。核果近球形，蓝紫色。花期7～8月（图9-4-46）。

【产地分布】产于我国华北、华东、中南及西南地区，朝鲜、日本、菲律宾也有分布。

【主要习性】喜光，稍耐阴；耐寒。对土壤适应性强，耐旱、耐湿。萌蘖性强，耐烟尘，对有害气体抗性强。

【繁殖方法】分株、插根或播种繁殖。

图9-4-46　海州常山

【观赏应用】枝叶茂密，花白色，萼红色，果蓝色，色彩丰富，观赏期长，是很好的观花、观果树种。常植于绿地观赏，可供厂矿及污染严重区绿化使用。根、茎、叶、花可入药。

59）紫珠（日本紫珠）

【学名】*Callicarpa japonica* Thunb.

【科属】马鞭草科，紫珠属

【形态特征】落叶灌木，高达2m。小枝紫红色，幼时有柔毛和黄色腺点，后变光滑。单叶对生，叶倒卵形至椭圆形，长7～15cm，先端急尖，缘有细锯齿，两面无毛，叶柄长5～10mm。聚伞花序，总梗与叶柄等长或短于叶柄；花萼杯状，花冠白色或淡紫色。果球形，紫色。花期6～8月，果熟期8～10月。

【产地分布】产于我国东北南部、华北、华东、华中等地，朝鲜、日本也有分布。

【主要习性】喜光，耐阴，喜温暖、湿润的气候，较耐寒。喜深厚、肥沃的土壤，萌芽力强。

【繁殖方法】扦插、播种繁植。

【观赏应用】紫果累累，明亮如珠，果期长，是优良的观果灌木。可植于公园、庭院及绿地观赏。成熟果枝可作插花材料，也可以盆栽观赏。

60）枸杞

【学名】*Lycium chinense* Mill.

【科属】茄科，枸杞属

【形态特征】落叶灌木，高1m多。多分枝，枝细长、拱形，有纵条棱和针状棘刺。单叶互生或簇生，卵形、棱状卵形、卵状披针形，长1.5～5cm，先端急尖，基部楔形。花单生或簇生于叶腋，花冠漏斗状，淡紫色。浆果卵形，深红色或橙红色。花期6～10月，果熟期9～10月。

【产地分布】产于我国东北南部、华北、西北至华南、西南各地都有分布。

【主要习性】性强健，喜光，耐阴，喜凉爽气候，耐寒。喜肥沃、排水良好的钙质沙壤土，适应性强，耐旱、耐盐碱，忌积水。萌蘖性、萌芽力都强，根系发达，生长快，寿命长。

【繁殖方法】扦插或分株繁殖，也可播种或压条繁殖。种子出苗容易，覆土宜细薄。

【观赏应用】红果累累，挂满枝条，观赏期长，是秋季优良的观果树种。可种植于各类绿地中。

老桩枝干弯曲多姿，宜造型培育树桩盆景，还可以作植篱或攀缘在篱笆上观果。果可酿酒；果、根皮入药。

61）锦带花（文官花）

【学名】 *Weigela florida* (Bunge.) A. DC.

【科属】忍冬科，锦带花属

【形态特征】落叶灌木，高 3m。干皮灰色，幼枝有 2 列柔毛。单叶对生，叶椭圆或倒卵状椭圆形，先端渐尖，基部圆或楔形，缘有锯齿，两面有毛。花 1～4 朵组成聚伞花序，腋生，花萼裂片披针形，中部以下连合，萼筒疏生柔毛，花冠漏斗状钟形，花由玫瑰红色渐变为浅红色，柱头 2 裂。蒴果柱形，种子无翅。花期 4～6 月，果熟期 10 月（图 9-4-47）。

【产地分布】产于我国东北、华北及华东北部。朝鲜、日本、俄罗斯也有分布。

图 9-4-47　锦带花

【主要习性】喜光，耐半阴；耐寒。喜肥沃、排水良好的土壤，忌积水，耐旱，耐瘠薄。萌芽力、萌蘖性都强。生长快。抗氯化氢等有毒气体能力强。

【繁殖方法】分株、扦插、压条或播种繁殖。

【观赏应用】枝叶繁密，花色艳丽，花期长，适应性强，是华北地区重要的花灌木之一。宜丛植、群植或植自然式花篱。花枝可切花插瓶。

62）海仙花（五色海棠、朝鲜锦带花）

【学名】 *Weigela coraeensis* Thunb.

【科属】忍冬科，锦带花属

【形态特征】落叶灌木，高 5m。小枝粗壮无毛。叶阔椭圆形、倒卵形，先端渐尖，基部宽楔形，边缘有钝齿，表面深绿，背面淡绿，叶脉稍有毛。花 2～4 朵组成聚伞花序，腋生，花萼裂片线形，裂至基部，花由乳白色变为深玫瑰紫色。蒴果柱形，种子无翅。花期 5～6 月，果熟期 9～10 月。

【产地分布】产于我国华东地区，各地有栽培。朝鲜、日本也有分布。

【主要习性】喜光，耐阴；耐寒性不及锦带花，北京仍能露地越冬。对土壤要求不严，喜肥，忌积水。萌芽力、萌蘖性都强。对有害气体有一定的抗性。

【繁殖方法】分株、扦插繁殖为主。

图 9-4-48　猬实

【观赏应用】枝叶较粗大，花期时节，花繁叶茂，是江浙等地常见的花灌木。宜丛植于庭院、公园及各类绿地中，可作花篱。

63）猬实

【学名】 *Kolkwitzia amabilis* Graebn.

【科属】忍冬科，猬实属

【形态特征】落叶灌木，高 2～3m。干皮薄片状脱落，幼枝有柔毛。单叶对生，卵形至卵状椭圆形，先端渐尖，基部宽楔形或圆形，全缘或疏生浅齿，叶缘有睫毛，两面疏生柔毛，短柄。伞房状聚伞复花序，小花梗具 2 花，2 花萼筒下部合生，外面密生粗硬毛；花冠钟状 5 裂，粉红色至玫瑰红色。坚果 2 个合生，常 1 个不发育，密生刺毛，萼宿存。花期 5～6 月，果熟期 8～9 月（图9-4-48）。

【产地分布】产于我国中部及西北部,各地有栽培。

【主要习性】喜光,耐半阴;耐寒,北京地区可露地越冬。喜湿润、肥沃、排水良好的土壤,有一定的耐旱、耐贫瘠能力。

【繁殖方法】播种、扦插、分株、压条繁殖皆可。扦插用嫩枝生根较快。

【观赏应用】花色艳丽,花繁密,果实别致,是颇具特色的观花、观果树种。可植自然式花篱或丛植,亦可盆栽观赏或切花插瓶。

64) 糯米条(茶条树)

【学名】*Abelia chinensis* R. Br.

【科属】忍冬科,六道木属

【形态特征】落叶灌木,高达 2m。小枝红褐色,有毛。单叶对生,叶卵形至椭圆状卵形,长 2~5cm,先端渐尖,基部钝形,缘具浅齿,背面脉上密生白色柔毛。圆锥状聚伞花序顶生或腋生;花冠漏斗状,长 1~1.2cm,白色至粉红色,裂片 5,芳香,有毛;雄蕊 4,伸出花冠;萼片 5 枚,粉红色,有毛。瘦果状核果。花期 7~9 月(图 9-4-49)。

【产地分布】产于长江以南各地海拔 1500m 以下的山区,北方有栽培。

【主要习性】喜光,耐阴;喜温暖、湿润的气候,耐寒性较强,北京可露地越冬。对土壤要求不严,在酸性、中性土中均能生长,有一定的耐旱、耐瘠薄能力。适应性强,生长强盛,根系发达,萌蘖力、萌芽力均强。

【繁殖方法】用播种或扦插繁殖。

【观赏应用】树姿婆娑,花繁枝俏,花香浓郁;花谢后,粉色萼片长期宿存于枝头,是不可多得的秋花灌木。宜于绿地中作下木配植,也可作基础栽植,作花篱或花境。

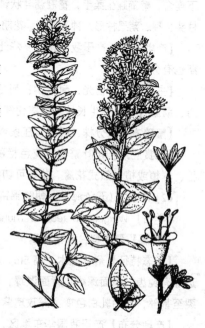

图 9-4-49 糯米条

65) 金银木(金银忍冬)

【学名】*Lonicera maackii* (Rupr.) Maxim.

【科属】忍冬科,忍冬属

【形态特征】落叶灌木,高 5m。小枝中空,幼时有柔毛,冬芽叠生。单叶对生,叶卵状椭圆形至卵状披针形,先端渐尖,基部楔形或圆形,全缘,两面及叶缘疏生柔毛。花成对腋生,苞片线形,相邻两花的萼筒分离,花冠唇形,先白色后变黄色。浆果近球形,红色。花期 4~6 月,果熟期 8~10 月(图9-4-50)。

【产地分布】产于我国东北、华北、华东、西北、西南等地。

【主要习性】喜光,耐阴;耐寒。对土壤适应性强,在深厚、肥沃、湿润的壤土中生长旺盛,耐旱。萌蘖性强。

【繁殖方法】播种、扦插繁殖。

【观赏应用】树势旺盛,春末夏初花繁似锦,金银相映,素雅

图 9-4-50 金银木

芳香，秋后红果累累，果色亮艳，是优良的观花、观果树种。宜丛植或植自然式花篱，可植于建筑物北侧。金银木是优良的蜜源树种。茎皮纤维可用于纺织；种子榨油；花提取芳香油。

66）接骨木(公道老、扦扦活)

【学名】*Sambucus wolliamsii* Hance.

【科属】忍冬科，接骨木属

【形态特征】落叶灌木或小乔木，高达4～6m。小枝无毛，皮孔密生，髓心淡黄褐色。奇数羽状复叶对生，小叶5～11枚，椭圆状披针形，长5～15cm，先端渐尖，基部阔楔形，常不对称，缘具锯齿，两面无毛，揉碎后有臭味。圆锥状聚伞花序顶生，长达7cm；花白色至淡黄色，裂片5，雄蕊5，约与花冠等长；花萼杯状。核果浆果状，红色或黑紫色，径约5mm。花期4～5月，果6～7月成熟(图9-4-51)。

【产地分布】我国东北、西北、华北、华东、华中、西南地区均有分布。

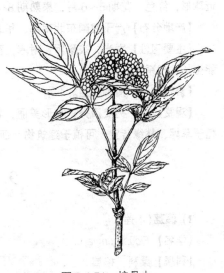

图9-4-51 接骨木

【主要习性】性强健，喜光，耐寒，耐旱。根系发达，萌蘖性强。

【繁殖方法】扦插、分株、播种繁殖。

【观赏应用】枝叶繁茂，春季白花满树，夏秋红果累累，是良好的观赏灌木。宜植于草坪、林缘或水边，可作工矿区防护林。枝、叶入药。

67）雪球荚蒾(蝴蝶绣球、日本绣球)

【学名】*Viburnum plicatum* Thunb.

【科属】忍冬科，荚蒾属

【形态特征】落叶灌木，高2～4m。幼枝、叶背疏生星状毛，鳞芽。单叶对生，叶阔卵形或倒卵形，长4～8cm，叶端凸尖，基部圆形，缘有锯齿，侧脉排列整齐，表面叶脉下凹。聚伞花序复伞形，径约6～12cm，全为大型白色不孕花。花期4～5月。

【变种与品种】蝴蝶戏珠花(f. *tomentosum* Rehd.)：形似蝴蝶，核果红色，后变蓝黑色。

【产地分布】产于中国和日本，我国华东、华中、华南、西南、西北东部有分布。

【主要习性】喜湿润的气候，耐寒性不强，在夏季炎热的平原地区种植，需适当遮荫，生长势不如大绣球。

【繁殖方法】扦插、压条、分株繁殖。

【观赏应用】株形开展，花大型白色，形如蝴蝶，颇具观赏价值。最宜植于庭园、草坪中。

68）天目琼花(鸡树条荚蒾)

【学名】*Viburnum sargentii* Koehne.

【科属】忍冬科，荚蒾属

【形态特征】落叶灌木，高约3～4m。树皮暗灰色，浅纵裂，略带木栓质。小枝皮孔明显。单叶对生，叶广卵形至卵圆形，长6～12cm，通常3裂，裂片边缘具齿，掌状三出脉，叶柄

图9-4-52 天目琼花

上有凹槽，叶柄端有2~4腺体。聚伞花序复伞形，径8~12cm，花白色，雄蕊5，花药紫色。核果近球形，红色。花期5~6月，果熟期8~9月(图9-4-52)。

【产地分布】产于我国东北南部、华北至长江流域。

【主要习性】喜光，较耐阴，耐寒，喜湿润的气候。对土壤要求不严，在微酸性及中性土壤中均能生长。根系发达。

【繁殖方法】播种繁殖。

【观赏应用】树姿清秀，叶形美丽，春花洁白，果实、秋叶红色，是观赏价值很高的优良花木。植于草坪、林缘皆宜，可植于建筑物北面。嫩枝、叶、果供药用。

9.5 藤 木

1) 薜荔(木莲)

【学名】*Ficus pumila* L.

【科属】桑科，榕属

【形态特征】常绿藤本，借气根攀缘，含乳汁。小枝有褐色绒毛。叶二型，营养枝上的叶薄而小，长约2.5cm或更短，叶心状卵形，几乎无柄；生殖枝上的叶椭圆形，长4~10cm，全缘，基部三出脉，厚革质，背面网脉隆起、呈蜂窝状，叶柄短。隐花果梨形或倒卵形，单生叶腋，暗绿色有白色斑点。花期4月，果熟期9月。

【产地分布】产于我国华东中南部、华南和西南地区。

【主要习性】耐阴，喜温暖、湿润的气候，不耐寒。喜肥沃的酸性土，适应性强，耐旱。

【繁殖方法】播种、扦插、压条繁殖。

【观赏应用】四季长青，叶深绿，有光泽，攀缘于墙面，覆盖假山石、岩石，攀缘于树干，均郁郁葱葱，是很有价值的攀缘树种。茎皮纤维用于纺织、造纸；根、茎、叶、果均可入药。

2) 叶子花(九重葛、三角花、宝巾花)

【学名】*Bougainvillea spectabilis* Willd.

【科属】紫茉莉科，叶子花属

【形态特征】常绿攀缘灌木，攀缘高达10m。枝叶无毛或稍有柔毛，有枝刺。单叶互生，卵形或卵状长椭圆形，基部楔形，全缘，绿色而有光泽。花3朵顶生，具叶状大型苞片，椭圆状披针形，红色或紫色，长2.5cm以上，苞片脉显著。花期夏季，花期长(图9-5-1)。

【变种品种】斑叶叶子花(var. *uariegata*)；堇色叶子花(var. *sanderiana*)。

【产地分布】原产于巴西，世界各地广泛栽培。我国华南、西南等地区有栽培。

【主要习性】喜光，喜温暖、湿润的环境，较耐炎热，不耐寒。喜富含腐殖质的微酸或中性土壤。

【繁殖方法】繁殖多采用扦插法。扦插时期3~7月，选腋芽饱满的枝条剪成插穗，在温度25℃左右、空气湿度70%~80%的条件下，

图9-5-1 叶子花

一个月左右即可生根。生产上可采用0.002%的吲哚丁酸（IBA）处理24h，有促进生根的作用。对于不易生根的品种，也可以采用嫁接和空中压条等方法进行繁殖。

【观赏应用】性喜攀缘，花叶美丽，花期长，是园林绿化中十分理想的垂直绿化树种。可作花架、拱门、棚架或墙垣攀缘材料；也适宜在河边、护坡等处作彩色的地被材料。在我国北方地区作盆栽花卉，也常用来制作盆景，可布置花坛，是"五一"劳动节、"十一"国庆节的重要花材，有时也用作切花。

3）木香

【学名】*Rosa banksiae* Ait.

【科属】蔷薇科，蔷薇属

【形态特征】半常绿或常绿攀缘灌木，长达6m。枝绿色细长，疏生皮刺，无毛。小叶3～5枚，长椭圆状披针形，长2～6cm，先端渐尖或微钝，叶缘具细锯齿，托叶与叶轴离生，早落。花白色或淡黄色，径约2～2.5cm，芳香，3～7朵组成伞形花序。果红色，球形。花期4～5月，果熟期9～10月。

【变种与品种】单瓣白木香(var. *normalis* Regel.)；重瓣白木香(var. *albo-plena* Rehd.)；单瓣黄木香(f. *lutescens* Voss.)；重瓣黄木香(var. *lutea* Lindl.)。

【产地分布】产于我国西南地区，全国各地广泛栽培。

【主要习性】喜光，亦耐半阴，喜温暖气候，有一定耐寒性，北京可在背风向阳处栽种。对土壤要求不严。生长快，萌芽力强，耐修剪，病虫害少。

【繁殖方法】压条、嫁接繁殖。

【观赏应用】花期晚春至初夏，花色淡雅而芳香，是我国传统的垂直绿化材料。常用于装饰棚架、花篱、花墙，也可种植于坡地、林缘等处。木香花可提取芳香油；根、叶入药。

4）云实（倒钩刺、药王子）

【学名】*Caesalpinia decapetala* (Roth.) Alston.

【科属】豆科，苏木属

【形态特征】落叶攀缘性灌木。茎枝密生倒钩刺。二回羽状复叶，羽片3～10对，小叶7～12对，长椭圆形，长1～2.5cm，两端圆钝，两面有柔毛，后脱落。总状花序顶生，花黄色。荚果长椭圆形，一边有窄翅。花期4～5月，果熟期9～10月(图9-5-2)。

【产地分布】产于我国长江流域及以南各省。

【主要习性】喜光，略耐阴。不耐寒，在上海生长时，小枝先端冬天常枯。对土壤要求不严，耐瘠薄，在石灰岩发育的山地黄壤中生长最好。萌蘖性强，生长快。

【繁殖方法】播种繁殖。种子要用80℃热水浸种24h再播种。

【观赏应用】花黄色，茎枝多刺，萌枝力强，既可攀缘于花架、花廊，也可修成刺篱作屏障。果荚、枝含单宁；种子可榨油；根、茎、果可入药。

图9-5-2 云实

5）紫藤（藤萝）

【学名】*Wisteria sinensis* (Sims.) Sweet.

【科属】豆科，紫藤属

【形态特征】落叶藤本,靠茎缠绕攀缘,茎长达30m,左旋。小枝有柔毛。奇数羽状复叶互生,小叶7～13枚,卵状长圆形至卵状披针形,先端渐尖,基部楔形,幼叶两面被毛,老叶近无毛。总状花序下垂,长15～30cm,花梗与花萼都有白色柔毛,花淡紫色、芳香,花萼5裂。荚果长10～25cm,密生绒毛。花期4～5月,果熟期9～10月(图9-5-3)。

【变种与品种】银藤(var. alba Lindl.);粉花紫藤('Rosea');重瓣紫藤('Plena');重瓣白花紫藤('Alba plena');乌龙藤('Black dragon');丰花紫藤('Prolific')。

【产地分布】我国南北各地均有分布,广泛栽培。

【主要习性】喜光,稍耐阴。对气候适应性强,较耐寒。喜深厚、肥沃、排水良好的土壤,有一定的耐干旱、瘠薄、水湿的能力,忌低洼积水。抗二氧化硫、氟化氢和氯气等有害气体能力强。主根深,侧根少,不耐移植,生长快,寿命长。

【繁殖方法】播种、扦插、压条、嫁接繁殖。种植前须先设立棚架,由于紫藤寿命长,枝粗叶茂,重量大,棚架应坚实耐久。

图9-5-3 紫藤

【观赏应用】枝叶茂密,遮荫效果好,紫花烂漫,芳香四溢,荚果悬垂,是优良的观花藤本植物。适宜用于棚架、篱垣、门廊、凉亭、枯树等处的垂直绿化。茎皮、花、种子可入药。

6) 扶芳藤

【学名】*Euonymus fortunei* (Turcz.) Hand.-Mazz.

【科属】卫矛科,卫矛属

【形态特征】常绿藤本,茎匍匐或攀缘,长可达10m。小枝近圆形,常有细根并瘤状突起。叶薄革质,长卵形至椭圆状倒卵形,长2～7cm,缘有钝齿。聚伞花序,花绿白色,径约4mm,花4基数。蒴果近球形,径约1cm,黄红色。种子有浅黄色假种皮。花期6～7月,果熟期10月。

【产地分布】我国华北以南各省区均有分布,多生于林缘和村庄附近,攀树、爬墙或匍匐于石块上。

【主要习性】耐阴,不耐寒,喜湿润的气候。对土壤要求不严,适应性较强。耐湿,萌芽力较强,攀缘能力强。在干旱瘠薄处,叶质增厚,色黄绿,气根增多。

【繁殖方法】扦插繁殖。

【观赏应用】四季常青,叶色浓绿,入秋红果累累,是优良的垂直绿化材料。可掩覆于墙面、山石上,可攀缘于枯树、花架上,也可匍匐于地面上,以丰富绿化形式与层次。

7) 南蛇藤(蔓性落霜红)

【学名】*Celastrus orbiculata* Thunb.

【科属】卫矛科,南蛇藤属

【形态特征】落叶藤本,长达12m。小枝圆,皮孔粗大而隆起。髓充实。单叶互生,叶近圆形或倒卵形,长4～10cm,先端突短尖或钝尖,基部楔形或近圆形,缘有疏钝齿。短总状花序腋生,花小,黄绿色。蒴果橙黄色、球形,3瓣裂。花期5～6月,果熟期9～10月(图9-5-4)。

图9-5-4 南蛇藤

【产地分布】我国东北、华北、华东、西北、西南及华中均有分布。朝鲜、日本也有分布。

【主要习性】喜光，耐半阴，喜气候湿润，耐寒。喜肥沃、疏松、湿润的土壤，一般土壤都可适应，耐干旱，生长强健。

【繁殖方法】播种、扦插、压条繁殖。

【观赏应用】秋叶红艳，蒴果橙黄，假种皮鲜红色。宜配置在湖畔、坡地林缘、假山处，也可作棚架绿化及地被植物材料。种子可榨油供工业用；根、茎、叶、果均可入药。

8）葡萄

【学名】*Vitis vinifera* L.

【科属】葡萄科，葡萄属

【形态特征】落叶藤本，长达 10～30m。树皮长片状剥落。枝有节，卷须间歇性与叶对生，芽有褐色毛。单叶互生，近圆形，长7～20cm，先端渐尖，基部心形，3～5掌状裂，裂片具粗锯齿，幼叶有毛，后脱落。圆锥花序，长 10～20cm，花小，黄绿色。浆果球形或椭圆形，熟时黄白色或红紫色，有白粉。花期5～6月，果熟期 8～9 月。葡萄品种繁多，全世界有近 8000 个以上（图9-5-5）。

图 9-5-5　葡萄

【产地分布】原产于亚洲西部、欧洲东南部。我国栽培广泛，以西北、华北栽培较多。

【主要习性】喜光，不耐阴。喜干燥及夏季高温的大陆性气候。对土壤适应性较强，耐干旱，喜肥沃。深根性，根系发达，萌芽力强，耐修剪，生长快，栽后2～3年即可开花结果。

【繁殖方法】以扦插、压条繁殖为主，北方较寒冷地区为增强植株的抗寒能力，常用野生山葡萄作砧木嫁接。

【观赏应用】绿叶成荫，硕果晶莹，适应性强，是传统的观果、观叶的垂直绿化材料，适合用于棚架、栏栅、屋顶、阳台绿化，亦可盆栽，可辟专类果园。果实可酿酒、制饮料；根、叶入药。

9）爬山虎（地锦）

【学名】*Parthenocissus toicuspidata* Plaanch.

【科属】葡萄科，爬山虎属

【形态特征】落叶藤本，卷须短，分枝多，先端成吸盘。叶广卵形，常3裂，基部心形，粗锯齿，叶正面无毛，背面脉上有柔毛，下部枝上的叶常3深裂。聚伞花序通常生于短枝顶端的两叶之间，花淡黄绿色。浆果，蓝黑色，有白粉。花期6～7月，果熟期9～10月（图9-5-6）。

【产地分布】产于我国，分布极广，北起吉林省、南到广东省都有，多生于岩壁、墙垣上。

【主要习性】喜半阴，能耐阳光直射，耐寒。对土壤适应性强，耐瘠薄、耐湿、耐干旱、耐烟尘及有害气体。生长快，一株根茎粗 2cm 的爬山虎，种植2年后可覆盖墙面30～50m²。

【繁殖方法】扦插、播种、压条繁殖。

图 9-5-6　爬山虎

【观赏应用】蔓茎纵横,翠叶如屏,是优良的垂直绿化树种。常用于建筑物墙面绿化,可以攀缘于假山石、老树干上,可覆盖地面作地被,尤其适合覆盖建筑物西边的墙面,不仅绿化效果好,而且降温效果明显。可盆栽制作盆景。全株入药。

10) 五叶地锦(美国地锦)

【学名】*Parthenocissus quinquefolia* Plaanch.

【科属】葡萄科,爬山虎属

【形态特征】落叶藤本,靠卷须攀缘生长。掌状复叶互生,小叶5,质较厚,卵状长椭圆形至倒卵形,缘具齿,秋叶变红。花期7~8月,果熟期9~10月。

【产地分布】原产于美国东部,我国引种栽培。

【主要习性】喜光,稍耐阴;耐寒,沈阳可露地栽培。耐瘠薄土壤,适应性强。速生,生长势旺盛,但攀缘能力、吸附能力较逊色。

【繁殖方法】扦插、压条繁殖。

【观赏应用】枝叶茂盛,覆盖能力强,秋叶红艳,是常用的垂直绿化材料。多用作立交桥等绿化覆地,或作地被材料栽培。

11) 猕猴桃(中华猕猴桃)

【学名】*Actinidia chinensis* Plach.

【科属】猕猴桃科,猕猴桃属

【形态特征】落叶藤本,靠茎缠绕攀缘生长,长达8m。幼枝密生灰棕色柔毛,髓大,白色片状,有矩形突出叶痕。单叶互生,叶纸质,卵圆形或倒卵形,长5~17cm,先端圆钝或微凹,缘有刺毛状细齿,背面密生灰白色星状绒毛。花3~6朵组成聚伞花序,花乳白色,后变黄、芳香,径3.5~5cm。浆果椭球形,有茸毛,熟时橙黄色。花期6月,果熟期9~10月(图9-5-7)。

图9-5-7 猕猴桃

【产地分布】产于我国长江流域及其以南各省区,甘肃、陕西、河南、山西等省区都有分布。

【主要习性】喜光,耐半阴,在温暖、湿润处生长较好,较耐寒。喜湿润、肥沃的土壤。根系肉质,不耐涝,不耐旱,主侧根发达,萌蘖性强,能自然更新,寿命长。

【繁殖方法】播种、扦插、嫁接繁殖。播种繁殖实生苗,会大量出现雄株而不结果,故一般以无性繁殖为主。

【观赏应用】叶大荫浓,花淡雅、芳香,果橙黄,花、果并茂,是观赏兼经济的优良棚架绿化材料。猕猴桃富含多种糖类和维生素,可鲜食或食品加工;茎皮及髓含胶质,可用于造纸;根、藤、叶均可入药。

12) 常春藤(中华常春藤)

【学名】*Hedera nepalensiv* K. Koch var. *sinensis* (Tobl.) Rehd.

【科属】五加科,常春藤属

【形态特征】常绿藤本,长达30m,借气生根攀缘生长。小枝有锈色鳞片。叶革质,营养枝上的叶三角状卵形,全缘或3裂,基部平截;生殖枝上的叶椭圆形或卵状披针形,全缘,叶柄细长,有锈色鳞片。花序单生或2~7簇生,花黄色或绿白色,芳香。果球形,橙红或橙黄色。花期8~9月,果熟期翌年3月(图9-5-8)。

【产地分布】产于我国中部、南部及西南地区,越南、老挝也有分布。

【主要习性】喜阴,喜温暖、湿润的气候,不耐寒。对土壤要求不严,喜湿润、肥沃的壤土。生长快,萌芽力强,对烟尘有一定的抗性。

【繁殖方法】扦插繁殖为主,极易生根成活,也可播种或压条繁殖。

【观赏应用】四季常青,枝叶浓密,适应性强,极耐阴,是优良的垂直绿化材料。可用来覆盖假山、围墙或建筑的背阴面;亦可攀缘于枯树上或覆盖地面;还可盆栽作室内装饰。全株入药。

图9-5-8 常春藤

13) 络石(白花藤、万字茉莉)

【学名】*Trachelospermum jasminoides* Lem.

【科属】夹竹桃科,络石属

【形态特征】常绿藤本,靠气生根攀缘。茎赤褐色,长达10m。嫩枝有柔毛。单叶对生,叶椭圆形或卵状披针形,长2~10cm,背面有短柔毛,革质,柄短。聚伞花序,花冠白色,5裂,芳香,花瓣右旋,风车状。蓇葖果细长,紫黑色。花期4~6月,果熟期8~12月(图9-5-9)。

【变种与品种】石血(var. *heterophyllum* Tsiang.):叶片线状披针形。

【产地分布】产于我国长江流域,分布广泛,各地都有栽培。

【主要习性】喜半阴,喜温暖、湿润的气候,稍耐寒,华北地区盆栽,冬季室内越冬。对土壤要求不严,耐旱,稍耐湿。萌蘖性强,耐修剪。

图9-5-9 络石

【繁殖方法】扦插为主,亦可播种、压条繁殖。幼苗须遮荫。

【观赏应用】藤蔓缠绕,花白如雪,幽香阵阵,是优美的常绿藤本植物。可攀附装饰墙面、小型花架、覆盖陡坡,点缀山石。可盆栽或作盆景。茎皮纤维可纺织、造纸;花可提制香料浸膏;带叶的茎藤入药。

14) 凌霄(紫葳)

【学名】*Campsis grandiflora*(Thunb.)Loisel.

【科属】紫葳科,凌霄属

【形态特征】落叶大藤本,长达10m。树皮灰褐色,条状细纵裂。小枝紫褐色。奇数羽状复叶对生,小叶7~9枚,卵形至卵状披针形,长3~7cm,缘有7~8齿,两面无毛。顶生聚伞花序或圆锥花序,花冠唇状漏斗形,鲜红色,花大,径5~7cm,花萼绿色,有5条纵棱,5裂至中部。蒴果细长,

图9-5-10 凌霄

先端钝。种子有透明的翅。花期7～8月，果熟期10月(图9-5-10)。

【产地分布】主产于我国中部，各地有栽培。日本也有分布。

【主要习性】喜光，略耐阴。喜温暖、湿润的气候，耐寒，在北京背风向阳处生长良好。喜肥沃土壤，耐干旱，较耐湿，萌蘖性、萌芽力都强，耐修剪，根系发达，生长快。花粉有毒，易伤眼睛，幼儿园等处附近勿种。

【繁殖方法】扦插、压条繁殖，成活率很高。也可分株、播种繁殖。

【观赏应用】柔枝纤蔓，花繁色艳，是夏、秋季主要的观花、垂直绿化树种。亦可修剪成灌木状栽培观赏，可作盆景。根、叶可入药。

15) 美国凌霄(北美凌霄)

【学名】*Campsis radicans*(L.) Seem.

【科属】紫葳科，凌霄属

【形态特征】落叶藤本。奇数羽状复叶对生，小叶9～13，椭圆形至卵状长圆形，长3～6cm，叶轴及叶背密生短柔毛，缘有4～5齿。顶生聚伞花序或圆锥花序，花冠唇状漏斗形，鲜红色或橙红色，径约4cm；花萼棕红色，无纵棱，裂较浅，约达1/3左右。蒴果先端尖。花期7～9月(图9-5-11)。

【产地分布】原产于北美，我国各地引种栽培。

【主要习性】喜光，稍耐阴，喜温暖、湿润的气候，耐寒。对土壤适应性强，耐干旱，耐水湿。萌蘖性强。

【繁殖方法】扦插、压条繁殖，也可分株、播种繁殖。

【观赏应用】花大色艳，花期长，较凌霄适应性更强，更耐寒。在北京、上海等城市均生长良好。

16) 金银花(忍冬、鸳鸯藤)

【学名】*Lonicera japonica* Thunb.

【科属】忍冬科，忍冬属

图9-5-11 美国凌霄

【形态特征】半常绿藤本。茎皮剥落，枝中空。幼枝密生柔毛和腺毛。叶卵形、卵状椭圆形，先端短钝尖，基部圆或近心形，全缘；幼叶两面密生柔毛，后上面脱落。唇形花冠，初白色、后变黄色，苞片、花梗密生柔毛和腺毛。浆果蓝黑色，球形。花期4～6月，果熟期10～11月。

【变种与品种】红金银花(var. *chinesis* Baker.)：小枝、叶脉、嫩叶红紫色。叶近光滑。花冠外面红紫色。

【产地分布】产于我国辽宁以南，华北、华东、华中、西南都有分布，朝鲜、日本也有分布。

【主要习性】喜光，耐阴，耐寒。喜肥沃、湿润的土壤，耐干旱，耐湿。萌蘖性强，根系发达。

【繁殖方法】播种、分株、压条、扦插繁殖。

【观赏应用】花色清雅、芳香，花期长，是园林上常用的垂直绿化材料，也是低山丘陵地区水土保持树种。可点缀花架、绿廊，覆盖山石、沟坡，攀缘于篱笆、围墙、阳台等。老桩制作盆景，也可装饰宾馆、饭店的室内、阳台等。金银花是重要的中药材，还是优良的蜜源树种。

9.6 竹 类

竹类属禾本科(竹亚科)，其形态结构有别于其他木本植物，主要由地下茎、竹秆、秆箨、叶、花等几部分构成(图9-6-1)。

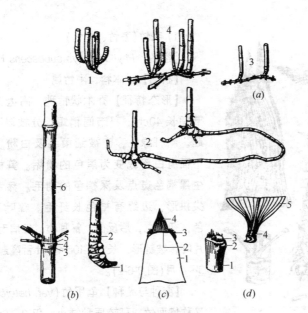

图9-6-1 竹类结构形态
(a)地下茎类型：1—合轴丛生；2—合轴散生；3—单轴散生；4—复轴混生
(b)秆形态：1—秆柄；2—秆基；3—箨环；4—节内；5—秆环；6—节间
(c)秆箨形态：1—箨鞘；2—箨舌；3—箨耳；4—箨片
(d)叶形态：1—叶鞘；2—外叶舌；3—叶舌；4—叶柄；5—叶片

地下茎是竹类横向生长的主茎，有分节，节上生根，节侧有芽。地下茎既是养分贮存和输导的主要器官，又具有分生繁殖能力。它也是竹类植物分类的主要特征之一。根据地下茎的分生繁殖特点和形态特征，竹子可分为单轴型、合轴型与复轴型三种类型。

竹秆是竹子的主体，分秆柄、秆基和秆茎三部分。秆柄俗称"螺丝钉"，是竹秆最下部分。秆基是竹秆入土生根部分，由数节至数十节组成，节间缩短而粗大。秆基各节密生根，形成竹株的独立根系。秆茎是竹秆的地上部分，由节、节隔和节间组成。节由秆环、箨环、节内组成。箨环又称笋环，是竹笋脱落后留下的环痕，在节的下方；秆环是居间分生组织停止生长留下的环痕，其隆起的程度随竹种的不同而不同，在节的上方；秆环和箨环之间的距离称节内。两节之间称节间，节间通常中空。节与节之间由节隔相隔。

竹子地上部分的竹秆是地下茎上的芽萌发成笋、长出地面而成。笋有多粗，竹秆就有多粗，一次性完成生长，没有增粗生长。笋露出地面后，各个节间迅速伸长，几十天内完成高生长后，高度不再增加。

竹子有两种形态的叶，即秆叶和叶。

秆叶也称秆箨、竹箨，在笋期称笋箨。秆叶为主秆新生之叶，不能进行光合作用，仅仅起着保护居间分生组织和幼嫩的竹秆不受机械创伤的作用，一枝完全的秆箨由箨鞘、箨舌、箨耳、箨叶(箨片)和繸毛构成。

叶生于末级小枝顶端，由叶鞘、叶舌、叶耳、叶片、肩毛构成。

竹子的花以小穗为单位，每小穗含若干朵小花，小穗由颖、小穗轴和小花组成。小花由外稃、内稃、鳞被、雄蕊和雌蕊构成。竹子开花结实即意味着完成生长发育的一个周期，即意味着全林死亡或开花植株死亡。

1) **毛竹**(茅竹、楠竹)

【学名】Phyllostachys pubescens Mazel ex H. de Lehaie.

【科属】禾本科，刚竹属

【形态特征】乔木状竹种，高达25m，径20cm，中部节间长40cm。秆节间稍短，分枝以下的秆环平，箨环隆起。新秆绿色，密被细柔毛及白粉。老秆无毛，仅在节下面有白粉或变为黑色的粉垢。笋棕黄色。秆箨背面密生黑褐色斑点及深棕色的刺毛。箨舌短宽，两侧下延呈尖拱形，边缘有褐色长纤毛。箨叶三角形至披针形，绿色，初直立，后反曲。箨耳小，但肩毛发达。每小枝有2~3片叶，披针形，长5~10cm，叶舌隆起，叶耳不明显。笋期3~4月(图9-6-2)。

【变种与品种】龟甲竹(var. heterocycla H. de Lehaie.)：又称佛面竹。秆较原种矮小，仅3~6m。秆下部节间短缩、膨大，交错成斜面，甚为美观。

图9-6-2 毛竹

【产地分布】分布于我国秦岭、淮河以南，南岭以北，是我国分布最广的竹种。浙江、江西、湖南等地是分布中心。山东等地有引种。

【主要习性】喜光，亦耐阴；喜湿润、凉爽的气候，较耐寒。喜肥沃、湿润、排水良好的酸性土。生长快，植株生长发育周期可达50~60年。

【繁殖方法】播种繁殖，具有适应性强、成苗率高、寿命长等优点，但在园林中，通常以移植母竹繁殖为主。

【观赏应用】秆高叶翠，四季常青，端直挺秀，植于庭园曲径、池畔、溪边、山坡皆宜；也可植在风景区内、宅前屋后、荒山空地中，既可改善、美化环境，又具很高的经济价值。毛竹可用于建筑；制作各种工具、农具、文具、家具、乐器；竹材纤维含量高，可造纸。

2) **刚竹**(光竹、台竹、胖竹)

【学名】Phyllostachys viridis (Young) McClure.

【科属】禾本科，刚竹属

【形态特征】乔木状竹种，高达15m，径9cm。分枝以下的秆环不明显，仅箨环隆起。新秆鲜绿色，无毛，微有白粉；老秆仅在节下残留白粉环。笋黄绿色至淡褐色。秆箨背部常有浅棕色的密斑点，无毛，微有白粉。箨舌绿色，平截或微弧形，有细纤毛。箨叶带状披针形，绿色，常有橘红色的边带，平直或反折。无箨耳或肩毛。每小枝有叶2~6片，披针形或带状披针形，长6~16cm。有叶耳和长肩毛，宿存或部分脱落。

【变种与品种】碧玉嵌黄金(槽里黄刚竹 f. *houzeauana* C. D. Chu et C. S. Chao)：秆绿色，主秆节间或节处有金黄色或浅绿色的纵条纹，观赏竹种之一。

黄金嵌碧玉(黄皮刚竹 f. *youngii* C. D. Chu et C. S. Chao)：秆金黄色，秆节下或节间内常有绿色的环带及纵条纹。

【产地分布】分布于我国黄河流域至长江流域以南地区。

【主要习性】喜光，亦耐阴，耐寒性较强。喜肥沃、深厚、排水良好的土壤，较耐干旱、瘠薄，耐轻盐碱土。

【繁殖方法】移植母株或播种繁殖。

【观赏应用】秆高挺秀，枝叶青翠，是长江下游各省区重要的观赏竹种之一。可配置于建筑前后、山坡、水池边、草坪一角，宜在居民新村、风景区内种植以绿化美化环境。

3) 早园竹

【学名】*Phyllostachys propinqua* McClure.

【科属】禾本科，刚竹属

【形态特征】秆高8m，胸径5cm以下。新秆绿色，被白粉，箨环与秆环均略隆起。笋淡紫色，有极狭的黄白边；箨鞘淡红褐色或黄褐色，被白粉，有紫色斑点，上部边缘常枯焦；箨舌淡褐色，弧形并具灰白纤毛。小枝具叶2~3片，叶带状披针形，叶背面基部有细毛。笋期4~6月(图9-6-3)。

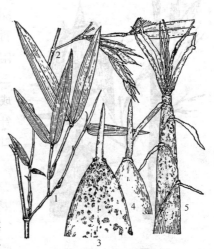

图9-6-3 早园竹
1—叶枝；2—花枝；3、4—中部箨背、腹面；5—笋(卢炯林绘)

【产地分布】主产于华东。北京、河南、山西有栽培。

【主要习性】喜光，耐半阴。喜温暖、湿润的气候，较抗寒，迎风处易干枯。喜富含腐殖质而湿润的土壤，不甚耐盐碱、积水。

【观赏应用】秆高叶茂，生长强壮，是华北园林中栽培观赏的主要竹种。宜于墙边、角隅或亭、廊、轩、榭旁点景种植。秆质坚韧，为柄材、棚架、编织竹器等的优良材料。笋味鲜美，可食用。

4) 罗汉竹(人面竹)

【学名】*Phyllostachys aurea* Carr. ex A. et C. Riviere.

【科属】禾本科，刚竹属

【形态特征】乔木状中小型竹种，高达12m，径可达5cm。节间略短，在基部至中部的节间常出现短缩、肿胀、缢缩等畸形现象。笋黄绿色至黄褐色。笋期4~5月(图9-6-4)。

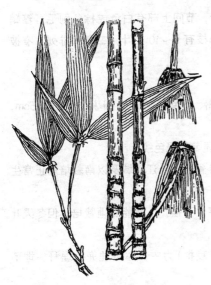

图9-6-4 罗汉竹

【产地分布】产于我国,长江流域各地有栽培。

【主要习性】较耐寒,能耐-20℃的低温。

【观赏应用】是著名的观赏竹种。宜盆栽观赏,或与佛肚竹、龟甲竹等形态奇特的竹种配植,以丰富景观。

5) 紫竹(黑竹、乌竹)

【学名】*Rhyllostachys nigra* (Lodd.) Munro.

【科属】禾本科,刚竹属

【形态特征】乔木状中小型竹种,高达3~10m,径可达5cm,中部节间长25~30cm。秆节两环隆起。新秆绿色,有白粉及细柔毛,一年后变为紫黑色,毛及粉脱落。箨鞘背面密生刚毛。箨舌紫色、弧形,与箨鞘顶部等宽,有波状缺齿。箨叶三角状或三角状披针形,有皱褶。箨耳椭圆形或长卵形,常裂成2瓣,紫黑色,上有弯曲的肩毛。每小枝有叶2~3片,披针形,长4~10cm,背面有细毛。叶舌微凸起,背面基部及鞘口处常有粗肩毛。笋期5月(图9-6-5)。

图9-6-5 紫竹

【产地分布】主要分布于华北地区至长江流域。

【主要习性】较耐寒,北京可露地栽培。

【繁殖方法】移植母株或播种繁殖。

【观赏应用】秆紫黑色,叶翠绿,极具观赏价值。可植于庭园观赏,宜与黄槽竹、金镶玉竹、斑竹等秆具色彩的竹种配置,以增加色彩。秆可制乐器、文具、工艺品。

6) 孝顺竹(凤凰竹、慈孝竹)

【学名】*Bambusa multiplex* (Lour.) Raeuschel.

【科属】禾本科,刺竹属

【形态特征】竹秆丛生,高达7m,径2cm。幼秆稍有白粉,节间上部有白色或棕色刚毛。箨鞘薄革质,淡棕色,无毛,无箨耳或箨耳很小,箨舌不明显。小枝有5~10片叶,二列状排列,窄披针形,长4~14cm。小穗淡绿色,有3~5小花。笋期6~9月。

【变种与品种】

凤尾竹[var. *nana* (Roxb.) Keng f.]:植株矮小,枝叶稠密、纤细下弯。叶细小,长约2.5cm,常20片排成羽状。耐寒性不及孝顺竹。

花凤凰竹(f. *alphonsokarri* Sasaki.):节间鲜黄,秆上夹有显著的绿色纹。

【产地分布】产于我国,主产于广东、广西、福建、西南等省区。长江流域及以南栽培能正常生长。山东青岛有栽培,是丛生竹中分布最北缘的竹种。

【主要习性】喜光,能耐阴;喜温暖、湿润的气候,但耐寒性不强,上海能露地栽培,但冬天叶枯黄。喜温暖、湿润、排水良好的土壤,适应性强,生长较快。

【繁殖方法】丛生竹的繁殖,园林中常以移植母竹(分兜栽植)为主,亦可埋兜、埋秆、埋节繁殖。

【观赏应用】枝叶清秀,姿态潇洒,为优良的观赏竹种。可丛植于池边、水畔,亦可对植于路旁、桥头、入口两侧，列植于道路两侧。

7）佛肚竹（佛竹、密节竹）

【学名】*Bambusa ventricosa* McClure.

【科属】禾本科，刺竹属

【形态特征】丛生竹，灌木状，秆高 2.5～5m。竹秆圆筒形，节间长 10～20cm；畸形秆，高仅 25～50cm，节间短，下部节间膨大呈瓶状，长仅 2～3cm。箨鞘无毛，初为深绿色，老时则橘红色，箨发达，箨耳舌极短（图9-6-6）。

【产地分布】产于我国广东，南方庭院多栽培。

【主要习性】喜温暖、湿润，宜盆栽观赏。

【观赏应用】秆若佛灶，奇异别致，颇具观赏价值。可植于庭院、温室中或盆栽观赏。

图 9-6-6　佛肚竹

8）阔叶箬竹

【学名】*Indocalamus latifolius* (Keng) McClure.

【科属】禾本科，箬竹属

【形态特征】竹秆混生型，灌木状，秆高约 1m，径 5mm，通直，近实心。节间长 5～20cm，每节分枝 1～3，与主秆等粗。箨鞘质坚硬，鞘背有棕色小刺毛，箨舌平截，高 0.5～1mm，鞘口縫毛流苏状，长 1～3mm。小枝有叶 1～3 片，叶长椭圆形，长 10～35cm，先端渐尖，叶面翠绿色，近叶缘有刚毛，叶背面白色、微有毛。笋期 5 月。

【产地分布】产于我国，分布于华东、华中地区及陕南汉江流域。山东南部有栽培。

【主要习性】喜光，亦耐阴，喜温暖、湿润的气候，稍耐寒。喜土壤湿润，稍耐干旱。

【繁殖方法】移植母竹繁殖。

【观赏应用】植株低矮，叶色翠绿，是园林中常见的地被植物，亦是北方常见的观赏竹种。适于丛植或群植。

复习思考题

1. 木本植物的主要特征是什么？举例说明其主要生长类型。
2. 举例说明园林树木按观赏特点分为哪些类型。
3. 什么是针叶树？举例说出其形态特征和观赏应用价值。
4. 举出你所在地区的 5 个行道树种，说出它们各自的特点及具备什么条件才可以作行道树。
5. 举例说明藤本植物的形态特征与应用范围，指出所在科、属。
6. 你所知道的抗污树种有哪些？它们对哪些有害气体有抗性？应如何发挥这些树种的功能？
7. 分别说出几种观花、观果、观叶树种，指出其主要应用。
8. 什么是树木冬态？能认别 20 个冬态树种。
9. 举例说出竹类植物的形态特征是什么？有哪些应用？
10. 经常进行树种观察，能识别 60 个所在地区的常见树种。

第10章 草本园林植物

本章学习要点：

草本园林植物的茎不具木质或仅基部木质化，它们在园林绿化、美化中有着十分重要的地位与作用。草本花卉种类繁多，形态各异，本章根据草本花卉的生态习性将其分为一、二年生花卉、宿根花卉、球根花卉、室内观叶植物、多浆植物、水生植物、地被植物和草坪植物。本章学习重点是草本园林植物的主要类群、形态特征、分布与习性、繁殖方法、观赏应用等。

10.1　一、二年生花卉

一、二年生花卉属于草本园林植物。根据一、二年生花卉习性的不同，可分为一年生花卉和二年生花卉。一年生花卉在一年内完成其生命周期，这类花卉大多原产于热带及亚热带地区，喜温暖，不耐寒，一般在春季播种，夏、秋季开花，秋后遇霜则枯死。二年生花卉在两年内完成其生命周期，这类花卉大多原产于温带地区，喜冷凉而不耐酷热，多在秋季播种，第二年春季开花，夏季遇热则枯死。

一、二年生花卉主要采用播种繁殖，也有部分种类可以扦插繁殖。它们生长周期短，生长速度快，而且种类繁多、品种丰富、株形整齐、花色鲜艳，可迅速为园林提供色彩变化，成为园林中重要的植物材料。

一、二年生花卉为花坛的主要材料，也可在花境中依花色不同成群栽植，又可装饰柱、廊、篱垣及棚架等，还适于盆栽和用作切花。

1) 紫茉莉(草茉莉、胭脂花)

【学名】*Mirabilis jalapa* L.

【科属】紫茉莉科，紫茉莉属

【形态特征】多年生草本，常作一年生栽培。主根略肥大。株高约60~90cm，茎直立，多分枝而开展，光滑，具明显膨大的节。单叶对生，三角状卵形。花数朵集生于枝端，总苞萼状，宿存；花被管圆柱形，筒长约6cm，顶部平展，5裂，径约2.5cm，芳香，花有紫红、红、粉、白、黄色及具斑点条纹的复色品种；花期6~9月。种子圆形、黑色，表面有棱（图10-1-1）。

【产地与习性】原产于热带美洲。性强健，生长快。喜光照充足、温暖的环境，不耐寒；要求土壤深厚、肥沃；直根性。花朵傍晚开放，翌晨凋谢。

【繁殖方法】播种繁殖。

【观赏应用】花色丰富，为夏季常见花卉之一。宜于林缘周围大片自然栽植，或于房前屋后、篱旁、路边丛植点缀，也可盆栽。根、叶入药。

图 10-1-1　紫茉莉

2) 石竹(中华石竹、洛阳花)

【学名】*Dianthus chinensis* L.

【科属】石竹科，石竹属

【形态特征】多年生草本，常作一、二年生栽培。株高30~50cm，茎光滑，较细软，直立或基部稍呈匍匐状，节膨大，无分枝或顶部有分枝。单叶对生，灰绿色，线状披针形，基部抱茎，叶脉明显。花单生或数朵呈聚伞花序，花径约3cm，有香气；有白、粉、红、紫红等色；苞片4～6枚，与萼筒近等长，萼筒上有条纹；花瓣5枚，先端有浅裂呈牙齿状；花期4～5月。果熟期5～6月；蒴果，种子扁圆、黑色(图10-1-2)。

【变种与品种】锦团石竹(var. *heddeuigii*)

【产地与习性】原产于我国，分布广。性耐寒，喜阳光、高燥、通风、凉爽的环境，忌高温、水涝，喜肥沃、疏松含石灰质的土壤。

【繁殖方法】种子繁殖为主，也可于秋季或早春进行分株或扦插。

【观赏应用】株形低矮，茎秆似竹，花朵繁密，色彩丰富、鲜艳。用于花坛、花境栽植，也可植于岩石园中，矮生品种配置于毛毡花坛或草坪镶边，亦可盆栽，植株较高的可作切花。全草入药。

图10-1-2 石竹

3) 虞美人(丽春花、蝴蝶满园春)

【学名】*Papaver rhroeas* L.

【科属】罂粟科，罂粟属

【形态特征】一、二年生直立草本，通常作二年生栽培。株高30～60cm，茎细长，有分枝，全株被柔毛。叶互生，不整齐羽状深裂，裂片披针形，缘有粗锯齿。花单生于长梗上，花蕾时下垂；萼片2枚，花开时脱落；花瓣4枚，近圆形，质薄有光泽，似绢，呈红、紫、白色或大红镶白色等复色。单花开1～2d，整株花开可延至数月；花期4～6月。果熟期6～7月；蒴果呈截顶球形，长约2cm，顶孔裂，种子细小而多(图10-1-3)。

【产地与习性】原产于北美西部。我国中、南部广泛栽培。喜阳光充足的凉爽气候，耐旱性强，不耐高温、高湿、直根系，不耐移植，要求土壤排水良好、深厚、肥沃。能自播繁衍。

【繁殖方法】种子直播园地。

【观赏应用】花姿轻盈，花色艳丽，为春季花坛、花境、庭院篱旁点缀的好材料。

图10-1-3 虞美人

4) 花菱草(金英华、人参花)

【学名】*Eschsholzia califounica*

【科属】罂粟科，花菱草属

【形态特征】多年生草本，作二年生栽培。株高30～60cm，全株呈灰绿色，被白粉，茎铺散状，有分枝。叶互生，多回三出羽状复叶深裂或全裂。花单生于枝顶，具长梗，径5～7cm，花蕾时直立，萼片2枚，花瓣4枚，易脱落，纸质，亮鲜黄色，有杏黄、橙红、淡粉、瑰红、乳白等色及半重瓣、重瓣品种；花期4～7月。蒴果细长，种子球形(图10-1-4)。

【产地与习性】原产于北美。较耐寒，喜光，喜夏季凉爽，忌炎热、水涝，需要疏松、肥沃的沙质壤土。花朵在充足阳光下开放，阴天及夜

图10-1-4 花菱草

晚闭合。

【繁殖方法】播种繁殖。

【观赏应用】茎叶灰绿，花朵繁多，花色艳丽，日照下有反光，颇引人注目。常用于布置春夏之交的花坛、花境、花带及野趣园，也可盆栽观赏。

5) 大花三色堇(蝴蝶花、猫脸花、鬼脸花)

图 10-1-5　大花三色堇

【学名】*Viola tricolor* var. *hortensis*

【科属】堇菜科，堇菜属

【形态特征】多年生草本，常作二年生栽培。植株高10～30cm，全株光滑，呈匍匐状，多分枝。叶互生，基生叶及幼叶圆心脏形，茎生叶较长，为卵圆状披针形，叶基部羽状深裂，叶缘有钝锯齿。单花腋生，花大，径约5cm，具长花柄，为两侧对生，下垂；苞片2枚，较小；花瓣5枚，一瓣有短钝之距，两瓣有线状附属体，花冠呈蝴蝶状；花有黄、白、蓝三色或单色；花期3～5月。园艺品种极多，在花色、花形、大小上均与原种大不相同。蒴果椭圆形，分批成熟(图10-1-5)。

【产地与习性】原产于欧洲。性较耐寒，喜凉爽、湿润、阳光充足的环境，稍耐半阴，要求土壤疏松、肥沃。

【繁殖方法】播种繁殖。

【观赏应用】开花早，花期长，色彩丰富，是优良的春季花坛、花境、花池、岩石园、自然景观区树下的材料，也可以盆栽或用作切花。全株可入药。

6) 醉蝶花(西洋白花菜、凤蝶花)

【学名】*Cleome spinosa* L.

【科属】白花菜科，醉蝶花属

【形态特征】一年生草本。株高60～120cm，被有黏质腺毛，枝叶具异味。掌状复叶互生，小叶5～7枚，长椭圆披针形，有柄，2枚托叶演变成钩刺。总状花序顶生，边开花、边伸长，花多数；花瓣4枚，有粉红、紫、白等色，具长爪；雄蕊6，花丝长约7cm，蓝紫色，明显伸出花外，雌蕊又长过于雄蕊；花期6～8月。蒴果细圆柱形，成熟时纵向二裂；果熟期9～10月(图10-1-6)。

【产地与习性】原产于美洲热带，我国南部广泛栽培。喜温暖、向阳、干燥的环境，要求土壤疏松、肥沃。能自播繁衍。

【繁殖方法】播种繁殖。

【观赏应用】轻盈飘逸，似彩蝶飞舞，十分美观。用于布置夏、秋季花坛、花境，适宜庭院种植，也可盆栽。是极好的蜜源植物，种子可入药。

7) 紫罗兰(草紫罗兰、草桂花)

【学名】*Matthiola incana* (L.) R Br

【科属】十字花科，紫罗兰属

【形态特征】多年生草本，通常作二年生栽培。株高30～60cm，

图 10-1-6　醉蝶花

全株具灰色星状柔毛,茎基部半木质化,有分枝。单叶互生,长圆形至倒披针形,先端钝圆,全缘,灰蓝绿色。总状花序顶生,花轴长约15cm;萼片4枚,两侧萼片基部垂囊状;十字形花冠,花瓣4枚,花白、紫、红及复色,芳香。长角果圆柱形,种子具白色膜翅;花期4~5月,果熟期6月(图10-1-7)。

【变种与品种】香紫罗兰(var. annua)

【产地与习性】原产于南欧。喜冷凉、阳光充足、通风良好的环境,忌高温、多湿,需要肥沃、湿润且土层深厚的中性壤土,稍耐半阴。

【繁殖方法】播种繁殖。

【观赏应用】色艳浓香,花期较长,主要用于布置春季花坛,矮生品种可盆栽观赏。亦可作切花材料。

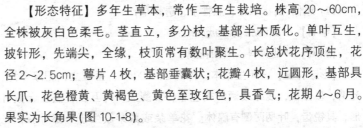

图 10-1-7 紫罗兰

8) 桂竹香(香紫罗兰、贵香花)

【学名】*Cheiranthus cheiri*

【科属】十字花科,桂竹香属

【形态特征】多年生草本,常作二年生栽培。株高20~60cm,全株被灰白色柔毛。茎直立,多分枝,基部半木质化。单叶互生,披针形,先端尖,全缘,枝顶常有数叶聚生。长总状花序顶生,花径2~2.5cm;萼片4枚,基部垂囊状;花瓣4枚,近圆形,基部具长爪,花色橙黄、黄褐色、黄色至玫红色,具香气;花期4~6月。果实为长角果(图10-1-8)。

【产地与习性】原产于南欧。喜冷凉、阳光充足的环境,半耐寒,忌炎热、湿涝,需要疏松肥沃、排水良好的沙质土壤。

【繁殖方法】播种繁殖。

【观赏应用】是早春花坛、花境的优良材料,也可盆栽。高型品种可作切花。

图 10-1-8 桂竹香

9) 羽衣甘蓝(叶牡丹、花菜)

【学名】*Brassica oleracea* var. *acephala* f. *tricolor* Hort.

【科属】十字花科,甘蓝属

【形态特征】二年生草本。株高可达30~40cm,无分枝,莲座状叶丛,叶大,略肥厚,重叠着生在短茎上,广倒卵形,被有白粉;外部叶片呈粉蓝绿色,边缘有波状皱褶;内叶的叶色极为丰富,通常有白、粉红、紫、红、乳黄、黄绿、翠绿等颜色;叶柄比较粗壮,且有翼。花梗比较长,有时可高达120cm,总状花序顶生,有小花20~40朵,花期4~5月。长角果细圆柱形,种子球形,成熟期为6月(图10-1-9)。

【产地与习性】原产于欧洲。喜阳光,喜凉爽,耐寒性较强,喜肥。

图 10-1-9 羽衣甘蓝

【繁殖方法】播种繁殖。

【观赏应用】观赏期间叶色、叶形优美艳丽，可作为花坛、花境的布置材料及盆栽观赏。

10）大花亚麻（花亚麻）

【学名】*Linum grandiflora*

【科属】亚麻科，亚麻属

【形态特征】一年生草本。株高30～60cm，茎直立，纤细，下部多分枝，顶梢下垂。叶互生，螺旋状排列，条形至线状披针形，全缘，灰绿色。圆锥花序松散，花梗细长，花下垂，花径2.5～3.5cm，粉红至红色，花瓣5枚；花期5～6月（图10-1-10）。

【变种与品种】红花亚麻（var. *rubrum*）

【产地与习性】原产于北非。喜温暖、阳光充足的环境，耐半阴，宜排水良好的土壤。

【繁殖方法】播种繁殖。

图10-1-10　大花亚麻

【观赏应用】株态纤细优美，宜作花坛、花境和岩石园的点缀，也可盆栽。

11）凤仙花（指甲花、急性子、透骨草）

【学名】*Impatiens balsamina* L.

【科属】凤仙花科，凤仙花属

【形态特征】一年生草本。株高20～80cm，茎直立，肥厚多汁，光滑，多分枝，浅绿或洒红褐色晕，节膨大。叶互生，狭至阔披针形，具锐齿，叶柄两侧有腺体。花单朵或数朵簇生于上部叶腋，花具短柄，多侧垂，花径2.5～5cm；萼片3枚，两侧较小，后面一片较大、呈囊状，基部有向内弯曲的距；花瓣5枚，左右对称，侧生4枚，两两结合；花有白、粉、紫、深红等色或有斑点；花期6～9月。果熟期7～10月；蒴果纺锤形，成熟时5瓣裂，种子弹出（图10-1-11）。

图10-1-11　凤仙花

【产地与习性】原产于中国、印度、马来西亚。喜温暖、阳光充足，耐炎热，畏霜寒，对土壤适应性强，喜土层深厚、排水良好、肥沃的沙质壤土。有自播能力。

【繁殖方法】种子繁殖。

【观赏应用】顶叶呈银白色，与下部绿叶相映，犹如青山积雪。可作花坛、花境材料，为篱边、庭前常栽草花，矮型品种亦可进行盆栽。

12）蜀葵（蜀季花、一丈红）

【学名】*Althaea rosea*

【科属】锦葵科，蜀葵属

【形态特征】多年生宿根草本，常作一、二年生栽培。株高1～3m，茎直立，不分枝，全株被毛。叶大，单叶互生，叶片近圆或心形，粗糙而皱，缘3～7浅裂，具长柄。花大，单生于叶腋或聚生成总状花序顶生，径约10cm；小苞片6～9枚，花萼5裂；花瓣5枚，边缘波状而皱，有白、黄、粉、红、紫、墨紫、复色及单瓣、重瓣等品种；花期5～10月，由下向上逐渐开放。蒴果圆盘性，种子肾形，易脱落(图 10-1-12)。

【产地与习性】原产于我国西南部，现世界各地广为栽培。性喜凉爽气候，忌炎热与霜冻，喜阳光，略耐阴，适应性强。需要土层深厚、肥沃及排水良好的土壤。对二氧化硫等有害气体具一定的抗性，能自播。

【繁殖方法】播种繁殖，也可分株或扦插。

【观赏应用】花色丰富，花大而重瓣性强，植株高大，常列植或丛植于建筑物前，是理想的背景与屏障材料，作花境的背景，也可用于篱边、墙垣、空隙地与群植林缘。全株入药，花瓣可提取食用色素。

图 10-1-12　蜀葵

13) 黄蜀葵(黄花葵)

【学名】*Abelmoschus manihot*

【科属】锦葵科，秋葵属

【形态特征】一、二年生草本。株高 1～1.5m，茎直立，少分枝，疏生刺毛。叶大，径 15～30cm，具长柄，卵圆形，掌状 5～9 裂，裂片线状长圆形，具粗钝齿缘。花多生于茎的上部，花大，径 8～12cm，淡黄至白色，瓣基具紫褐斑；花期 6～9 月。蒴果矩圆形，长 5～8cm(图 10-1-13)。

【产地与习性】原产于亚洲热带、亚热带，各地均有栽培。性喜温暖，不耐寒，喜阳，稍耐阴，要求土壤深厚、肥沃。种子有自播繁衍能力。

【繁殖方法】播种繁殖。

图 10-1-13　黄蜀葵

【观赏应用】花色艳，花形清秀，植株高大，园林中主要作花境背景或丛植于草坪、角隅。

14) 四季秋海棠(长花海棠、瓜子秋海棠)

【学名】*Begonia semperflorens*

【科属】秋海棠科，秋海棠属

【形态特征】多年生草本花卉。株高 15～30cm，茎光滑直立，基部多分枝，半透明、略带肉质。叶互生，卵圆形至广椭圆形，边缘有锯齿，有的叶缘具毛，叶色有绿色和淡紫红色两种。聚伞花序，雌雄同株异花，单瓣或重瓣，花色有白、粉红、深红等，全年有花，但夏季着花较少(图 10-1-14)。

【产地与习性】原产于巴西。性喜温暖、湿润的环境，不耐寒，忌暴晒、高温及渍涝。

【繁殖方法】常用播种法繁殖，也可用扦插、分株法繁殖。

【观赏应用】为小型盆栽花卉，适宜室内装饰；庭院中，适宜用于花坛、草地、立柱和花墙种植。

15) 四季报春(四季樱草、鄂报春)

【学名】*Primula obconica*

【科属】报春花科，报春花属

图 10-1-14　四季秋海棠

图 10-1-15 四季报春

【形态特征】多年生草本花卉，常作一、二年生栽培。株高20~30cm。叶基生，为长圆形至卵圆形，叶缘有浅波状裂或缺刻，叶面较光滑，叶背密生白色柔毛，具长叶柄。花梗从叶丛中抽生，高 15~30cm，顶生伞形花序，着花 10 余朵，花有白、黄、红、蓝、紫等色；花期 1~5 月。蒴果，种子细小、褐色(图 10-1-15)。

【产地与习性】原产于我国西南，世界各国温室均有栽培。性喜温暖、通风良好、阳光充足的环境，畏炎热与严寒，夏季不耐直射阳光，要求土壤肥沃，适宜中性土栽培。

【繁殖方法】常用播种和分株法繁殖。

【观赏应用】植株低矮，花期长，花姿艳丽，为重要的冬、春室内盆花；部分种类可用作春季花坛、花境、岩石园的材料，也可用于切花。

16) 地肤(扫帚草、蓬头草、绿帚)

【学名】*Kochia scoparia*

【科属】藜科，地肤属

【形态特征】一年生草本。株高 50~100cm，茎直立粗硬，全株被短柔毛，多分枝，株形密集呈卵圆球形。单叶互生，叶线形、细密、草绿色，常具 3 条明显主脉。秋季全株变紫红色，花小，腋生，集成稀疏穗状花序(图 10-1-16)。

【变种与品种】细叶扫帚草(var. *culta*)

【产地与习性】原产于欧洲、亚洲。我国广泛栽培。喜光照充足，不耐寒，极耐炎热气候和干旱贫瘠，耐盐碱。自播能力极强。

【繁殖方法】播种繁殖。

【观赏应用】株形椭圆，枝叶茂密，秋季变红紫色，园林中可成行栽植作短期绿篱，或数株丛植于花坛中央，也可盆栽。嫩茎苗可蔬食，果实入药。

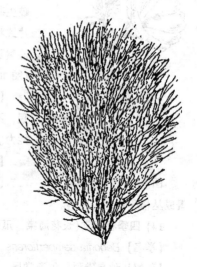

图 10-1-16 地肤

17) 千日红(火球花、杨莓花)

【学名】*Gomphrena globosa* L.

【科属】苋科，千日红属

【形态特征】一年生草本。株高 30~60cm，全株密被柔毛。茎直立，多分枝，粗壮，有沟纹，节膨大。叶纸质，单叶对生，长椭圆形或长圆状倒卵形，全缘，有柄。头状花序球形，单生或 2~3 个集生于顶端，径约 2.5~3cm；花小，每朵小花外有 2 个蜡质苞片，苞片干膜质，有紫红、红、淡粉、白等色，干后不落，且色泽不褪；花期 6~10 月。胞果近球形，种子细小、橙黄色(图 10-1-17)。

【产地与习性】原产于印度，我国各地广泛栽培。性健壮，喜炎热、干燥、向阳气候，不耐寒，要求土壤疏松、肥沃。

图 10-1-17 千日红

【繁殖方法】播种繁殖。

【观赏应用】园林中适宜作花坛、花境材料，也可盆栽或作切花。因其花干后不褪色，可作干花装饰。花序入药。

18) 鸡冠花(鸡冠、红鸡冠)

【学名】*Celosia cristata* L.

【科属】苋科，青葙属

【形态特征】一年生草本植物。株高 20～90cm，茎直立粗壮。单叶互生，有叶柄，长卵形或卵状披针形，全缘，基部渐狭，绿色或红色，叶脉明显，叶面皱褶。穗状花序大，顶生或腋生，花托膨大、肉质，呈扇形、肾形、扁球形等，花有红、紫红、橙红、淡红、橙黄、金黄及白等色；中下部集生小花，两性，细小不显著，花被干膜质，5片；花序上部花退化，密被羽状苞片，呈丝状；花期 8～10 月。胞果卵形，内含多数种子，成熟时环状裂开，种子亮黑色(图 10-1-18)。

【变种与品种】矮鸡冠('Nana')；凤尾鸡冠('Pyramidalis')，又名璎珞鸡冠；圆锥鸡冠('Plumosa')，又名凤尾球。

【产地与习性】原产于亚洲热带，我国广泛栽培。喜阳光、炎热和空气干燥，不耐寒，不耐涝，需要疏松肥沃、排水良好的沙质壤土。能自播繁衍。

图 10-1-18　鸡冠花

【繁殖方法】播种繁殖。

【观赏应用】高型品种可种植在花坛、花境、花丛中，宜作切花；矮型品种可于花坛、草地镶边或盆栽。花序与种子均可入药，有止血与止泻等功效。

19) 五色苋(锦绣苋、红绿草)

【学名】*Alternanthera bettzickiana* (Regel) Nichols.

【科属】苋科，莲子草属

【形态特征】多年生草本，北方常作一、二年生栽培。株高 10～40cm，茎直立或基部匍匐，多分枝，呈密丛状，节膨大。叶对生，形小，长圆倒卵状披针形或匙形，全缘，绿色、红色或具彩斑或色晕，叶柄极短。头状花序腋生或顶生，2～5 个丛生，花白色，无花瓣(图 10-1-19)。

【产地与习性】原产于南美巴西一带。喜光照充足、温暖、湿润的环境，畏寒，不耐旱，也忌酷热，耐修剪。

【繁殖方法】扦插繁殖。

【观赏应用】最适用于毛毡花坛，可表现平面图案、浮雕或立体模样；也可用于花坛或花境边缘及岩石园点缀。

图 10-1-19　五色苋

20) 香豌豆

【学名】*Lathyrus odoratus*

【科属】豆科，山黧豆属

图 10-1-20 香豌豆

【形态特征】一、二年生草本。缠绕蔓性，长达 3m，全株疏生柔毛，茎有翼。叶为羽状复叶，叶轴具翅，基部小叶一对，广卵形或卵形，叶背粉白色，顶端小叶退化成卷须，3 叉状，托叶披针形。总状花序腋生，花梗长 20cm，高出叶面；花 1～4 朵，径 2.5cm，蝶形，具芳香，花紫色或红色。园艺品种多，花色及花形丰富，有矮生种、无卷须等一些变种。荚果长椭圆形，被粗毛；种子褐色，圆形（图 10-1-20）。

【产地与习性】原产于意大利。喜冬季温和、湿润、夏季凉爽的气候，喜光照充足，也稍耐半阴，要求土壤深厚、肥沃、排水良好。直根性。

【繁殖方法】播种繁殖，也可扦插繁殖。

【观赏应用】是冬春优良的温室切花，暖地用于垂直绿化，矮生类型可盆栽。种子有毒，不可食用。

21) 茑萝(羽叶茑萝、绕龙草、五角星花)

【学名】*Quamoclit pennata*

【科属】旋花科，茑萝属

【形态特征】一年生缠绕草本。茎细长，光滑，长可达 6m。叶互生，羽状全裂，长 4～7cm。聚伞花序腋生，着花一至数朵，直立，高出叶面，花冠高脚碟状，筒部细长，先端呈五角星状，径 2.0～2.5cm，猩红色，还有白及粉红色品种；花期 7～10 月。蒴果卵形，种子黑色，长卵形，果熟期 8～11 月（图 10-1-21）。

【产地与习性】原产于美洲热带，我国南北均有栽培。喜阳光、温暖气候，不耐寒，遇霜枯死，要求土壤疏松、肥沃。直根性，能自播。

【繁殖方法】播种繁殖。

【观赏应用】茎叶细美，花姿玲珑，是常见的垂直绿化材料，适于矮篱、花墙和小型棚架，还可供盆栽或用作地被。

图 10-1-21 茑萝

22) 牵牛(喇叭花)

【学名】*Pharbitis nil*

【科属】旋花科，牵牛花属

【形态特征】一年生缠绕性蔓生草本。茎长约 3m，左旋，全株具粗毛。叶大，互生，长 10～15cm，有长柄，叶片常具不规则的白绿色条斑，叶身 3 裂，中央裂片特大，两侧裂片有时浅裂。花 1～3 朵腋生，总梗短于叶柄；萼片窄，不开展；花冠漏斗状喇叭形，花大，径 10～20cm，边缘常呈皱褶或波浪状，花色丰富，有白、粉、蓝、紫、玫瑰红及复色品种；花期 6～10 月。园艺品种多，有平瓣、皱瓣、裂瓣、重瓣等类型。种子黑色，卵状三角形。

【产地与习性】原产于热带地区。性强健，喜温暖、向阳的环境；不耐寒，能耐干旱、瘠薄的土壤，但在湿润、肥沃、排水良好的中性土壤中生长最好。直根性，能自播。花朵清晨开放，中午萎缩凋谢。

【繁殖方法】种子繁殖。

【观赏应用】为夏秋常见的蔓生花卉,生长迅速的垂直绿化材料,用以攀缘棚架,覆盖竹篱和墙垣,也是庭院、居室的遮荫植物,还可盆栽或作地被种植。

23)福禄考(草夹竹桃、洋梅花)

【学名】*Phlox drummondii* Hook.

【科属】花荵科,福禄考属

【形态特征】一年生草本花卉。株高15~45cm,茎直立,多分枝,全株被腺毛。叶长圆形至披针形,基部叶对生,上部叶互生抱茎。圆锥状聚伞花序顶生,花具较细的花筒,花冠高脚碟状,5浅裂,直径2~2.5cm;花色有白、黄、粉红、红及复色,粉红色最为常见;花期6~9月。蒴果椭圆形(图10-1-22)。

【变种与品种】星花福禄考(var. *stellaris*);圆花福禄考(var. *rotundata*)。

图10-1-22 福禄考

【产地与习性】原产于北美。喜凉爽和阳光充足的环境,耐寒性较弱,忌酷暑、水涝,要求土壤肥沃、疏松、排水良好。

【繁殖方法】播种繁殖。

【观赏应用】花色丰富,着花密,花期长,可用作花坛、花境、花丛及庭院栽培,点缀岩石园,还可盆栽。

24)旱金莲(金莲花、旱荷花)

图10-1-23 旱金莲

【学名】*Tropaeolum majus* L.

【科属】旱金莲科,旱金莲属

【形态特征】一年或多年生草本。茎细长,半蔓性或倾卧,长达1.5m,灰绿色,光滑无毛。叶互生,近圆形,具长柄,盾状,具9条主脉,叶绿色,有波状钝角。花腋生,左右对称,梗长;萼5枚,其中一枚延伸成距;花瓣5枚,具爪,花径4~6cm,有紫红、橘红、乳黄等色;花期7~9月(图10-1-23)。

【变种与品种】矮旱金莲(var. *nanum*);重瓣旱金莲(var. *burpeei*)。

【产地与习性】原产于墨西哥、智利等地,我国各地均有栽培。性喜温暖、湿润、向阳的环境,性强键,适宜排水良好的沙壤土,忌湿涝。

【繁殖方法】播种繁殖,也可扦插繁殖。

【观赏应用】南方作多年生栽培,华北地区作一年生栽培。可盆栽用于阳台、窗台等装饰;庭院中可栽植于低矮的栅栏、矮墙、假山石旁,温暖地区可作地被栽植。

25)风铃草(钟花、吊钟花)

【学名】*Campanula medium*

【科属】橘梗科,风铃草属

【形态特征】二年生草本。株高30~120cm,全株具粗毛,茎粗壮而直立,分枝少。基生叶卵状披针形,缘具钝齿;茎生叶披针状矩形。总状花序顶生,着花多数;萼片具反卷宽心脏形附属物;花冠膨大，钟形，径2~3cm，长约5cm。栽培品种多，有白、粉、蓝紫、淡红各色，有花萼瓣化、彩色重瓣与矮生变形。蒴果；花期5~6月（图10-1-24）。

【变种与品种】杯碟风铃草(var. *calycanthema*)

【产地与习性】原产于欧洲南部，我国园林有栽培。喜冷凉，忌炎热，喜光，稍耐阴，要求土壤排水良好，在中性和微碱性土中均能生长良好。

【繁殖方法】播种繁殖。

【观赏应用】植株较大，花色明丽素雅，可用于花坛、花境、林缘、岩石园种植，为优良的盆栽观赏植物，还可作切花。

26）美女樱(麻绣球、铺地马鞭草)

【学名】*Verbena hybrida*

【科属】马鞭草科，马鞭草属

图10-1-24 风铃草

【形态特征】多年生草本，作一、二年生栽培。高20~40cm，茎四棱，多分枝，有毛，呈匍匐生长，有蔓生而横走的茎枝。单叶对生，长圆形或椭圆状三角形，边缘有不规则的钝锯齿。穗状花序顶生或腋生，有长梗，花序直径达7~8cm，花小，花冠漏斗状，5裂，有蓝、紫、红、粉、白等色，中央有淡黄或白色小孔；花期6~10月。园艺品种很多(图10-1-25)。

【变种与品种】白心种(var. *auriculiflora*)；斑纹种(var. *striata*)；大花种(var. *grandiflora*)；矮生种(var. *nana*)。

【产地与习性】原产于巴西、秘鲁、乌拉圭等南美热带地区。喜阳光充足、温暖及湿润的环境，不耐阴，不耐寒，忌涝，对土壤要求不严，要求土壤疏松、肥沃、排水良好。

【繁殖方法】播种繁殖，也可以扦插繁殖。

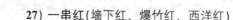

图10-1-25 美女樱

【观赏应用】花期长，花色多，是良好的夏、秋季花坛、花境、花带、花丛常用材料，宜用不同颜色组成色块。可盆栽观赏，也可作地被植物栽培。全草可入药。

27）一串红(墙下红、爆竹红、西洋红)

【学名】*Salvia splendens* Ker-Gawl

【科属】唇形科，鼠尾草属

【形态特征】多年生草本常作一年生栽培。株高30~80cm，茎直立，光滑有四棱，基部木质化。叶对生，卵形至心脏形，叶柄长6~12cm，顶端尖，边缘有锯齿。顶生总状花序，花2~6朵轮生，苞片卵形，深红色，花前包裹花蕾；萼钟状，2唇，宿存，鲜红色；花冠唇形筒状，伸出萼外，长达5cm；花有鲜红、粉、红、紫、淡紫、白等色；花期8~10月。小坚果卵形，黑褐色，生于萼筒基部（图10-1-26）。

图10-1-26 一串红

【变种与品种】一串白(var. *alba*)；一串紫(var. *atropupura*)；矮

一串红(var. nana)。

【产地与习性】原产于南美巴西,现世界各地广泛栽培。喜温暖、阳光充足,也稍耐半阴,不耐寒,喜疏松、肥沃、排水良好的土壤。

【繁殖方法】播种繁殖。

【观赏应用】一串红花色艳丽,花朵繁密,是花坛的主要材料,也可作花丛、花境,还可以上盆作为盆花摆放。

28) 彩叶草(锦紫苏、老来少)

【学名】*Coleus blumei*

【科属】唇形科,锦紫苏属

【形态特征】多年生草本植物,常作一年生栽培。株高50~80cm,茎直立,分枝少,四棱。叶对生,菱状卵形,先端尖,边缘有锯齿,两面有软毛,绿色的叶面上有紫红色或异色斑纹或斑块。轮伞状总状花序顶生,唇形花冠,花小,淡蓝或带白色,花期8~9月。小坚果平滑(图10-1-27)。

【变种与品种】皱叶彩叶草(var. verschaffeltii)

【产地与习性】原产于印度尼西亚。性喜温暖、向阳及通风良好的环境,耐寒能力较弱,要求土壤疏松、肥沃、排水良好。

图 10-1-27 彩叶草

【繁殖方法】播种和扦插繁殖。

【观赏应用】叶片形态多变,叶色绚丽多彩,是优良的盆栽观叶植物,是花坛、花境的理想材料,还可做切叶,也可入药。

29) 飞燕草(千鸟草)

【学名】*Consolida ajacis*

【科属】毛茛科,飞燕草属

【形态特征】一、二年生草本。株高30~60cm,茎直立,节较长,上部疏生分枝,被微柔毛。叶互生,叶片卵形,3全裂,裂片3~4回细裂,小裂片线状条形,下部叶有柄,上部叶叶柄不明显。总状花序长7~15cm,可着生20~30朵小花,小花两侧对称,萼片5枚,有堇蓝、紫、红、粉白等色,上萼片有长距;花瓣2枚,联合,与萼片同色;花期5~6月(图10-1-28)。

【产地与习性】原产于南欧,我国南北方均有栽培。喜冷凉、高燥、全光环境,稍耐阴,较耐寒,要求土壤深厚、肥沃、排水良好。直根系。

【繁殖方法】播种繁殖。

【观赏应用】植株挺拔,叶纤细清秀,花色绚丽,适宜用于花坛、花境,也可盆栽和作切花。全草有毒。

30) 矮牵牛(草牡丹、碧冬茄、杂种撞羽朝颜)

【学名】*Petunia hybrida* Vilm.

【科属】茄科,矮牵牛属

图 10-1-28 飞燕草

图 10-1-29 矮牵牛

【形态特征】一年生或多年生草本，常作一年生栽培。株高 20～60cm，全株被腺毛，茎常倾卧。叶卵形，全缘，近无柄，上部对生，下部多互生。花单生于叶腋或顶生，萼 5 深裂，裂片披针形；花冠漏斗状，花瓣变化较多，有单瓣、重瓣、半重瓣、瓣边有波皱等，花径 5～10cm；花有白、红、粉、紫色及复色、斑叶等品种；花期 4～10 月。蒴果，果实尖卵形，二瓣裂，种子细小（图 10-1-29）。

【产地与习性】原产于南美洲。喜温暖、干燥和阳光充足的环境，不耐寒，怕雨涝，喜疏松、肥沃的微酸性沙质壤土。

【繁殖方法】播种繁殖，品种优异的和一些重瓣品种采用扦插和组织培养。

【观赏应用】花多而色彩丰富，花期长，园林中用于花坛、花境，进行片植和丛植，也可盆栽。

31) 冬珊瑚（珊瑚樱）

【学名】*Solanum pseudo-capsicum*

【科属】茄科，茄属

【形态特征】常绿亚灌木，多作一、二年生栽培。株高 60～120cm。叶互生，狭矩圆形或倒披针形，基部狭楔形而下延至叶柄，全缘或波状。花单生或数朵簇生叶腋，花小，白色，花期 7～8 月。浆果球形，直径 1～1.5cm，久留枝上不落，果熟期 9～12 月。种子扁平，黄色（图 10-1-30）。

【产地与习性】原产于欧洲、亚热带，我国安徽、江西、广东、广西和云南有野生分布。性喜温暖、向阳环境，要求土壤湿润而排水良好，不耐寒。

【繁殖方法】播种或扦插繁殖。

图 10-1-30 冬珊瑚

【观赏应用】为良好的观果植物，主要欣赏秋冬季节的浆果，果的颜色逐渐从绿变成淡绿、白色，最后成熟时变成艳丽的橘红色。全株有毒，果实不能食用。

图 10-1-31 五色椒

32) 五色椒（朝天椒、观赏椒）

【学名】*Capsicum frutescens*

【科属】茄科，辣椒属

【形态特征】多年生草本或小灌木，常作一年生栽培。株高 30～60cm，茎直立，基部木质化，多分枝。单叶互生，卵状披针形，有柄。花小白色，单生于叶腋或簇生于枝梢顶端，花期 6～8 月。浆果，果实直立或稍倾出，果径 1.2～1.5cm，成熟过程由绿变白转呈黄、橙、紫、蓝、红等色；果形有卵形、圆球或扁球状等（图 10-1-31）。

【变种与品种】小朝天椒（var. *parvo-acuminatum*）；樱桃椒（var. *fasciculatum*）；五色椒（var. *cerasiforme*）；指天椒

(var. conoides)。

【产地与习性】原产于美洲热带。喜温暖、阳光充足,在湿润、肥沃的土壤中生长良好,不耐寒。能自播繁衍。

【繁殖方法】播种繁殖。

【观赏应用】优良的观果植物,常作盆栽观赏,亦可配植花坛及作路边镶边材料。可作调味品,全草入药。

33) 蒲包花(荷包花)

【学名】Calceolaria hybrida

【科属】玄参科,蒲包花属

【形态特征】多年生草本,作一、二年生栽培。株高20～30cm,茎绿色,直立,全株具有绒毛。叶对生,卵形或卵状椭圆形,叶缘具齿。伞形花序顶生或腋生,花具2唇,上唇较小,前伸,下唇膨胀呈荷包状,向下弯曲,茎约4cm,花色以黄色为多,且具橙褐色斑点,此外尚有乳白、淡黄、粉、红、紫等色;花期12月至翌年5月(图10-1-32)。

【产地与习性】原产于墨西哥、秘鲁、智利。性喜温暖、湿润、通风的环境,喜光,但避免强光,不耐寒,怕高温、高湿,喜富含腐殖质的沙质壤土。

图10-1-32 蒲包花

【繁殖方法】常用播种繁殖,也可用扦插法繁殖。

【观赏应用】花期长,花美丽、奇特,是冬、春季重要的盆花,深受人们喜爱,用于室内布置。

34) 金鱼草(龙头花、洋彩雀)

【学名】Antirrhinum majus L.

【科属】玄参科,金鱼草属

【形态特征】多年生草本,作一、二年生栽培。株高20～90cm。茎直立,微有绒毛,节不明显,颜色的深浅与花色具有相关性,基部木质化。基生叶对生,卵形,上部螺旋状互生,卵状披针形,全缘。总状花序顶生,长达25cm以上,小花由花梗基部向上逐渐开放;小花具短梗,花冠筒状唇形,长3～5cm,外被绒毛,基部膨大成囊状,上唇2裂,下唇3裂,开展;花有紫、红、粉、黄、橙、栗、白等颜色,或具复色;花期5～7月。蒴果卵形,孔裂,含多数细小种子(图10-1-33)。

【产地与习性】原产于地中海沿岸及北非,现世界各地均有栽培。性喜凉爽和阳光,稍耐半阴,忌酷暑,较耐寒,需要肥沃疏松、排水良好的沙壤土,略耐石灰质土壤。可以自播繁衍。

【繁殖方法】播种繁殖。

【观赏应用】色彩丰富、鲜艳,品种多,高、中型品种宜作切花和花境栽植;矮型品种用于花坛、花境及岩石园,也可盆栽;匍匐型品种宜作地被种植。金鱼草全株入药,有清热、凉血、消肿的功效。

图10-1-33 金鱼草

35）毛地黄（自由钟、洋地黄）

【学名】*Digitalis purpurea*

【科属】玄参科，毛地黄属

【形态特征】二年生或多年生草本。株高90～120cm，茎直立，少分枝，全株被短柔毛和腺毛。单叶互生，叶面粗糙皱缩，卵形或卵状披针形，基生叶莲座状，叶柄长、具狭翅，长15cm，缘具齿，茎生叶叶柄短，叶形自下至上渐小。总状花序顶生，长可达50～80cm，花偏生一侧下垂，花冠大，钟状，长5～7cm，紫色，筒部内侧色浅白，有紫色斑；花期5～6月。蒴果卵球形（图10-1-34）。

【变种与品种】白花毛地黄（var. *alba*）；大花毛地黄（var. *campanulata*）；桐花毛地黄（var. *gloxiniaeflora*）；斑花毛地黄（var. *maculata*）；重瓣毛地黄（var. *monstrosa*）。

【产地与习性】原产于欧洲，我国各地有栽培。性耐寒，耐旱，耐半阴，要求疏松、肥沃及排水良好的沙质土壤。

【繁殖方法】播种繁殖，也可分株繁殖。

【观赏应用】植株高大，花序挺拔，花形优美，色彩明亮。可用于花坛、花境、庭院种植，也可温室促成盆栽。叶可入药。

图10-1-34 毛地黄

36）夏堇（蓝猪耳、蓝翅蝴蝶草）

【学名】*Torenia fournieri*

【科属】玄参科，蓝猪耳属

【形态特征】一年生草本。株高20～30cm，茎四棱形，分枝多，茎叶疏被硬毛。叶对生，卵状披针形，缘有齿。花2～3朵顶生或腋生；花萼膨大，绿色或边缘与顶部略带紫红色；唇形花冠，花冠筒青紫色，背黄色，上唇淡蓝色，下唇深蓝色，喉部有黄色斑点；花期7月至霜降。蒴果矩圆形，种子细小，黄色（图10-1-35）。

【产地与习性】原产于越南，我国南方常见栽培。喜光，能耐阴，不耐寒，耐高温、高湿，要求疏松、肥沃、排水良好的土壤。

【繁殖方法】播种繁殖。

【观赏应用】可作于花坛、花境布置，或作耐阴地被，也可盆栽观赏。

图10-1-35 夏堇

37）龙面花

【学名】*Nemesia strumosa*

【科属】玄参科，龙面花属

【形态特征】一年生草本。株高30～60cm，直立，茎多分枝。叶对生，基生叶倒匙形，全缘，茎生叶披针形，有齿，无柄。总状花序生于枝顶，长约10cm，花冠为偏斜两唇状，上唇4浅裂，下唇2浅裂，有白、黄、紫红等色，喉部黄色；花期春、夏。蒴果。

【产地与习性】原产于南非。喜温暖，忌酷暑，喜阳光，要求肥沃、排水良好的沙质土壤。

【繁殖方法】播种繁殖。

【观赏应用】高茎大花种可作切花，矮种适于盆栽或用于花坛。

38) 瓜叶菊(千日莲、瓜叶莲)

【学名】*Senecio cruenta*

【科属】菊科，千里光属(瓜叶菊属)

【形态特征】多年生草本，通常作二年生盆栽。株高30~50cm，全株被毛。叶大，心脏状卵形，硕大似瓜叶，表面浓绿，背面洒紫红色晕，叶面皱缩，叶缘波状有锯齿，掌状脉，具柄，茎生叶叶柄有翼，基部耳状，根生叶叶柄无翼。头状花序簇生成伞房状生于茎顶；花色多样，除黄色外有红、粉、白、蓝、紫各色或具不同色彩的环纹和斑点，具天鹅绒光泽；花期从12月到次年4月。种子5月下旬成熟(图10-1-36)。

【产地与习性】原产于大西洋加那利群岛，现温室均有栽培。性喜冷凉，畏霜雪，忌夏季阳光直射，不耐高温，怕雨淋，需要肥沃、疏松、排水良好的沙质土壤。

图10-1-36 瓜叶菊

【繁殖方法】播种繁殖为主，也可扦插繁殖。

【观赏应用】株形饱满，花朵美丽，花色繁多，花期长，是冬春季最常见的盆花，用于室内、厅堂布置；切花用作花篮、花环。

39) 翠菊(江西腊、蓝菊)

【学名】*Callistephus chinensis* (L.)Ness.

【科属】菊科，翠菊属

【形态特征】一年生草本。株高30~90cm，茎直立，分枝多，全株被白色粗糙毛。叶互生，卵形或广卵形，叶缘有粗钝锯齿，下部叶有柄，上部叶无柄。头状花序单生于枝顶，花径3~15cm，总苞片多层，苞片叶状；舌状花多轮，花色有紫、蓝、红、粉红、白等色；花期7~10月。株高、花型变化大。瘦果(种子)楔形，浅褐色(图10-1-37)。

图10-1-37 翠菊

【产地与习性】原产于我国东北、华北及西南，朝鲜、日本也有分布。喜温暖、向阳，不耐寒，根系较浅，要求土壤疏松、肥沃、排水良好。忌连作，能自播繁衍。

【繁殖方法】播种繁殖。

【观赏应用】品种类型多，花形多变，花色丰富，花期较长，在园林中广泛应用。矮型种可用于花坛、花境或盆栽；中高型种可作切花或于篱旁、山石前、花境内栽植。花、叶均可入药。

40) 万寿菊(臭芙蓉、蜂窝菊)

【学名】*Tagetes erecta* L.

【科属】菊科，万寿菊属

【形态特征】一年生草本花卉。株高30~90cm，茎粗壮直立。叶对生或互生，羽状全裂，裂片披针形，带锯齿，叶缘背面具油腺点，有特殊气味。头状花序顶生，具长总梗，中空，径5~10cm；总苞种状；舌状花具长爪，边缘皱曲，花序梗上部膨大；花有单瓣、重瓣；花色为黄、橙黄；花期6~10月。瘦果黑色，有光泽。

图10-1-38 万寿菊

【变种与品种】孔雀草(*T. patula*)，又名红黄草(图10-1-38)；细叶万寿菊(*T. tenuifolia*)。

【产地与习性】原产于墨西哥及中美洲地区。性喜温暖、阳光，也耐半阴，较耐旱，忌酷暑、湿涝，抗性较强，对土壤要求不严。生长迅速，栽培容易，病虫害较少。能自播繁殖。

【繁殖方法】种子繁殖。

【观赏应用】花大色艳，花期长，最适作花坛布置或作花丛、花境栽培，也作切花，矮生品种作盆栽。

41) 百日草(步步高、百日菊)

【学名】 *Zinnia elegans* Jacq.

【科属】菊科，百日草属

【形态特征】一年生草本。株高30～90cm，茎秆较粗壮，全株具毛。叶十字对生，卵圆至长椭圆形，全缘，无柄，基部抱茎。头状花序顶生，径5～12cm，舌状花一至多轮，呈紫、红、橙、粉、黄、白等色，花瓣呈倒卵形；花期6～10月。瘦果扁平。栽培品种很多(图10-1-39)。

【产地与习性】原产于美洲墨西哥等地，我国广泛栽培。性强健，喜温暖、阳光，不耐寒，较耐干旱与瘠薄，喜肥沃、排水良好的土壤。

【繁殖方法】播种繁殖。

【观赏应用】花色丰富，花期长，园林中常用来布置花坛、花境，也可丛植或作切花；矮生品种可用来镶边或盆栽。

图10-1-39 百日草

42) 雏菊(延命菊、春菊)

【学名】 *Bellis perennis* L.

【科属】菊科，雏菊属

【形态特征】多年生草本植物，常作二年生栽培。株高10～20cm，全株具毛。叶基部簇生，呈莲座状，匙形或倒卵形，先端钝圆，边缘具皱齿，叶柄上有翼。花茎自叶丛中抽出，头状花序单生于茎顶，高出叶面，花径3.5～8cm；舌状花一至数轮，有白、粉、蓝、红、粉红、深红或紫色，筒状花黄色；花期3～5月。瘦果扁平，较小(图10-1-40)。

【产地与习性】原产于西欧。我国各地均有栽培。性强健，较耐寒，忌炎热、水湿，喜光照充足，对土壤要求不严，在肥沃、湿润、排水良好的沙质壤土中生长良好。

【繁殖方法】播种繁殖。

【观赏应用】植株矮小，花期较长，优雅别致，是早春至"五一"劳动节装饰花坛、花带及花境镶边的重要材料，可用来点缀岩石园，也可盆栽观赏。

43) 金盏菊(金盏花、长生菊)

【学名】 *Calendula officinalis* L.

图10-1-40 雏菊

【科属】菊科，金盏菊属

【形态特征】多年生草本，作一、二年生栽培。株高30～60cm，微有毛。叶互生，长圆至长圆倒卵形，全缘，基部抱茎，基生叶有柄。头状花序单生，花梗粗壮，花径4～5cm，甚至10cm，舌状花有金黄、淡黄、橙红、乳白等色，也有重瓣、卷瓣和矮生等栽培品种；总苞1～2轮，苞片线状披针形；花期4～6月。瘦果，弯曲呈船形(图10-1-41)。

【产地与习性】原产于地中海至伊朗，我国各地均有栽培。性较耐寒，适应性强，喜阳光充足的凉爽环境，不耐阴，怕酷热和潮湿，对土壤及环境要求不严。能自播繁衍。

【繁殖方法】播种繁殖。

【观赏应用】花色鲜艳夺目，开花早，花期长，是早春花坛、花境的重要材料；也可盆栽或作切花。

图10-1-41　金盏菊

44) 矢车菊(蓝芙蓉)

【学名】*Centaurea cyanus*

【科属】菊科，矢车菊属

【形态特征】一、二年生草本。株高30～90cm，幼时被白色棉毛，多分枝，细长，茎叶灰绿色。单叶互生，基生叶大，具深齿或羽裂，裂片线形；茎生叶条形，全缘。头状花序单生于茎顶，径约4cm，总苞针状；舌状花为漏斗形，6裂向外伸展，筒状花细小，花有蓝、粉、白、淡红、紫等色；花期4～5月。瘦果，冠毛刺状(图10-1-42)。

【产地与习性】原产于欧洲东南部，我国各地有栽培。喜光，好冷凉，忌炎热，较耐寒，要求疏松、肥沃和排水良好的土壤。

【繁殖方法】播种繁殖。

【观赏应用】宜布置春季花坛、花境和盆栽，高茎品种可作切花。

图10-1-42　矢车菊

45) 波斯菊(秋英、大波斯菊、扫帚梅)

【学名】*Cosmos bipinnatus* Cav.

【科属】菊科，秋英属(波斯菊属)

【形态特征】一年生草本，株高60～100cm。叶对生，长约10cm，二回羽状全裂，裂片稀疏线形，全缘。头状花序径5～8cm，具长梗，顶生或腋生；总苞片2层，内层边缘膜质；舌状花常一轮8枚，先端截形或微有齿，白、淡红、堇色，盘心黄色；花期6～10月。瘦果似喙。

【变种与品种】白花波斯菊(var. *albiflorus*)；大花波斯菊(var. *grandiflorus*)；紫花波斯菊(var. *purpureus*)。

【产地与习性】原产于墨西哥。性强健，喜温暖、向阳、通风良好的环境，耐干旱、瘠薄，土壤过肥时，枝叶徒长，开花不良。能自播繁衍。

【繁殖方法】种子繁殖。

【观赏应用】适宜作花境、林缘散植、公路彩化、河坡、宅旁点缀，也是优良的切花材料。

46）蛇目菊（金星梅、小波斯菊）

【学名】*Coreopsis tinctoria* Nutt.

【科属】菊科，金鸡菊属

【形态特征】一年生草本。株高50～90cm，茎多分枝、无毛。叶对生，二回羽状全裂，裂片线形或线状披针形，上部叶无柄，中、下部叶具长柄。头状花序呈松散的聚伞状排列，茎3～4cm，花序梗纤细，舌状花单轮，8枚，舌片上部黄色，基部褐红色，先端具三齿，筒状花暗紫色；花期6～9月。瘦果纺锤形（图10-1-43）。

【产地与习性】原产于北美中部，我国各地均有栽培。喜光，喜夏季凉爽的气候，耐寒力不强，要求土壤排水良好。能自播。

【繁殖方法】播种繁殖。

【观赏应用】茎叶亮绿，花朵玲珑，适宜于花坛、花境栽植，还常用于隙地绿化，也宜于坡地、草坪丛植或作地被。

图10-1-43 蛇目菊

47）藿香蓟（胜红蓟、蓝翠球）

【学名】*Ageratum conyzoides*

【科属】菊科，藿香蓟属

【形态特征】一年生或多年生草本。株高30～60cm，植株丛生而紧凑，多分枝，茎稍带紫色，全株具毛。叶对生，卵形或菱状卵形，具钝齿。头状花序，径约1cm，聚伞状密生于枝顶；小花筒状，花冠先端5裂，无舌状花，淡蓝、浅紫、粉红或白色；花期6～10月。瘦果（图10-1-44）。

【产地与习性】原产于热带美洲。我国有栽培。喜温暖、向阳的环境，稍耐半阴，较耐旱，适应性强，对土壤要求不严。偶有自播繁衍能力。

【繁殖方法】播种繁殖，也可扦插繁殖。

【观赏应用】花色素雅别致，适宜用于布置夏、秋季花坛、花境或点缀岩石园，也是优良的地被材料，还可盆栽观赏或作切花。

图10-1-44 藿香蓟

48）麦秆菊（腊菊、贝细工）

【学名】*Helichrysum bracteatum*

【科属】菊科，腊菊属

【形态特征】一年生草本。株高40～90cm，茎直立、较粗壮，上部有分枝，全株具毛。单叶互生，条状至矩圆状披针形，基部渐狭至短柄，全缘。头状花序，径约3～6cm，总苞片内部数层苞片伸长或呈花瓣状，干膜质，有光泽，淡红色或黄色，为主要观赏部位；管状花集于中心，圆形花盘呈黄色；花于晴天开放，雨天及夜晚闭合；花期5～7月。瘦果光滑，有近羽状糙毛（图10-1-45）。

【变种与品种】帝王贝细工（var. *monstrosum*）。

【产地与习性】原产于澳大利亚，我国庭院常见栽培。喜温暖、湿润的环境，不耐寒，忌酷热，喜光照充足，不择土壤，适应性强。

【繁殖方法】播种繁殖。

图10-1-45 麦秆菊

【观赏应用】用于布置夏季花坛或林缘丛植；因苞片色彩绚丽，干燥后经久不凋，宜制作成干花，供室内装饰。

49) 向日葵(葵花、向阳花)

【学名】*Helianthus annuus*

【科属】菊科，向日葵属

【形态特征】一年生草本。株高90～200cm，全株被粗硬刚毛，茎粗壮，髓部发达。单叶互生，宽卵形，长达30cm或更长，边缘有锯齿，三出脉，有长柄。头状花序单生于枝顶，大型，径可达40cm，具向阳性；舌状花一轮，黄色，雌性；管状花紫褐色，两性。花期7～10月。瘦果，长椭圆形。果熟期9～11月(图10-1-46)。

【变种与品种】矮生向日葵('Nanus')。

【产地与习性】原产于北美，我国广泛栽培。喜温暖、向阳、湿润的环境，耐旱，不耐寒，适应性强，需要疏松、肥沃、土层深厚的沙质土壤，亦耐瘠薄、盐碱地。花序跟随光线移动方向。

图10-1-46 向日葵

【繁殖方法】播种繁殖。

【观赏应用】矮生、重瓣品种布置夏、秋季花坛、花境及盆栽观赏；高大品种适宜栽植于宅旁空地、隙地或林缘，也可作切花。种子可食用、榨油；茎秆纤维可造纸等。

50) 观赏蓖麻(红果蓖麻、蓖麻)

【学名】*Ricinus cummunis*

【科属】大戟科，蓖麻属

【形态特征】一年生草本或多年生灌木。株高150～250cm，茎直立，疏分枝，中空，枝秆红色。单叶互生，叶柄长，叶盾形，直径20～60cm，掌状5～11裂，裂片卵形或窄卵形，缘具齿，无毛，叶脉红色。聚伞圆锥花序顶生或与叶对生，长约20cm；花单性同株，无花瓣，花黄色。蒴果球形，红色，长2.5cm，有软刺。观赏品种叶色有紫、红、黄铜及橙色等变化(图10-1-47)。

【产地与习性】原产于非洲热带。喜光，不耐寒，耐热，耐干旱，适应性强，耐瘠薄、又喜肥，生长快。

图10-1-47 观赏蓖麻

【繁殖方法】春季播种繁殖。因其直根性，不可移植，采用直播。管理粗放。

【观赏应用】红色软刺果十分鲜艳，可点植于角隅，丛植作背景，还可盆栽。种子有毒，为工业原料；全株均可入药。

51) 月见草(夜来香、山芝麻)

【学名】*Oenothera biennis*

【科属】柳叶菜科，月见草属

【形态特征】一、二年生草本。株高60～100cm，全株具毛，分枝开展。叶互生，下部叶为狭倒披针形，上部叶卵圆形，缘具明显浅齿。花序穗状，着生于枝顶；花序下部花稀疏，越向上越紧密；花黄色，径4～5cm，花瓣倒心脏形；傍晚开花，凌晨凋谢，具清香。花期6～9月。

【产地与习性】原产于北美，我国广泛栽培。喜阳光充足，不耐寒，性强健，耐旱，耐瘠薄，要求土壤肥沃和排水良好。能自播。

【繁殖方法】播种繁殖。

【观赏应用】夜晚开放，香气宜人。用于庭院或开阔草坪丛植，也可布置于小路边或点缀于假山石隙，作大片地被。是夜花园的良好植物材料。种子药用价值高。

52) 草原龙胆(洋桔梗)

【学名】*Eustoma grandiflorum*

【科属】龙胆科，草原龙胆属

【形态特征】一、二年生草本。株高30～90cm，茎直立，灰绿色。叶对生，卵形至长椭圆形。圆锥花序，花萼筒具棱；花冠钟状，裂片直立或向外弯曲，边缘不整齐，有蓝紫、白绿、粉等色，或花中心部分暗紫色，径约5cm，长5cm。蒴果椭圆形，种子细小而多。栽培品种很多，有株形高矮、花朵单、重瓣及花期早、晚之别。

【产地与习性】原产于美国。喜温暖、湿润的环境，较耐寒，忌水湿、连作，要求疏松、肥沃、排水良好的土壤。

【繁殖方法】播种繁殖。

【观赏应用】株态轻盈潇洒，花色典雅明快，多用于切花和盆栽，也可用于花境。

10.2 宿根花卉

宿根花卉是指植株地下部分宿存越冬而不膨大，次年继续萌芽开花，并可持续多年的草本园林植物。宿根花卉种类繁多，大多花色艳丽，适应性强，栽培管理粗放，一次栽植后，常可多年观赏，具有很高的环境效益，在园林中得到了越来越广泛的应用。

宿根花卉依耐寒力不同可分为耐寒性宿根花卉和不耐寒性宿根花卉。耐寒性宿根花卉一般原产于温带，性耐寒或半耐寒，可以露地越冬，冬季有完全休眠习性，地上部的茎叶全部枯死，只有地下部能安全越冬，到春季气温转暖时抽芽、生长、开花；不耐寒性宿根花卉大多原产于温带的温暖地区及热带、亚热带，耐寒性差，越冬温度在5℃或10℃以上，在我国长江流域以北地区需温室栽培，四季常绿。

宿根花卉繁殖以分株为主，多在休眠期进行，也可扦插、嫁接繁殖。播种繁殖多用于培育新品种。

园林中宿根花卉常用来布置花境、花丛、野生花卉园、岩石园等，有些种类可盆栽用于室内装饰或作鲜切花。

1) 香石竹(康乃馨、麝香石竹)

【学名】*Dianthus caryophyltus* L.

【科属】石竹科，石竹属

【形态特征】常绿亚灌木，作多年生草本栽培。株高60～100cm，茎直立，基部半木质化，多分蘖，节膨大，茎、叶光滑，微具白粉。叶对生，线状披针形，全缘，基部抱茎，灰绿色。花单生或2～5朵簇生；苞片2～3层，紧贴萼筒；萼筒钟状，端部5裂。花瓣多数，扇形，内瓣多呈皱缩状，具爪；花色极为丰富，有红、紫红、粉、黄、橙、白等单色，还有条纹、晕斑及镶边复色。温室中四季常绿，常年开花(图10-2-1)。

图10-2-1 香石竹

【产地与习性】原产于南欧、地中海北岸及西亚。性喜通风良好、干燥和阳光充足的环境,喜凉爽,不耐炎热,不耐旱、涝,需要肥沃、排水良好、呈微酸性的稍黏质土壤。

【繁殖方法】组织培养和扦插繁殖。

【观赏应用】为著名切花,世界重要花卉出口国都大量生产香石竹切花。矮生种可布置花坛、花境和盆栽。

2) 石碱花(肥皂草)

【学名】 Saponaria officinalis

【科属】石竹科,肥皂草属

【形态特征】多年生草本。株高30～100cm,根茎横生,全株绿色光滑,基部稍铺散,上部直立。叶长圆状披针形,明显3脉。聚伞状花序呈圆锥状,淡红或白色,单花茎2.5cm,花瓣长卵形,全缘,凹头,爪端有附属物,雄蕊5,萼圆筒形;花期6～8月(图10-2-2)。

【变种与品种】重瓣变种(var. florepleno)

【产地与习性】原产于欧洲及西亚。性强健,耐寒,耐热,对环境要求不严格,一般土壤均可生长。能自播。

【繁殖方法】播种、分株、扦插繁殖。栽培简单,花后修剪,可二次开花并能使其生长旺盛,避免倒伏零乱。

【观赏应用】适宜作花境的背景,布置于野生花卉园、岩石园,或丛植于林缘、篱旁,可作地被材料及药用。

图 10-2-2 石碱花

3) 大花剪秋罗

【学名】 Lychnis fulgens

【科属】石竹科,剪秋罗属

【形态特征】多年生宿根草本。株高50～80cm,全株被白色长毛,茎直立。单叶互生,狭披针形,表面粗糙,背面有柔毛。花3～7朵聚生于顶端,深红色,径达5cm,花瓣5枚,先端2深裂;花期7～8月(图10-2-3)。

【产地与习性】分布于我国东北、华北地区。喜凉爽、湿润,耐寒,忌高温、多湿。

【繁殖方法】播种或分株繁殖。

【观赏应用】可作二年生花卉栽培。园林中常以自然式布置,或丛植作背景材料,亦可作切花。全草入药。

图 10-2-3 大花剪秋罗

4) 芍药(将离、婪尾花、没骨花)

【学名】 Paeonia lactiflora Pall.

【科属】毛茛科,芍药属

【形态特征】多年生草本植物。株高60～120cm,根肉质,粗壮,茎丛生,初生茎叶褐红色。茎下部为二回三出羽状复叶,上部渐变为单叶,小叶卵状披针形,叶端长而尖,全缘。花一至数朵生于顶部或枝上部腋生,梗较长,萼片4～5枚,宿存;花单瓣或重瓣,花色有白、黄、粉红、紫红

图10-2-4 芍药

等，花径13～18cm；雄蕊多数，金黄色。开花期因地区不同略有差异，一般为4月下旬至6月上旬。蓇葖果内含种子多数，果熟期7～8月，种子球形、黑褐色(图10-2-4)。

【产地与习性】原产于我国北部、日本和朝鲜。耐寒，健壮，适应性强，我国各地均可露地越冬。喜阳光，亦耐阴，忌夏季酷热，好肥，忌积水，以壤土或沙质壤土栽培为宜。

【繁殖方法】以分株为主，也可以播种和根插繁殖。

【观赏应用】花大色艳，花型丰富，可与牡丹媲美，生长又强健，花期长。园林中常布置为专类花坛或配植花境，也可盆栽以布置室内。芍药还是春季重要的切花材料。其根可加工为"白芍"，是重要的药材。

5) 耧斗菜(西洋耧斗菜，耧斗花)

【学名】*Aquilegia vulgaris* L.

【科属】毛茛科，耧斗菜属

【形态特征】多年生草本。株高40～80cm，具细柔毛，茎直立，多分枝。二回三出复叶，具长柄，裂片浅而微圆。花顶生或腋生，花梗细弱，花下垂，花萼5枚，花瓣状，花瓣卵形，5枚，通常紫色，有时蓝白色；花期5～7月(图10-2-5)。

【产地与习性】原产于欧洲。性强健，耐寒性强，不耐高温酷暑，喜富含腐殖质、湿润和排水良好的土壤。

【繁殖方法】分株繁殖，可用播种繁殖。

【观赏应用】叶形优美，花姿独特，可丛植于花境、林缘或疏林下，是岩石园的优良植材。也可作切花。

6) 白头翁(老公花、毛菅朵花)

【学名】*Pulsatilla chinensis*

【科属】毛茛科，白头翁属

图10-2-5 耧斗菜

【形态特征】多年生宿根草本。株高20～40cm，根茎粗而直，全株密被白色长柔毛。叶基生，三出复叶4～5片，具长柄，叶缘有锯齿。花茎1～2，高15～35cm，花单生，径8cm，萼片花瓣状，6片成2轮，蓝紫色，外被白色柔毛；花期3～5月。瘦果宿存，具较长的银白色毛(图10-2-6)。

【产地与习性】原产于中国，除华南外各地均有分布。性耐寒，喜凉爽、向阳的环境，要求土壤肥沃及排水良好。

【繁殖方法】播种繁殖，多采用直播，种子成熟后立即播种。亦可分株繁殖。

【观赏应用】花期早，花色艳，花后可观果，宜植于花境或作草坪缀花，可作地被植物，适于野生花卉园自然式栽植，是极好的岩石园材料，亦可盆栽。其根入药。

图10-2-6 白头翁

7) 翠雀(大花飞燕草)

【学名】*Delphinium grandiflorum* L.

【科属】毛茛科，翠雀属

【形态特征】多年生宿根草本。株高40～80cm，茎直立、多分枝，全株被柔毛。叶互生，掌状深裂。总状花序腋生，萼片5枚，花瓣状，上萼片与上花瓣有距，蓝紫色，下花瓣无距，白色；花期5～7月(图10-2-7)。

【产地与习性】原产于我国北部及西伯利亚。耐寒，喜凉爽，忌炎热气候，耐旱，耐半阴，要求腐殖质丰富、肥沃、湿润的土壤。

【繁殖方法】播种、分株、扦插繁殖。

【观赏应用】花色、花形别致，适于夏季凉爽地区布置花坛、花境等，亦可作切花。

图10-2-7 翠雀

8) 荷包牡丹(兔儿牡丹)

【学名】*Dicentra spectabilis* Lem.

【科属】紫堇科，荷包牡丹属

【形态特征】多年生草本。株高30～60cm，地下具根状茎。叶对生，三出羽状复叶。顶生总状花序，总梗呈拱形，小花具短梗，向一侧下垂，每序着花10朵左右。花被4片，分内外两层，外层2片联合成荷包形，先端外卷，粉红至鲜红色，内层2片瘦长外伸，白色；花期4～5月。果实为蒴果，种子细长，先端有冠毛(图10-2-8)。

【产地与习性】原产于我国东北和日本。耐寒性强，忌暑热及烈日直射，要求栽植在疏松肥沃的土壤中。

图10-2-8 荷包牡丹

【繁殖方法】分株繁殖为主，也采用扦插和播种繁殖。

【观赏应用】花序奇特而富有趣味，园林中种植在疏荫下的花境及树坛内，十分美观，也可盆栽和作切花。

9) 落新妇(升麻)

【学名】*Astilbe chinensis* (Maxim.)Franch. et Sav.

【科属】虎耳草科，落新妇(升麻)属

【形态特征】多年生宿根草本。株高40～80cm，地下有粗壮的根状茎，茎与叶柄上散生棕黄色长绒毛。基生叶为2～3回羽状复叶，小叶卵形或长卵形，长1.8～8cm，边缘有重锯齿，叶上面疏生短刚毛，背面尤多。圆锥状花序长30cm，与茎生叶对生，密生褐色弯曲柔毛，花密集，具苞片，花小，5瓣，初开粉红色，后变白色；花期6～7月。蓇葖果(图10-2-9)。

【产地与习性】原产于我国，广布长江中、下游及东北各地，朝鲜、俄罗斯也有分布。性耐寒，喜半阴、潮湿环境，适应性较强，喜腐殖质多的酸性和中性土壤，也耐轻碱地。

图10-2-9 落新妇

【繁殖方法】播种或分株繁殖。栽培管理粗放。

【观赏应用】花序紧密，色彩艳丽，品种丰富，可植于林下或半阴处观赏，花序作切花。根、茎可入药。

10) 羽扇豆(多叶羽扇豆)

【学名】*Lupinus polyphyllus*

【科属】豆科，羽扇豆属

【形态特征】多年生草本，株高90～120cm。叶多基生，掌状复叶，小叶9～16枚。轮生总状花序，顶生，长达60cm；花蝶形，萼片2枚，唇形，齿裂，旗瓣阔，直立，边缘背卷；龙骨瓣弯曲，花色有白、粉、红、橙、蓝、紫；花期5～6月。荚果扁，种子黑色(图10-2-10)。

【变种与品种】加州羽扇豆(*L. arborens*)；二色羽扇豆(*L. hartwegii*)。

【产地与习性】原产于北美。喜气候凉爽、阳光充足，较耐寒，忌炎热、多雨，略耐阴，需肥沃、排水良好、微酸性的沙质土壤。

图10-2-10 羽扇豆

【繁殖方法】播种及扦插繁殖。

【观赏应用】花序挺拔，花色艳丽、多变，布置花坛、花境，亦可盆栽或作切花。

11) 天竺葵(石蜡红、洋绣球)

【学名】*Pelargonium hortorum* Bailey.

【科属】牻牛儿苗科，天竺葵属

【形态特征】亚灌木或多年生草本。基部茎稍木质，茎略带肉质、多汁，全株密被绒毛。具特殊气味。单叶对生或近对生，叶圆形至肾形，边缘为钝锯齿或浅裂，叶绿色，叶缘常有暗红色马蹄形环纹。伞形花序呈伞房状排列，腋生或顶生，花梗长，花蕾下垂。花有红、粉、白等色；花期夏季或冬季(图10-2-11)。

【产地与习性】原产于南非。喜温暖、阳光充足的环境，适应性强，夏季为半休眠状态，忌炎热，要求土壤肥沃、疏松、排水良好。

【繁殖方法】以扦插繁殖为主。播种繁殖用于培育新品种。

图10-2-11 天竺葵

【观赏应用】花期持续时间长，长达3个月，花色丰富艳丽，花序犹如一个大彩球，栽培繁殖简便，是颇受欢迎的盆栽观赏植物，为布置庭院、花坛及室内厅堂的理想材料。

12) 何氏凤仙(玻璃翠)

【学名】*Impatiens holstii*

【科属】凤仙花科，凤仙花属

【形态特征】多年生常绿草本花卉。株高30～60cm，茎半透明肉质，粗壮，多分枝，分枝茎具红色条纹。叶互生，尾尖状，锯齿明显，叶柄较长，叶片卵形或卵状披针形，花腋生或顶生，较大，花瓣5枚，平展，有距，花色有粉红、红、橙、淡紫及复色等；花期5～9月。蒴果椭圆形，种子细小(图 10-2-12)。

【变种与品种】新几内亚凤仙(*I. hawkeri*);苏丹凤仙(*I. sultani*),又名苏氏凤仙。

【产地与习性】原产于非洲东部热带。性喜冬季温暖、夏季凉爽通风的环境,不耐寒,喜半阴,喜排水良好的腐殖土。

【繁殖方法】常用扦插法繁殖,也可用播种繁殖。

【观赏应用】叶繁花茂,作室内盆栽观赏,常见且容易栽培;温暖地区或温暖季节可布置于庭院或花坛中。

图 10-2-12 何氏凤仙

13) 芙蓉葵(草芙蓉、秋葵)

【学名】*Hibiscus moscheutos* Linn.

【科属】锦葵科,木槿属

【形态特征】多年生草本。株高 50~80cm,茎直立,有分枝,基部木质化,成丛生状着生,全株光滑。单叶互生,叶大,广卵形,边缘具钝锯齿,叶柄、叶背密生灰色星状毛。花大,单生于上部叶腋,径 10~15cm,花红、粉、白色;花期 7~9 月。蒴果(图 10-2-13)。

【产地与习性】原产于北美。性耐寒,喜阳、又稍耐阴,耐热,耐湿,忌干旱,在肥沃的沙质壤土中生长繁茂。

【繁殖方法】播种和分株繁殖。

【观赏应用】萌发力、生长势均强,开花多,花期长,宜栽于河边、池边、沟边,为夏季观花植物。

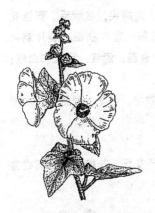

图 10-2-13 芙蓉葵

14) 补血草(中华补血草、华矶松)

【学名】*Limonium sinense*

【科属】蓝雪科(白花丹科),补血草属

【形态特征】多年生草本。株高 30~80cm,直根性。基生叶呈莲座状排列,倒卵状长圆形至披针形。花序呈伞房状、圆锥状或穗状,花序轴具显著的沟槽,苞片短于花萼,紫褐色,边缘膜质,花萼漏斗状,疏生柔毛,白色或乳白色,宿存;花瓣 5 枚,黄色,很小;花期 6~7 月。

【产地与习性】原产于中国。耐寒性强,耐盐碱,耐旱,忌湿涝,要求土壤较黏质。

【繁殖方法】播种、分株或扦插繁殖。

【观赏应用】可配植于花境、丛植,用于切花栽培,是良好的干花花材。全草药用。

15) 长春花(日日草、山矶花)

【学名】*Catharanthus roseus* (L.)G. Don

【科属】夹竹桃科,长春花属

【形态特征】多年生草本。株高 30~60cm,茎直立,基部木质化。单叶对生,长圆形,基部楔形,具短柄,浓绿色,有光泽,主脉白色明显。花单生或数朵生于叶腋,花筒细长,花冠高脚碟状,5 裂,向左覆盖,红、玫红、白色,喉部色深。萼片线状,具毛。蓇葖果,有毛;花期 8~10 月(图 10-2-14)。

图 10-2-14 长春花

【产地与习性】原产于南亚、非洲东部及美洲热带，我国园林中常见栽培。喜阳光充足、温暖、湿润的环境，不耐寒，夏季于半阴处开花更好，不择土壤，忌水涝。

【繁殖方法】春季播种繁殖。

【观赏应用】花期长，花朵繁茂，暖地用于花坛布置、庭院丛植；北方作温室盆栽，供四季赏花。可入药。

16）宿根福禄考(锥花福禄考、天蓝绣球)

【学名】*Phlox paniculata* Linn.

【科属】花荵科，福禄考属

【形态特征】多年生宿根草本。株高60～120cm，直立性强，不分枝。叶交互对生或上部叶子轮生，无柄，长椭圆形，先端尖，被腺毛。圆锥花序顶生、呈锥形，较大，径15cm左右，花朵密集；萼片狭细，裂片刺毛状；小花高脚碟形，径2.5cm，先端5裂，花色有堇、洒红、粉红和白红；花期7～9月(图10-2-15)。

【产地与习性】原产于北美。我国各地广泛栽培。耐寒，忌酷日、水涝和盐碱。

【繁殖方法】可用播种、分株及扦插繁殖。

【观赏应用】花期长，花冠美丽，园林中用于花坛、花境、岩石园或盆栽，也是切花的良好材料。

图10-2-15 宿根福禄考

17）勿忘草(勿忘我)

【学名】*Myosotis sylvatica*

【科属】紫草科，勿忘草属

【形态特征】多年生草本。株高30～60cm，茎直立或基部略平卧，被长柔毛。单叶互生，长椭圆形，无柄或基部叶有柄。镰状聚伞花序，花冠5裂，高脚碟状，蓝色、粉色或白色，喉部黄色；花期4～6月。小坚果(图10-2-16)。

【产地与习性】原产于欧亚两洲，现各地均有栽培。喜光照充足、凉爽，在半阴的湿地中也能生长，对土壤要求不严。

【繁殖方法】可用播种、分株及扦插繁殖。

【观赏应用】常用于春、夏季节的花坛、花境布置，可点缀岩石园、坡地，还可盆栽或作切花。

18）假龙头花(芝麻花、随意草)

【学名】*Physostegia virginiana*

图10-2-16 勿忘草

【科属】唇形科，假龙头花属

【形态特征】多年生宿根草本。株高50～100cm，茎丛生直立，稍四棱，地下有匍匐状根茎。叶交互对生，披针形，叶缘有整齐锯齿，无柄。穗状花序顶生，长20～30cm，每轮有花2朵，小花几乎无柄，花冠唇形，花筒长2.5cm，花粉红或淡紫，花期7～9月(图10-2-17)。

【变种与品种】白花假龙头花(var. *alba*)；大花假龙头花(var. *grandiflora*)。

图10-2-17 假龙头花

【产地与习性】原产于北美。较耐寒，耐热，喜光，喜湿润，需要疏松、肥沃及排水良好的沙壤土。

【繁殖方法】播种或分株繁殖。

【观赏应用】花朵整齐、秀丽，适于群体观赏，园林中可用于花坛、花境，或丛植于野生花园中，形成自然景观；还可盆栽观赏或作切花。

19) 美国薄荷

【学名】*Monarda didyma*

【科属】唇形科，美国薄荷属

【形态特征】多年生草本。株高 100～120cm，茎直立，四棱形。叶对生，卵形或卵状披针形，质薄，被毛，缘有锯齿，有薄荷味。轮伞花序聚生于茎上部的叶腋内，呈头状；苞片红色；萼细长，花冠近无毛，长 5cm，绯红色，花筒上部稍大，裂片略成二唇型；花期 6～9 月；坚果(图 10-2-18)。

【变种与品种】花白色(var. *alba*)；花蔷薇色(var. *rosea*)；花橙红色(var. *salmonse*)；花堇蓝色(var. *violacea*)。

【产地与习性】原产于北美，现世界各地常见栽培。性喜凉爽的气候，耐寒、耐热、耐湿，喜阳也耐半阴，要求土壤疏松、肥沃及较湿润。耐修剪，铺盖地面快。

图 10-2-18 美国薄荷

【繁殖方法】播种繁殖。

【观赏应用】园林中可成片种植，适宜植于花坛、花境中，为良好的宿根花卉，也可作切花。可以食用和药用。

20) 白婆婆纳(绒毛婆婆纳)

【学名】*Veronica incaca*

【科属】玄参科，婆婆纳属

【形态特征】多年生草本。株高 10～40cm，茎直立，少分枝，全株被白色柔毛。叶对生，下部叶矩圆形至椭圆形，上部叶条形，叶缘具齿。总状花序，顶生穗状，花无梗或梗极短；花冠蓝色、蓝紫色或白色，有明显花冠筒，稍 2 唇形；花期 6～8 月。蒴果近圆形。

【产地与习性】原产于我国黑龙江及内蒙古，欧洲至东西伯利亚也有。性耐寒，喜阳光充足，要求土壤深厚、肥沃、湿润和排水良好。

【繁殖方法】播种繁殖，分株繁殖。

【观赏应用】用于园林中的花境和岩石园，也可在坡地成片种植。其蓝色成串的花朵，有良好的观赏效果。

21) 非洲紫罗兰(非洲堇、非洲紫苣苔)

【学名】*Saintpaulia ionantha*

【科属】苦苣苔科，非洲紫罗兰属

【形态特征】多年生常绿草本花卉。全株具软毛，叶基生，具粗大略带肉质的叶柄，叶卵形或长圆状心脏形，叶全缘或具浅圆齿。花茎从叶间抽生，总状花序，着花 3～8 朵，花有短筒，花冠 2 唇裂，径约 3cm，花有紫色、桃色、红色、白色及混合色等色，花期为春、夏(图 10-2-19)。

图 10-2-19 非洲紫罗兰

【产地与习性】原产于非洲东南部。性喜温暖、湿润的环境，夏季怕强光和高温，冬季要求阳光充足，不耐寒，土壤要求疏松且排水良好。

【繁殖方法】以扦插法繁殖为主，也可用播种和分株繁殖。

【观赏应用】花期长，植株小巧，叶显眼动人，花有重瓣和半重瓣，花瓣边缘有皱褶，花色多样，为重要的室内小型盆栽观赏花卉，用以布置窗台、几案。

22）毛萼口红花（毛芒苣苔）

【学名】*Aeschymanthus radicans*

【科属】苦苣苔科，芒毛苣苔属

【形态特征】多年生蔓生常绿藤本植物，有附生性。茎细弱丛生，下垂，长达60～90cm，基部多分枝。叶对生，椭圆形，有光泽，鲜绿色。花成对腋生或顶生，长3～4cm，花萼筒状，有光泽，深紫色；花冠筒状，向一方开张至喉部，鲜红色，有绒毛，喉部黄色；花期5～7月（图10-2-20）。

图10-2-20 毛萼口红花

【产地与习性】原产于热带。性喜温暖、湿润，不耐寒，喜半阴，忌阳光直射，要求疏松、肥沃、排水良好的腐殖质土。

【繁殖方法】扦插或分株繁殖。

【观赏应用】长枝悬垂，红艳雅致，盆栽适宜廊檐下悬挂欣赏，观赏效果极佳。

23）大花蓝盆花

【学名】*Scabiose superba*

【科属】川续断科，山萝卜属

【形态特征】多年生草本。株高40～80cm。叶对生，稍革质，具长柄，卵圆形至倒披针形，边缘有粗深齿或羽状3～9裂，中央裂片宽大。花径高达40cm，头状花序，总花梗极长，花序径5～7cm；花冠蓝紫色，边花大、唇形，心花较小，花萼5枚，刺状；总苞长，匙状披针形；花期5～6月（图10-2-21）。

【产地与习性】原产于我国华北。适应性强，耐寒，喜冷凉，喜光，在肥沃土壤中生长尤佳。

图10-2-21 大花蓝盆花

【繁殖方法】播种繁殖或分株繁殖。

【观赏应用】园林中可用于花坛、花境及岩石园，还可作切花。

24）橘梗（僧冠帽、梗草）

【学名】*Platycodon grandiflorum* (Jacq.) A. DC

【科属】橘梗科，橘梗属

【形态特征】多年生宿根草本，具肥厚粗壮的圆锥根。株高30～100cm，枝铺散状，有乳汁。叶互生或3枚轮生，缘有齿。花顶生，2～3朵组成疏散总状花序，含苞时花形如僧冠，开放后花冠宽钟状，径可达6cm以上，花色为蓝色，有白色、大花、星状花、斑纹花、半重瓣花及植株不同高矮等品种；花期6～9月（图10-2-22）。

图10-2-22 橘梗

【产地与习性】原产于中国、日本、朝鲜，我国各地均有分布，多生于山坡、草丛间或林边、沟旁。性喜凉爽、向阳，但也能耐微阴，喜湿润，耐寒，需要含腐殖质、排水良好的沙质壤土。

【繁殖方法】以播种繁殖为主，也可用扦插或分株繁殖。

【观赏应用】花大，花期长，花色清雅，园林中多植于花坛、花境、岩石园中，亦可作切花或盆栽观赏。

25) 菊花(黄花、节华、秋菊、鞠)

【学名】*Chrysanthemum morifolium* (Ramat.) Tzvel.

【科属】菊科，菊属

【形态特征】多年生宿根草本。株高60～150cm，茎直立、多分枝，小枝绿色或带灰褐，被灰色柔毛。单叶互生，有柄，边缘有缺刻与锯齿，托叶有或无，叶表有腺毛，分泌一种菊叶香气。头状花序一至数朵顶生，花序直径2～30cm，花序边缘为舌状花，中心为筒状花，花色丰富，有黄、白、红、紫、灰、绿等色；花期一般在10～12月。瘦果细小、褐色(图10-2-23)。

【产地与习性】原产于我国，世界各地广为栽培。喜阳光充足、通风良好，喜凉，较耐寒，适应性强，需要地势高燥、富含腐殖质、疏松肥沃而排水良好的中性或微酸性沙壤土，忌连作与积涝。为短日照植物。

图10-2-23 菊花

【繁殖方法】以扦插为主，也可用播种、嫁接、分株和组培的方法繁殖。

【观赏应用】菊花是我国传统名花，为园林中重要花卉，广泛应用于花坛、花境或岩石园中。可制作盆花、盆景，每年深秋，很多地方都要举办菊花展览会，供人观摩。是重要的切花材料。此外，菊花还有药用、食用价值。

26) 荷兰菊(柳叶菊)

【学名】*Aster novi-belgii* L.

【科属】菊科，紫菀属

【形态特征】多年生宿根草本。株高40～90cm，全株光滑。叶互生，线状披针形，近全缘，基部稍抱茎。头状花序伞房状着生，径约2.5cm，花蓝、白、红、紫色；花期夏、秋(图10-2-24)。

【产地与习性】原产于欧洲及北美，我国各地均有栽培。耐寒，耐旱，喜阳光、干燥和通风良好的环境，要求土壤肥沃、疏松。

【繁殖方法】播种、扦插、分株繁殖均可。

【观赏应用】花色淡雅，可用于花坛、花境和盆栽。

27) 大滨菊(西洋滨菊)

【学名】*Chrysanthemum maximum* DC.

【科属】菊科，滨菊属

【形态特征】多年生草本。株高30～70cm。基生叶较大，匙状倒卵形，基部狭窄，呈长柄状，茎生叶披针形，无柄，叶缘均具粗锯齿。头状花序单生，径6～10cm，花白色；花期6～7月。

【产地与习性】原产于欧洲。喜阳光，较耐寒，性强健。

图10-2-24 荷兰菊

【繁殖方法】播种、分株、扦插均可。

【观赏应用】花枝挺拔，花朵洁白素雅，可于花境内栽植，也可点缀于岩石园、湖岸、树群及草地的边缘，还可作切花栽培。

28) 千叶蓍(西洋蓍草，锯草)

【学名】*Achillea millefolium*

【科属】菊科，蓍草属

【形态特征】多年生宿根草本。株高30～90cm，密被白色柔毛，茎直立，稍有棱，上部分枝。叶无柄，长而狭，边缘锯齿状，2～3回羽状全裂，头状花序多而密、呈复伞状着生，生于茎顶，花为白色，具香气；花期6～8月(图10-2-25)。

【变种与品种】红花蓍草(var. *rubrum*rt)；粉花蓍草(var. *rosea*)。

【产地与习性】原产于欧、亚及北美，我国三北地区有野生。性耐寒，耐旱，适应性强，对土壤要求不严。

图10-2-25 千叶蓍

【繁殖方法】春、秋分株繁殖，也可用播种法繁殖。

【观赏应用】可在花境中作带状栽植或在坡地片植、作切花。全草入药，还可作调味原料。

29) 黑心菊

【学名】*Rudbeckia hybrida*

【科属】菊科，金光菊属

【形态特征】多年生草生。株高1m，全株被硬毛。叶互生，长椭圆形，基生叶3～5浅裂，具粗齿。头状花序，径10～20cm，舌状花单轮，金黄色，基部暗红色，管状花古铜色，半球形；花期5～9月。瘦果细柱状(图10-2-26)。

【产地与习性】本种为园艺杂种，多个亲本原产于北美。喜向阳、通风，耐寒、耐旱，适应性很强，对土壤要求不严。能自播。

【繁殖方法】播种繁殖，也可用分株或扦插法繁殖。

【观赏应用】是花境、花带、树群边缘或隙地极好的绿化材料，亦可丛植、群植在建筑物前、绿篱旁，还可作切花。

图10-2-26 黑心菊

30) 松果菊

【学名】*Echinacea purpurea*

【科属】菊科，紫松果菊属

【形态特征】多年生宿根草本。株高60～150cm，全株具粗毛，茎直立。基生叶卵形或三角形，有叶柄，茎生叶卵状披针形，略抱茎。头状花序单生或数朵生于枝顶，径约10cm，舌状花一轮，玫瑰红或紫红色，少有白色，略下垂，管状花橙黄色，突出呈球形；花期夏、秋季(图10-2-27)。

【产地与习性】原产于北美。性喜温暖、向阳的环境，耐寒，要求土壤肥沃且深厚，亦耐贫瘠。能自播繁殖。

【繁殖方法】播种及分株繁殖。

图10-2-27 松果菊

【观赏应用】生长健壮且高大，花期长，适用于野生花卉园自然式栽植,与其他花卉配置花境,或植于篱边树丛的边缘,还可作切花。

31) 非洲菊(扶郎花、灯盏花)

【学名】*Gerbera jamesonii*

【科属】菊科,大丁草属

【形态特征】多年生草本花卉。株高30~60cm,全株具毛。基生叶,丛生,叶柄较长,叶矩圆状匙形,基部渐狭,边缘呈波状,羽状浅裂或深裂。头状花序单生,花序梗长,高出叶丛,径8~12cm,舌状花1~2轮或多轮,内部为筒状,花有红、粉红、淡黄、白等色;花期较长,周年开花,其中以4~5月和9~10月为最盛(图10-2-28)。

【产地与习性】原产于非洲南部。喜冬暖夏凉、阳光充足,要求腐殖质丰富、疏松、排水良好的微酸性沙质壤土。忌连作。

【繁殖方法】分株繁殖为主,也可播种,近年来流行组织培养来繁殖。

【观赏应用】花朵硕大、艳丽。矮生种可用于花坛、花境或盆栽;高型品种为流行的重要切花,水养期长。

图10-2-28 非洲菊

32) 勋章花

【学名】*Gazania rigens*

【科属】菊科,勋章花属

【形态特征】多年生草本。株高20~30cm,具地下茎。叶簇生其上,叶片线状披针形至倒卵状披针形,全缘或略羽状裂,基部渐窄,具羽叶柄,叶背具银白色长毛。头状花序,单生,茎约7~8cm,具长梗,总苞片2层或更多,基部相连成环状,舌状花单轮或1~3轮,有黄、粉、白等色,基部有棕黑色斑块;花期自春至秋。瘦果。

【产地与习性】原产于欧洲。性喜温暖、阳光,耐低温,但不耐冻,忌高温、高湿与水涝,需要舒松、肥沃、排水良好的土壤。

【繁殖方法】春季播种繁殖或分株繁殖。

【观赏应用】株丛低矮,花态新颖,气候适宜地区,可布置花坛、花境、草地镶边,也可盆花栽培。

33) 一枝黄花

【学名】*Solidago canadensis* L.

【科属】菊科,一枝黄花属

【形态特征】多年生宿根草本。株高1~1.5m,全株具粗毛,茎直立。单叶互生,披针形,全缘或具锐锯齿,质薄,背面有毛。头状花序小而多数,聚生成圆锥花序,稍弯曲,偏向一侧;花黄色,舌状花短小;花期7~9月(图10-2-29)。

【产地与习性】原产于北美东北部。性喜阳光充足和凉爽高燥的环境,较耐寒、耐旱,以肥沃、疏松、排水良好的土壤为宜。

【观赏应用】有飘逸之感,低矮品种可盆栽,园林中一般以自然式布置,丛植或作背景,富野趣,一些品种可用作切花。

图10-2-29 一枝黄花

34) 宿根天人菊(大天人菊)

【学名】Gaillardia aristata Pursh.

【科属】菊科，天人菊属

【形态特征】多年生草本。株高60～90cm，全株被粗毛，茎梢多分枝。叶互生，基部叶椭圆或匙形，上部叶较少，披针形及长圆形，全缘至波状羽裂，近无柄。头状花序单生，径约8～10cm；总苞鳞叶线状披针形，基部多毛；舌状花黄色，基部红紫色，先端多3齿裂；管状花裂片尖芒状，黄色或紫红色；花期6～10月；瘦果(图10-2-30)。

【产地与习性】原产于北美。喜阳，耐寒，耐旱，适应性强，耐热性强，要求土壤排水好。

【繁殖方法】春、秋播种繁殖，也可分株和扦插繁殖。

【观赏应用】植株繁茂，花色艳丽，花期较长，园林中可群植、丛植，常用于花境栽植及切花。

图10-2-30 宿根天人菊

35) 金光菊(太阳菊、九江西番莲)

【学名】Rudbechia laciniata

【科属】菊科，金光菊属

【形态特征】多年生宿根草本。株高80～150cm，茎直立，多分枝，无毛或稍被短粗毛。叶片较宽，基生叶羽状、5～7裂，茎生叶3～5裂，上部叶片阔披针形，缘有稀锯齿。头状花序一至数个生于长梗上；总苞片稀疏、叶状；花径10～20cm，舌状花6～10个，金黄色，倒披针形，稍反卷，管状花黄绿色；花期6～9月；瘦果(图10-2-31)。

【变种与品种】重瓣金光菊(var. hortensis)。

【产地与习性】原产于北美，现世界各地均有栽培；我国北方园林栽培较多。喜光，也较耐阴，耐寒，适应性强，对土壤要求不严，但在排水良好的沙壤土及向阳处生长良好。

【繁殖方法】播种及分株繁殖。

【观赏应用】植株高大，适宜花境和自然式栽植，又可作切花。

图10-2-31 金光菊

36) 堆心菊

【学名】Helenium autumnale

【科属】菊科，堆心菊属

【形态特征】多年生草本。株高80～100cm，茎直立，少分枝。叶互生，披针形至卵状披针形，边缘具锯齿。头状花序，径3～5cm，舌状花黄色，管状花黄色或带红晕，半球形，花期8～9月。瘦果。

【产地与习性】原产于北美。性喜光，耐寒，耐热，耐湿，适应性强，要求土层深厚、肥沃。

【繁殖方法】播种繁殖。

【观赏应用】宜在庭院中丛植，或作花坛、花境栽植，也可作切花。

37) 火鹤花(红掌、红鹤芋、大叶花烛、灯台花、蜡烛花)

【学名】Anthurium andraeanum

【科属】天南星科，花烛属(安祖花属)

【形态特征】多年生草本。株高50～70cm，具肉质根，茎短缩、直立，节上生气生根。叶聚生于茎顶，具长柄，长椭圆形或心形，叶色鲜绿，革质，长20～30cm，宽10～20cm，叶基部凹心形，先端钝圆，具短突尖，叶柄圆柱形，坚挺，长60cm。肉穗状花序圆柱状，黄色，长5～12cm，花两性；佛焰苞广心形，肥厚，平展，鲜红色，长8～15cm；在条件适宜时可全年开花(图10-2-32)。

【变种与品种】克氏火鹤花(var. *closoniae*)；大苞火鹤花(var. *grandiflorum*)；粉绿火鹤花(var. *rhodochlurum*)；莱氏花烛(var. *lebaubyanum*)。

图10-2-32 火鹤花

【产地与习性】原产于美洲热带、哥伦比亚等地，世界各地广为栽培。性喜温暖、湿润的气候，不耐寒，喜阳光充足，避免阳光直射，需要富含腐殖质、排水与通气性均好的土壤。

【繁殖方法】采用分株繁殖，播种繁殖用于育种，大量生产可采用组织培养的方法。

【观赏应用】叶色翠绿，形态优美，是较珍奇的观赏花卉，可盆栽用于室内布置，更是高档的切花。

38）玉簪(玉春棒、白鹤花)

【学名】*Hosta plantaginea* (Lam.) Aschers.

【科属】百合科，玉簪属

【形态特征】多年生宿根草本，根状茎粗壮，有多数须根。叶基生成丛，心状卵圆形，具长柄，弧形脉，先端尖，基部心形。花梗自丛中抽出，高出叶面，顶生总状花序，着花9～15朵，花白色，有香气，具细长的花被筒，先端6裂，呈漏斗状；花期7～8月。蒴果圆柱形，成熟时3裂，种子黑色，顶端有翅(图10-2-33)。

图10-2-33 玉簪

【产地与习性】原产于我国和日本。性强健，极耐寒，耐阴，忌强光照射。

【繁殖方法】以分株繁殖为主。

【观赏应用】多配植于林下草地、岩石园或建筑物北面，是很好的园林地被植物；可以盆栽，花在夜间开放，芳香袭人；还可剪作切花、切叶。根、叶可入药，花可提取芳香油。

39）萱草(忘忧草)

【学名】*Hemerocallis fulva* L.

【科属】百合科，萱草属

【形态特征】多年生宿根草本。根状茎粗短，有多数肉质根。叶基生成丛，排成二列，带状披针形，中脉明显，叶细长，拱形下垂。花梗粗壮，高1m左右，顶生聚伞花序，排列成圆锥状，着花6～12朵，花冠漏斗形，花被6片，每轮3片，花瓣略反卷，花色橘红至橘黄，单花开放1d；花期6～7月。蒴果(图10-2-34)。

【变种与品种】千叶萱草(var. *kwanso*)；长筒萱草(var. *longituba*)；玫瑰红萱草(var. *rosea*)；大花萱草(var. *florepleno*)。

图10-2-34 萱草

【产地与习性】原产于我国中南部，欧洲南部至日本均有分布；我国各地广泛栽培。性强健，耐寒力强，喜阳光，也耐半阴，对土壤要求不严，耐瘠薄和盐碱。

【繁殖方法】以分株繁殖为主，也可播种繁殖。

【观赏应用】栽培容易，春季萌发早，绿叶成丛，很美观。园林中多丛植于花境、路旁，或在岩石园中自然栽植，是很好的地被材料，也可剪取作切花。根茎部分可入药。

40）火炬花(火把莲)

【学名】*Kniphofia uvaria* Hook.

【科属】百合科，火把莲属

【形态特征】多年生宿根草本。株高60～120cm，茎粗壮且直立。叶基生，革质，带状披针形，长60～90cm，稍带白粉。花梗高约120cm，总状花序长约30cm；小花圆筒状，长约5cm，顶部花绯红色，下部花渐浅至黄色带红晕，雄蕊伸出；花期6～7月，自下而上逐渐开放(图10-2-35)。

【变种与品种】大花火把莲(var. *grandiflora*)。

图10-2-35 火炬花

【产地与习性】原产于南非。喜温暖、湿润、阳光充足的环境，以腐殖质丰富、排水良好的轻黏质土为最佳。

【繁殖方法】播种或分株繁殖。

【观赏应用】花形、花色犹如燃烧的火把，点缀翠绿叶丛，具有独特的园林风韵。可在花坛、花境中片植，亦可作切花。

41）君子兰(大花君子兰、剑叶石蒜)

【学名】*Clivia miniata*

【科属】石蒜科，君子兰属

【形态特征】多年生常绿草本。地下部为假鳞茎，肉质根圆柱形，粗壮，白色，不分枝。基生叶，两侧对生，排列整齐，革质，全缘，宽带形，叶尖钝圆，深绿色、有光泽。花茎从叶丛中抽出，直立，有粗壮之花梗，长约30～50cm，伞形花序，花蕾外有膜质苞片，每苞中有花数朵至数十朵，小花具花梗，呈漏斗状，花色有橙黄、橙红等色，花期冬、春季。浆果球形，未成熟时为绿色，成熟后为红色(图10-2-36)。

图10-2-36 君子兰

【产地与习性】原产于南非。性喜温暖、湿润的环境，不耐寒，喜半阴，耐干旱，要求土壤深厚肥沃、疏松、微酸性和排水良好。

【繁殖方法】可用分株及播种繁殖。

【观赏应用】为重要的观叶、观花盆栽植物，是长期以来深受人们喜爱的花卉，用来布置厅堂、会场，美化家庭。

42）射干(扁竹兰)

【学名】*Belamcanda chinensis*

【科属】鸢尾科，射干属

【形态特征】多年生宿根草本。地下根状茎短而坚硬，株高30～90cm。叶剑形，2列，扁平扇状互生，被白粉，多脉。二歧状伞房花序顶生，花被及分枝的基部均具膜质苞片；花橙红至橘黄色，外轮花瓣3枚，有红色斑点，内轮3枚，稍小，花径5～8cm；花期7～8月。蒴果(图10-2-37)。

【变种与品种】矮射干(var. *cruenta*)。

【产地与习性】广布我国于各省区，日本、朝鲜、俄罗斯、印度也有。喜干燥气候，耐寒性强，性强健，对土壤要求不严，要求排水良好及日光充足之地。

【繁殖方法】播种和分株繁殖。

【观赏应用】生长健壮，适应性强，园林中可用于花境或草地丛植，也可作切花、切叶。根茎可入药。

图10-2-37 射干

43) 鸢尾

【学名】*Iris tectorum* Maxim.

【科属】鸢尾科，鸢尾属

【形态特征】多年生草本。地下具块状或匍匐状根茎，或为鳞茎。叶剑形，基部重叠互抱成二列，长30～50cm，宽3～4cm，革质。花梗从叶丛中抽出，单一或二分枝，高与叶等长，每梗顶部着花1～4朵；花被6枚，外轮3枚较大，外弯或下垂，内有一行突起的白色须毛，称垂瓣，内轮片较小，直立，称旗瓣；花柱呈花瓣状，覆盖着雄蕊；有蓝、白、黄、堇、粉、古铜等色；花期春、夏。蒴果长圆形，多棱，种子黑褐色(图10-2-38)。

图10-2-38 鸢尾

【产地与习性】分布在北温带，我国西南、陕西、江浙各地皆有分布。耐寒力强，适应性广，品种繁多，有的耐旱，有的耐湿。根状茎在我国大部分地区可安全越冬。

【繁殖方法】以分栽根茎繁殖为主，极易成活。

【观赏应用】种类多，花大而艳丽，叶丛也美观，观赏价值较高。常布置在花境、岩石园、水池湖畔；可作专类园栽培；亦可作切花及地被植物。根茎可药用。

44) 鹤望兰(极乐鸟花、天堂鸟)

【学名】*Strelitzia reginae*

【科属】芭蕉科，鹤望兰属

【形态特征】多年生常绿草本。高可达1～2m，地下具粗壮的肉质根，地上茎不明显。叶基生，具长柄，叶为椭圆形，两侧对生，叶色深，硬革质，具直出平行脉。花从叶丛中抽生，花梗长而粗壮，花序为侧生的穗状花序，外有一紫色的总苞，横生，内着花6～10朵，顺序开放，3枚外瓣为橙黄色，3枚内瓣为蓝色，花期9月至翌年6月(图10-2-39)。

【产地与习性】原产于南非好望角。性喜温暖、湿润、阳光充足，不耐寒，怕霜雪，要求富含有机物的黏质土壤。

【繁殖方法】以分株法繁殖为主，也可用播种法繁殖。

【观赏应用】叶片挺拔秀丽，花色鲜艳，花序奇特，四季常青，花期较长，为大型的室内盆栽观赏花卉，在南方可丛植于庭院或点缀于花坛；

图10-2-39 鹤望兰

又是一种高级的切花,插于水中可保持20~30d之久。

45) 地涌金莲

【学名】*Musella lasiocarpa* (Franch.) C. Y. Wu.

【科属】芭蕉科,地涌金莲属

【形态特征】多年生常绿草本。茎丛生,具水平生长的匍匐茎,地上部为假茎,高约60cm。叶大,长椭圆形,长约50cm,宽约20cm,有白粉。花序莲座状,生于假茎顶,苞片金黄色,花两列,每列4~5朵,花被呈淡紫色。浆果(图10-2-40)。

图 10-2-40 地涌金莲

【产地与习性】原产于我国云南,为中国特有植物。喜温暖、光照充足,亦耐半阴,要求土壤肥沃、疏松。

【繁殖方法】分株繁殖或播种繁殖。

【观赏应用】花形奇特,有浓郁的南国情调,宜作花坛中心或配置山石、墙隅;北方多盆栽。

46) 龙胆(龙胆草、观音草)

【学名】*Gentiana scabra*

【科属】龙胆科,龙胆属

【形态特征】多年生草本。株高30~60cm,茎直立,上部不分枝。单叶对生,无柄,基部叶小,中上部叶卵形至披针形,叶基圆而联合报于茎节上。聚伞花序密集于茎顶,广漏斗形,深蓝色;花期8~9月(图10-2-41)。

【产地与习性】原产于中国、朝鲜、日本,俄罗斯也有分布。喜光,耐半阴,耐寒,要求土壤湿润、深厚、肥沃。

【繁殖方法】播种、扦插繁殖。

【观赏应用】园林中可在花境、林缘、坡地栽植。根可以入药。

图 10-2-41 龙胆

47) 兰属

【学名】*Cymbidium*

【科属】兰科,兰属

【形态特征】多年生常绿草本植物。具大小不等的假鳞茎。根较为粗壮肥大,分支少,有共生根菌。叶和花芽着生在假鳞茎上,叶条形或带形,2~10余片,近基部有关节,枯叶由此断落。花单生或总状花序,花具花萼和花瓣各3枚,花瓣中较大1枚为唇瓣,雌雄蕊合生为蕊柱。果实属于开裂的蒴果,长椭圆形。种子很小,数量极多。少数种花具微香。

【变种与品种】春兰(*C. goringii*):俗称草兰或山兰。根肉质、白色。假鳞茎生叶4~6片,叶狭线形,长20~25cm,叶缘粗糙,叶脉明显。在春分前后,根际抽花茎,花顶生单一或双生,香气浓郁,花期3月中、下旬(图10-2-42)。

蕙兰(*C. faberi*):又称夏兰、九节兰。根肉质、淡黄。叶比春兰直立而粗长,7~15片,长约25~30cm,叶缘有锋利细齿。总状花序,着花6~12朵,淡黄色,唇瓣绿白色,具紫红色斑点,香气稍逊于春兰,花期4~5月(图10-2-43)。

建兰(*C. ensifolium*):又称秋兰。根肉质肥厚,圆筒状。叶

图 10-2-42 春兰

2~6片，宽而光亮，深绿，直立性强。总状花序，着花6~13朵，花淡黄色或白色，有香气，花期7~9月(图10-2-44)。

图10-2-43 蕙兰

图10-2-44 建兰

寒兰(*C. kanran*)：又称冬兰。叶3~7片，长35~70cm，宽1~2cm，直立性强，叶脉明显。花梗直立，与叶面等高或高出叶面，着花10余朵。花大，萼片窄长，花瓣短而宽，唇瓣黄绿色带紫斑，有清香，一般10月至翌年1月开花(图10-2-45)。

墨兰(*C. sinense*)：又称报岁兰。假鳞茎大。叶4~5片，剑形，长60~80cm，宽可达3cm，深绿色，有光泽，叶脉多而明显。花梗粗而直立，着花7~20朵，花瓣多具紫褐色条纹，盛开时花瓣反卷，有清香，花期12月至翌年1月(图10-2-46)。

图10-2-45 寒兰

图10-2-46 墨兰

【产地与习性】原产于我国，主要分布于长江流域及西南各省。常野生于山谷疏林下，喜温暖、湿润、半阴的环境，忌高温、干燥，需要疏松、通气、富含腐殖质的酸性土壤，勿积水。

【繁殖方法】分株繁殖为主，也可用播种繁殖，但实际应用较少，主要用于杂交育种。组织培育近年来应用较多。

【观赏应用】兰花是我国的名花之一，有悠久的栽培历史，多盆栽以供观赏，碧叶修长，姿态素雅，开花时幽香四溢，沁人心脾，是布置厅室的佳品。

48）**卡特兰**(嘉德丽亚兰、卡特丽亚兰)

【学名】*Cattleya labiata*

【科属】兰科，卡特兰属

【形态特征】多年生草本花卉。具短根茎,假鳞茎较长,直立,顶端着生叶1~2枚。叶条形,厚革质。花单朵或数朵排成总状花序,花大而艳丽,花瓣离生,唇瓣较大,喇叭形,常起皱,蕊柱长而粗,先端较宽。

【产地与习性】原产于美洲热带,各地均有栽培。为附生兰,喜阳光和空气湿润,夏季要求遮荫,不耐寒,栽培基质应疏松透气。

【繁殖方法】以分株繁殖为主。

【观赏应用】名贵的兰科植物,花朵奇特、蜡质,花色多,花期长,有"洋兰之王"的美誉,是高档的盆花和切花材料。

49) 兜兰(拖鞋兰、囊兰)

【学名】*Paphiopedilum insigne*

【科属】兰科,兜兰属

【形态特征】多年生常绿草本。株高10~30cm。叶基生,二列状排列,条状披针形,较长,深绿色,中脉明显,革质,有沟槽。叶间抽生花梗,花单生,唇瓣呈囊状。花为黄绿色带褐色(图10-2-47)。

【产地与习性】原产于印度北部,我国西南、华南亦有分布。地生或气生,喜温暖、湿润和半阴环境。

【繁殖方法】常用分株法繁殖。

图10-2-47 兜兰

【观赏应用】花大色艳,花形别致,长的花茎上着生单朵花,具醒目的花萼,上有条纹和斑点,唇瓣袋状,似"拖鞋",为名贵的盆花。

50) 石斛

【学名】*Dendrobium nobile*

【科属】兰科,石斛属

【形态特征】多年生草本。茎丛生,直立,节明显。叶3~5枚,近革质,长椭圆形。总状花序着生在上部节处,花密,花数朵至数十朵,下垂,中萼片和瓣片近同形,唇瓣大且变化较多,花期长(图10-2-48)。

【产地与习性】原产于我国云南、广东、广西、台湾及湖北等地,不同海拔地区均有分布。为气生兰,喜温暖、潮湿、半阴的环境,冬季有明显的休眠期。

【繁殖方法】以分株繁殖为主,大量育苗用组织培养法。

【观赏应用】花形优美,有芳香,花色从白色至粉红色、淡紫色和深紫色,为优良的切花和盆花,可作室内垂吊植物。

图10-2-48 石斛

51) 万带兰

【学名】*Vanda sanderiana*

【科属】兰科,万带兰属

【形态特征】多年生草本。根直接暴露于空气中生长,茎攀缘,不分枝,长达3m。叶圆柱形,深绿色。自茎的中段着生花柄,花序较大,着花十朵左右;花径7cm以上,花期长。

【产地与习性】原产于我国云南及印度。喜阳光、高温、湿润的环境。

【繁殖方法】分株繁殖,商品生产则采用组织培养。

【观赏应用】花大、形美、色艳，是热带兰中的珍品，可作切花、盆栽、吊盆观赏。

52）蝴蝶兰（蝶兰）

【学名】*Phalaenopsis amabilis*

【科属】兰科，蝴蝶兰属

【形态特征】多年生草本。茎短，无假鳞茎，气生根粗壮。叶丛生，卵状椭圆形或卵状披针形，顶端浑圆，全缘，质地厚。花茎较长，有时会出现分枝，呈拱形，着花10～15朵；花朵呈蝴蝶状，有白色、黄色、红色或带条纹、斑点；冬、春季开花，花期30～40d（图10-2-49）。

【产地与习性】原产于亚洲热带。附生兰，喜高温、高湿、不耐寒，基质宜排水良好。

图10-2-49 蝴蝶兰

【繁殖方法】分生繁殖，大量繁育常采用组织培养法。

【观赏应用】花姿优美，色彩艳丽，花朵似蝴蝶飞舞，妩媚迷人，是热带兰中的珍品，也是世界著名的盆栽花卉、高档切花。

10.3 球根花卉

球根花卉是指植株地下部分贮藏养分，发生变态膨大的多年生草本园林植物。根据球根的形态和变态部位可分为鳞茎、球茎、块茎、根茎和块根五大类。球根花卉从播种到开花常常需要数年，这期间，球根只进行营养生长，待球根长到一定大小时，开始花芽分化、开花结实。露地球根花卉可以在自然条件下，完成全部生长过程；温室球根花卉需要在室内条件下进行盆栽。

由于原产地的不同，球根花卉通常分为春植球根和秋植球根两类。秋植球根花卉较耐寒，不耐炎热，秋天种植，秋冬生长，春季开花，夏季休眠，一般在休眠期（夏季）进行花芽分化；春植球根花卉生长期要求较高温度，不耐寒，春季种植，夏季开花，冬季休眠，一般在生长期（夏季）进行花芽分化。

球根花卉主要采用分球繁殖，有时也用扦插和播种繁殖。

球根花卉是园林布置中较理想的一类园林植物。其种类多，品种极为丰富，花色艳丽，花期长，适应性强，栽培容易。常用于花坛、花境、岩石园、地被、基础栽植等园林布置，还是商品切花和盆花的优良材料。

1）郁金香（洋荷花、草麝香）

【学名】*Tulipa gesneriana* L.

【科属】百合科，郁金香属

【形态特征】多年生草本。株高20～80cm，整株被白粉。鳞茎圆锥形，被淡黄至棕褐色皮膜。茎叶光滑。叶着生于基部，阔披针形或卵状披针形，通常3～5枚。花大，单生，花茎高20～40cm，直立；花被6枚，抱合，呈杯形、碗形、卵形、百合花形或重瓣；花瓣有全缘、锯齿、剖裂、平正、皱边等变化；花有红、橙、黄、紫、白等色或复色，并有条纹，基部常黑紫色；花期3月下旬至5月下旬，单花开10～15d（图10-3-1）。

【产地与习性】原产于地中海沿岸及中亚细亚、土耳其等地，我国新疆

图10-3-1 郁金香

有分布。耐寒性极强，适应性强，夏季休眠，忌酷热。

【繁殖方法】分球繁殖。

【观赏应用】色彩艳丽，花期统一，春季园林中用以布置花坛、花境，在草地边缘带状栽植，可作切花和盆栽。

2）风信子(洋水仙、五色水仙)

【学名】*Hyacinthus orientalis* L.

【科属】百合科，风信子属

【形态特征】多年生草本。鳞茎球形，皮膜具光泽，其色常与花色有关。叶基生，4～6枚，带状披针形，肉质，具浅纵沟。花茎从叶丛中抽出，圆柱形，长15～40cm，略高出于叶。总状花序着花10～20朵，斜生或略下垂，花冠漏斗形，基部花筒较长，略膨大，裂片反卷，单瓣或重瓣，花色有蓝、紫、浅红、淡黄、深黄和纯白等色，具芳香；花期4～5月(图10-3-2)。

图10-3-2 风信子

【产地与习性】原产于地中海东岸及小亚细亚一带。较耐寒，喜阳光充足和较温暖、湿润的环境，要求富含腐殖质的肥沃、疏松的沙壤土。

【繁殖方法】分球繁殖为主，播种繁殖用于培育新品种。

【观赏应用】为春季重要的球根花卉，花期早，株丛低矮，花丛紧密而繁茂，花色明丽，最适合布置于早春花坛、花境、林缘，也可盆栽、水养或作切花。

3）麝香百合(铁炮百合)

【学名】*Lilium longiflorum* Thnub.

【科属】百合科，百合属

【形态特征】多年生草本。株高50～100cm，无皮鳞茎扁球形，乳白色，鳞茎抱合紧密。茎高可达1m，色绿，平滑。叶散生，窄披针形，长15cm左右。花单生或2～3朵顶生，平伸或稍下垂，具淡绿色长的花筒，花被6片，前部外翻呈喇叭状，乳白色，全长10～18cm，极香，花柱细长，花丝和柱头均伸出花被之外，花期6～7月。蒴果，果熟期9月中、下旬，内有多数扁平膜质状种子，排列紧密(图10-3-3)。

图10-3-3 麝香百合

【产地与习性】原产于我国台湾和日本南部诸岛。喜温暖、湿润的环境，不耐寒，需要腐殖质丰富、排水良好的酸性土壤。

【繁殖方法】以分栽鳞茎为主，也可用鳞片扦插和播种繁殖。

【观赏应用】百合种、品种丰富，花期长，花大姿丽，有色有香，观赏价值极高，为重要的球根花卉。园林中可用于花坛、花境、庭院种植；矮生种可点缀岩石园或盆栽；多数种类为名贵切花。鳞茎可食用、药用。

4）大花葱(高葱)

【学名】*Allium giganteum*

【科属】百合科，葱属

【形态特征】多年生草本，具鳞茎。叶狭线形至中空的圆柱形。花梗可高达120cm，花小而多，多达2000～3000朵，密集成大伞形花序，球形或扁球形，直径可达10～15cm，着生于花茎顶端，花淡紫色，花期为春、夏季(图 10-3-4)。

【产地与习性】原产于中亚。性喜凉爽和阳光充足，较耐寒，忌高温多雨，需要疏松、肥沃、排水良好的沙质壤土。

【繁殖方法】播种或分球繁殖。

【观赏应用】生长势强健，适应性强，可布置于花境中、岩石旁或草坪中成丛点缀，是重要的切花材料。

5) 葡萄风信子(葡萄百合、蓝壶花)

【学名】*Muscari botryoides* Mill.

【科属】百合科，蓝壶花属

【形态特征】多年生草本。鳞茎卵圆形，皮膜白色，茎 1～3mm。叶基生，线状披针形，长 10～20cm。花梗高 15～20cm，总状花序长达 10cm，小花多数，簇生，稍下垂，碧蓝色，有白花变种；花期 3～5 月。蒴果(图 10-3-5)。

图 10-3-4 大花葱

【产地与习性】原产于欧洲南部。性耐寒，耐半阴，需要富含腐殖质、疏松肥沃、排水良好的土壤。

【繁殖方法】分切鳞茎或播种繁殖。

【观赏应用】植株矮小，花色明丽，花期早而长，宜作林下地被花卉，还可布置于花坛草地或坡地边缘及岩石园，也可盆栽观赏或作小切花。

6) 虎眼万年青(鸟乳花)

【学名】*Ornithogalum caudatum*

【科属】百合科，鸟乳花属

【形态特征】多年生草本。鳞茎大型，径可达 10cm，卵圆形，浅绿色，有膜质外皮。基生叶，带状长条形，长 30～60cm，宽约 3～5cm，先端外卷成尾状，近肉质。花梗长 30～80cm，总状花序密集，边开花、边伸长，小花数十朵，花白色，径 2.5cm，中间有一条绿色带；花期 5～6 月。蒴果。

图 10-3-5 葡萄风信子

【产地与习性】原产于南非。喜阳光、湿润，耐半阴，畏寒，需要排水良好的土壤。

【繁殖方法】分株繁殖或播种繁殖。

【观赏应用】株丛低矮，开花繁茂而整齐，盆栽观赏其硕大的鳞茎和常绿叶丛，也可布置于花坛、花境边缘。

7) 贝母(浙贝母、象贝)

【学名】*Fritillaria thnbergi*

【科属】百合科，贝母属

【形态特征】多年生球根花卉。株高 30～90cm，地下具肥厚鳞茎，由 2～3 个鳞片组成。茎单生，不分枝，茎上有紫色晕。叶互生，长披针形至线形，先端卷须状。花单一或少数组成总状花序，花钟形，侧垂，淡黄至浅绿，里面具有紫色方格斑纹，基部有腺体；花期 4～5 月。蒴果(图 10-3-6)。

图10-3-6 贝母

【产地与习性】原产于我国、日本。喜阳光充足及湿润的气候,忌炎热,较耐寒,需要土层深厚、疏松、肥沃及排水良好的沙质壤土。

【繁殖方法】播种或分球繁殖。

【观赏应用】可植于疏林坡地,也可植于花坛、花境及草坪之中,还可作切花和盆栽观赏。有些种类为名贵药材,鳞茎和花入药。

8) 中国水仙(水仙花、雅蒜)

【学名】*Narcissus tazetta* var. *chinensis*

【科属】石蒜科,水仙属

【形态特征】多年生草本,为法国水仙的变种。鳞茎卵球状,径5~8cm,由鳞茎盘及肥厚的肉质鳞片组成,鳞茎盘上着生芽,鳞茎外被褐色干膜质薄皮。须根白色,细长。叶芽有4~9片叶子,叶扁平、带状,先端钝圆,面上有霜粉。每球一般抽花1~7支或更多,花梗扁筒状,高20~30cm;伞形花序,着花7~11朵,花被基部联合为筒,裂片6枚,白色,中心部位有副花冠一轮,鲜黄色,浅杯状,芳香浓郁;有重瓣品种;花期12月至翌年3月(图10-3-7)。

【产地与习性】原产于欧洲地中海沿岸,中国、日本、朝鲜有分布。性喜温暖、湿润、阳光充足,喜水、耐肥,土壤pH值以中性或微酸性为宜。

【繁殖方法】分球繁殖。

【观赏应用】中国水仙是我国传统的冬季室内盆栽水养花卉,宜案头供养,也可窗前点缀。江南温暖地区,可露地栽植,散植于庭院一角,或布置于花台、草地上,清雅宜人。其他各种水仙除盆栽观赏及作切花外更适合布置专类花坛、花境或成片栽植在疏林下、坡地、草坪上,是优良的地被。

图10-3-7 中国水仙

9) 晚香玉(月下香、夜来香)

【学名】*Polianthes tuberosa*

【科属】石蒜科,晚香玉属

【形态特征】多年生草本,地下具有长圆形鳞茎状的块茎(上半部呈鳞茎状,下半部为块茎状)。基生叶6~9片,簇生,呈长条带状,茎生叶互生,稀疏,愈到上部愈小,呈苞片状。顶生穗状花序,每序着花12~20朵,成对着生,自下而上陆续开放;花冠漏斗状,长约4~6cm;具浓香,夜晚香气更浓;花被6片,乳白色,花被筒细长,略弯曲;花期7~10月,盛花期8~9月。蒴果卵形(图10-3-8)。

【产地与习性】原产于墨西哥及南美,很早就引入中国。喜温暖、湿润、阳光充足、通风良好的环境,忌寒冻与积水,喜肥。

【繁殖方法】采用分球繁殖,播种繁殖用于培育新品种。

【观赏应用】花茎直立挺拔,花朵洁白浓香,可在园林中的空旷地成片散植或布置于岩石园、花坛、花境,是傍晚人们纳凉游憩之地极好的美化布置材料。是重要的切花材料。

图10-3-8 晚香玉

10) 石蒜(蟑螂花、老鸦蒜、龙爪花、一枝箭)

【学名】*Lycoris radiata* Herb.

【科属】)石蒜科，石蒜属

【形态特征】多年生草本。鳞茎呈椭圆状球形，被红色膜质外皮，直径2~4cm。花前或花后抽叶，叶5~6片丛生，呈窄条形，叶面深绿色，长30~60cm。待夏秋叶丛枯萎时，花梗抽出，刚劲直立，花5~7朵呈顶生伞形花序；花被6片向两侧张开翻卷，每片呈倒披针形，基部花筒短，雌、雄蕊均伸出花冠之外，花鲜红色或具白色边缘；花期8~10月(图10-3-9)。

【产地与习性】原产于中国和日本，我国秦岭以南至长江流域和西南地区均有野生分布。适应性强，耐高温、多湿和干旱，怕阳光直射，耐寒力强，在排水良好的沙质壤土中生长良好。

图 10-3-9 石蒜

【繁殖方法】以分球繁殖为主。

【观赏应用】多作地被花卉种植于园林树坛、林间隙地和岩石园，也可于花境丛植或山石间自然散栽；因开花时无叶，可点缀于其他较耐阴的草本植物之间；亦可盆栽、作切花和水培。鳞茎富含淀粉和多种生物碱，有毒。

11) 六出花(秘鲁百合)

【学名】*Alstroemeria aurantiaca*

【科属】石蒜科，六出花属

【形态特征】多年生草本。株高60~120cm，地下具块状茎，簇生，平卧，地上茎直立而细长。叶片多数散生，披针形，长7.5~10cm，螺旋状着生，叶柄短而狭，平行脉数条。总花梗5，各具花2~3朵，花瓣6枚，橙黄色，内轮3片，常上部2片大，上有紫色或洒红色条斑，下部1片较小；花期6~8月。

【产地与习性】原产于南美的智利、巴西和秘鲁等国家。喜温暖、阳光充足，也耐半阴，忌积水，较耐寒，要求土壤深厚、疏松、肥沃。

【繁殖方法】播种和分株繁殖。

【观赏应用】花期长，植株秀丽，用于花坛、岩石园栽培，也可盆栽，广泛用于鲜切花。

12) 朱顶红(华胄兰、对红)

【学名】*Hippeastrum vittatum*

【科属】石蒜科，孤挺花属

【形态特征】多年生草本。地下鳞茎肥大、呈球形。叶着生于鳞茎顶部，4~8枚呈二列迭生，带状质厚，叶在花后发出，或花、叶同时抽出；花梗粗壮，直立，中空，高出叶丛。近伞形花序，每个花梗着花3~6朵，花较大，长约12~18cm，漏斗状，红色或具白色条纹，或白色具红色、紫色条纹；花期4~6月。果实球形，种子扁平，黑色(图10-3-10)。

【产地与习性】原产于秘鲁。喜温暖、湿润及阳光，但光照不宜过强，畏涝，喜肥，要求富含有机质的沙质壤土。冬季休眠期要求冷凉干燥，不低于5℃。

图 10-3-10 朱顶红

【繁殖方法】分球和播种繁殖。

【观赏应用】花大色美，花形亦佳，常作盆栽观赏，也可露地布置花坛、花境。

13) 文殊兰(十八学士、白花石蒜)

【学名】*Crimun asiaticum*

【科属】石蒜科，文殊兰属

【形态特征】多年生常绿草本。株高可达1m，大鳞茎长圆柱形。叶多数，基生，阔带形或剑形，无柄。花梗直立，高于叶丛；伞形花序顶生，外有2个大的总苞片，有花20余朵；花被片线形，宽不及1cm，花被筒细长；花白色，有香气；花期7~9月(图10-3-11)。

【变种与品种】红花文殊兰(*C. amabile*)

【产地与习性】原产于热带，我国海南岛有野生。喜温暖、湿润、光照充足的环境，要求疏松、肥沃、透气的土壤。

【繁殖方法】分株繁殖或播种繁殖。

图10-3-11 文殊兰

【观赏应用】株形优美，花香雅洁，为大型盆栽花卉，可布置厅堂、会场。温暖地区可庭院栽培。汁液有毒，根、叶可入药。

14) 百子莲(又称百子兰、紫穗兰)

【学名】*Ptgapanthus africanus*

【科属】石蒜科，百子莲属

【形态特征】多年生常绿草本。株高50~70cm，地下部分具短缩根状茎和肉质根。叶二列状基生，线状披针形，光滑，深绿色。花梗自叶丛中抽生，粗壮直立，高出叶丛，着花10~30朵，伞形花序；花开后即落，鲜蓝色，花瓣6枚，联合成钟状漏斗形；花期7~8月。蒴果，含多数带翅种子。

【产地与习性】原产于南非。喜温暖、湿润，对土壤要求不严，具一定抗寒力。

【观赏应用】叶丛浓绿，花色淡雅，宜盆栽观赏，既观叶，又观花，亦可露地布置于花坛、花境中。

15) 网球花

【学名】*Haemanthus multiflorus*

【科属】石蒜科，网球花属

【形态特征】多年生常绿草本。鳞茎扁球形，有皮膜，径5~7.5cm。叶片3~6枚，矩圆形，全缘，斜向上伸。花梗直立，先叶抽出，绿色带紫红斑点，圆球状伞形花序顶生，血红色；花期5~9月。

【产地与习性】原产于南非和热带非洲。喜温暖、湿润及半阴环境，夏季忌直射光，需要疏松、肥沃、排水良好的微酸性沙壤土。

【观赏应用】繁花密集形成绚丽多彩的大花球，醒目别致，惹人喜爱，是室内装饰的珍贵盆花。

16) 雪滴花(雪铃花、雪花水仙)

【学名】*Leucojum vernum*

【科属】石蒜科，雪滴花属

【形态特征】多年生草本植物。株高20～30cm，小鳞茎球形。叶丛生、带状，长约20cm。花梗短而中空，扁圆形，顶端着生单花或少数聚生成伞形花序，下垂，广钟形，花被片6枚，花白色，先端具黄绿色斑点；花期3～4月(图10-3-12)。

【产地与习性】原产于中欧。喜冷爽、湿润、向阳的环境，耐寒性较强，要求土壤肥沃、排水良好。

【繁殖方法】分球繁殖。

【观赏应用】株丛低矮，花叶繁茂，姿容清秀、雅致，冬季环境温和处可作地被，或作花境、花坛丛植及岩石园的点缀，亦可盆栽或作切花用。

17）唐菖蒲(十样锦、剑兰、菖兰)

【学名】*Gladiolus hybridus* Hort.

【科属】鸢尾科，唐菖蒲属

图10-3-12 雪滴花

【形态特征】多年生草本。株高90～150cm，球茎扁圆形，具褐色膜质外皮。叶剑形，革质，宽7～8cm，长30～40cm，7～8片嵌叠状互抱排列。花梗自叶丛中抽出，穗状花序顶生，开花时多偏于一侧，每穗着花10～20朵，由下向上渐次开放；每花基部有两叶状苞片，花冠筒状，左右对称，花被片6枚，上3枚较大，先端外翻，有的品种呈波状皱褶，花径12～16cm，花色丰富，有白、黄、粉、红、橙、兰、紫等深浅不同色及复色；花期6～9月。蒴果，种子扁平，有翼(图10-3-13)。

【产地与习性】原产于地中海沿岸及南非好望角。喜温暖，不耐寒，夏季喜凉爽气候，需要肥沃、排水良好的沙壤土。为喜光性长日照植物。

【繁殖方法】以分球繁殖为主，杂交育种时采用播种繁殖。

【观赏应用】种类繁多，花色艳丽丰富，花期长，富有装饰性，是应用最广泛的切花之一，可制作花篮、花束，也可用于盆栽及花坛、花境的栽培布置。可入药，还是氟化物的检测植物。

图10-3-13 唐菖蒲

18）番红花(藏红花、西红花)

【学名】*Crocus sativus*

【科属】鸢尾科，番红花属

【形态特征】多年生草本。高仅15cm，地下球茎扁圆形，外被褐色膜质鳞片，径约2.5～3cm。叶片5～15枚，成叶束，叶线形，主脉呈白色，具纤毛；叶丛基部有4～5片鞘状鳞片。叶、花同时抽出，花1～3朵顶生；花被6枚，略内卷，花被管细长；花柱细长，3深裂，伸出花被外，血红色；花有白、黄、雪青、深紫等色，芳香；花期9～11月(图10-3-14)。

【产地与习性】原产于欧洲南部地中海区域。喜凉爽、湿润的气候，半阳性，耐寒性较强，忌酷暑、积涝和连作，喜富含腐殖质、排水良好的沙质壤土。

【繁殖方法】分球繁殖；结实种类也可播种繁殖，一般用于育种。

【观赏应用】株矮、叶细、花大，用于花坛、点缀草坪，是很好的岩石园材料，也可盆栽和水养。柱头药用，俗称"藏红花"。

图10-3-14 番红花

19）小苍兰(小菖兰、香雪兰)

【学名】*Freesia refracta*

【科属】鸢尾科，香雪兰属

【形态特征】多年生草本。株高40cm，地下球茎长卵圆形或圆锥形，外被纤维质棕褐色薄膜；地上茎细弱，少分枝。基生叶成二列迭生，叶片带状披针形，全缘，茎生叶较短。穗状花序顶生，花序上部弯曲呈水平状，小花偏生一侧，6～7朵直立而上，花有淡黄、紫红、粉红、雪青、白等色，具浓郁的芳香，花被狭漏斗状；花期3～4月。蒴果近圆形(图10-3-15)。

【变种与品种】白花小苍兰(var. *alba*)；鹅黄小苍兰(var. *leichtinii*)。

【产地与习性】原产于南非好望角一带。喜凉爽、湿润、阳光充足的环境，不耐寒，需要疏松、肥沃的土壤。

图10-3-15 小苍兰

【繁殖方法】分球繁殖为主，也可播种繁殖。

【观赏应用】美丽且具芳香，花色五彩缤纷。既可盆栽供观赏，又是切花的好材料。花还可提取香料。

20）马蹄莲(慈姑花、水芋、观音莲)

【学名】*Zantedeschia aethiopica*

【科属】天南星科，马蹄莲属

【形态特征】多年生草本。株高50～90cm，地下具肉质块茎。叶基生，具粗壮长柄，叶柄上部具棱，下部呈鞘状、抱茎，叶片箭形或戟形，全缘，绿色有光泽。花梗粗壮，高出叶丛，肉穗花序圆柱状，黄色，藏于佛焰苞内，佛焰苞白色，形大，花序上部为雄花，下部为雌花。果实为浆果(图10-3-16)。

【产地与习性】原产于非洲南部。性喜温暖、阳光，也能耐阴，好肥，喜土壤湿润和空气湿度大。

【繁殖方法】分球繁殖。

【观赏应用】叶片翠绿，性状奇特，佛焰苞形似马蹄状，盆栽观赏，是重要的切花材料，暖地可布置于花坛、花境。

图10-3-16 马蹄莲

21）姜花(香雪花、蝴蝶花)

【学名】*Hedychium coronarium* Koen.

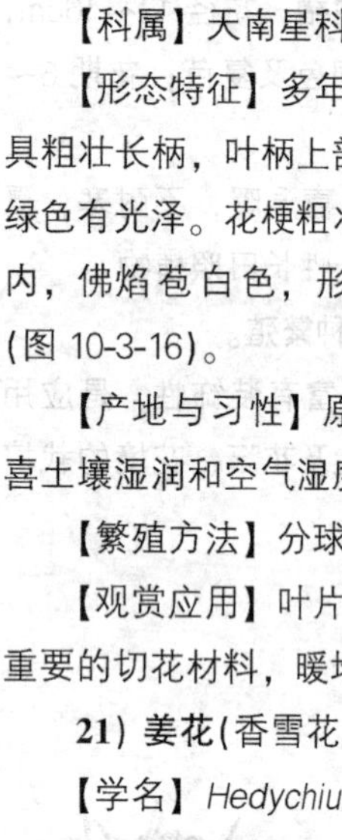

【科属】姜科，姜花属

【形态特征】多年生草本。有根状茎和直立茎，株高1～2m。叶无柄，矩圆状披针形，长达60cm，叶背疏被短柔毛。穗状花序顶生，长10～20cm；苞片4～6枚，覆瓦状排列，每一苞片内有花2～3朵；花冠管细长，裂片披针形，后方1枚兜状，退化的雌蕊花瓣状；花白色，芳香；花期秋季(图10-3-17)。

【产地与习性】分布于我国南部、西南部，印度、越南、马来西亚至澳大利亚等地也有分布。性喜温暖、湿润和稍阴的环境，不耐寒，忌霜冻，需要微酸性、肥沃的沙质土壤。

图10-3-17 姜花

【繁殖方法】分根茎繁殖，也可播种繁殖。

【观赏应用】花形美丽醒目，盛开时形似蝴蝶飞舞，芳香沁人，盆栽用于室内观赏，温暖地区用于配置花境、花坛。根茎入药。

22）大花美人蕉（红艳蕉）

【学名】*Canna generalis* Bailey.

【科属】美人蕉科，美人蕉属

【形态特征】多年生草本。具粗壮的肉质根状茎，株高80～150mm；地上茎肉质，不分枝，茎、叶被白粉。叶片宽大、广椭圆形，绿色或红褐，互生，全缘。总状花序有长梗，花径10cm，花萼、花瓣亦被白粉；雄蕊5枚，瓣化，为主要观赏部分，圆形，直立而不反卷，其中一枚翻卷为唇瓣形，有鲜红、橙红、黄、乳白等色；花期8～10月。蒴果，种子黑褐色（图10-3-18）。

图10-3-18 大花美人蕉

【产地与习性】原产于热带美洲。喜温暖、湿润、向阳的环境，不耐寒，畏强风，需要肥沃、排水良好的土壤。

【繁殖方法】以根茎分生繁殖为主；也可用种子繁殖，因其种皮坚硬，播种前需将种皮刻伤或用温水浸泡。

【观赏应用】花大色艳，花期长，枝叶茂盛，栽培管理容易，园林中广泛栽培。可作自然式成片栽植于庭园一隅，或用于花坛、花境或路旁，矮生种可盆栽观赏。根茎和花可入药。

23）花毛茛（波斯毛茛、陆莲花）

图10-3-19 花毛茛

【学名】*Ranunculus asiaticus*

【科属】毛茛科，毛茛属

【形态特征】多年生草本。株高20～40cm，地下具纺锤状小块根，多数聚生在根颈处；地上茎细而长，单生或少有分枝，有毛。基生叶椭圆形，多为三出，有粗锯齿，具长柄；茎生叶羽状细裂，几无柄。花单朵或数朵生于枝顶，萼片绿色；花瓣五至数十枚，原种花色鲜黄。园艺品种有白、黄、橙、红、紫、褐等花色；花期4～5月（图10-3-19）。

【产地与习性】原产于欧洲东南部和亚洲西南部。喜冷爽和阳光充足，也耐半阴，不耐酷暑、严寒，夏季休眠，需要含腐殖质丰富、排水良好的肥沃沙土或轻黏土。

【繁殖方法】分球和播种繁殖。

【观赏应用】开花极为绚丽，可布置花坛、花境或丛植于草坪、林缘，可盆栽或剪取切花插瓶。

24）球根海棠

【学名】*Begonia tuberhybirda* Voss.

【科属】秋海棠科，秋海棠属

【形态特征】多年生草本花卉。地下部为块茎，呈不规则的褐黑色扁球形，株高30～100cm。茎直立或稍呈铺散状，有分枝，略带肉质而附有毛，为绿色或暗红色。叶较大，为宽卵形或倒心脏形，先端渐尖，叶缘具锯齿，有毛。总花梗腋生，花雌雄同株，异花，具单瓣、半重瓣和重瓣，花径5cm以上，雌花小型，5瓣，花有白、红、橙、黄及复色；花期为春末夏初或秋季（图10-3-20）。

图10-3-20 球根海棠

【产地与习性】为种间杂交种,原种产于秘鲁、玻利维亚等地。喜温暖、湿润,不耐寒,夏季忌强光直射,忌酷暑,需要疏松、肥沃、排水良好的微酸性土壤。

【繁殖方法】播种繁殖为主,也可分球和叶插繁殖。

【观赏应用】花大,花期长,花色丰富,盆栽装饰室内及庭院,是近年来深受喜爱的高档盆花。

25) 仙客来(兔耳花、兔子花、一品冠、萝卜海棠)

【学名】*Cyclamen persicum*

【科属】报春花科,仙客来属

【形态特征】多年生草本。株高20~30cm,具扁圆形肉质块茎,球底生出许多纤细根。叶着生在块茎顶端的中心部,心状卵圆形,叶缘具牙状齿,叶表面深绿色,多数有灰白色或浅绿色斑块,背面紫红色。叶柄红褐色,肉质,细长。花单生,由块茎顶端抽出,花梗长15~25cm;花瓣5枚,基部连成短筒,蕾期先端下垂,开花时向上翻卷扭曲,状如兔耳;花有白、粉红、红、紫红、大红等色,有些品种具香气;花期12月至翌年5月,但以2~3月开花最盛。蒴果球形,果熟期4~6月,成熟后5瓣开裂,种子褐色(图10-3-21)。

图10-3-21 仙客来

【变种与品种】大花仙客来(var. *giganteum*);平瓣仙客来(var. *papilia*);皱瓣仙客来(var. *rococo*);重瓣仙客来(var. *flore pleno*);暗红仙客来(var. *splendens*)。

【产地与习性】原产于南欧及地中海一带。喜温暖、阳光充足和湿润的环境,不耐寒,也不耐高温,需要排水良好、富含腐殖质的沙质土壤。

【繁殖方法】播种繁殖。

【观赏应用】园艺品种繁多,花形奇特,花朵绚丽,冬季开花,花期长,观赏价值高,为世界花卉市场重要的盆栽花卉;也可作切花;华南地区可布置岩石园,露地种植。

26) 大岩桐(六雪泥)

【学名】*Sinningia speciosa*

【科属】苦苣苔科,苦苣苔属

【形态特征】多年生常绿草本。株高15~25cm,地下块茎扁球形,地上茎极短,全株密被白色绒毛。叶对生,卵圆形或长椭圆形,肥厚而大,平展,有锯齿。花顶生或腋生,花梗长,每梗一花,花冠阔钟状,5浅裂,矩圆形,径5~8cm;花色丰富,有墨红、大红、玫瑰红、粉、紫、蓝、白及复色等;花期4~11月,夏季盛花。蒴果,花后1个月种子成熟,种子极细,褐色(图10-3-22)。

图10-3-22 大岩桐

【变种与品种】杂种大岩桐(*S. hybrida*)

【产地与习性】原产于巴西。喜温暖、湿润及半阴的环境,忌阳光直射,不喜大水,避免雨水侵入,需要疏松、肥沃的微酸性土壤。

【繁殖方法】以播种繁殖为主,也可扦插与分球繁殖。

【观赏应用】花大色艳,花期很长,花瓣丝绒状,十分美观,为夏季观花的温室盆栽花卉,用于布置窗台、几案、会议桌或花架。

27) 大丽花(大丽菊、大理花、天竺牡丹、西番莲)

【学名】*Dahlia pinnate* Cav.

【科属】菊科，大理花属

【形态特征】多年生草本。株高 50～100cm，地下具肥大纺锤状肉质块根，茎中空。叶对生，1～3 回羽状分裂，小叶卵形，正面深绿色，背面灰绿色，具粗钝锯齿，总柄微带翅状。头状花序顶生，具长梗，花径可达 25cm；舌状花色彩丰富而艳丽，有紫、红、橙红、黄、粉、白等多种颜色；中心管状花黄色；花期 6～10 月，单花期 10～20d。瘦果黑色，长椭圆形（图 10-3-23）。

【产地与习性】原产于墨西哥高原。喜光，喜凉爽气候，不耐严寒与酷暑，忌积水，也不耐干旱，以富含腐殖质的沙壤土为最宜，经霜枝叶枯萎，进入休眠。

【繁殖方法】分根、扦插繁殖为主，也可用播种和块根嫁接。

【观赏应用】类型多变，色彩丰富，可根据植株高矮、花期早晚、花型大小分别用于花坛、花境、花丛的栽植。矮生种可地栽，亦可盆栽；花梗较硬的品种可作切花。

图 10-3-23 大丽花

28) 蛇鞭菊（舌根菊）

【学名】*Liatris spicata*

【科属】菊科，蛇鞭菊属

【形态特征】多年生草本。株高约 1m，地下具块根，地上茎直立，少分枝，株形锥状。叶线形，长达 30cm。头状花序排列成密穗状，长 15～30cm，淡紫红色，从顶部向基部延伸；花期 7～9 月（图 10-3-24）。

【产地与习性】原产于北美东部和南部。喜阳光充足的环境，性强健，耐寒，需要疏松、肥沃和排水良好的沙质壤土。

【繁殖方法】播种或分株繁殖，春、秋均可进行。

【观赏应用】花穗较长，盛开时竖向效果鲜明，景观宜人，作花境的背景或自然式群植，更是优良的切花材料。

图 10-3-24 蛇鞭菊

10.4 室内观叶植物

室内观叶植物是指在室内环境条件下，能较长时间正常生长发育，以观叶为主的园林植物。室内观叶植物大多以叶片的形、色、斑纹取胜。本节主要介绍草本观叶植物，主要用于室内装饰及造景。

室内观叶植物大多原产于热带、亚热带地区，部分种类产于温带，由于原产地的自然条件相差悬殊，不同观叶植物对环境条件的要求也因种而异。

室内观叶植物繁殖多用分株、扦插及压条等方法。

1) 肾蕨（蜈蚣草、箅子草）

【学名】*Nephrolepis cordifolia* (L.) Trimen.

【科属】肾蕨科，肾蕨属

【形态特征】多年生常绿草本蕨类植物。根茎短而直立，被黄色绒毛。叶一回羽状深裂，密集丛生，浅绿色，长 30～70cm，宽 6～7cm，羽片矩圆形，密生。孢子囊位于侧小脉顶端，囊群盖肾形（图 10-4-1）。

图 10-4-1 肾蕨

【产地与习性】分布于我国南方各省，生于林下阴湿处或树干上。生长健壮，喜温暖、湿润、半阴，要求土壤疏松、肥沃、富含有机质。

【繁殖方法】分株繁殖，亦可播种孢子。

【观赏应用】叶形优美，叶色光泽，四季常绿，供室内盆栽观赏或作切叶。全株可入药。

2) 铁线蕨(铁线草)

【学名】*Adiantum capillus-venerius*

【科属】铁线蕨科，铁线蕨属

【形态特征】多年生常绿草本蕨类植物。株高15～35cm，根茎横走，黄褐色，被褐色鳞片。二回羽状复叶丛生，叶薄草质，羽片互生，斜扇形，上缘浅裂至深裂；叶柄细长，较硬，黑褐色有光泽；叶脉扇状，孢子囊生于叶脉顶端，成熟后汇合为线形(图10-4-2)。

【产地与习性】广泛分布于热带、亚热带地区林下阴湿处。喜温暖、阴湿的环境。

图10-4-2 铁线蕨

【繁殖方法】分株繁殖。

【观赏应用】株形美观，叶色碧绿，四季青翠，黑色的叶柄纤细而有光泽，十分柔美，适应性强。盆栽置于阴暗处观赏，或点缀山水；温暖地区常植于山石缝隙、荫蔽处。

3) 鹿角蕨(蝙蝠蕨)

【学名】*Platycerium bifurcatum*

【科属】水龙骨科，鹿角蕨属

【形态特征】多年生常绿蕨类草本植物。株高40～50cm。具异形叶，"裸叶"丛生下垂，幼叶黄绿，成熟时深绿，外部叶呈扁平盾形，边缘具波状浅裂，覆瓦状，附生于树干之上，内有贮水组织；"实叶"直立丛生，长60～90cm，裂片不规则椭圆形，呈鹿角状，具灰色柔毛；孢子囊生于裂片顶部，黄褐色(图10-4-3)。

图10-4-3 鹿角蕨

【变种与品种】大鹿角蕨(var. *majus*)

【产地与习性】原产于亚洲、非洲、澳洲热带地区。喜暖湿、湿润的环境，忌强光。

【繁殖方法】孢子繁殖和分株繁殖。

【观赏应用】叶片大，叶形奇特别致，可扎附于朽木、棕皮上，悬挂于廊下，供室内观赏，亦可盆栽，颇具自然之趣。

4) 鸟巢蕨(巢蕨)

【学名】*Neottopteris nidus*

【科属】铁角蕨科，巢蕨属

【形态特征】多年生常绿附生性蕨类植物。株高100～120cm，根状茎短，顶部有条形鳞片，呈纤维状分支。叶辐射丛生，叶丛中空如巢，叶片革质披针形，全缘，长90～120cm，宽9～15cm，浅绿色，叶柄棒状、长约5cm。孢子囊狭条形，着生于叶脉上侧(图10-4-4)。

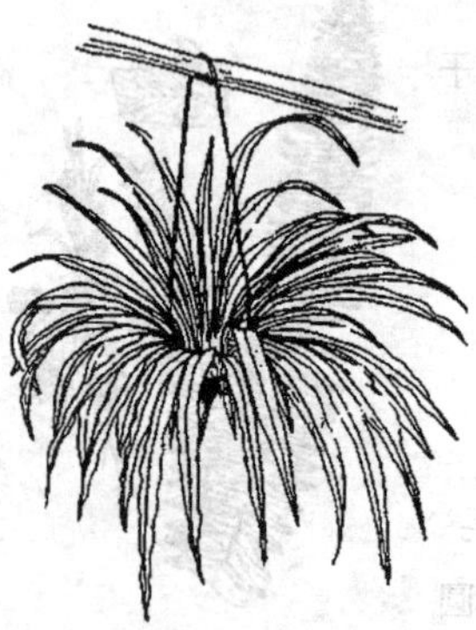

图10-4-4 鸟巢蕨

【产地与习性】原产于亚洲热带，我国台湾、海南亦有分布。喜温暖、阴湿的环境。

【繁殖方法】多用孢子繁殖，也可分株繁殖。

【观赏应用】为极好的室内大型悬挂观叶植物，悬挂于室内或临水池旁，观赏价值高。

5) 广东万年青(亮丝草)

【学名】*Aglaonema modestum*

【科属】天南星科，广东万年青属

【形态特征】多年生常绿草本植物。株高60~150cm，茎直立、不分枝，节间明显。叶互生，叶柄较长，茎部扩大成鞘状，叶椭圆状卵形，先端渐尖至尾状渐尖，叶绿色。肉穗状花序腋生，短于叶柄，绿色，花期为夏秋季(图10-4-5)。

图10-4-5 广东万年青

【产地与习性】原产于我国南部，马来西亚、菲律宾也有分布。性喜温暖、湿润的环境，耐阴，忌阳光直射，不耐寒，需要疏松、肥沃、排水良好的微酸性壤土。

【繁殖方法】常用分株和扦插法繁殖。

【观赏应用】极适应室内环境，可盆栽赏叶，并可进行水栽；华南可作阴地地被植物。

6) 白鹤芋(银苞芋、白掌)

【学名】*Spathiphyllum flruibundum*

【科属】天南星科，苞叶芋属

【形态特征】多年生常绿草本。株高40~60cm，具短根茎。叶柄细长，叶长椭圆披针形，两端渐尖，叶脉明显。花梗直立，高出叶丛；佛焰苞向上直立，稍卷，卵形，白色；肉穗花序有柄，较苞短，小花密生，白色或绿色，花两性。

【产地与习性】原产于哥伦比亚。喜阴，喜高温、高湿，忌直射阳光。

【繁殖方法】分株繁殖，大量繁殖可采用组织培育。

【观赏应用】寿命长，花叶兼美，叶片优雅，花苞洁白，主要用于室内观叶、观花栽培，是室内盆栽珍品。

7) 花叶万年青(黛粉叶)

【学名】*Dieffenbachia maculata*

【科属】天南星科，花叶万年青属

【形态特征】多年生常绿灌木状草本。株高60~150cm，茎粗壮，直立，节间短，叶形较大，为宽卵形至广带形，深绿色，具光亮，有多数不规则白色或淡黄色斑纹。汁液有毒(图10-4-6)。

【变种与品种】白柄花叶万年青(var. *barraquiniana*)；白纹花叶万年青(var. *jenmannii*)。

【产地与习性】原产于南美。性强壮，喜高温、高湿、半阴的环境，不耐寒，土壤要求疏松、肥沃、排水良好。

【繁殖方法】扦插繁殖。

【观赏应用】植株健壮，叶片舒展宽阔，株形整齐，品种丰富，叶色醒目、迷人，是著名的室内盆栽观叶植物之一。但其组织汁液有毒，对

图10-4-6 花叶万年青

皮肤与呼吸道黏膜均有刺激。

8) 龟背竹(蓬莱蕉、电线兰)

【学名】*Monstera deliciosa* Liebm.

【科属】天南星科,龟背竹属

图10-4-7 龟背竹

【形态特征】常绿攀缘状藤本。蔓长可达7~8m,茎粗壮,长出多数深褐色的气生根,长可达1~2m,圆柱形,下垂。叶二列状互生,幼叶心脏形,无孔,全缘,长大后呈广卵形叶,羽状深裂,各叶脉间有缺刻状孔洞,叶片较厚,革质,暗绿色,叶柄较长,1/2左右呈鞘状。肉穗状花序,具佛焰苞,乳白色(图10-4-7)。

【产地与习性】原产于墨西哥。喜温暖、阴湿的环境,忌阳光曝晒和干燥,不耐寒,要求土壤肥沃、排水良好。

【繁殖方法】扦插繁殖。

【观赏应用】为大型观叶植物,盆栽观赏,适用于室内、厅堂摆设,也可作室内大型垂直绿化材料。

9) 春芋(羽裂喜林芋、羽裂蔓绿绒、羽叶喜树蕉)

【学名】*Philodendron selloum*

【科属】天南星科,喜林芋属

【形态特征】多年生常绿草本。茎较短,粗壮直立,密生气根。叶片聚生于茎顶,大型,长90cm,为宽心脏形,基部楔形,羽状深裂,厚革质,叶面光亮,深绿色;叶柄粗壮,较长。

【产地与习性】原产于巴西。喜高温、高湿及半阴的环境,忌阳光直射,不耐寒。

【繁殖方法】扦插、分株繁殖。

【观赏应用】株幅大,生长健壮,叶面光滑,深绿色,优良的盆栽观叶植物,也可水栽于瓶中观赏。

10) 海芋(山芋)

【学名】*Alocasia macrorrhiza*

【科属】天南星科,海芋属

【形态特征】多年生常绿草本。茎粗壮,高达3m。叶柄长,有宽叶鞘,叶聚生于茎顶,大型,盾状阔箭形,长15~90cm,端尖,缘微波状,叶面绿色。佛焰苞全长10~20cm,黄绿色(图10-4-8)。

【产地与习性】原产于巴西。喜高温、高湿及半阴的环境,忌阳光直射,不耐寒。

【繁殖方法】扦插、分株繁殖。

图10-4-8 海芋

【观赏应用】优良的大型盆栽观叶植物,适于布置大型厅堂或室内花园,十分壮观。也可水栽于瓶中观赏。

11) 花叶芋(彩叶芋、二色芋)

【学名】*Caladium bicolor*

【科属】天南星科,花叶芋属

【形态特征】多年生草本。株高50~70cm,块茎扁圆形,黄色。叶基生,具长柄,叶大型,盾状，薄纸质，表面绿色，具红色、白色或淡黄色斑点，背面粉绿色。佛焰苞外面绿色，里面粉绿色，喉部带紫，苞片尖，尖端白色；肉穗花序黄至橙黄色。

【产地与习性】原产于南美热带，巴西和亚马逊河沿岸分布最广。喜高温、高湿及半阴的环境，不耐寒，要求土壤疏松、肥沃、排水良好。

【繁殖方法】分球繁殖。

【观赏应用】品种繁多，叶片质薄如纸，叶色变化大，色彩夺目，是以观叶为主的盆栽花卉；气候温暖地区，也可在室外栽培观赏。

12) 合果芋(长柄合果芋、箭叶芋)

【学名】*Syngonium podophyllum*

【科属】天南星科，合果芋属

【形态特征】多年生常绿蔓生草本。茎上具大量气生根。叶具长柄，幼叶箭形，成熟叶三角形，3深裂，中裂片大；叶脉及周围呈黄绿色(图10-4-9)。

【产地与习性】原产于中美、南美洲热带雨林。喜高温、高湿、半阴的环境，忌强光，不耐寒。

【繁殖方法】扦插繁殖。

【观赏应用】良好的室内观叶盆栽，最适宜作图腾式栽植，或立支架任其攀缘。长期置于室内光线差的角落，也能生长良好。

图10-4-9 合果芋

13) 绿萝(黄金葛、黄金藤)

【学名】*Scindapsus aureus*

【科属】天南星科，藤芋属

【形态特征】多年生常绿大藤本。蔓长达10m以上，节处有气生根，能附着攀缘。叶片心形，全缘，光亮呈嫩绿色，有淡黄色斑块(图10-4-10)。

【变种与品种】翠藤('Virens')；白金葛('Marble')。

【分布与习性】原产于所罗门群岛，我国广为栽培。喜温暖、湿润的环境，耐半阴，不能忍受强烈直射光，要求土壤疏松、肥沃、排水良好。

【观赏应用】最常见的观叶植物之一，具有很强的装饰性。盆栽攀附于立柱或悬吊，也可水养，装饰室内；温暖地区用于庭院绿化，吸附于墙壁作垂直绿化材料；还可作切叶。

图10-4-10 绿萝

14) 红宝石喜林芋(红柄喜林芋、红苞喜林芋)

【学名】*Philodendron erubescens*

【科属】天南星科，喜林芋属

【形态特征】多年生常绿攀缘草本植物。茎蔓生，节部有气生根。叶片戟形，革质，有光泽，叶柄、叶背和幼嫩部分暗红色。有叶片全为绿色的园艺栽培品种(图10-4-11)。

【产地与习性】原产于美洲热带。性强健，喜温暖、潮湿和半阴的环境。

【繁殖方法】扦插、分株繁殖。

图10-4-11 红宝石喜林芋

【观赏应用】室内著名大型观叶植物，生长健壮，叶色艳丽。温暖地区还可在庭院林荫处攀缘栽培。

15）美叶光萼荷（蜻蜓凤梨、斑粉波萝）

【学名】*Aechmea fasciata*

【科属】凤梨科，光萼荷属

【形态特征】多年生附生常绿草本，高40～60cm。叶互抱叠生，呈莲座状，叶片长30cm，较宽，革质，绿色至灰绿色，叶面被或深或浅的银白色横纹，叶缘具坚硬的黑色小点状锐刺。复穗状花序呈圆锥状排列，苞片粉红色，小花初开蓝色，后变桃红色（图10-4-12）。

图10-4-12　美叶光萼荷

【产地与习性】原产于巴西。喜光、温暖和湿润，耐阴，耐旱，不耐寒，需要疏松、富含腐殖质的培养土。

【繁殖方法】分株繁殖。

【观赏应用】叶色秀丽，花期持久，为优良的室内观叶植物。

16）艳凤梨（金边凤梨、斑叶凤梨）

【学名】*Ananas comosus*

【科属】凤梨科，凤梨属

【形态特征】多年生常绿草本，高约60cm。莲座状叶丛有叶30～50片，叶片狭长带状，亮绿色，叶缘金黄色略带粉色，具锐刺，叶背略有白粉。花序伸出叶丛，穗状花序聚生成卵圆形，小花蓝紫色，苞叶橙红色；顶部有硬挺的叶状苞片，边缘粉红色。

【产地与习性】原产于美洲热带。喜强光、温暖、湿润、通风的环境，耐干旱，需要疏松、肥沃、排水良好的沙质壤土。

【繁殖方法】分株繁殖。

【观赏应用】叶、果俱美，是很好的室内观叶、观果植物，富有装饰性，果还可食用。

17）红杯果子蔓（红杯凤梨、红星凤梨）

【学名】*Guzmania lingulata*

【科属】凤梨科，果子蔓属

【形态特征】多年生草本，附生或地生。叶带形，基部较宽，上部叶质软，常外卷呈弓状，叶面黄绿色。苞片披针形，较大，排列较紧，先端开展，呈杯状，鲜红色；花序锥状，小花稠密，白色（图10-4-13）。

【产地与习性】原产于美洲热带雨林。喜高温、高湿、半阴的环境。

【繁殖方法】分株繁殖。

【观赏应用】花、叶俱美，花期持久，为优良的室内观花、观叶植物，可用于室内装饰和组合盆栽。

18）铁兰（紫花凤梨）

【学名】*Tillandsia cyanea*

【科属】凤梨科，铁兰属

图10-4-13　红杯果子蔓

【形态特征】多年生附生草本，株高15~30cm。叶丛呈莲座状开展排列，质硬，叶线状披针形，长20~30cm，上有小而柔软的毛质鳞片，基部具紫褐色条纹。花序呈扁平琵琶形，由苞片二列叠生而成，暗玫瑰红色，自下而上开蓝紫色花，花瓣3枚，卵形；花期全年(图10-4-14)。

【产地与习性】原产于厄瓜多尔。喜温暖、湿润，不耐寒，怕阳光直射。

【繁殖方法】分株繁殖。

【观赏应用】植株小巧，叶姿优美，花色浓艳，观赏期长，是重要的盆栽花卉。

图10-4-14 铁兰

19) 小雀舌兰(短叶雀舌兰、厚叶凤梨)

【学名】*Dyckia brevifolia*

【科属】凤梨科，雀舌兰属

【形态特征】多年生常绿草本，株高8~10cm。叶莲座状簇生，叶质坚硬，肥厚多汁，呈半透明翠绿色，叶缘具锐刺，呈小白点状，内部叶直立，外部叶反卷。总状花序，花梗长，花朵小，30~40朵，橙黄色(图10-4-15)。

【产地与习性】原产于巴西。喜温暖、阳光充足，也耐半阴，较耐寒，需要排水好的沙质土壤。

【繁殖方法】分株法繁殖。

【观赏应用】株形小巧，叶色青翠，花色明快，暖地可点缀岩石园中的石缝，为小型盆栽观赏植物。

图10-4-15 小雀舌兰

20) 吊竹梅

【学名】*Zebrina pendula*

【科属】鸭跖草科，吊竹梅属

【形态特征】多年生草本。茎稍肉质，多分枝，匍匐生长，疏生毛，节上易生根。茎与叶半肉质，叶互生，无叶柄，椭圆状卵形，顶端短尖，全缘，表面紫绿色，杂以银白色条纹，背紫红色，叶鞘有毛。花小，紫红色(图10-4-16)。

【变种与品种】异色吊竹梅(var. *discolor*)；小吊竹梅(var. *minima*)；四色吊竹梅(var. *quadricolor*)。

【产地与习性】原产于墨西哥。喜光、温暖、湿润，较耐阴，需要肥沃、疏松的腐殖质土。

图10-4-16 吊竹梅

【繁殖方法】扦插及分株繁殖。

【观赏应用】生长快速，具艳丽而富有光泽的彩叶，深受喜爱，悬垂布置极为美观，是良好的观叶植物。

21) 紫叶鸭跖草(紫叶草、紫竹梅)

【学名】*Setcreasea purpurea*

【科属】鸭跖草科，紫叶鸭跖草属

图 10-4-17 紫叶鸭跖草

【形态特征】多年生常绿草本。全株深紫色，被短毛，茎肉质，下垂或匍匐状，呈半蔓性，多分枝，节上生根。每节有 1 叶，抱茎互生，披针形，全缘。花生于枝端，较小，为粉红色，苞片盔状，花期 5～10 月(图 10-4-17)。

【产地与习性】原产于墨西哥。性喜温暖、湿润及阳光充足的环境，夏季忌强光直射，不择土壤。

【繁殖方法】分株或扦插繁殖。

【观赏应用】北方用作盆栽，叶色亮丽，茎伸长后会向盆沿处蔓延生长，是理想的吊篮植物；华南可作花坛或地被种植。

22) 紫背万年青(花叶紫万年青、蚌花)

【学名】*Rhoeo discolor*

【科属】鸭跖草科，紫背万年青属

【形态特征】多年生常绿草本。茎低矮，略多汁。叶螺旋状集生于茎顶，狭披针形，长 15～25cm，宽 3～4cm，抱茎，表面绿色，背面紫色。花腋生，呈密集伞形花序，下具 2 枚蚌壳状紫色大苞片；花期 8～10 月(图 10-4-18)。

【变种与品种】绿叶紫背万年青(var. *viridis*)；斑叶紫背万年青(var. *vittata*)。

图 10-4-18 紫背万年青

【产地与习性】原产于墨西哥及西印度群岛。喜温暖、湿润、向阳的环境，不耐寒。

【繁殖方法】播种、扦插和分株繁殖。

【观赏应用】株形有特色，叶表、叶背色彩各异，四季常青，紫色苞叶含抱白色花朵，极为醒目，是优良的室内盆栽观叶植物。

23) 吊兰

【学名】*Chlorophytum comosum*

【科属】百合科，吊兰属

【形态特征】常绿多年生草本。地下部有根茎，肉质而短，横走或斜生。叶基生，细长，线状披针性，基部抱茎，鲜绿色。叶腋抽生匍匐枝，伸出株丛，弯曲向外，节上着生带气生根的小植株，长 30～80cm。花白色，花被 6 片，花期春、夏季(图 10-4-19)。

【变种与品种】金心吊兰(var. *marginatum*)；银心吊兰(var. *mediopictum*)。

【产地与习性】原产于南非。喜温暖、湿润及半阴的环境，夏忌烈日，土壤要求疏松、肥沃。

【繁殖方法】分株繁殖。

【观赏应用】叶形美丽清秀，花梗低垂、姿态优美，是极为良好的室内悬挂观叶植物，可悬挂在廊下、窗前，或放于门厅、高架之上，也可点缀于水石或树桩盆景上，皆别具特色。

24) 一叶兰(蜘蛛抱蛋)

【学名】*Aspidistra elatior*

图 10-4-19 吊兰

【科属】百合科，蜘蛛抱蛋属

【形态特征】多年生常绿草本，地下部有匍匐根状茎。基生叶，单生，叶片宽大，长可达70cm，叶质硬，基部狭窄，形成沟状叶柄且长。花单生于根茎上，花梗短，花被钟状，径约2.5cm，乳黄至紫色，花期春季(图10-4-20)。

【变种与品种】嵌玉蜘蛛抱蛋(var. variegata)；斑叶蜘蛛抱蛋(var. pumctata)。

【产地与习性】原产于我国。喜温暖、湿润的环境，耐阴，忌直射光，耐贫瘠，需要疏松、肥沃、排水良好的沙质壤土。

【繁殖方法】分株繁殖。

【观赏应用】叶片挺拔、浓绿、光亮，又极耐阴，为北方良好的温室盆栽观叶植物，装饰厅堂会场；温暖地区可作林荫下地被；还可作切叶使用。全草入药。

图10-4-20 一叶兰

25) 文竹(云片竹)

【学名】Asparagus plumosus

【科属】百合科，天门冬属

【形态特征】多年生蔓性草本，根部稍肉质。茎细柔，伸长，呈攀缘状；叶状枝密生如羽片，水平开展。叶小，刺状鳞片。秋季在羽毛状细枝上开出黄绿色小花；浆果球形，成熟时呈紫黑色(图10-4-21)。

【产地与习性】原产于非洲南部。喜温暖、潮湿的环境，怕强光和低温，不耐干旱，但忌积水，以疏松、肥沃的腐殖质土为最佳。

【繁殖方法】播种繁殖为主，也可用分株繁殖。

【观赏应用】株形纤细，用作盆栽，可常年在室内摆放，又是重要的切叶材料。

图10-4-21 文竹

26) 天门冬(武竹、天冬草)

【学名】Asparagus sprengeri

【科属】百合科，天门冬属

【形态特征】多年生常绿半蔓性草本，具纺锤状肉质块根。茎丛生，拱形下垂，绿色，分枝力强；叶状枝线形，扁平，密集生于枝蔓上。叶退化呈鳞片状或刺状，不明显。总状花序，花白色，花期7~8月。浆果，成熟后鲜红色(图10-4-22)。

【变种与品种】矮天门冬(var. compactus)；斑叶天门冬(var. variegatus)。

【产地与习性】原产于南非。喜温暖、湿润的环境，不耐寒，耐半阴，忌积水，对土壤要求不严，以疏松的沙质土为宜。

【繁殖方法】播种、分株繁殖。

【观赏应用】装饰性强，常盆栽用于花坛、会场装饰，又可作切花装饰的配叶材料。根可入药。

图10-4-22 天门冬

27) 冷水花(西瓜皮荨麻、冰凉花)

【学名】 *Pilea cadierei*

【科属】荨麻科，冷水花属

【形态特征】多年生草本。株高30～40cm，茎直立多分枝，绿色，肉质多汁。叶交互对生，椭圆形，先端锐尖，缘稍具浅齿，三条主脉明显，下陷，脉间有大块银白色斑纹。花小，灰白色，不明显，秋季开花（图10-4-23）。

【产地与习性】原产于东南亚各地。喜阴，喜温暖，耐湿，生长健壮，抗病虫害能力强，需要排水良好的沙质壤土。

【繁殖方法】常用扦插及分株繁殖。

【观赏应用】叶色美丽，有银色斑纹，容易栽培，常作盆栽用以布置室内；南方可露地林缘栽植。

图10-4-23 冷水花

28) 花叶竹芋(二色竹芋、豹斑竹芋)

【学名】 *Maranta bicolor*

【科属】竹芋科，竹芋属

【形态特征】多年生常绿草本。株高30～40cm，具根状茎，肉质白色，株形紧凑。叶片卵状矩圆形，长8～15cm，缘微波状，叶面绿白色，中筋两侧叶脉间有褐红色斑纹，叶背粉绿或淡紫色，叶柄鞘状。总状花序，花小筒状，白色，花期夏季（图10-4-24）。

【产地与习性】原产于巴西。喜高温多雨及半阴的环境，不耐寒，要求土壤疏松及排水良好。

【繁殖方法】分株或扦插繁殖。

【观赏应用】雅致的盆栽观叶植物，叶形优美，叶色多变，常作会场布置或室内单株观赏。

图10-4-24 花叶竹芋

29) 肖竹芋(大叶蓝花蕉)

【学名】 *Calathea ornate*

【科属】竹芋科，肖竹芋属

【形态特征】多年生草本植物，高达1m，丛生性。叶柄细长，叶片长椭圆形，叶面黄绿色，有银白色或红色的细条斑，叶背面暗堇红色（图10-4-25）。

【产地与习性】原产于美洲热带、巴西等地。喜温暖、高湿及半阴的环境，不耐寒，以疏松、透气性良好的腐殖质壤土为佳。

【繁殖方法】分株繁殖。

【观赏应用】叶片质薄，色泽、斑纹极为美丽，为重要的室内盆栽观赏植物，富有吸引力。

30) 豆瓣绿(又称翡翠椒草)

【学名】 *Peperomia magnoliaefolia*

【科属】胡椒科，豆瓣绿属

【形态特征】多年生常绿草本。株高约20cm，茎圆、多分枝，茎与

图10-4-25 肖竹芋

叶柄深红色。叶柄短，叶互生，宽卵形，较厚，近肉质。穗状花序细弱，小花绿白色(图10-4-26)。

【变种与品种】花叶豆瓣绿(var. variegata)，又名乳纹椒草。

【产地与习性】原产于美洲热带，现世界各地温室有栽培。性喜高温及半阴环境，需要肥沃、排水良好的土壤。

【繁殖方法】扦插或分株繁殖。

【观赏应用】优美的小型观叶盆栽植物，用于室内装饰。

31) 西瓜皮椒草(银白斑豆瓣绿)

【学名】*Peperomia argyreia*

【科属】胡椒科，豆瓣绿属

图10-4-26 豆瓣绿

【形态特征】多年生常绿草本。株高约20～30cm，茎短。叶密集丛生，盾形、卵圆形，半革质，叶浓绿色，脉间有8～11条银白色斑纹，状似西瓜皮；叶柄红色，肉质，浑圆。穗状花序由叶腋抽生，具3～5分枝，花极小，着生于花序轴上凹穴内，花序轴肉质(图10-4-27)。

【产地与习性】原产于巴西，我国各地温室有栽培。性喜温暖、湿润及半阴的环境，忌积水。

【繁殖方法】叶插或分株繁殖。

【观赏应用】可欣赏绿白相间的鲜丽的叶及亭亭玉立的红叶柄，可作室内盆栽，置于案头、几架。

图10-4-27 西瓜皮椒草

32) 网纹草(费通花、日本小白菜)

【学名】*Fittonia verschaffeltii*

【科属】爵床科，网纹草属

【形态特征】多年生常绿草本。植株低矮，匍匐状。叶对生，卵形，长5～8cm，全缘，薄纸质，翠绿色，叶脉呈白色网状，或具深凹的红色叶脉。花小，黄色微带绿色(图10-4-28)。

【产地与习性】原产于秘鲁和南美热带雨林。喜温暖、湿润的环境，耐阴性强，忌强光直射，需要富含腐殖质的沙壤土。

【繁殖方法】扦插繁殖。

【观赏应用】适宜盆栽，可悬挂观赏，是理想的室内、外观叶植物。

33) 猪笼草

【学名】*Nepenthes mirabilis*

【科属】猪笼草科，猪笼草属

【形态特征】多年生草本，食虫植物。附生性，茎平卧或攀缘。叶互生，长椭圆形，全缘，中脉延长为卷须；末端有一小叶笼，小瓶状，瓶口边缘厚，上有小盖，成长时盖张开，不能再闭合，笼色以绿色为主，有褐色或红色的斑点和条纹，笼内壁光滑，笼内能分泌黏液和消化液，有气味以引诱小动物。雌雄异株，总状花序，萼片4枚，无花瓣。蒴果。

【产地与习性】原产于亚洲热带，我国广东等地有分布。喜阴，不耐寒，在高温、高湿的环境中

图10-4-28 网纹草

生长良好。

【繁殖方法】扦插繁殖。

【观赏应用】温室盆栽作新奇观赏植物，形态奇特，适合悬挂盆栽，用于参观、植物教学或点缀居室，效果极佳。

图 10-4-29 蟆叶秋海棠

34）蟆叶秋海棠（毛叶秋海棠）

【学名】Begonia rex

【科属】秋海棠科，秋海棠属

【形态特征】多年生草本。叶及花轴由根茎发出，叶卵形，偏斜，表面暗绿色，叶面有凹凸状突起、不规则的银白色斑纹，叶背红色、带金属光泽，多毛。花梗直立，伞形花序，花少，粉红色，秋冬开花（图 10-4-29）。

【产地与习性】原产于巴西、印度等热带地区。喜温暖、湿润，避直射光。

【繁殖方法】叶片扦插或分株繁殖。

【观赏应用】叶片观赏性很强，别具一格，盆栽室内观赏，为优良的观叶植物。

35）球兰（矮毯兰、樱花葛）

【学名】hoya carnose

【科属】萝藦科，球兰属

【形态特征】多年生常绿藤本，节上有气生根。叶厚、肉质，椭圆，长 8cm，对生，叶脉不显，全缘无齿。伞形花序腋生，花序径达 8cm，花多、杂聚成球状，花白色，心部粉色，蜡质。花期 5～9 月（图 10-4-30）。

【产地与习性】原产于我国南部及大洋洲。喜高温、高湿，稍耐干旱。

【繁殖方法】扦插繁殖。

【观赏应用】盆栽欣赏，株形优雅，蔓性生长，花序向下垂，具芳香，花中产生黏的花蜜，常用于室内悬挂，可观叶、观花。

图 10-4-30 球兰

36）吊金钱（吊灯花、心蔓）

【学名】Ceropegia woodii

【科属】萝藦科，吊灯花属

【形态特征】多年生常绿蔓生草本。茎细软，蔓垂，节间常生深褐色小块茎。叶对生，肉质，具短柄，宽卵圆形或心脏形，深绿色，有白色叶脉，叶脉深陷，叶背色淡。花 2～3 朵腋生，淡肉黄色，花冠筒长 3cm，基部膨大，花冠裂片 5 枚直立，先端相连，稍具黑紫色。几乎全年有花（图 10-4-31）。

【产地与习性】原产于南非。喜温暖、湿润，耐阴，适宜室内散射光环境，需要疏松、排水良好的沙质壤土。

【繁殖方法】分株或扦插繁殖。

图 10-4-31 吊金钱

【观赏应用】枝叶下垂如串串金钱垂挂，随风摇曳，轻盈别致。常用于室内装饰，是良好的盆栽悬挂植物。

10.5 水生植物

水生植物是指生长在水中或潮湿土壤中的植物。我国水系众多，水生植物资源非常丰富，仅高等水生植物就有300多种。水生植物不仅是初级生产力的主要组成部分，而且在美化水体景观、净化水质、保持营养平衡和生态平衡方面具有显著的功效。

在园林中，根据水生植物不同的生态习性可将其分为四类：沉水植物、漂浮植物、浮水植物、挺水植物。沉水植物是根扎于水下泥土之中，全株沉没于水面之下的植物，常见的有金鱼草、狐尾藻、水车前、石龙尾、水盾草等。漂浮植物是茎叶或叶状体漂浮于水面，根系悬垂于水中漂浮不定的植物，常见的有大藻、浮萍、萍蓬草、凤眼莲等。浮水植物是根生长在水下泥土之中，叶柄细长，叶片自然漂浮在水面上的植物，常见的有金银莲花、睡莲、满江红、菱等。挺水植物是茎叶伸出水面，根和地下茎埋在泥里的植物，常见的有水葱、香蒲、菖蒲、芦苇、荷花、泽泻、雨久花等。

1) **荇菜**(水荷叶、大紫背浮萍、水镜草、水葵)

【学名】*Limnanthemum nymphoides*

【科属】龙胆科，荇菜属

【形态特征】漂浮植物。叶小、近圆形，漂浮于水面，除上部叶对生外，其余叶互生。叶基部盾状心形，表面亮绿色，背面紫红色。茎细长，多分枝，节上生根。伞房花序生于叶腋，花冠呈漏斗状，5裂深，花杏黄色，花被边缘密生短毛(图10-5-1)。

【产地与习性】中国分布广泛，日本、俄罗斯也有分布。喜光线充足的环境，喜肥沃的土壤及浅水或不流动的水域。适应能力极强，耐寒，也耐热，极易管理。

【繁殖方法】分株或播种繁殖。

图10-5-1 荇菜

【观赏应用】叶形细小而漂浮于水面上，花亦有很强的观赏性，可用于装点池面，雅致盎然。茎可供食用。

2) **大藻**(大叶莲、水浮莲、水莲、芙蓉莲)

【学名】*Pistia stratiotes*

【科属】天南星科，大藻属

【形态特征】漂浮植物。叶簇生成莲座状，叶片依其发育阶段不同，有倒三角形、倒卵形、扇形以及倒卵状长楔形，先端截头状或浑圆，基部厚，二面均被细小毛，基部浓密；叶脉伸展成扇状，背面明显隆起。佛焰苞白色，肉穗花序短于佛焰苞，花单性，无花被；雄花有雄蕊2，轮生，雄蕊极短，彼此完全合生；雌花单一，子房卵圆形，斜生于肉穗花序轴上(图10-5-2)。

图10-5-2 大藻

【产地与习性】分布于华南、华东、长江流域，广布于全球热带及亚热带。喜温暖、高湿，不耐严寒，喜生长在肥沃的淡水池塘、沟渠或水田中。

【繁殖方法】分株或播种法繁殖。

【观赏应用】叶色翠绿，叶形奇特，是园林水景中水面绿化的良好观叶植物。植株根系发达，是吸收有害物质及过滤过剩营养物质、净化水体的良好植物材料。

3）旱伞草（水竹、伞草、风车草）

【学名】*Cyperus alternifolius*

【科属】莎草科，莎草属

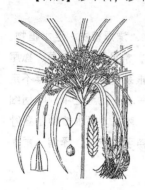

【形态特征】挺水植物。地下茎块状、短粗，茎秆自地下块状茎上丛生而出，其截面略呈三角形，草质中空。叶片退化呈鞘状，棕色，包裹在茎秆基部。花序着生于茎顶，总苞片叶状，放射状均匀伸展，苞片狭剑形至线形，呈叶片状，平行脉显著。小花序穗状、扁平，具细长的线形总梗，小花穗组成大型复伞形花序，小花白色至黄色，无花被（图10-5-3）。

【产地与习性】原产于非洲，现我国各地均有栽培。喜温暖、湿润及通风良好的环境，喜土壤湿润，对土壤、水质的要求不十分严格，不耐寒，极耐阴。

【繁殖方法】分株、扦插或播种繁殖。

图10-5-3　旱伞草

【观赏应用】株丛繁密，叶形奇特，是良好的观叶、观花水生花卉。适宜配植于水景的假山石旁作点缀，亦可作盆景装饰室内，有较强的观赏性。

4）水葱（管子草、莞蒲、冲天草）

【学名】*Scirpus tabernaemontani*

【科属】莎草科，藨草属

【形态特征】挺水植物。根茎粗壮，横生于水下泥土当中。茎秆高大通直。秆呈圆柱状，直立中空，外形似葱。叶片很小，着生于茎的基部，呈鞘状，褐色，不明显。顶生聚伞花序，褐色，花序下有短小苞叶（图10-5-4）。

【变种与品种】花叶水葱（var. *zebrinus*）：茎基部由白色和绿色相间排列。

【产地与习性】原产于欧亚大陆，我国南北方都有分布。喜欢生长在温暖、潮湿的环境中，喜阳光。适应性强，耐寒，也耐阴。自然生长于池塘、湖泊边的浅水处、稻田的水沟中。

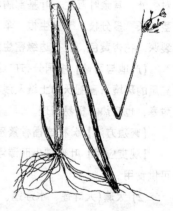

图10-5-4　水葱

【繁殖方法】分株繁殖或播种繁殖。

【观赏应用】生长葱郁，色泽淡雅洁净，可栽于池隅、岸边，作为水景布置中的障景或后景，盆栽可作庭院布景装饰用。

5）千屈菜（水柳、水枝柳、对叶莲）

【学名】*Lythrum salicaria*

【科属】千屈菜科，千屈菜属

【形态特征】挺水植物。地下根状茎粗壮，木质化。地上茎直立，四棱。叶对生或轮生，披针形或宽披针形，叶全缘，无柄，基部抱茎。长穗状花序顶生，小花密生。小花玫瑰红或蓝紫色，花被片6枚，萼筒呈长管状(图10-5-5)。

【产地与习性】原产于欧洲和亚洲暖温带，我国南北各地均有野生。性喜温暖及光照、通风良好的环境，尤喜水湿，喜欢生长于沼泽地、水旁湿地或河边、水沟边，以在浅水中的土层深厚、含有大量腐殖质的土壤中生长为最佳。

【繁殖方法】播种、分株或扦插。

【观赏应用】株丛高而稠密，花色艳丽夺目，可在水边丛植，也可用于花境，在花卉装饰中多作背景材料。

6) 雨久花(水白菜、蓝鸟花)

【学名】*Monochoria korsakowii*

【科属】雨久花科，雨久花属

图10-5-5 千屈菜

【形态特征】挺水植物。地下具短而匍匐的根茎，地上茎直立，基部呈紫红色。基生叶广卵圆状心形，顶端急尖或渐尖，基部心形，全缘，具弧状脉。叶柄长，基部具鞘。总状花序，顶生，花被片6枚，蓝色，椭圆形，顶端圆钝(图10-5-6)。

【产地与习性】原产于我国。分布于我国中南、华东、华北及东北。朝鲜、日本、俄罗斯的西伯利亚地区也有分布。喜温暖、潮湿和阳光充足的环境，耐半阴，不耐寒。多生于沼泽地、水沟及池塘的边缘。

【繁殖方法】分株繁殖。

【观赏应用】可与其他水生花卉观赏植物搭配使用，是一种极美丽的水生花卉。单独成片种植效果也好，沿着池边、水体的边缘按照园林水景的要求可作带形或方形栽种。

图10-5-6 雨久花

7) 荷花(芙蕖、芙蓉、水华、水芙蓉、莲)

【学名】*Nelumbo nucifera*

【科属】睡莲科，莲属

【形态特征】挺水植物。地下茎肥大有节，通称藕，横生于淤泥中。节上生根并抽生叶片，叶大，直径可达70cm，呈盾状圆形，被有蜡质。叶柄长，位于叶片中央。花单生，大而色艳，有单瓣、复瓣、重瓣之分，色有深红、粉红、白、淡绿及间色等变化。花叶均有清香。花后结实称为莲蓬，内有种子，称为莲子(图10-5-7)。

【产地与习性】原产于亚洲热带和温带地区，我国栽培广泛。喜湿、怕干，喜相对稳定的静水。喜阳光照，不耐阴。对土壤要求不严，但以富含有机质的黏性湖塘泥为佳。

图10-5-7 荷花

【繁殖方法】分株繁殖或播种繁殖。

【观赏应用】花大叶丽，清香远溢，出淤泥而不染，深为人们所喜爱，是园林中非常重要的水面绿化植物。

8) 睡莲(子午莲、水浮莲、水芹花)

【学名】*Nymphaea terragona* Georgi.

图10-5-8 睡莲

【科属】睡莲科,睡莲属

【形态特征】浮水植物。根茎短粗而直立。叶柄长而柔软,不能挺出水面。叶丛生,浮于水面,或一部分稍伸出水面,叶圆形盾状,基部楔形,叶表面光亮、无毛、革质、绿色,叶背紫红色,浮于水面。花单生于细长的花梗顶端,花冠外层较大,内层较小,呈三角状阔披针形,有白、红、粉、黄、蓝、紫等色及其中间色,花也浮于水面(图10-5-8)。

【变种与品种】埃及蓝睡莲(*N. caerulea*)、印尼红花睡莲(*N. rubra*)、墨西哥黄睡莲(*N. mexicana*)、中国厚叶睡莲(*N. orassifolia*)。

【产地与习性】原产于非洲亚热带和东南亚热带地区。我国南北各省均有栽培。日本、朝鲜、印度、原苏联、西伯利亚及欧洲等地亦有分布。喜高温、强光,要求通风良好,喜富含有机质的壤土,喜平静水面。

【繁殖方法】分株繁殖或播种繁殖。

【观赏应用】花期长,叶形美,是重要的水生花卉,常用于点缀水面。盆栽睡莲亦可布置庭院。

9) 王莲(亚马逊王莲)

【学名】*Victoria amazonica*

【科属】睡莲科,王莲属

【形态特征】浮水植物。根状茎直立;叶硕大、圆形,成熟叶片直径可达1~2m,平展于水面,肉质,有光泽,深绿色,叶缘隆起而褶皱,高8~12cm,极似簸箕;叶背及叶柄具浅褐色尖锐皮刺。花单生于叶腋处,挺水开花,花蕾形似毛笔头,花萼具浅褐色刺毛;花较大,夜开昼合;芳香(图10-5-9)。

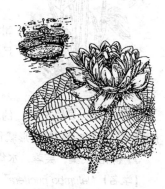

图10-5-9 王莲

【产地与习性】原产于南美洲亚马逊河流域,我国较温暖地区可栽培。喜高温、高湿及充足阳光,对水温要求特别苛刻,必须在30℃左右。不耐寒,早晚温差要小。需要肥活的塘泥土。

【繁殖方法】播种繁殖或分株繁殖。

【观赏应用】于水池湿地种植美化,为奇特的水生花卉。株形美观洒脱,叶色翠绿,叶形硕大,是水景绿化的上品花卉。

10) 萍蓬莲(黄金莲、萍蓬草、水粟)

图10-5-10 萍蓬莲

【学名】*Nuphar pumilum*

【科属】睡莲科,萍蓬草属

【形态特征】浮水植物。地下根茎粗壮,多分枝,横卧于泥中。叶片从根茎的顶芽上抽生出来,伸出或浮出水面,叶宽卵形,先端圆钝。叶背紫红色,密被柔毛。花单生,伸出水面,萼片花瓣状,5枚,鲜黄色,真正的花瓣很小(图10-5-10)。

【产地和习性】原产于中国东北、华北,世界各国均有栽培。喜阳光充分,又很耐热,喜土壤深厚,耐寒,华北地区能露地水下越冬。

【繁殖方法】分株繁殖或播种繁殖。

【观赏应用】萍蓬草为观花、观叶植物，多用于池塘水景布置，与睡莲、莲花、荇菜、香蒲、黄花鸢尾等植物配植，形成绚丽多彩的景观。

11) 慈姑(华夏慈姑)

【学名】*Sagittaria trifolia* Linn. vav. sinensis

【科属】泽泻科，慈姑属

【形态特征】挺水植物。根状茎匍匐。叶呈长椭圆状披针形，叶端钝而具短尖头或渐尖，基部叉开呈箭形，全缘，叶柄基部扩大成鞘。聚伞式小圆锥花序挺出水面，花白色，花瓣倒卵形(图10-5-11)。

【产地与习性】原产于中国，亚洲、欧洲、非洲的温带和热带均有分布。性喜温暖、水湿，不耐霜冻和干旱。耐肥、喜光，要求土壤保水、保肥力强。

【繁殖方法】球茎繁殖。

【观赏应用】叶形奇特，适应性强，宜作水面、岸边的绿化材料，或与千屈菜、睡莲、荷花等观花植物搭配种植，效果极佳。也常盆栽观赏。

图10-5-11 慈姑

12) 花菖蒲(玉蝉花)

【学名】*Iris keampferi*

【科属】鸢尾科，鸢尾属

【形态特征】多年生挺水草本植物。根状茎短粗，须根多数，细条形，黄白色。植株基部干枯，叶鞘明显。叶基生，线形，长20～80cm，中脉明显凸起，两侧有多数平行脉。花茎直立、坚挺，长30～90cm。花两性，直径可达8～15cm，常1～3朵，多鲜紫红色。蒴果长圆形，种子褐色，有棱。花期5～6月，果期6～8月。

【产地与习性】主要产于我国华东、华北及东北地区，朝鲜、日本有分布。较耐阴，喜温暖、湿润的气候。常生长于沼泽地或浅水中，喜土质疏松、肥沃，适应性较强。

【繁殖方法】播种繁殖，秋播比春播出苗率高。

【观赏应用】叶片翠绿、剑形，花色丰富，是颇具观赏价值的水生园林植物。可配置水景，也可盆栽装饰庭院；花、叶可作切花材料；根茎可入药。

10.6 草坪植物

草坪植物是用以铺设草坪的植物总称，为多年生草本植物，具有匍匐茎，主要由禾本科和莎草科植物组成。草坪植物又称草坪草。

草坪植物应有茂密的叶片及根系，生长势强劲，耐修剪，便于大面积铺设和机械化操作等。世界各地都在选择适宜自己国家自然条件和需要的草坪植物。

草坪草种类繁多，特性各异，依据气候和地域不同可分为冷季型草和暖季型草。冷季型草适合我国长江以北地区生长，耐寒性较强，春季返青早，甚至四季常青，适宜建造大型草坪，需要经常修剪，管理较费工，在夏季高温、多湿地区易发生病害。暖季型草主要分布于我国长江流域以南广大地区，生长势与竞争能力强，多用于建植单一草坪。

草坪草的繁殖通常有种子繁殖和营养繁殖两种方法。

草坪种植是园林绿化工作的重要组成部分，草坪有许多重要作用，如美化和保护环境，防止扬尘和水土流失，减少噪声等。

10.6.1 冷季型草

1）草地早熟禾

【学名】*Poa pratensis*

【科属】禾本科，早熟禾属

【形态特征】多年生草坪植物。具疏根状茎及须根，主要分布在15~20cm土层内。茎秆直立，光滑，呈圆筒形，高50~75cm。叶片条形、柔软，宽2~4mm。圆锥花序开展，小穗长4~6mm，含3~5朵小花。颖果纺锤形（图10-6-1）。

【产地与习性】原产于北温带地区，我国东北、山东、江西、河北、内蒙古等地有野生分布。耐寒力强，喜光，稍耐阴，耐旱和耐热性稍差，较耐践踏，要求疏松、肥沃的土壤，可生于石灰质土壤中。

【繁殖与栽培】播种繁殖或栽植草皮块。

【观赏应用】为重要草坪植物，广泛应用于各类绿地，与其他冷季型草种混合栽培；宜种于斜坡地，保持水土；是优良牧草。

图10-6-1 草地早熟禾

2）细叶早熟禾

【学名】*Poa angustifo*

【科属】禾本科，早熟禾属

【形态特征】多年生草坪植物。株高20~40cm，具细根状茎。秆丛生，直立，较细弱，光滑无毛。叶披针形，基生叶内卷，针状，宽1~2mm，鲜绿色。圆锥花序狭窄，长约4~10cm，基盘有稠密白色棉毛，内稃与外稃等长；花期5~7月。颖果扁平，长约2mm。

【产地与习性】分布于我国黄河流域及东北、西北各地，广布于北温带。耐寒力强，较耐旱，耐热性差，耐阴、耐践踏能力亦弱，需要疏松、肥沃、排水良好的土壤。

【繁殖与栽培】播种和栽植草块法。

【观赏应用】优良的观赏草坪，可用作公园、街道绿地及居住区等绿化材料。

3）早熟禾（小鸡草）

【学名】*Poa annua*

【科属】禾本科，早熟禾属

【形态特征】一、二年生低矮草坪植物。全株平滑无毛，植株丛生直立或基部稍倾斜，秆高5~25cm，细弱。叶片扁平，质地柔软，先端呈小舟形，长2~10cm，宽1~5mm。圆锥花序椭圆形，长2~7cm，每节有1~2分枝，小枝绿色，含3~5朵小花。外稃椭圆形，脊和边缘具柔毛。颖果，种子长2mm，宽0.6~0.8mm。

【产地与习性】我国大部分地区有分布。耐寒力强，较耐阴，不耐旱，不耐践踏，耐瘠薄，需要肥沃、湿润的土壤。自播力强。

【繁殖与栽培】播种繁殖或移栽草皮块。

【观赏应用】由于具有耐阴性，可作行道树及栽植于林荫下。

4）多年生黑麦草

【学名】*Lolium perenne*

【科属】禾本科,黑麦草属

【形态特征】多年生草坪植物。具细弱的根状茎,须根稠密。秆丛生、柔软,基部斜卧,具3～4节。叶鞘疏松,节间较短,叶舌短小。叶片窄而长,有微柔毛,长10～20cm,宽3～6mm。穗状花序长10～20cm,宽5～7cm,小穗含7～11朵小花。颖片有5脉,边缘狭,膜质。颖果,种子矩圆形(图10-6-2)。

【产地与习性】原产于西南欧、北非及亚洲西南部等地区。喜温暖、湿润的气候,喜光,不耐旱,适宜在冬无严寒、夏无酷暑的地区生长,耐践踏性较强,需要疏松、肥沃、排水良好的土壤。

【繁殖与栽培】通常采用播种繁殖,也可以移栽草皮块。

【观赏应用】在各种小型绿地上,常把其用作"先锋草种",以便迅速形成急需的草坪;为混合草坪的成分,用于运动场等绿化材料;能抗二氧化硫等有害气体,可作工厂周围的净化草坪;也是保土植物和人工牧草地的种植材料。

图10-6-2 多年生黑麦草

5) 匍茎剪股颖

【学名】*Agrostis stolonifera*

【科属】禾本科,剪股颖属

【形态特征】多年生草坪植物。秆高15～40cm,根多而纤弱,根系浅生;秆基部平卧于地面,匍匐枝着地,节部生根。叶鞘无毛,稍带紫色;叶片扁平、线形,先端渐尖,长约5.5～8.5cm,宽3～4mm,两面有小刺毛,粗糙。圆锥花序卵状长圆形,成熟时呈紫铜色,长12～20cm。颖果,种子黄褐色(图10-6-3)。

【产地与习性】分布于华北及长江流域各省湿地。喜光,亦耐半阴,耐寒冷、潮湿能力强,较耐热,不耐干旱,在肥沃、湿润、排水良好的土壤中生长良好。

【繁殖与栽培】常用播种和移栽匍匐枝两种方法进行繁殖,可单用或混播。

【观赏应用】由于生长繁殖迅速,一般可作急需绿化的种植材料;也可作潮湿处的保土植物;还可作牧草栽培。

图10-6-3 匍茎剪股颖

6) 小糠草(红顶草)

【学名】*Agrostis alba*

【科属】禾本科,剪股颖属

【形态特征】多年生草坪植物。基部斜卧,秆直立,高60～90cm,具有细长的地下茎,浅生于地表。叶鞘无毛,多短于节间;叶舌长3～5mm,卵圆形;叶片长17～22cm,宽3～7mm,边缘和下部具有小刺毛而粗糙。圆锥花序,散穗形,疏松、开展。分枝微粗糙,基部开始着生小穗。颖果长椭圆形,黄褐色。

【产地与习性】原产于北美,广泛分布于我国南北各地。喜阳光,不耐阴,喜冷凉、湿润,耐寒,耐旱,抗热,对土壤要求不严。

【繁殖与栽培】以播种繁殖为主，亦可营养繁殖。

【观赏应用】用于各种游息草坪，常可与其他草种混播，但比例不能过大，因为它具有很强的侵占能力；也常用于足球场，还可用作保土植物和牧草栽培。

7）羊茅草(酥油草、绵羊茅)

【学名】*Festuca ovina*

【科属】禾本科，羊茅属

【形态特征】多年生草坪植物。根须状，不具根状茎。株高 15～25cm，秆纤细，直立，全为鞘内分枝。叶片内卷成针状，质地较柔软，稍粗糙，长 2～6cm。圆锥花序紧缩，侧生小穗柄短于小穗，小穗含 3～6 朵小花；颖片披针形；内稃、外稃等长。颖果红棕色(图 10-6-4)。

【变种与品种】细叶羊茅(var. *tenuifolia*)

【产地与习性】分布于我国西北、西南、华北、东北各地。耐旱、耐寒、耐践踏，适应性强，不耐盐碱。

【繁殖与栽培】种子直播成坪。

【观赏应用】低矮平整，纤细美观，园林中可用作花坛、花境的镶边植物等。

图 10-6-4 羊茅草

8）异穗苔草(大羊胡子草、黑穗草)

【学名】*Carex heterostachya*

【科属】莎草科，苔草属

【形态特征】多年生草坪植物。根系发达，具有横走的细长根状茎。秆高 15～30cm，三棱形，纤细。叶片从基部生出，短于秆，宽 2～3mm，基部具褐色叶鞘。穗状花序卵形，具有小穗 3～4 个，顶生 1～2 枚为雄性，其余为雌性。果囊卵形至椭圆形。小坚果倒卵形，具 3 棱(图 10-6-5)。

【产地与习性】分布于华北、西北、东北各地。喜光，亦耐阴、耐旱、又耐湿，极耐寒、耐盐碱，不耐践踏，适应性强，抗二氧化硫。

【繁殖与栽培】分株繁殖为主，亦可播种。

【观赏应用】常作为封闭式草坪广泛栽培应用，可栽植于背阴处；是阴湿处的保土地被植物。

9）白颖苔草(小羊胡子草、细叶苔草、硬苔草)

【学名】*Carex rigescens*

【科属】莎草科，苔草属

【形态特征】多年生低矮草坪植物。具细长、横走根状茎。秆高 3～10cm，三棱形，基部黑褐色。叶短于秆，长 5～15cm，宽 0.5～1mm，叶色浓绿。穗状花序，小穗具少数花，紧密排列成卵状，雌雄同穗。果囊卵状披针形。

【产地与习性】我国北部、俄罗斯及日本均有分布。耐寒，喜光，略耐阴，耐旱，不耐高温，耐

图 10-6-5 异穗苔草

贫瘠、盐碱，需要肥沃、湿润的土壤。与杂草竞争力弱。

【繁殖与栽培】播种和分生繁殖。

【观赏应用】由于外观纤细、整齐，园林中常作观赏及装饰性草坪。

10.6.2 暖季型草

1）结缕草(锥子草、老虎皮、近地青、大爬根)

【学名】*Zoysiu japonica*

【科属】禾本科，结缕草属

【形态特征】多年生草坪植物。具直立茎，一般高 12~15cm，秆淡黄色；须根较深，可深入土层 30cm 以上；具坚韧的地下根状茎和地上匍匐枝，能节节生根并分生新的植株。叶革质，扁平，具一定韧度，表面有疏毛。总状花序，长 2~6cm，花果呈绿色，有时略带淡紫色。结实率较高(图 10-6-6)。

【产地与习性】分布于我国东北至华东，朝鲜及日本也有。喜温暖气候，耐高温，喜光，不耐阴，耐旱，耐瘠薄、盐碱，需要深厚、肥沃、排水良好的沙质壤土。草脚厚，具有一定的韧度和弹性，耐磨、耐践踏。

【繁殖与栽培】常用分株与铺草块的方法繁殖，种子繁殖需采用催芽处理。

图 10-6-6 结缕草

【观赏应用】是我国优良的草坪植物，应用于各种开放性草坪，如足球场、运动场地、儿童活动场地等，还是良好的固土护坡植物。

2）细叶结缕草(天鹅绒草、朝鲜芝草)

【学名】*Zoysiu tenuifolia*

【科属】禾本科，结缕草属

【形态特征】多年生草坪植物。叶纤细，稠密似毯，叶丛高 10~15cm，具坚韧、细长的根状茎，须根多，浅生。叶线状内卷，革质，长 2~7cm，宽 0.5mm。总状花序顶生，花序短小，仅长 1cm，小穗穗状排列，小花 1 朵。种子稀少。

【产地与习性】分布于日本及朝鲜南部。喜光及温暖气候，不耐阴，不耐寒，耐潮湿，耐热，耐旱，需要肥沃、湿润的土壤。

【繁殖与栽培】种子采收困难，一般用分株法繁殖。

【观赏应用】外观似天鹅绒草毯一样平整美观，要求精细养护，常用作封闭式观赏草坪。

3）狗牙根(爬根草、绊根草)

【学名】*Cynodon daitylon* L.

【科属】禾本科，狗牙根属

【形态特征】多年生草坪植物。植株低矮，直立部分高 10~30cm，生长力强，具根状茎或细长匍匐枝，长达 1m，茎节着地生根，夏、秋季蔓延迅速。叶扁平、线形，先端渐尖，边缘有细齿，叶色浓绿。穗状花序 3~6 个，指状排列于茎顶，小穗排列于一侧。种子不易成熟(图 10-6-7)。

图 10-6-7 狗牙根

【产地与习性】分布在世界温暖地区。喜光，稍耐阴，耐热，不耐寒，不耐干旱，稍能耐盐碱，耐践踏，生活力强，在肥沃、排水良好的土壤中生长良好。

【繁殖与栽培】由于种子稀少，且不易采收，故常用分根法繁殖。

【观赏应用】耐践踏，再生力强，可广泛用于游戏草坪、运动场及护坡草坪。

4) 假俭草(苏州草、爬根草、蜈蚣草)

【学名】*Eremochloa ophiuroides*

【科属】禾本科，蜈蚣草属

【形态特征】多年生草坪植物。植丛低矮，高仅10～15cm。具匍匐茎，粗壮，交织成密覆于土面的网络，秆斜生，高30cm。叶扁平，先端钝尖。总状花序单生于秆顶，长2～4mm，扁平而纤细，具长柄；小穗呈覆瓦状排列于穗轴一侧。花期7～8月。种子结实率不高。

【产地与习性】分布于长江流域以南各省。喜温暖、阳光充足，耐干旱，较耐磨，耐践踏，耐修剪，适应性强，耐瘠薄土壤，喜排水良好、土层深厚、肥沃、湿润的土壤。

【繁殖与栽培】播种、分株、扦插繁殖。

【观赏应用】为我国长江流域以南主要的暖季型草种。

5) 野牛草

【学名】*Buchloe dactyloides*

【科属】禾本科，野牛草属

【形态特征】多年生草坪植物。秆高5～25cm，根系发达，具根状茎或细长匍匐枝。叶片线形，两面疏生有细小柔毛，叶长10～20cm，宽1～2mm，叶色绿中透白，质地柔软。花雌雄同株或异株，雄花序2～3个，排列成总状，高出叶面，黄褐色，排列在穗轴一侧；雌花序藏于叶丛中，黑褐色，通常种子成熟时脱落(图10-6-8)。

【产地与习性】原产于北美及墨西哥。喜光，亦耐半阴，耐旱力强，耐瘠薄，耐寒性较强，耐践踏，粗放管理。

【繁殖与栽培】分株或播种繁殖。

【观赏应用】是良好的草坪植物，又可保持水土和作牧草。

图10-6-8　野牛草

6) 地毯草(大叶油草)

【学名】*Axonopus compressus*

【科属】禾本科，地毯草属

【形态特征】多年生草坪植物。植丛低矮，茎秆短而平，密生白色柔毛，高15～50cm，须根较多，匍匐茎纤细、常贴地蔓延。叶片条形、短而钝，长4～6cm，宽8cm，平铺于地面。总状花序穗状，2～3个排列于秆上部。花果期近秋季(图10-6-9)。

【产地与习性】原产于美洲、印度群岛和我国台湾。喜光，亦耐半阴，耐践踏，在水位高的沙质壤土中生长最佳。

【繁殖与栽培】分株及播种繁殖。

【观赏应用】华南地区优良的固土护坡植物材料，广泛应用于各种绿地中，也是良好的牧草。

图10-6-9　地毯草

10.7 地被植物

地被植物是指那些覆盖地面的低矮植物的统称。园林地被植物所含盖的植物种类更为广泛，除苔藓植物外，还主要包括能密生于地面的草本植物、低矮的或匍匐型的灌木或藤本植物；既包括人工种植的，也包括野生种类。草坪植物性质上属于地被植物，但从园林植物分类与应用中已另成体系。

地被植物在园林绿化中具有显著功能和重要地位。它们不仅能增加绿地面积，丰富绿地层次，增加景观效果，在改善生态环境方面还发挥着重要作用，特别在保护生物多样性方面具有独到的功能。

草本地被植物是园林地被植物中重要的组成部分，它们除具有低矮和覆盖性强的地被植物共同的特征之外，在应用选择时，还要充分考虑以下特性：

- 多年生：可一次种植，多年使用。
- 自繁或易繁：植物能够自行繁殖或人工繁殖简单，成苗率高。
- 青绿期长：在一年内保持绿色覆盖的时间较长。
- 管理粗放：没有精细的人工养护也能良好生长。
- 特殊抗性：对气候的寒、热，环境的阴、湿，土壤的瘠薄、干旱等具有较强的抗性。

1) 诸葛菜(二月蓝、二月兰)

【学名】*Orychophragmus violaceus*

【科属】十字花科，诸葛菜属

【形态特征】二年生草本植物。高 20~70cm。单茎或多分枝，下部叶近圆形，有叶柄，而上部叶则生于花苔上，近三角形，抱茎而生。总状花序顶生，小花十字形，蓝紫色。角果圆柱形，略有四棱，成熟时易开裂。种子卵形至长圆形，黑褐色(图 10-7-1)。

【产地与习性】原产于我国东北、华北。对霜冻及冬寒有较强的抗性。2月下旬陆续开花，直至5月中旬。

【繁殖方法】播种繁殖，因其有自播能力，一次播种后，不需年年播种。

图 10-7-1 诸葛菜

【观赏应用】诸葛菜是冬季和早春的优良地被种类，开花丰盛，冬季能保持绿色。可在多种绿地中广泛应用。

2) 香雪球(小白花)

【学名】*Lobularia maritima*

【科属】十字花科，香雪球属

【形态特征】多年生草本植物，作一、二年生花卉栽培。株高 15~20cm。多分枝，匍匐于地面，密集铺散。叶披针形，有毛，全缘，互生。花顶生，总状花序，总轴短，花朵密生成球形；花白色，偶有淡黄色或淡紫色，有香味。角果，种子扁平(图 10-7-2)。

图 10-7-2 香雪球

【产地与习性】原产于地中海沿岸地区。性喜阳光，也耐半阴。喜温暖、湿润的气候，但又忌炎夏高温，耐寒性较弱。春播的6～7月开花，秋播的次年4月开花，温室栽培的3月开花。

【繁殖方法】采用播种或扦插的方法繁殖，能自播繁殖。

【观赏应用】株形玲珑、花色素雅、气味芳香，是优良的观花地被植物。适宜布置于花坛、花境或草坪边角处。与半枝莲混栽是一个很好的组合。

3）菊花脑(菊菜、黄花)

【学名】*Dendranthema nankingense*

【科属】菊科，菊属

【形态特征】多年生草本植物，人工控制株高一般在30cm左右。茎较细。叶互生，叶片卵形或长椭圆状卵形，叶缘有粗锯齿或深裂，比一般菊花小。头状花序聚生或单生于枝顶，花序直径1～1.5cm。小花金黄色。瘦果灰褐色(图10-7-3)。

【产地与习性】原产于我国。较喜阳光，在阴处开花较少。耐寒，耐瘠，耐旱，不耐潮湿。10～12月开花。

【繁殖方法】繁殖主要用播种，也可采用扦插和分株方法繁殖。

【观赏应用】菊花脑是良好的绿色及观花地被。有阳光的地块和坡地可成片种植，盛花期正是百花凋零的季节，密集的小黄花如金色绒毯。

图10-7-3 菊花脑

4）葱兰(葱莲、玉带、菖蒲莲)

【学名】*Zephyranthes candida*

【科属】石蒜科，葱兰属

【形态特征】多年生草本植物。鳞茎卵圆形，具明显颈部。株高约20cm。叶扁圆形，基生，肉质，中空，全缘，有直立性。花茎从基部抽生，中空。花单生，花径3～5cm，花被6片，白色稍带淡红色；花柄短，藏于佛焰苞状总苞内。蒴果近球形，种子黑色(图10-7-4)。

【产地与习性】原产于南美。我国华中、华东、华南、西南等地均有栽培。喜光，但也耐阴、耐湿、耐旱性强，耐寒性较强。花期7～10月。

【繁殖方法】分株繁殖。

【观赏应用】植株低矮，四季常绿。花朵洁白可爱，花期长。多用于花坛边缘、公园的假山绿地边缘或建筑物前后的狭窄地绿化。

5）红花酢浆草(三叶浆酢草)

【学名】*Oxalis rubra*

【科属】酢浆草科，酢浆草属

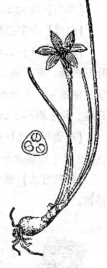

图10-7-4 葱兰

【形态特征】常绿或半常绿多年生草本植物。茎球形，多数长于地下，为不典型的球茎。植株丛生。株高20～30cm。叶与花基生。叶柄细长，顶端小叶3片，成3出复叶。花瓣5片，基部相连，开放前或闭合时呈螺旋状排列，玫瑰红色，下半部具有紫红色条纹，花径约1.6cm。数朵构成伞房状花序。角状蒴果，种子细小。栽培中有花白色或花瓣红白相间的植株变异品(图10-7-5)。

图10-7-5 红花酢浆草

【产地与习性】原产于南美洲巴西南部。喜光，也耐干旱和半阴。对土壤适应性较强，但在土壤黏重或积水以及浓荫郁闭处生长不良。花朵对光线反应敏感，在有阳光时开放。单朵花上午开，傍晚闭，第2天又开放、闭合。四月下旬开始开花，持续至11月上旬。盛夏植株处于半休眠状态，故花较少。

【繁殖方法】繁殖主要用球茎分株和切块，也可播种，栽培管理比较简单。

【观赏应用】适于大片地面覆盖，布置花坛、花境，亦可在台坡、阶旁、沟边、路沿种植。

6) 半枝莲(太阳花、龙须牡丹、死不了)

【学名】*Portulaca grandiflora* Hook.

【科属】马齿苋科，马齿苋属

【形态特征】一年生肉质草本。株高约20cm。茎细而圆，节上有毛。叶圆柱状，散生。花顶生，直径约4cm，基部有轮生的叶状苞片，花瓣5枚或重瓣，颜色丰富，有红、黄、白色及复色。蒴果，种子小，棕色或棕黑色(图10-7-6)。

【产地与习性】原产于巴西。喜温暖环境。耐强光照射，耐旱，不耐涝。花期6～7月。开花与光照密切相关，光照强而充足则开花多，且颜色鲜艳；如遇阴雨低温则生长不良。花在有阳光照射时才开放，清晨和傍晚关闭。

图10-7-6 半枝莲

【繁殖方法】采用播种或扦插繁殖均可。

【观赏应用】花色丰富，适宜布置花坛、花境和岩石园，也可在阳光充足的道路边栽种。

7) 铃兰(草玉玲、君影草)

【学名】*Convallaria majalis* L.

【科属】百合科，铃兰属

【形态特征】多年生草本植物。株高约30cm。根状茎匍匐伸延，具分枝。叶2片，偶有3片，基生而直立，椭圆形或长圆状披针形，下延呈鞘状互抱的叶柄，弧形脉。花茎从植株基部的鞘状鳞状片中抽出，总状花序偏向一侧，花10朵左右，乳白色，钟形花冠，下垂，具芳香。浆果球形，红色(图10-7-7)。

【变种与品种】

大花铃兰(var. *fotunei*)：花和叶均较大。

粉红铃兰(var. *rosea*)：花被上有粉红色条纹。

图10-7-7 铃兰

重瓣铃兰(var. *prolificans*)：花重瓣。

花叶铃兰(var. *variegata*)：叶片上有黄色条纹。

【产地与习性】原产于英国，北欧、北美及亚洲均有分布。喜阴凉、湿润的环境，耐严寒，忌炎热。以根状茎露地越冬。4～5月开花。

【繁殖方法】用分割根状茎繁殖。

【观赏应用】铃兰是疏林下良好的地被植物，又是布置于庭园阴处的良好材料。铃兰花芳香宜人，盆栽于室内观赏也很适宜。

8) 大金鸡菊(线叶金鸡菊、剑叶金鸡菊)

【学名】*Coreopsis lanceolata*

图 10-7-8 大金鸡菊

【科属】菊科，金鸡菊属

【形态特征】多年生宿根草本植物。株高 60～80cm，全株疏生细毛。基部叶簇生，茎生叶向上渐小，下部叶披针形或长圆状匙形，全缘，上部叶无柄，线形或线状披针形。头状花序，具长梗，花径 4～6cm。舌状花与管状花均为黄色，舌状花先端 4～5 齿。瘦果，扁圆形，边缘有薄鳞状翅。栽培中有重瓣品种(图 10-7-8)。

【产地与习性】原产于北美洲。喜光，耐寒，耐旱，耐瘠薄，适应性强。5～8 月陆续开花。

【繁殖方法】主要采用种子繁殖，分株和扦插繁殖亦可。自播能力强。

【观赏应用】大金鸡菊是优良的观花地被植物。草地边、疏林缘、阳坡地成片或成丛栽植均可，也可作花境、花坛布置。

9) 白芨(凉姜、紫兰)

【学名】*Bletilla striata*

【科属】兰科，白芨属

【形态特征】多年生草本植物。球茎扁平。叶丛高 30～50cm，叶 3～6 片，广披针形至长椭圆形，先端渐尖，基部鞘状、抱茎。花梗自叶丛中抽出，花梗高于叶丛。总状花序，顶生，有花 3～8 朵。花红紫色，唇瓣抱蕊柱，内有白色皱褶，上部 3 裂，两侧裂片耳状，中裂片边缘有波状齿。蒴果纺锤状，成熟时淡黄色。种子极小(图 10-7-9)。

【产地与习性】原产于我国。喜温暖、阴湿的环境，不耐寒。夏季高温干旱时叶片易发黄。花期 4～5 月。下霜后地上部枯萎。

【繁殖方法】多采用分株繁殖。

【观赏应用】白芨的花色艳丽，是一种理想的耐阴观花地被植物。可种于疏林下或其他阴处。

图 10-7-9 白芨

10) 常夏石竹(地被石竹)

【学名】*Dianthus plumarius*

【科属】石竹科，石竹属

【形态特征】多年生草本植物。株高约 30cm。茎叶较细，簇生，光滑而具白粉。叶狭而厚，长线形，先端尖。花顶生，有紫红、粉红、白等颜色，有环纹或中心色较深，有香气，花瓣边缘深裂成羽状，基部有明显的爪。蒴果短矩形。

【产地与习性】原产于奥地利及西伯利亚地区。常夏石竹喜向阳通风环境，在阴处生长不良。耐寒性强。花期 5～6 月。

【繁殖方法】播种繁殖，也可分株或扦插繁殖。

【观赏应用】可丛植或成片栽植，用作花境。

11) 连钱草(活血丹、金钱草、马蹄草)

【学名】*Glechoma longituba*

【科属】唇形科，活血丹属

【形态特征】匍匐状多年生草本植物。茎细质软，被短柔毛，方形，有分枝，稍直立，节及节间着地生根。叶对生，具长柄，叶片肾形至心形，边缘有圆齿。花2～6朵轮生于叶腋间，花冠唇形，淡蓝色至淡紫色。小坚果长圆形，褐色(图10-7-10)。

【产地与习性】原产于我国。喜阴湿环境，阳处也能生长，在疏松土壤中生长良好。有一定耐寒性。北京冬季略加覆盖能越冬。花期3～4月。

【繁殖方法】播种、扦插、分株繁殖均可。

【观赏应用】宜在林下、地边、沟边等处作地被植物成片种植，尤其在阴湿的环境覆盖效果很好。是良好的耐阴观叶地被植物。

12) 虎耳草(金丝荷叶、金钱吊芙蓉)

【学名】*Saxifraga stolonifera*

【科属】虎耳草科，虎耳草属

图 10-7-10　连钱草

【形态特征】多年生草本植物。全株被毛。匍匐茎细长、紫红色，从叶腋间长出，顶端能长出新的植株。叶基生，肉质，具长柄，叶片肾形或广卵形，边缘具不规则钝锯齿，表面深绿色，沿脉具白色斑纹，背面及叶柄紫红色。圆锥花序，花两侧对称，花瓣5枚，下面2枚大，披针形，上面3枚小，卵形，有红色斑点。蒴果卵圆形(图10-7-11)。

【变种与品种】

无斑虎耳草：主要差别是花白色，上面3枚小花瓣无斑点。

绿叶虎耳草：主要差别是叶片全部绿色，光滑。

红茎虎耳草：主要差别是叶面除绿色条纹外，夹杂红色。

红斑虎耳草：主要差别是叶面具紫红色斑点。

图 10-7-11　虎耳草

【产地与习性】原产于我国及日本。性喜半阴、凉爽，在空气湿度高、排水良好处生长，不耐高温、干燥，最忌暴晒。繁殖力强。花期5～6月。

【繁殖方法】多分株繁殖。

【观赏应用】适宜作林下地被植物，覆盖效果甚佳。

13) 万年青(冬不凋草)

【学名】*Rohdea japonica*

【科属】百合科，万年青属

【形态特征】多年生常绿草本植物。无地上茎，根状茎粗短，具节和鳞片，节处生根。叶基生，厚革质，倒披针形或宽带状，全缘，背面中肋突出。花茎粗短，穗状花序长椭圆形；花密生，无柄，淡黄色，半球形，顶端6裂片内曲。浆果朱红色或橘红色，球形，冬季不落(图10-7-12)。

【变种与品种】金边万年青(var. *marginata*)：叶缘金黄色。

【产地与习性】原产于我国和日本。万年青喜温暖、湿润和半阴的环境，忌强光，忌积水。花期5～6月，果期9～11月。

【繁殖方法】以分株繁殖为主。

图 10-7-12　万年青

【观赏应用】万年青具有常绿的叶片和经冬不落的果实,是优良的观叶、观果地被植物。可成片散植于林中,或配置在公园的长廊边。

14) 多变小冠花(小冠花)

【学名】*Coronilla varia*

【科属】豆科,小冠花属

【形态特征】多年生蔓性草本植物。茎蔓细长,多分枝,茎中空,匍匐或向上蔓延。深根性,由根上不定芽生新植株。奇数羽状复叶,无柄或近无柄,小叶11~25枚,长椭圆形或倒卵形。伞形花序,腋生蝶形,花粉红略带紫色,或白色。荚果四棱,有节,每节1粒种子;种子紫褐色。

不同种源的多变小冠花,在形态特征和生物学特性方面有些差异。

【产地与习性】原产于地中海地区,分布于欧洲的中部和东南部。多变小冠花的适应性广,耐寒,耐旱力强,耐涝性较差。耐瘠薄土壤。栽培管理粗放。

【繁殖方法】多用扦插繁殖。播种繁殖须进行种子处理,用浓硫酸软化或用机械磨伤种皮均可。

【观赏应用】可小片栽植以供观赏,也可大片栽植作固土护坡的地被植物。

15) 蛇莓(地杨梅、蛇果草)

图10-7-13 蛇莓

【学名】*Duchesnea indica*

【科属】蔷薇科,草莓属

【形态特征】多年生草本植物。全株有柔毛。有长匍匐茎,长可达1m。茎蔓匍地生长,低矮,自成群落。三出复叶基生或互生,小叶菱状卵形或倒卵形,边缘有钝锯齿。花单生于叶腋,花梗甚长,可达5~6cm;花萼2轮,互生,宿存;花瓣5枚,宽倒卵形,黄色,几与萼片等长。瘦果小,生在膨大的球形花托上,聚合成近球形的聚合果,直径1cm左右,红色(图10-7-13)。

【产地与习性】原产于我国。喜阴湿环境。花期3~4月,果期5月。

【繁殖方法】分株或播种繁殖均可。匍匐茎节处不定根能长成新植株。管理可粗放。

【观赏应用】蛇莓的果实鲜红,颇美观,适宜在疏林中、灌木丛边种植,作观果地被。

16) 针线包(隔山消、白何首乌)

【学名】*Gynanchum wilfordii*

【科属】萝藦科,牛皮消属

【形态特征】多年生蔓性草本植物。全株折断后流白色乳汁。根膨大,呈圆柱状或纺锤形。茎细长,有单列毛。叶对生,长心脏形,两面有柔毛,全缘。聚伞花序半球形,腋生;花冠淡黄色,辐射状,5裂,副花冠裂片近似方形。果单生,长角状;种子卵形,顶端有约2cm的种毛(图10-7-14)。

【产地与习性】原产于我国。喜光照,耐寒,耐干旱,耐盐碱。花期6~7月。

【繁殖方法】种子繁殖或利用块根进行分根繁殖。

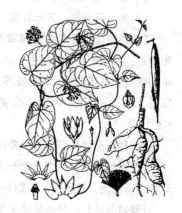

图10-7-14 针线包

【观赏应用】针线包是一种抗盐碱性很强的地面覆盖植物。花、叶都具有观赏价值。除了作盐碱地区的地被植物外，还可以植于假山石块上作岩石攀缘绿化材料，为山石园增添色彩与景观。

10.8 多 浆 植 物

多浆植物或称多肉植物，是指具有肥厚多汁的肉质茎、叶或根的植物。广义的多浆植物指茎、叶特别粗大或肥厚，含水量高，并在干旱环境中可以长期生存的一类植物。多浆植物包括仙人掌科以及景天科、番杏科、大戟科、萝藦科、百合科、凤梨科、龙舌兰科、马齿苋科、鸭跖草科在内的55个科的植物。

多浆植物一般都生存在极度干旱的环境中或某一季节生活在干旱的环境中。由于长期的自然选择，多浆植物的形态特征与代谢方式发生了很大的变异。它们一般具有发达的薄壁组织以贮藏水分，表皮角质化或密被蜡层，有的叶片已变异为叶刺，以降低蒸腾强度，减少水分散失。很多仙人掌科、景天科植物的光合作用很独特，它们夜间开放气孔，吸收 CO_2；白天高温时，气孔关闭，利用夜间吸收的 CO_2 进行光合作用。多浆植物这种形态与生理的变异，适应了生存环境，同时也得到较高的观赏价值。

多浆植物形态多样，花色艳丽，终年翠绿，栽培管理容易，适用范围广泛，是近年来颇受青睐的园林植物之一。

1) 仙人掌(霸王树、仙巴掌)

【学名】*Opuntia dillenii* (Ker-Gawl) Haw.

【科属】仙人掌科，仙人掌属

【形态特征】多年生常绿植物。茎直立，肉质，呈灌木或乔木状，茎节扁平或圆筒状，老茎木质化。茎上分布大小不一的刺座，着生放射状刺，间或有须毛。花重瓣，米黄色，无花梗。浆果暗红色，汁多味甜，有"仙桃"之称(图10-8-1)。

【产地与习性】原产于墨西哥和美国一带，我国各地均有野生和人工栽培。喜温暖、向阳的环境，忌积涝，有一定耐寒性。在排水、透气良好、富含腐殖质的沙壤土中生长最好。

【繁殖方式】以扦插为主，易于成活，嫁接或分株均可繁殖。有性繁殖费时费力，但可获得较多的种苗。仙人掌类植物的种子具有后熟期。

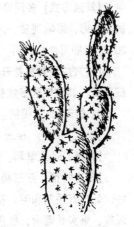

图 10-8-1 仙人掌

【观赏应用】姿态独特，夏季开花鲜黄色，热带地区可植于庭院观赏，一般常作盆栽观赏，多刺类可作绿篱。茎具有药用价值，果实食用或作为饲料。

2) 金琥(象牙球)

【学名】*Echinocactus grusonii*

【科属】仙人掌科，金琥属

【形态特征】茎圆球形，单生或丛生，球顶密被金黄色绵毛。具棱21~37，刺座大，密生硬刺，金黄色，后变褐。6~10月开花，花着生于球顶部绵毛丛中，钟形，黄色，花筒被尖鳞片。果被鳞片及绵毛，

图 10-8-2 金琥

基部孔裂。种子黑色，光滑(图10-8-2)。

【产地与习性】原产于墨西哥中部干燥、炎热的热带沙漠地区。性强健，栽培容易。喜肥沃并含石灰质的沙壤土，要求阳光充足，夏季适当遮荫。越冬温度8~10℃。

【繁殖方式】多用播种，发芽较为容易，但种子不易获得，早春切除球顶生长点可促进孽生子球，以嫁接繁殖。

【观赏应用】球体碧绿，硬刺金黄，顶部有金黄色绵毛，刚劲美观。宜盆栽观赏，可培养成大型标本球。

3) 昙花(昙华、月下美人、琼花)

【学名】*Epiphyllum oxypetalum*

【科属】仙人掌科，昙花属

【形态特征】多年生灌木，无叶，主茎圆筒状、木质，分支扁平、叶状，边缘具波状圆齿。幼枝有刺状毛，老枝没刺。夏季晚间8~9时开大型白色重瓣花，经4~5h而凋谢。花漏斗状有清香，花筒稍弯曲。果红色，有浅棱脊，成熟时开裂。种子黑色(图10-8-3)。

图10-8-3 昙花

【产地与习性】原产于墨西哥及印度一带，已在我国广为栽培，属附生型仙人掌类植物。喜温暖、湿润，不耐寒。夏季避免阳光直射暴晒，适宜生长在排水良好、肥沃、富含腐殖质的沙壤土中。

【繁殖方式】多用播种，易出苗，但实生苗生长较弱，易早期嫁接。成型植株仔球虽多，但易破坏圆整株形，影响观赏，应从专门的母株上切取仔球用作繁殖。可在生长健壮的变态茎上进行扦插，20~30d即可生根成活。

【观赏应用】昙花开花时，香气回溢，光彩夺目。我国华南、西南个别地区及台湾地区可陆地庭院观赏，其他地区多盆栽，点缀客厅、阳台及庭院。花、变态茎可药用。

4) 量天尺(三棱箭、三角、箭花、霸王花)

【学名】*Hylocereus undatus* Britt

【科属】仙人掌科，量天尺属

【形态特征】茎三棱形，长而细，有气生根，具攀缘性。茎分节，深绿色，分布有短刺和毛。花漏斗形，外瓣黄绿色，内瓣白色，倒披针形，夜晚开放。果实长圆形，红色，无刺，有叶状鳞片，有香味，肉可食。种子黑色(图10-8-4)。

本属植物都是3棱，分节。本种棱缘无角，波状，花筒较长，可与其他种区别。

图10-8-4 量天尺

【产地与习性】原产于墨西哥至巴西一带，为热带亚热带森林中的附生类型植物。喜半阴、高温、湿度大的环境，不耐寒，适生于疏松、肥沃和排水良好的土壤，忌黏重或贫瘠积水的土质。

【繁殖方式】多用扦插法繁殖，宜生根，春、夏、秋三季均可进行。扦插基质用草木灰和不含新鲜肥料的腐叶土比黄沙效果好。

【观赏应用】盆栽观赏，花美，但家庭养殖不易开花，常作嫁接砧木。在华南及福建等地可作为篱垣植物。茎、花均可入药。

5) 令箭荷花(孔雀仙人掌、孔雀兰、红花孔雀)

【学名】 *Nopalxochia ackermannii* Kunth.

【科属】仙人掌科，令箭荷花属

【形态特征】多年生直立肉质草本。枝茎披针形，分支扁平，边缘有疏锯齿。花着生于茎的两侧和凹入处，其花筒短于花瓣，每年4～6月开花，白天开放。果椭圆形，成熟时红色。种子小，黑色(图10-8-5)。

【产地与习性】原产于墨西哥，属于美洲热带雨林中附生型仙人掌类植物。喜高温、湿润的生态环境，也耐干旱。适生于含有机质、肥沃、疏松的略带酸性的土壤。

【繁殖方式】一般用扦插繁殖。春季将变态茎剪成10～15cm一段，晾2～3d后扦插。也可用嫁接繁殖，嫁接苗生长势较旺，翌年即可开花。

【观赏应用】花色艳丽，品种丰富，是园林栽培和家庭养花的观赏珍品之一。

图10-8-5 令箭荷花

6) 蟹爪莲(螃蟹兰、蟹爪兰、锦上添花)

【学名】 *Zygocactus truncates* K. Schum.

【科属】仙人掌科，蟹爪属

【形态特征】常绿肉质小灌木。茎有节，多分枝，扁平而肥厚，倒卵或矩圆形，首尾相连，犹如螃蟹脚。刺座上有短刺毛1～3。冬季或早春开花，花着生于茎节顶端，两侧对称，花瓣张开反卷，粉红、紫红、淡紫、橙黄或白色。果梨形或广椭圆形，光滑，暗红色(图10-8-6)。

【产地与习性】原产于美洲巴西东部热带森林、墨西哥一带，附生在树干上或阴湿的山谷内，典型的附生型仙人掌类植物。我国各地作室内盆花。喜温暖、阴湿的环境。盆栽需要排水、透气良好的肥沃壤土。夏季遮荫、避雨、通风。

【繁殖方式】通常采用扦插和嫁接繁殖。春季剪取生长充实的变态茎进行扦插，容易生根。嫁接以春、秋进行为宜。

图10-8-6 蟹爪莲

【观赏应用】株形优美，花朵艳丽，在室内生长良好，是理想的室内盆栽花卉。茎节可入药。

7) 生石花

【学名】 *Lithops pseudo truncatella*

【科属】番杏科，生石花属(为本属所有种类的泛称)

【形态特征】多年生常绿肉质植物。茎极短、近无，叶肥厚、肉质，形似倒圆锥体，对生密结成缝，呈半球体。叶颜色不一，顶部近卵圆，有树枝状凹纹，可透光进行光合作用。3～4年生的生石花自顶部隙缝开花，花期秋季，午后开放，傍晚闭合，可延续4～6d。花后结果，易收种子，种子细小(图10-8-7)。

【产地与习性】原产于南非及西南非洲的干旱地区，现世界各地均有栽培。性喜温暖、干燥及阳光充足，生长适温为20～24℃。夏季高温时呈休眠或半休眠状态，此时注意遮荫并节制浇水；冬季要求阳光充足。栽培要求排水良好的沙质土。

图10-8-7 生石花

【繁殖方式】多用播种繁殖，宜春播。种子细小，常和细沙土拌和撒播。

【观赏应用】外形奇特，花形秀气，是一种很受人们欢迎的小型盆栽植物。

8) 松叶菊（龙须海棠、姬松叶菊、松叶牡丹）

【学名】*Lampran thusspectabilis*

【科属】番杏科，日中花属

【形态特征】多年生亚灌木多肉植物。茎细长，平卧或悬垂生长，基部稍呈木质化。分枝多而上升，呈红褐色。肥厚多汁的叶子对生，呈三棱状、线形、蓝绿色，挺直，像松叶。单花腋生，形似菊花，花瓣窄条形，具光泽，直径5～7cm，色彩丰富，有白、粉、红、黄和橙等多种颜色，4～5月开花（图10-8-8）。

【产地与习性】原产于非洲南部。喜温暖、干燥和阳光充足的环境，既不耐寒，也畏高温，怕水涝，耐干旱。春、秋两季是其主要的生长期。

【繁殖方式】扦插繁殖。

【观赏应用】花朵玫瑰红、光亮而有丝绒感，极为鲜艳美丽。宜盆栽或作花坛栽培。

图10-8-8 松叶菊

9) 仙人笔（七宝树）

【学名】*Senecio articulatus* (L. f.) Sch. Bip.

【科属】菊科，千里光属

【形态特征】多年生肉质草本。茎短、圆柱形，肥厚多汁，有节，中间稍凸，节处略细。外形似笔杆，故而得名。表皮平滑、蓝绿色，顶端簇生互生肉质小叶，叶柄长，呈羽状深裂，叶扁平。冬、春开花，头状花序顶生（图10-8-9）。

【产地与习性】原产于南非干旱地区。喜冬季温暖、夏季凉爽的干燥性气候。喜阳光充足，耐半阴，较耐干旱，栽培要求排水良好的沙壤土。夏季高温炎热时，植株呈半休眠状态。夏秋为生长旺季，应注意保持匀称的株形。

图10-8-9 仙人笔

【繁殖方式】以扦插和分株为主，播种亦可。生长季节从节处剪取肉质茎段扦插，宜生根成活。

【观赏应用】外形独特的观叶、观茎、多浆植物。宜作窗台、几案或几架的装饰。

10) 芦荟（中国芦荟、斑纹芦荟）

【学名】*Aloe vera* var. *chinensis*

【科属】百合科，芦荟属

【形态特征】茎短，叶互生或螺旋状排列，肉质多汁，披针状剑形，先端下倾、反卷，背部凸出，长30～70cm，宽4～15cm，呈粉绿色，上有浅白色斑点，随叶片的生长，白色斑点逐渐消失。总状花序，腋生，花多，黄色至红黄色（图10-8-10）。

【产地与习性】原产于印度干燥的热带地区，引入我国栽培已久。喜温暖，喜阳光，生长期需水，休眠期耐干旱，适生于排水良好的肥沃沙质土。

图10-8-10 芦荟

【繁殖方式】分株繁殖,春季较易。

【观赏应用】叶蓝绿色而肥厚,小花密聚,橙黄色并带有红色斑点,颇为夺目。常用于室内或庭院装饰,花或叶均可观赏。

11) 条纹十二卷(蛇尾兰、锦鸡尾)

【学名】*Haworthia fasciata*

【科属】百合科,十二卷属

【形态特征】植株无茎。叶厚,肉质,密生成莲座状,三角状披针形,长5cm,灰绿色,叶两面散生细密的白色横纹状小突起。花白色,有绿色或玫瑰红色条纹,花瓣稍弯曲。蒴果,室背开裂(图10-8-11)。

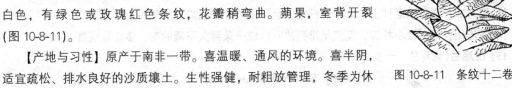

图10-8-11 条纹十二卷

【产地与习性】原产于南非一带。喜温暖、通风的环境。喜半阴,适宜疏松、排水良好的沙质壤土。生性强健,耐粗放管理,冬季为休眠期,较耐寒,越冬温度不低于5℃。

【繁殖方式】以分株繁殖为主,全年均可进行,极易成活,也可用播种繁殖。

【观赏应用】植株小巧,叶片有白色条纹,更加秀丽,是盆栽于室内观叶的佳品。

12) 水晶掌(宝草、银波锦)

【学名】*Haworthia cymbiformis* var. *translucens*

【科属】百合科,十二卷属

【形态特征】多年生肉质小草本。叶基生,小而柔软,嫩绿色,叶端似"水晶"透明或半透明。叶片互生,长圆形或匙状,肉质肥厚,生于极短的茎上,紧密排列为莲座状,叶色翠绿,叶肉呈半透明状,叶面有8~12条暗褐色条纹或中间有褐色、青色的斑块,叶缘粉红色,有细锯齿。顶生总状花序,花小。

【产地与习性】原产于南非一带。喜温暖而湿润及半阴的环境,耐干旱,忌炎热,不耐寒,生长适温为20~25℃,要求肥沃、排水良好的沙质土壤。

【繁殖方式】结合换盆以分株为主,春、夏季为佳。

【观赏应用】小型盆栽观叶植物。

13) 佛甲草(打不死、铁甲草)

【学名】*Sedum lineare* Thunb.

【科属】景天科,景天属

【形态特征】多年生肉质草本。茎丛生,初生时直立,后下垂。3叶轮生,无柄,肉质多汁,线状披针形。聚伞花序顶生,着花约15朵,中心有一具短柄的花;花瓣5枚,黄色,披针形;雄蕊10,短于花瓣;花期5~6月。

【产地与习性】原产于热带、亚热带及温带地区,我国一般生于山坡、岩石、溪沟和路旁。喜光照,部分种类耐阴,对土质不甚选择。

【繁殖方式】以分株、扦插繁殖为主,部分种类也行叶插。播种繁殖多在早春进行,多数种子寿命只可保持一年,长期保持应在低温及干燥条件下。

【观赏应用】布置于花境、花坛,用于岩石园或作镶边植物及地被植物,亦可用于屋顶花园。盆栽可供室内观赏,矮小种类作盆景点缀用。

14) 石莲花(宝石花)

【学名】*Echeveria glauca* Bak.

【科属】景天科，石莲花属

【形态特征】多年生肉质草本。茎短粗，分枝匍匐状。叶紧密排列成莲座状，倒卵形或近圆形，叶肥厚，灰绿色，先端尖，有时带红色，无柄。总状聚伞花序顶生，花外面红色，内面黄色，花期6～8月。

【产地与习性】原产于墨西哥。喜光，耐旱，也耐半阴，性强健。喜干燥、通风良好的环境，喜排水良好的沙质壤土。越冬温度5℃以上。

【繁殖方式】春秋从老枝上剪取萌蘖扦插，也可用叶片扦插或用基部不定芽繁殖。

【观赏应用】株型矮小朴实，莲座状排列的叶组成一朵经久不凋的花，多盆栽观赏。

15) 虎尾兰(虎耳兰、千岁兰)

图10-8-12 虎尾兰

【学名】*Sansevieria trifasciata*

【科属】龙舌兰科，虎尾兰属

【形态特征】多年生常绿草本植物。匍匐的根状茎。叶肉质，簇生，长可达1.2m，宽7cm，直立，基部稍呈沟状，暗绿色，有浅灰色的横纹。花茎高可达80cm，总状花序，花小，白色或浅绿色，有香气；花期春、夏季(图10-8-12)。

【产地与习性】原产于非洲西部。喜温暖，抗干旱，喜阳光充足的干旱环境，对土质要求不高。

【繁殖方式】结合换盆进行分株繁殖，绿色叶片种类可用叶进行扦插繁殖。

【观赏应用】叶片坚挺直立，并具黄色斑纹，甚为美观。常见盆栽于室内观赏。

16) 龙舌兰

【学名】*Agave americana* L.

【科属】龙舌兰科，龙舌兰属

【形态特征】多年生草本。叶肥厚，基生叶宽带状，灰绿色，被白粉，先端具硬刺尖，边缘有勾刺。圆锥花序，花黄绿色，花期6～7月。蒴果(图10-8-13)。

图10-8-13 龙舌兰

【产地与习性】原产于墨西哥。喜温暖、干燥和阳光充足的环境。稍耐寒，较耐阴，耐旱力强。要求排水良好、肥沃的沙壤土。冬季温度不低于5℃。

【繁殖方式】常用分株和播种繁殖。

【观赏应用】叶片坚挺美观、四季常青，园艺品种较多。常用于盆栽或花槽观赏，适用于布置小庭院和厅堂，栽植在花坛中心、草坪一角，能增添热带景色。

复习思考题

1. 什么是一、二年生花卉？有哪些常见种类？主要的园林用途是什么？
2. 宿根草本园林植物与一、二年生草本园林植物相比有什么不同？耐寒性宿根花卉有哪些？不耐寒性宿根花卉有哪些？宿根花卉主要的园林用途是什么？

3. 什么是球根花卉？属于鳞茎、球茎、块茎、根茎、块根的球根花卉有哪些？

4. 哪些是春植球根花卉？哪些是秋植球根花卉？球根花卉主要的园林用途是什么？

5. 什么是室内观叶植物？室内观叶植物中哪些属于大型的盆栽，哪些属于小型的盆栽？有哪些适宜垂吊观赏？

6. 什么是草坪植物？冷季型草和暖季型草各有什么特点？结合本地区实际情况，观察草坪植物的种类。

7. 本地区常见的地被植物有哪些？分别属于哪个类型？

8. 本地区常见的水生植物有哪些？各有什么特点？

9. 多肉多浆植物与其他草本植物有什么不同？常见的多肉多浆植物有哪些？

10. 识别80种草本园林植物。

主要参考文献

[1] 陈有民. 园林树木学. 北京：中国林业出版社，2004.
[2] 陈俊愉. 中国农业百科全书——观赏园艺卷. 北京：中国农业出版社，1996.
[3] 郑万钧. 中国树木志. 北京：中国林业出版社，1983.
[4] 张天麟. 园林树木 1200 种. 北京：中国建筑工业出版社，2005.
[5] 孙余杰. 园林树木学. 北京：中国建筑工业出版社，1999.
[6] 康亮. 园林花卉学. 北京：中国建筑工业出版社，1999.
[7] 卓丽环，陈龙清. 园林树木学. 北京：中国农业出版社，2004.
[8] 包满珠. 花卉学. 北京：中国农业出版社，2003.
[9] 贾东坡. 园林植物. 重庆：重庆大学出版社，2006.
[10] 李扬汉. 植物学. 上海：上海科学技术出版社，1989.
[11] 徐汉卿. 植物学. 北京：北京农业大学出版社，1994.
[12] 高曾信. 植物学. 北京：高等教育出版社，1984.
[13] 郭宗华. 植物形态生理学. 北京：中国建筑工业出版社，1995.
[14] 华北树木志编写组. 华北树木志. 北京：中国林业出版社，1984.
[15] 中国科学院植物研究所. 中国高等植物图鉴. 北京：科学出版社，1985.
[16] 谢维荪，郭毓平. 仙人掌类及多肉植物鉴赏. 上海：上海科学技术出版社，2001.
[17] 山东农学院，西北农学院. 植物生理学实验指导. 济南：山东科学技术出版社，1982.
[18] 北京林业大学园林系花卉教研室. 花卉学. 北京：中国林业出版社，1999.
[19] 孙可勤，张应麟等. 花卉及观赏树木栽培手册. 北京：中国林业出版社，1985.
[20] 余树勋，吴应祥. 花卉词典. 北京：中国农业出版社，1993.
[21] 龙雅宜主编. 常见园林植物认知手册. 北京：中国农业出版社，2006.
[22] 费砚良，张金政. 宿根花卉. 北京：中国林业出版社，1999.
[23] 吴应祥. 中国兰花. 北京：中国农业出版社，1993.
[24] 胡中华，刘师汉. 草坪与地被植物. 北京：中国林业出版社，1995.
[25] 潘瑞炽，董愚得. 植物生理学. 北京：人民教育出版社，1984.
[26] 张乃群，朱自学主编. 植物学实验及实习指导. 北京：化学工业出版社，2006.
[27] 关雪莲，王丽主编. 植物学实验指导. 北京：中国农业大学出版社，2006.
[28] 方彦，何国生主编. 园林植物. 北京：高等教育出版社，2005.
[29] 家荣. 水生花卉. 北京：中国林业出版社，2002.
[30] 刘建秀等编著. 草坪·地被植物·观赏草. 南京：东南大学出版社，2001.
[31] 王世动主编. 植物及植物生理. 北京：中国建筑工业出版社，1999.